ISBN 978-0-332-00712-0
PIBN 10531378

COLECCION

DE

DOCUMENTOS LITERARIOS

DEL PERU.

COLECTADOS Y ARREGLADOS

POR EL CORONEL DE CABALLERIA DE EJERCITO, FUNDADOR DE LA INDEPENDENCIA

MANUEL DE ODRIOZOLA.

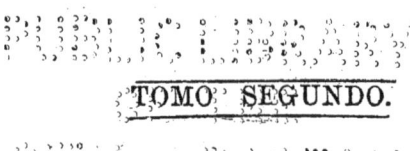

TOMO SEGUNDO.

LIMA.

Establecimiento de tipografía y encuadernacion de Aurelio Alfaro

CALLE DE LA UNION [ANTES BAQUIJANO]. NÚM. 317.

1864.

RELACION DE LAS EXCURSIONES

DE LOS

PIRATAS QUE INFESTARON LA MAR DEL SUR

EN LA EPOCA DEL COLONIAJE.

AÑO DE 1567.

FRANCISCO DRAK natural del Condado de *Duo*, en Inglaterra, ó como otros quieren, nacido á bordo de un navío, fué el primer *Pirata* que infestó las costas del Sur. Este, mandando el navío el *Dragon*, que era uno de los de la escuadra de *Juan Hawkins*, saqueó la ciudad de *Nombre de Dios*, y robó muchos lugares de la Castilla del Oro, y habiendo hecho presas considerables de embarcaciones cargadas de oro, se retiró á Inglaterra.

AÑO DE 1777.

El mismo *Drak* armó una escuadra de cinco navíos, que se equiparon en Plimouth, de donde salieron el 15 de Noviembre, fingiendo su destino á Alejandría, y volvió al Mar del Sur, entrando á él por el Estrecho de Magallanes. Registró las costas de Chile, y apresó en la altura de Valdivia un navío con 25,000 pesos en oro. Sin ser sentido, llegó al Callao, y de doce navíos, que habia surtos en el puerto, se llevó uno cargado de plata, y cortó las amarras de los demas. De aquí continuando sus hostilidades, sobre el Cabo de San Francisco, apresó una embarcacion con 10 cajones de plata y 80 libras de oro. Con estas riquezas subió hasta la altura de 40 grados al Norte, de donde descendiendo á las Molucas, hizo escala en las Islas de Java. Despues doblando el Cabo de Buena-Esperanza, regresó á Inglaterra, y presentó a la *Reina Isabel* mas de 800,000 ps., habiéndose burlado de once navíos de guerra, que, para contener sus insultos, habia mandado equipar por los años de 1580 *D. Francisco de Toledo*, Virey de Lima, con intencion de que le esperasen á la boca del Estrecho.

AÑO DE 1581.

JUAN OJENKAN, inglés, armó en la Jamaica una embarcacion con 85 hombres. Desembarcó su gente en uno de los puertos de la Ensenada del *Darien*. Construyó allí á la orilla de un rio, que desagua en el mar, un bergantin. Con él salió á piratear por los puertos de la costa. La primera presa que hizo, fué un navío en la Isla de las Perlas con 60,000 doblones en oro y otros con 100,000 pesos. Cargado de este *tesoro*, volvió al mismo río. Era su designio trasportarlo al Mar del Norte, y asegurarlo en su primera embarcacion. Pero no queriendo su gente conducirlo, por no haberse hecho la reparticion, lo ocultó en una choza, cubierta de hojas. Su intencion era buscar en los bosques de Panamá algunos negros fugitivos y levantados, para que lo llevasen al destino que pensaba. Los prisioneros españoles avisaron del hecho al Gobernador de Tierra-Firme. Destacó éste sin dilacion á *Juan Ortega* con 100 hombres. Dudando este oficial, por cual de las tres bocas del rio habia entrado el pirata, reconoció el rastro, que le demostraron las plumas de las aves, que cazaban sus compañeros para mantenerse. Guiado de estas señales, llegó á la playa donde estaba anclado el bergantin y dos ingleses en tierra; los que aprisionados, descubrieron el tesoro que recogió *Ortega* con su gente. Se restituia esta riqueza á Panamá, cuando *Ojenkan* teniendo noticia del suceso, salió al camino con todos los suyos, y cortando el paso á los nuestros, los derrotó y quitó el tesoro. A este tiempo el Gobernador de Tierra-Firme habia despachado otro Cabo del Mar del Norte á la entrada del Darien. Este con su tropa tomó la embarcacion y su artillería. Los piratas, perdido el recurso de la retirada, se esparcieron por los bosques y espesura de la montaña. Así estaban divididos, cuando 200 hombres *limeños*, que envió el Virey *D. Francisco de Toledo* y muchos de la Tierra-Firme que se le agregaron, lo destruyeron del todo, pagando en Panamá los principales caudillos de esta faccion en una horca el atrevimiento y osadía de su atentado.

AÑO DE 1587.

Thomas Candisch ó Cavendisch, inglés, que por los años de 1585 habia infestado las costas de la Virginia y de la Florida, entró al estrecho con tres bajeles de á 120 hombres de tripulacion, que armó en Plimouth, de donde salió el 22 de Julio de 1586. El primer empeño de este pirata (que ya en Sierra Leona de la Costa de Guinea habia ejecutado considerables robos) fué registrar los parajes. Con este designio recorrió la ciudad de San Felipe. Hallóla abandonada, y su artillería sepultada en tierra. Era un solo hombre que habia quedado vivo de los 40 de su guarnicion. Llamábase este *Fernando Gomez*. Contóle al pirata, que en tres años no habian fructificado las semillas que sembraban los nuevos pobladores; y que habian tenido que pelear con las fieras carnívoras que por instantes les embestian; y que consumidos los víveres que les habia dejado el Almirante *Sarmiento*, y no habiendo recibido socorro alguno de España ni del Perú, habían perecído sus compañeros de hambre, necesidad y miserias. De los que 21 hombres y 2 mugeres tomaron la resolucion de salir de estos parajes, y buscar su remedio en la primera tierra que encontrasen, quedándose él con otro compañero, que pocos dias antes habia muerto. Añadió tambien, que cortando leña en el monte habia hallado un árbol, colgada una botella con una carta, que referia, que los tres navíos del comando de *Pedro Seixas* de *Alberna*, habian perecido por los años de 1535. Movido el pirata de este infeliz suceso, tomó á su bordo al desdichado poblador, y costeando las riberas del Perú y Chile, que demarcó, navegó á los mares del Oriente. En ellos apresó el navío de *China*, que ricamente cargado venia de Manila á Acapulco. Despues volviendo su rumbo al cabo de Buena Esperanza, le dobló, saliendo á las costas de Africa, y entrando en Plimouth el 8 de Setiembre de 1588. Alentado este pirata con la felicidad de sus progresos, armó en Inglaterra cinco embarcaciones. Con ellas navegó segunda vez al Estrecho, para hostilizar nuestros mares y robar los puertos abiertos, y tierras desnudas de guarnicion y defensa. Pero habiéndole sobrevenido una cruel tempestad en la costa del Brasil, pereció con toda su gente, y se acabó la iniquidad de su proyecto.

AÑO DE 1593.

Ricardo Achines, pirata inglés, pasó el Estrecho. Empezaba á cruzar las costas del Sur. Entónces el Virey de Lima, *Marqués de Cañete*, armó una escuadra de cinco navíos, que entregó al mando de *D. Beltran de la Cueva*, su cuñado. Este jefe, habiendo encontrado al pirata en la altura de Valparaiso, le atacó y rindió, haciéndole prisionero, bajo la real palabra de concederle la vida. Conducido á Lima, declaró la Audiencia, que, segun la ley, que condena al enemigo, que viola la inmunidad de nuestros mares, era comprehendido en la pena ordinaria. Apeló al Supremo Consejo de Indias, donde valiendo sus excepciones, quedó libre del castigo.

AÑO DE 1595.

Francisco Drak, que como hemos dicho, en los años de 1567 y 1577 fué el primer pirata, que infestó el Mar del Sur, armó en Inglaterra, por disposicion de la *Reyna Doña Isabel*, 28 navíos. Con ellos volvió á las costas Occidentales. Ejecutó en todos los puertos indefensos, crueldades que exceden la humanidad. Invadió la ciudad del Rio de la Hacha, que está á la parte del Norte á los 12 grados y 30 minutos. Con esta invasion y la que hicieron despues los piratas *Bartolomé Portugués, Roc.Bra iliano, Francisco Lotenois y Juan Morgan*, se destruyó la famosa pesquería de las mas finas *perlas* de nuestra América. De aquí pasó el *Drak* á Portovelo, con el mismo designio, que habia estado antes. Pero, sin hacer desembarque, murió súbitamente, estando fondeado á la vista de la plaza.

En este mismo año *Walter Raleigh*, natural de *Budley* en Devonshire, salió el 6 de Febrero de Plimouth, mandando cierto número de vajeles que le habia entregado la *Reyna Isabel*, con designio de que rentase su fortuna en nuestras costas Meridionales. Llegó el 22 de Marzo á Curiapan, y quemó en la Isla de la Trinidad la ciudad de San José, habiendo hecho prisionero á D. *Antonio Berréo*, su gobernador. Continuó su viage hasta el Orinoco, de donde salió á la Guayana. Quemó la ciudad de Santo Tomas, y las casas de los gobernadores de Cumaná y del rio de la Hacha. Pasó á cuchillo á muchos habitantes de estas costas, que no pudieron contribuirle las sumas, que su ambicion pretendia sacarles. Volvió á Inglaterra por los años de 1597. No llevó otro fruto de su viage, que sus crueldades, sus tiranías y sus robos con un córto número de estátuas ó figurillas de oro, que presentó á la Reina, ponderándole las riquezas de los paises que habia visto.

Este aventurero habia estado ya en nuestros mares por los años de 1588, y habia introducido la primera colonia inglesa en Mocosa, poniendo á la tierra el nombre de Virginia, por la doncellez de su Reina. Habia tambien mandado una escuadra de 15 navíos de guerra, trayendo á su bordo á los *Mrs. Borrough* y *Forbisher*, bien conocidos por su ardor militar y pericia náutica. Intentó con esta escuadra apoderarse de nuestros *Galeones*, que retornaban de la feria de Cartagena y Portovelo. Atacólos con gran fuerza. Entre otros navíos, perdieron los nuestros uno muy grande de construccion portuguesa, cargado (como dicen los ingleses en sus relaciones) de dos millones de libras esterlinas. Muerta la *Reina Isabel*, le sucedió *Jacobo I* por los años de 1603. Á este tiempo fué acusado *Raleigh*, de haber pretendido colocar en el trono de Inglaterra á *Arbella Stuart*, que se decia inmediata sucesora á la corona. Por este delito, que se le probó, fué condenado a muerte. Mas la piedad del Soberano, le conmutó el suplicio en una prision de 13 años, que guardó en la torre de Lóndres. Para librarse de la perpetuidad de la cárcel, prometió al *Rey Jacobo* montañas de oro y tesoros imaginarios, si le concediese una expedicion para nuestra América. Vino el Rey en ello, y le mandó entregar doce bajeles, para que invadiese la Castilla del oro y costas de Guayana. Los nuestros teniendo aviso de este armamento, que empezó á navegar á 15 de Agosto de 1617, se pusieron en buena defensa. Así luego que llegó el Corsario, le resistieron de modo, que lo primero que perdió, cuando se desembarcó en las playas del Orinoco, fué á su hijo y á *Mr. Kernish*, uno de sus mas famosos capitanes y pilotos, que él mismo se degolló. Y burlado *Raleigh* de sus proyectos y esperanzas, se restituyó á Inglaterra. El Parlamento renovó la sentencia de muerte, que se le habia dado el año de 1603. No le valieron los efugíos con que pretendia salvarse. Asi le cortaron la cabeza en la plaza de Uvenstuinstet el 26 de Octubre de 1618, siendo de edad de 66 ó 67 años.

Se dice que nuestro Embajador de *España* ó Nuestra Corte, tuvieron gran parte en este castigo. Si ello fué así, dieron motivo á tan justa venganza sus atrocidades con los nuestros, que viven pacíficamente en aquellas tierras.

AÑO DE 1598.

El almirante *Mahu* salió de uno de los puertos de *Holanda* con cinco bajeles el 27 de Junio: su designio era infestar con piraterías las costas del Sur. Navegó al estrecho de Magallanes. En este combatió con los salvages, que habitan sus costas, así al Norte como al Sur. Mató muchos de estos habitantes; pero ellos no se quedaron sin venganza. Queriendo este almirante eternizar la memoria de sus aventuras en el Estrecho, fundó un órden de caballería, con el título de *Leon Desatado* ó *Leon Furioso*. Para celebrar esta ceremonia, se desembarcó á una playa que está á la costa oriental del Estrecho, y en las cartas se conoce, desde entónces, por el nombre de la bahia de los Caballeros. En ella juraron todos lss oficiales sobre las manos del almiraute, no hacer cosa que fuese contra las leyes de la patria. Como así mismo hacer triunfantes las armas de Holanda en las Américas, que contribuyen á España tesoros. Lo que acabado, se escribieron los nombres de estos nuevos caballeros en una tabla, que se colocó en un alto pilar que hasta hoy ven los bajeles, que por allí pasan. En fin, habiendo perdido mucha de su gente, sin haber salido al mar del Sur, se volvieron á Europa, sin otro fruto, que el descubrimiento de algunas islas y puertos que notan en las cartas holandesas, con el nombre de las islas de *Sebald de Uvert*, que fué uno de los capitanes de la expedicion, y la bahia de Soucis, la bahia Cerrada, y la bahia de los Caballeros, como se ha dicho.

AÑO DE 1599.

Oliver de Nort, natural de Utrech, equipó en Plimouth cuatro embarcaciones. Navegó con ellas al Estrecho. Pasólo felizmente, y entró al mar del Sur por el año de 1600. Este pirata en la isla de Santa Maria aprisionó una fragata de nuestra armada del Sur. Era su capitan *D. Francisco Ibarra*, quien luego que reconoció la superioridad del enemigo, arrojó al mar 52 cajoncitos de oro en polvo, con 4 arrobas cada uno, y 500 barretones del mismo metal. Componian ellos la suma de 1200 libras. El pirata por las confesiones de los prisioneros supo que el Virey de Lima, *Marqués de Salinas*, habia despachado un armamento, con órdenes secretas de esperarle en el cabo de San Francisco, donde se decia, que habia de pasar en busca de los navios mercantes del comercio del Perú, al tiempo que retornasen al Callao de la feria de Portovelo. Instruido en esto, mudó de ánimo. Entónces desde las mismas costas de Chile, hizo derrota á las islas de los Ladrones, y de aquí á Filipinas. Pero D. *Francisco Meneses*, su gobernador, envió prontamente dos navios de guerra. Los que encontrándole, tuvieron tan fuerte ataque, que echaron á pique uno y apresaron otro, habiéndose escapado los otros dos, por la oscuridad de la noche, que no permitió el vijiarlos. La Capitana de la escuadra que envió el Virey, pereció con su General D. *Juan de Velazco* en una de las puntas ó cabos de California, restituyéndose al Callao los demas bajeles por los años de 1602.

AÑO DE I615.

Jorge Spilberg, inglés, entró con seis navios por el Estrecho de Magallanes al Mar del Sur. Hizo en las costas de Chile muchos daños. El Virey de Lima con la noticia que le comunicó el Presidente de Chile, envió tres navios de guerra. Encontraron estos al pirata sobre las costas de Cañete, 50 leguas al Sur del Callao. Allí tuvieron un fuerte combate. El enemigo, no pudiendo resistir mas tiempo á nuestras fuerzas, que eran superiores, hizo derrota á las islas Filipinas. En su altura dió con una escuadra que mandaba D. *Antonio Ronquillo*. Este gefe lo derrotó y echó á pique.

AÑO DE 1616.

Jacobo Maire, mercader rico de Amsterdam, y *Guillermo Schouten*, famoso piloto holandes, salieron con dos navios del Tejelo á buscar en nuestras tierras nuevos descubrimientos. Costeando estos las riberas del Brasil, pasaron la boca del Estrecho. En la altura de 54 grados, 64 minutos de L. A. descubrieron el Nuevo Estrecho de 12 leguas de largo, y 8 de ancho, que está entre las Tierras del Fuego y la isla que ellos llamaron *Stateland*. Pusiéronle el nombre de *Maire*, en atencion á su descubridor. Registraron diferentes islas, que están á la entrada y á la salida de este Estrecho: y tomando posesion de ellas de parte de los *Estados Generales*, navegaron á las Molucas y Filipinas, de donde doblando el cabo de Buena-Esperanza, se restituyeron á Holanda. Nuestra Corte instruida de este hecho dió órden á *Juan Morel*, para que con dos carabelas pasase á reconocer el Nuevo-Estrecho y elegir sitios que fuesen mas cómodos á una fortificacion marítima. Desembarcó este piloto por los años de 1617 en una de las tierras que median entre los dos estrechos. Encontró hombres de desmedida estatura, pero no gigantes. Uno de ellos le dió una barra de oro con media vara de largo. Y habiendo él demarcado la tierra y situacion de aquel tránsito, regresó á España por los años de 1618. Con las instrucciones de *Morel* volvió la Corte á despachar en este mismo año á *Bartolomé García Nodal.* Este hizo mas exactas diligencias de sus demarcaciones, y puso al Estrecho el nombre de *San Vicente.* A este mismo tiempo entró por él con una embarcacion *Guillermo Ezeten*, inglés. No hizo este náutico otra cosa, que habiendo demarcado las costas y puertos de Chile y el Perú, restituirse á Lóndres, á dar cuenta de sus observaciones y viages.

AÑO DE 1624.

Jacobo Heremite Clerk, holandes, armó en Amsterdam una escuadra de once navios, con 294 cañones y 1637 hombres de tropa disciplinada. Entró al Mar del Sur por el cabo de Hornos. Llegó á las islas de *Juan Fernandez* y refrescó en ellas su gente. Aquí tuvo consejo de guerra. Su votó fué navegar al Callao con el alto designio de tomarlo por sorpresa y saquear la ciudad de Lima. Siguiéronle todos, y se continuó el viage. Tocó en el destinado puerto y se fondeó dos leguas afuera, en la Isla de San Lorenzo. El virey de Lima *Marqués de Guadalcazar*, con la noticia que le comunicaron las vigias de las muchas velas que se habian dejado ver en nuestras costas, guarneció las playas con las milicias del pais construyendo en los puertos muchas baterías. Levantó varios regimientos de caballería para que impidiesen el desembarco. Coronó el presidio del Callao con las tropas regladas de infantería española. Pasaban ya nuestras fuerzas de mas de 20,000 hombres de armas entre oficiales de honor y nobles, paisanage y milicias. Puso el pirata sitio al puerto. Se mantuvo cinco meses en esta empresa. No le fué posible en todo este tiempo desembarcar un solo hombre. Desesperado mudó de intento. Destacó entónces de su escuadra algunos navios para que robasen los puertos abiertos de Pisco y Guayaquil. Pero sus naturales y vecinos les dieron tan buen despacho, que perdieron en el saco gran parte de su gente. Antes de enviar esta expedicion, arrojó sobre nuestro puerto un navio de fuego: máquina, que en el sitio de Amberes inventó el flamenco *Federico Tambelo*. El viento y las corrientes llevaron á Sotavento este burlote á las playas de *Boca-Negra*, casi media legua del Callao, y dos de Lima. Reventó en ellas, sin mas efecto, que un ruidoso estremecimiento, é iluminación de la tierra. Conociendo el *Heremite* la vanidad de sus proyectos se encendió tanto en cólera que murió repentinamente en 2 de Junio de 1625. Fué sepultado en la isla de San Lorenzo, donde yace para escarmiento de piratas. Despues tomó el mando de la escuadra *Gben Muigen*, otro holandes, que era su subalterno. A pocos dias se desapareció de nuestro puerto y siguió el rumbo del cabo de Hornos, que repasó con felicidad. Registrando este las costas del Brasil, invadió y ganó la ciudad de la Bahia de todos Santos, que es la capital de este Reino. Pero al año siguiente la recuperó *D. Fadrique de Toledo*. Así dejando él libre los mares de nuestra América se restituyó á Amsterdam, sin otro logro que la pérdida de su General y mucha de su gente.

AÑO DE 1633.

HENRIQUE BREANT, holandés, con una escuadra considerable salió de Fernambuco y entró al Mar del Sur por el Estrecho de Maire. Era su ánimo tomar el presidio de Valdivia y fundar allí una colonia. Habiendo, pues, desembarcado su gente y empezado á fortificarse en aquel sitio, el gobernador de la plaza y su guarnicion, ayudados de los indios chilenos, lo desalojaron á cuchilladas, obligándoles á abandonar el puesto. Noticiado de este suceso el Virey de Lima, *Marqués de Mancera*, despachó una escuadra de seis navios al cargo de *D. Antonio Martin de Toledo*, su hijo, que fué despues Presidente de Italia. Este Jefe reconoció los sitios, mejoró las defensas del presidio y levantó una fortaleza de su nombre.

Encierran la bahía de Valdivia, como en un sémi-círculo, cuatro castillos. Son ellos *Amargos*, *Corral*, *Niebla* y *Mancera*. Este último, que es el principal, se ha situado en una isla, que forman los rios Aganchilla, Ensenada de San Juan y el de Valdivia. Está coronado de 16 piezas de cañon de á 24 y 18. Su guarnicion es de 100 hombres, con un capitan de piquete que se muda cada mes. A la banda del Sur le hace frente una pequeña fortificacion, que llaman el *Castillito*. Los demas castillos no son tan considerables. *Niebla* tiene 12 cañones. Los mas de 18, con 3 que miran á la costa de Chanhuin, que habitan los indios bárbaros. Su guarnicion es de 100 hombres. *Corral* tiene 4 cañones, con 20 soldados. *Amargos* 3 de á 94, con igual guarnicion. Se comunican estos castillos á la plaza por el rio de Valdivia, que dista siete leguas. En igual distancia, rio arriba, se ha construido un castillo de madera, que llaman de *Cruces*. Este con su guarnicion, de 30 hombres, que cada mes se mudan, contiene las invasiones de los indios de *Tolien*, alto y bajo, y de la *Maraquina*. La entrada del puerto es una garganta tan estrecha que apénas puede pasar un navio, sin que sus vergas dejen de tocar en la tierra. El muro del presidio es de piedra de sillería, con su rebellin de madera y cinco baluartes, que son *Santiago*, *el Muelle grande*, *San Pedro*, *el Terraplen* y *el Muelle chico*. Le coronan 13 cañones de á 24 y 4 pedreros. La dotacion de esta plaza debe ser de 500 hombres, sin entrar en este número los oficiales y gastadores, que son muchos. Ha padecido, en el tiempo casi de siglo y medio, varios incendios. El mayor fué á 17 de Enero de 1748. No quedó en él templo ni fábrica alguna que no se redujese á cenizas. Solo salvaron los libros de registros parroquiales y contaduría, con las custódias de la Compañia, y Hospital Real. La plata y oro que guardaba el Gobernador, se fundieron de modo, que corrian por las calles derretidas. La materia de las casas es de madera con sus cubiertos de junquillo, que es una especie de Enea. Ahora 120 años éran tódas de adobe, ladrillos y piedra, con sus techos de tejas. En fin, este presidio es uno de de los que merecen mayor atencion en el Ministerio de Indias, y que sus gobernadores sean, no como quiera celosos del Real servicio, sino muy justificados.

AÑO DE 1639 ó 40.

Pie de Palo, corsario holandés, mandando una escuadra de catorce navios, encontró la nuestra que volvia de Cartagena á Cádiz. Fiado él en las ventajas de la suya, mantuvo con la nuestra un recio combate de cinco horas. Al fin de ellas pereció con siete de sus navios, que fueron echados á pique, y los otros muy maltratados. Este triunfo se celebró en Cádiz y en las Indias con luminarias y repiques. Debióse él á la valerósa conducta de *D. Carlos de Ibarra*, que mandó la funcion.

AÑO DE 1656.

Mr. Penn, almirante inglés, con una escuadra de doce navios sorprendió y tomó la Jamaica. Es esta una isla al Sur de Cuba y al Oeste de la Española. Descubrióla *Colon* por los años de 1494, y la pobló por los de 1509. Ha sido ella desde este tiempo el abrigo de nuestros enemigos y la mas fatal polilla de nuestro comercio. Mucho pudiera decir sobre esto. Pero mejor que yo lo ha dicho (en su *Aviso Histórico*, pág. 168 y 169) *D. Dionisio Alcedo y Herrera*, Presidente que fué de Quito y Panamá. Son sus palabras: *La Jamaica en el dominio de la nacion inglesa y en una inmediacion tan próxima de los puertos de ambos reinos, que el mas distante está* 200 *leguas de aquella fatal colonia; ha sido por espacio de* 84 *años, segura escala de sus escuadras en el tiempo de las guerras; asilo y refujio de las naciones y piratas enemigos de la España, sin distincion de tiempos. Almacen abastecido de toda especie de mercaderias, para fomentar el trato ilícito en las costas; por los puertos estraviados del comercio público. Estrago de todas las provincias de ambos reinos y ruina universal de los comercios de Europa, en el desbarato de flotas y galeones.*

En esto último el mas perjudicado ha sido el comercio de Sevilla. Todos los años le entraban de su negociacion doce millones. En los galeones de 1723, 1728 y 1731, apénas le tocaron 100,000 pesos. Desde el año de 1574 hasta el de 1702, se habian despachado 45 armadas de galeones. Ninguna bajó de treinta millones. Tres de ellas que fueron de los años de 1645, 1659 y 1691, excedieron aquella suma: y la del año de 1708 (con haberse permitido el comercio francés al mar del Sur) llegó casi á cuarenta millones. Consta esto de los registros é instrumentos auténticos que se guardan en las oficinas del Perú y Cádiz. Los menoscabos tan grandes que ahora sentimos en esta parte, quizá se remediarán, volviendo los galeones á su antiguo pié, y castigando con perdimiento de bienes y condenacion perpétua á las minas de Huancavelica ó presidios de Africa al que se mezclase con los ingleses en el comercio ilícito de la Jamaica, ú otras colonias desnaturalizando asi mismo á sus hijos y descendientes de los reinos de España y de las Indias. Mas hará esto que la horca y el cuchillo, junto con un Tribunal que solo entiende en causas de esta naturaleza, y que no permita en nuestros puertos vagabundos, extranjeros ni ociosos, que son los que por lo comun viven del contrabando.

AÑO DE 1669.

Enrique Morgan, que otros llaman *Juan*, natural del principado de Gales, siendo mozo, se embarcó para las islas Barbadas, donde fué vendido y sirvió de esclavo. Luego que consiguió su libertad se condujo á la Jamaica. En esta isla se juntó con los muchos piratas que se habian acojido á ella. Hizo cuatro viages en su compañía. No sufriendo su espíritu el ser mandado, compró un bájel para aprovecharse él solo de las presas que tomase. Con esta embarcacion, equipada de numerosa chusma de ladrones, habiendo saqueado las costas de Campeche y Maracaibo se restituyó á la Jamaica. Aquí se amistó con un viejo pirata, nombrado *Mansuelt.* Este le ayudó para armar una flota de quince embarcaciones y 500 hombres. La que formada, navegó á las islas de Santa Catarina, siendo *Masuelt* el Almirante y *Morgan* su subalterno. Tomaron la isla. Mas no les fué posible mantenerse en ella por falta de socorro. Se retiraron entónces a la isla de la Tortuga. Murió en ella el Almirante, y *Morgan* le sucedió en el cargo. Hizo él equipar nueva flota, con doblada tripulacion y navíos de mayor resistencia. Señaló el puerto de Cuba para que allí se juntasen. Salió de él y navegó al puerto del Príncipe, que saqueó. Como los despojos no cubriesen las deudas que habian contraido en la Jamaica sus compañeros los flibustiers, se desbarató el armamento.

Con todo, *Morgan* á poca costa, armó una flotilla y con ella tomó á Portobelo. Le importó la presa mas de medio millon entre finas mercaderías y 250,000 pesos en plata que repartió á sus compañeros. Alentado de este suceso, aspiró al sacó de mayores plazas. Volvió á la Jamaica y recojió en ella 15 bajeles y 900 hombres. Con este armamento saqueó segunda vez á Maracaibo, y robó á Gibraltar, habiendo desbaratado á unos navíos españoles que se le opusieron. Partió de aquí á Panamá, teniendo ya aumentada su flota de 37 velas con 2,000 hombres de desembarco. En la toma de la isla de Santa Catarina, perdió cuatro embarcaciones y empezó su gente á tocarse de escorbuto y disentería, mas él no desmayó de la empresa. Forzó á Chagre, y por el rio de este nombre subió á Panamá, que rindió en el tiempo de cuatro dias de sitio, y quemó, despues de haberla saqueado y cometido crueldades, que exceden la tiranía de los mas bárbaros. Sobre la division de la presa, que fué de muchas riquezas en oro, plata y perlas, hubo entre los oficiales gravísimas disenciones. *Morgan,* reconociendo que estas eran interminables, se retiró á la Jamaica con cuatro bajeles, donde nunca mas se mezcló en expediciones tan infames y de resultas tan peligrosas.

El Virey de Lima, *Conde de Lemus,* informado de los atroces hechos de *Morgan,* envió en su persecucion la armada del Sur. A esta acompañaron las tropas de infantería, que por Guayaquil hizo conducir el Presidente de Quito. Llegaron fuera de tiempo estos socorros. Ya Panamá era cenizas y el enemigo (como se ha dicho) se habia retirado con la presa al antiguo albergue de sus robos Despues de órden de S. M. se mudó la ciudad al sitio que hoy ocupa, que es á los 8 grados 45 minutos de L. B.

AÑO DE 1670.

Carlos Henrique Clerk, con una fragata de 40 cañones, entró en el Estrecho de Magallanes al Mar del Sur. Traia las órdenes del Ministerio de Inglaterra para observar y demarcar los puertos y lugares de la costa de Chile y el Perú. Lo que ya ántes por los años de 1616 habia practicado *Guillermo Ezeten*, como se ha dicho. Pero uno y otro con igual efecto. Esto es la poca seguridad que se debe tener de estas operaciones, cuando se hacen desde el Mar. Determinó este demarcador tomar tierra, y se desembarcó en Valdivia. El Gobernador de esta plaza le aprisionó, matándole la mayor parte de su gente. Remitido á Lima, se le dió garrote en la plaza mayor por los años de 1682, siendo Virey el *Duque de la Palata*, no habiéndole valido los efugios y contestaciones de ser católico y estar ordenado de presbítero.

AÑO DE 1679.

Cokson Harris, Bournano, Saukins, Sharp, Cook, Allesson, Rowe, Watlin y Macket, piratas ingleses y compañeros de *Morgan*, salieron de la Jamaica el 23 de Marzo con nueve bajeles, siendo gefe de la escuadra el primero que hemos nombrado. Navegaron á la costa del Darien: y el 19 de Abril se apoderaron de la ciudad de Santa Maria. No habiendo hallado en ella los tesoros que imaginaban, costearon á Panamá y echaron á pique varios navios de Lima, que habian anclados en su puerto y bloquearon diez dias la ciudad, que no pudieron rendir.

El gefe hizo dimision del empleo de almirante. Sucedióle el capitan *Sawkins*. Pero habiendo sido este muerto (no sé si por los suyos ó por los nuestros) entró en su lugar *Sharp*, que por sus hechos se ha distinguido entre todos los *Flibustiers*. Hizó velas para Arica, con ánimo de sorprenderla de noche. Pero repelido de sus naturales y vecinos se dirigió al puerto de Ilo, donde recogió nuevas provisiones. Despues se retiró á las islas de *Juan Fernandez*, habiendo robado y destruido todos los navios mercantes que encontró en el camino. Aquí fué depuesto del empleo, tomando el mando el capitan *Watlin*. Resolvió este segunda vez invadir á Arica. Mas esta empresa le costó mas que la primera, porque casi perdió la mitad de su gente en el asalto. Embistió tambien á Paita, que no fué ménos vigorósa en su defensa. Como no hubiesen correspondido los efectos á sus vanas esperanzas, navegó a buscar el Estrecho de Magallanes, que en mas de un mes, no pudo hallar; por lo que, separándose los demas eon-piratas, se retiró (como dicen) á su pais.

AÑO DE 1679.

Bartolomé Charps, Juan Guarlen y Eduardo Bolmen, ingleses, acompañados de 150 bandidos y piratas, fueron introducidos por los bárbaros del Darien al Mar del Sur. Estos en piraguas y canoas, los condujeron al puerto de Perico. En él habia ancladas dos embarcaciones. Sorprendiéronlas repentinamente. Hallaron en la una 50,000 pesos y mucha provision de harina, pólvora y otros pertrechos de guerra, que para el socorro de Panamá se habian remitido de Lima. Con estas presas y crecido número de gentes, así de su misma nacion, como de otras, que se les habian juntado, saquearon los puertos y lugares abiertos de las costas del Perú y Chile. En estas piraterías, *Eduardo Bolmen*, necesitado de víveres, desembarcó en Tumaco, puerto de la jurisdiccion de Quito. Robó las casas de campo, situadas en aquellas playas; y pareciéndole que no eran bastantes aquellas provisiones para la multitud de bandidos que le seguian, volvió por lo demas. Á este tiempo *D. Juan de Godoy*, teniente de aquel partido, llegaba al puerto. Así que lo descubrió puso toda su gente en emboscada, Luego que cuarenta de los piratas tomaron tierra, fueron sorprendidos repentinamente y muertos todos. Quedó solo *Bolmen*. Le embistió *Godoy* con espada y daga. Teniéndole casi rendido le concedia la vida, con designio de enviarlo vivo al Virey de Lima. Pero lo acabó de matar á cuchilladas, porque él prefirió morir primero que rendirse. Este y sus compañeros habian residido mucho tiempo en Lima, con el nombre de Irlandeses, Vizcainos ó Navarros, como hay muchos en la América. Habian hecho allí observaciones que intentaban poner en práctica.

Guarlen y Charps con las instrucciones que les dejó *Bolmen*, y naves que habian armado, pasaron á las costas de Chile. En ellas robaron el puerto de Coquimbo y ciudad de la Serena, y se abrigaron de la isla de *Juan Fernandez*. Descubiertos de uno de los navios de guerra, que el Virey, Arzobispo de Lima, *D. Melchor de Liñan y Cisneros* habia despachado, se desaparecieron. Miéntras los nuestros les daban caza, usaban ellos la estratágema de navegar de dia hacia la costa de Valdivia. Pero de noche mudaban el rumbo hacia Arica. Aquí se desembarcaron y aprisionaron algunos de los nuestros, rompieron la trinchera, que les opuso *Gaspar de Oviedo*, Maestre de Campo de las milicias de aquel partido. Insolentados los piratas, emprendieron osadamente tomar y saquear la ciudad. Pero *Oviedo* oponiéndoseles segunda vez, al primer choque mató á *Juan Guarlen* y á su alferez, que llevaba la bandera inglesa, y á 23 soldados, haciendo prisioneros 19, que despues fueron ahorcados. No le fué posible alcanzar á los que huian, por haber durado el combate siete horas, desde las ocho de la mañana hasta las tres de la tarde. Los otros piratas escarmentados de los sucesos referidos con dos navios, y otros que apresaron á la salida de Guayaquil, entrando por el estrecho de Maire, llegaron á Londres el año de 1681.

AÑO DE 1682.

Cook y Cowley, piratas ingleses y cabezas principales de los *Bucaniers* y *Flibustiers*, salieron de la Virginia el 23 de Agosto. Navegaron á las costas de Cabo Verde, y desembarcaron en el puerto de Santiago. En él apresaron una fragata de 40 cañones, cargada de víveres y provisiones, y saquearon la poblacion, robando cuanto se les vino á las manos. De aqui hicieron vela hacia las costas del Brasil: y habiendo descubierto á los 47 grados de L. una isla, que *Cowley* llamó *Pepys*, recorrieron en la Havra (capaz de mil bajeles) sus embarcaciones. Despues dirigiéndose al estrecho de Magallanes, descubrieron á los 53 grados las tierras del Fuego. Pero no atreviéndose á pasar el Estrecho de Maire, determinaron doblar el Cabo. En esta vuelta encontraron á los 47 grados de L. un navio ingles, que mandaba *Juan Eaton*. Obligaron á este á seguirles, despues de haberlos arrojado una tempestad hasta los 63 grados y 30 min. Altúra, que hasta entónces ningun bajel habia tocado. Aquí siendo los frios insufribles, reviraron al Nordeste. Continuando estos aventureros su viage llegaron á la isla de los Lobos, donde refrescaron y carenaron sus embarcaciones, Informados de uno de los prisioneros que el Realejo en nuestra costa septentrional era plaza desproveida de víveres y desnuda de guarnicion, encaminaron á él su derrota. Pero se engañaron. Sus naturales y vecinos defendieron el puerto vigorosamente, y les obligaron á retirasse. Entónces ellos salieron al golfo de S. Miguel y se hicieron dueños de las islas de la Manguera y Amapalla. Aquí, con la muerte de *Cook*, se rompió la liga de los piratas, habiéndose movido grandes disenciones entre los capitanes *Eaton y Davis*.

Cowley, seguido de *Eaton*, dejó estas islas y navegó á las costas del Perú, donde tomó dos navios que estaban anclados en Payta, y se retiró á la Gorgona, para hacerse de agua y leña. Siguiendo siempre al Oeste Nordeste, puso su rumbo á las Indias Orientales: y en la altura de 13 grados 2 min. de L. descubrió la isla de Guan, una de las marinas. Fingiéndose embiado de la Corte de Francia, engañó al Gobernador español, que le permitió desembarcar, y dió todo lo necesario pára su viage. Continuó de aquí su derrota y descubrió en la altura de 13 grados, 30 minutos de L. septentrional, una cadena de islas al Norte de las de Luzon. Costeando estas, llegó á Canton, y saqueó esta ciudad. En fin, despues de otras muchas aventuras que no hacen á nuestro asunto, se apartó *Cowley* de sus compañeros, y embarcandose en un navio holandes, dobló el cabo de Buena-Esperanza, y se restituyó á Lóndres, habiendo dado la vuelta al mundo.

AÑO DE 1683.

EDUARDO DAVID, pirata flamenco, entró por el Estrecho de Magallanes, con una fragata de 36 cañones y otra de 16, ambas con tripulacion inglesa. Salió él al Mar del Sur, y se le juntaron entre la isla de Santa Clara y punta de Santa Helena 264 *flibustiers*, ingleses, que penetrando el tránsito del Darien, se trasportaron en canoas, que allí labraron, al rio de Boca-Chica. Con estas gentes y sus embarcaciones, que eran seis pequeñas, un burlot de fuego y un navio marchante sin artillería, empezó á infestar las costas del Perú. Avisado el Virey de Lima, *Duque de la Palata*; de los insultos que este pirata cometia en nuestros puertos y lugares abiertos envió contra él una escuadra de siete bajeles que mandaron en calidad de General *D. Pedro Pontejos*, y de Almirante *D. Antonio Beas*, conduciéndose tambien á bordo de la Capitana *D. Tomas Palavicino*, cuñado del Virey y General del Callao. Se avistó nuestra armada con la del enemigo en la ensenada de Panamá, cerca de las islas del Rey. Combatió con ella el 11 de Junio de 1685, y la tuvo casi rendida, á no haberse levantado entre los nuestros varias contiendas sobre el mando. Miéntras estas no se decidian se perdió el tiempo que, escapándose, logró el enemigo.

Nuestra escuadra se retiró á Paita. Aquí por un gravísimo descuido se quemó la Capitana con los jefes principales y 400 hombres de su tripulacion, habiendo solo librado en una tabla D. *Pedro Pontejos*, hijo del General. La de los enemigos, que ya se habia separado de los filibusteros, registrando nuestras costas, saqueó los puertos de Zaña, Santa y Casma. En este último, *Eduardo David* hizo pasar por las armas á D. *Andres de Estrada*, su cura. Esto, por sospechar de que habia ocultado el dinero, que en realidad no tenia. No falta autor que diga que la pérdida de su caudal le ocasionó la muerte, consumiéndose á rigores de la pena. Enteramente es esto falso y contra el crédito de un eclesiástico de virtud y mérito. Despues el pirata, invadiendo á Huaura, aprisionó á D. Blas de la Carrera, Alcalde Provincial. Puso su rescate en una crecida cantidad. Como esta no se le hubiese remitido al tiempo señalado, lo mandó degollar y colgar su cabeza en un penol. Lo que efectuado pasó á Pisco y desembarcó en Paraca el 21 de Junio de 1686. Los nuestros salieron del fuerte y le mataron alguna de su gente. Pero reconociendo mayor fuerza en la del enemigo, se retiraron á la fortaleza. Desde ella resistieron, hasta que no pudiendo mantener el puesto, por ser mayor el número de los contrarios, se rindieron y quedaron prisioneros. Concedióles la libertad por veinticuatro mil pesos, que pagaron de contado, reduciéndose á esta suma, la de ochenta mil que pretendia sacarles.

AÑO DE 1685.

Marcerti y veintidos de los *filibusteros* que habian jugado la parte que les tocó de presas y robos, salieron de la isla de *Juan Fernández*, en una pequeña embarcacion. Su ánimo era perecer, ó arrojarse á mayores empresas, que las que sus compañeros, habian hecho. En las costas del Perú y Chile tomaron uno por uno, hasta cuatro navíos mercantes. De estos escogieron el mejor. Pusieron en él todas sus presas y gentes y navegaron al Estrecho. En el medio de él fué destrozado el navío, por una fuerte tempestad. Ellos escaparon, y con los fragmentos que arrojó el mar, construyeron un barco que les costó diez meses de trabajo. Los mas de ellos perecieron de hambre y miserias. Los pocos que quedaron se acojieron á la Cayenne, isla de la costa de la Guayana, que está á los 4 g. 45 m. de lat. y 352 de long. al Norte, con 18 leguas de circuito. Aquí cuatro de ellos proyectaron pasar á Francia con buenas memorias, y volver á infestar el mar del Sur. Lo consiguieron. Entre estos era el principal *Marcerti*. Habló él á Mr. de *Gencs* que se agradó de las proposiciones. Este, contemplandolas interesantes á su Corte, obtuvo del Rey el mando de una escuadra de seis bajeles. Salió con ella de la Rochela el 3 de Junio de 1695. No trajo otra cosa de los mares de América, que las demarcaciones y observaciones que trabajó *Mr. Eroger*, restituyéndose el 21 de Abril de 1697 al mismo puerto de donde habia salido.

AÑO de 1687.

Los *Filibusteros* ingleses que acompañaron á *David* én el primer combate, que tuvo con los nuestros en la ensenada de Panamá, se separaron á hostilizar las costas de nueva España. En ellas tomaron la ciudad de Granada. Este pillage fué ninguno ó poco considerable. Asi determinaron lograr otro de mayor interes, apoderándose de Guayaquil. La que tomada por indefensa, les contribuyó cuarenta y dos mil pesos, á cuya cantidad se redujo el millon en que habian puesto su tasa. Fuera de esto, hallaron en las Cajas del Rey y particulares 92,000 pesos y muchas mercaderías finas, perlas, diamantes, esmeraldas y plata en pasta y labrada, que su importe pasó de mas de 200,000 pesos. Pero se manejaron tan villanamente, que, aun habiendo recibido la contribucion, degollaron cuatro de los vecinos que tenian en rehenes, y remitieron sus cabezas á la ciudad, para que siendo lastimoso espectáculo del pueblo, fuesen hasta hoy afrentoso padron de su barbarie, crueldad, tiranía y torpeza.

Como la noticia de estos infames hechos llegase á Lima, varios caballeros, hijos y vecinos de esta capital, armarón á su costa dos navios de guerra, que entregaron, el uno á *Nicolas de Igarza*, y el otro á *Dionisio de Artunduaga*, comerciantes vizcainos, é inteligentes en la Náutica. El principal armador (como lo afirman los autores de aquel tiempo, y yo guardo una Memoria impresa) fué *D. Cristoval de Llano Jarava*, caballero profeso en el órden de Santiago, Gobernador y Capitan General de Santa Cruz de la Sierra en el Perú, Capitan de Gentiles-Hombres Lanzas y Tesorero de las Reales Cajas de Lima. Este limeño sirvió entónces al Rey y á su patria, franqueando mas de cien mil pesos de su caudal, asi por lo que le tocaba de parte, como por lo que suplió en los gastos de los otros compañeros, que no fueron ménos celosos en la equipacion de los bajeles. Salieron pues estos del Callao, y entre la isla del Amortajado y punta de Santa Elena, que están en tres grados de L. A. encontraron con la flota de los piratas. Combatieron con ella; y en repetidos encuentros duró el combate desde 27 de Mayo hasta 2 de Junio. Los nuestros les dèsarbolaron dos embarcaciones, que abandonaron luego los enemigos. Y temiendo ellos que las demas padeciesen igual fortuna, favorecidos de la oscuridad de la noche, huyeron bien maltratados. Los dos bajeles de Lima continuaron su corso, hasta limpiar el mar, como lo consiguieron, de estos tiranos y ladrones que desde entónces no se dejaron ver en costa alguna.

AÑO DE 1696.

Los Mrs. POINTY y CASSÉ con once navíos y muchas embarcaciones pequeñas, salieron de *Petis-Goave*, conduciendo en ellas, fuera de las marinerías, 1,800 infantes para invadir á Cartajena. Tomaron el castillo de Boca-Chica y desembarcaron en la playa que está entre la Ciénega y el castillo de San Lázaro. Ganaron esta fortificacion y atacaron despues la Medialuna, ocupando el arrabal de Gigimani, que les abrió el paso para tomar la plaza y saquear sus tesoros y riquezas. Importarón estos diez millones de pesos, siendo la mayor cantidad de los interesados del comercio de España. En el pillaje se halló una urna del *Santo Sepulcro*, que era de plata maciza. Esta conducida á Francia, la mandó restituir la Magestad del *Señor Luis XIV*, advirtiendo á sus vasallos, que no lòs enviaba á profanar los templos, ni mezclar entre las presas los vasos sagrados ni cosa que tocase á los usos de la Iglesia.

AÑO DE 1699.

Mr. Beauche Govin, navegante frances, entró al Estrecho de Magallanes y dió fondo en el cabo de las Vírgenes el 24 de Junio. Continuó su navegacion y ancló en el puerto de *Famine*, que en otro tiempo fué poblacion de españoles. Aquí observó que (aun siendo la estacion mas rigorosa del Invierno en nuestro clima) el tiempo era tan templado como en Francia. Registró tambien un terreno llano, capaz de cultivo, que se estendia mas de 20 leguas en la isla de Santa Isabel. Visitó la Tierra del Fuego y comunicó con los indios bárbaros que la habitaban, habiendo recibido algunos á bordo de su navio, que estaba anclado cinco leguas de la playa. Este manejo le hizo conocer que eran tratables y dóciles á la comunicacion. Cuando él iba á tierra le venian tropas de 20 en 20 y de 50 en 50, rindiéndosele en ademan de quien pide limosna. Ellos traian por todo vestido una túnica de pieles hasta la rodilla, y vivian en unas chozas cubiertas de lo mismo.

Despues siguió su rumbo al puerto Galante, donde tocó y descubrió una isla con dos abras. Llamó á la mas principal *Puerto Delfin* y á la otra *Puerto de Philipeaux*. Tomó posesion de ella y le dió el nombre de *Luis el Grande*. De aquí, doblando el cabo de la Victoria, entró al Mar del Sur: y el 5 de Febrero se fondeó en la isla de Santa Maria Magdalena, que está en la costa de Arauco, donde dicen, que hay un buen puerto, y que los navios se pueden amarrar en gruesos árboles, que pueblan sus orillas. En fin, costeando los puertos de Chile, hizo con sus habitantes un comercio útil y se restituyó á Francia, por el cabo de Hornos, habiendo entregado al Almirantazgo las memorias y planes que escribió y levantó en el estrecho de Magallanes, donde estuvo siete meses el ingeniero *Mr. Labat*, que navegó en su compañia. La carta reducida de este estrecho, que por los años de 1753 publicó *Mr. Bellin*, que en su género no hay otra, es sacada de estas memorias.

AÑO DE 1707.

Wodes Rogers, pirata inglés, salió con dos embarcaciones de un puerto cerca de Bristol el 2 de Agosto, trayendo en calidad de su primer piloto á *Guillermo Dampier*, bien conocido por la relacion de sus viages. Montó el cabo de Hornos y se acogió á las islas de *Juan Fernandez*. En ellas halló á *Alejandro Selkirk*, escoces, á quien el capitan *Pradlin* (habia 4 años y 4 meses) que allí habia abandonado. Despues de haber refrescado su gente dejó las islas el 14 de Febrero de 1709 y fué á invadir a Guayaquil, que tomó repentinamente. Esta ciudad le pagó por su libertad una gruesa contribucion. De aquí, cruzando nuestras costas, apresó varias embarcaciones pequeñas. Entre estas, en un puerto de California, rindió el Galeon de Manila, que le costó bien cara su presa, porque perdió en el combate mucha de su gente. Lo que junto con las enfermedades y otras miserias, lo iban constituyendo en infeliz estado. Así determinó dar la vuelta al mundo y restituirse á la Europa, donde condujo de sus piraterías una carta española, con la descripcion de todas las costas, radas, abras, rocas y bancos, desde Acapulco hasta Chiloé, que publicó al fin del tomo II de su *Diario*, y dió fondo en Dones el 11 de Abril de 1711.

AÑO DE 1708.

TOMAS COLB, pirata inglés, con una piragua y 70 hombres, salió de los Manglares del Darien, donde estaba encubierto. Este, habiendo acometido á un bergantin que por el rio de Chagres convoyaba 14 balandras, ricamente cargadas, las rindió y mató al capitan que las mandaba. Despues en el mismo sitio apresó otras seis. La carga de unas y otras le reguló por mas de medio millon de pesos, que condujeron estos ladrones á la Jamaica, asilo de sus robos.

En este mismo año, *Carlos Wager*, Vice-almirante inglés, salió de la Jamaica con una numerosa escuadra: y el 8 de Junio á las 5 de la tarde, á vista de Cartagena, se presentó á nuestros galeones, que volvian á España con todos los tesoros, que en aquella ciudad se habian recogido de la feria que se acababa de celebrar por los meses de Abril y Mayo. Combatieron unos y otros con grande fuerza desde el mismo instante que se encontraron hasta las cuatro de la mañana. Naufragó nuestra Capitana nombrada *San José*. Salvaron en ella solo cinco hombres, que recogió á su bordo el enemigo, habiéndose ahogado 578. Varó una de nuestras ureas, que venia armada con la tripulacion del navio de guerra la *Almudena*, que se habia echado al través. Se rindió el navio de guerra nombrado el *Gobierno*, que mandaba el *Conde de Vega Florida*. Este navio resistió solo á tres de los ingleses, mos de diez horas en continuo fuego. Pero desarbolado y yéndose á pique se entregó con cinco millones de pesos que cargaba. En este combate solo escapó libre la Almiranta. Estuvo ya para ser apresada de los enemigos que le siguieron. Debió su seguridad á la inteligencia de su piloto, que gobernándola en el banco de Salmedina con una diestra y repentina evolucion la metió en el puerto.

AÑO DE 1709.

Cruzando una escuadra inglesa de la travesía de Cartagena á la Habana, atacó á la Almiranta de España, que mandaba *D. Miguel*

Augustin de Villanueva. Acompañaban á esta dos navios franceses cargados de un grande tesoro nuestro. Persuadidos los ingleses, que este se conducia en la Almiranta, dejaron los franceses y aplicaron todas sus fuerzas al español, tomándole en medio de todas sus embarcaciones. Duró el combate cuatro horas. Pereció en él nuestro Almirante, sin dejar las armas ni el mando hasta que derramó la última gota de sangre, y perdió la mayor parte de su gente. En fin, rendida nuestra Almiranta, se hallaron burlados los enemigos con un vaso inútil y destrozado á los golpes de su furia y ambicion, y nuestro gefe (aunque muerto) con la inmortal gloria de haber él solo resistido á toda la escuadra inglesa.

En este mismo año, *Dampierre* y *Roggiers*, piratas ingleses, el uno con una fragata de 32 cañones y el otro con una embarcacion de 24 y 450 hombres de tripulacion, apresaron varios navios mercantes que navegaban de Lima á Panamá. Saquearon la ciudad de Guayaquil que intentaban quemar, á no haberla redimido sus habitantes del incendio que le amenazaba, pagando por su rescate una crecida contribucion. Sabiendo el Virey de Lima, *Marqués de Castel-Dos-Rios*, las hostilidades y robos que hacian los ingleses en nuestras costas, despachó contra ellos una escuadra de cinco navios de guerra, tres españoles y dos franceses. Uno y otros al mándo de *D. Pedro Alzamora Ursino*, Almirante de la armada del Sur. Esta escuadra recorrió las costas del Perú, Chile, Tierra firme y Nueva España: y no habiendo encontrado rastro ni noticia de los piratas se restituyó al Callao por los años de 1710.

AÑO DE 1715.

Dos piratas ingleses, infestando nuestros mares, apresaron en la altura de Payta dos embarcaciones de Lima, cargadas de mas de 400,000 pesos en plata acuñada. Para atajar los daños que empezaban á ejecutar estos ladrones, el Virey de Lima,-Obispo de Quito, *D. Diego Ladron de Guevara*, cabo principal de las armas del Perú, Virey que fué despues de Santa Fé, fletó, por cinco mil pesos mensuales, una fragata francesa de 50 cañones. Despachóla con tripulacion nuestra, al mando de *Mr. de S. Juan*, su capitan. Ayudado este de otra embarcacion, que habia armado el Presidente de Panamá, apresó en el puerto de Pinas una de los piratas y su barca que huía, llena de tesoros y gente. Condujo á Lima los prisioneros, que á pocos dias fueron ahorcados los mas en la plaza mayor. Salió segunda vez *Mr. de S. Juan*, á su costa, á cruzar á nuestros mares. En esta campaña ahuyentó el otro navio, nombrado el *Príncipe Eugenio*, que pasando á las costas de Méjico, fué tomado por un bajel, que habia armado el Presidente de Guadalajara, donde experimentaron el mismo castigo que sus compañeros habian sufrido en Lima.

AÑO DE 1720.

Juan Cliperton, pirata inglés, pasó el cabo de Hornos con una fragata de 40 cañones. Empezó á hostilizar las costas del Sur. Apresó en la altura de Guayaquil un navio que navegaba de Panamá á Lima, conduciendo al *Marqués de Villa Rocha* que acababa de servir aquella Presidencia. Acompañaba á este Ministro su muger. Movido el pirata de las persuasiones de ella, mandó desembarcarla en el puerto de Nicoya, con todas las alhajas y vestidos de su uso, quedándose á su bordo con el Marqués. Costeó despues los puertos de Chile, de donde dirigiendo su rumbo á Panamá, tomó en las costas de Payta otro navio. En este se trasportaba á Guayaquil la *Condesa de las Lagunas,* muger de *D. Francisco Ontañon,* Gobernador de Popayan. Era la señora hermosa y discreta. Tratóla el pirata con singular respeto; y no permitió que le quitasen cosa alguna de sus muebles y equipage. Así la volvió á uno de nuestros puertos para que continuase su viage, sin haber padecido otro quebranto, que el susto.

D. Fr. Diego Morcillo, Arzobispo de los Charcas, que era entónces Virey de Lima, despachó tres navios de guerra, al cargo de *D. Bartolomé de Ordinzu.* Siguieron á pocos dias otros dos, que se juntaron á los primeros. Pero ya el pirata se habia pasado á las costas septentrionales, habiéndosele escapado en las islas Marianas el *Marqués de Villa Rocha,* que era el prisionero de su mayor consideracion, por el rescate que esperaba. La escuadra nuestra cruzó algun tiempo las costas de Panamá, Chile y Lima, y se restituyó al Callao, dejando limpio el Mar de piratas y ladrones.

AÑO DE 1726.

Una escuadra de cuatro navios zelandeses de trato y guerra, salió de Amsterdam para introducir su comercio en los puertos del Perú. Al montar el cabo de Hornos pereció uno de ellos. Los tres, que fueron *S. Francisco, S. Luis y el Flissingués,* pasaron, no sin dificultad, por el mal tiempo en que emprendieron el viage y se acogieron á las islas de *Juan Fernandez.* De aquí partieron, habiendo refrescado su gente, á dar vista á las costas de Chile y el Perú. Hallábase á este tiempo exhausto el Real erario y casi imposibilitado para equipar navios que embarazasen la introduccion de aquel comercio. Entónces dos ilustres montañeses, vecinos de Lima, que fueron *D. José Tagle-Bracho*, primer marqués de Casa-Tagle y *D. Angel Calderon*, tio del primer *Marqués de Casa-Calderon*, armaron con licencia del Virey, *Marqués de Castel-Fuerte*, un navio de guerra. Entregáronlo á *D. Santiago Salavarria*, vizcaino hábil en la Náutica, á quien conocieron muchos de los presentes por los años de 1746, muy maltratado de la fortuna.

Este se encontró con el *S. Luis* en la altura de Coquimbo. Puso bandera francesa, y habló á sugente en este idioma. Los oficiales de él, juzgando que eran franceses, se vinieron á bordo. Al instante los nuestros, que tenian las velas arriadas en falso, las izaron y navegarou al zelandés, rindiéndole, mas por el ardid que por la fueiza. Importó la presa casi 600,000 pesos, que se dividieron entre el Rey y los armadores. El *Flissingués*, haciendo agua y no pudiendo mantenerse por falta de gente y víveres, se entregó en el puerto de la Nasca, al corregidor *D. Manuel Negron*. Este lo hizo conducir á Lima con toda su carga, que excedió la suma de 380,0000 pesos. El *S. Francisco*, oprimido de los contratiempos, dejó el Mar del Sur y pasó, doblando el cabo, á Curazao á hacerse de víveres. Despues, cruzando las costas de Tierra firme, lo atacó el *Conde de Clavijo* é hizo prisionero, con casi un millon de pesos, que montaba su carga.

AÑO DE 1727.

Hosier, almirante inglés, con una escuadra de 11 navíos, salió de la Jamaica, y se dejó ver delante de Portovelo. Las órdenes que llevaba de la Corte de Lóndres eran embarazar el curso de la feria, bloquear los galeones, pedir el navío de permiso, y no dejar cruzar á nuestros guarda-costas. Se mantuvo esta escuadra á vista de Portovelo, fué imponderable el comercio ilícito que se introdujo en todas aquellas costas. Ajustadas las diferencias entre nuestra Corte y la de Lóndres, se retiró la escuadra por los años de 1728 habiéndose ejecutado á su sombra notables menoscabos á los intereses del Soberano, y utilidades de sus vasallos europeos y americanos.

AÑO DE 1735.

Cornelio Andrés, tratante holandés, salió de Amsterdam por los años de 1734 cen una embarcacion grande, llena de un millon de pesos en mercaderías, y armada en guerra. Montó el Cabo de Hornos, y se presentó á los puertos abiertos del Sur. El Virey de Lima, Marqués de Castel-fuerte, envió en su seguimiento un navío de 60 cañones, bien proveido de gente y municiones. El tratante, temiendo ser apresado, recorrió los puertos de Guayaquil, Tumaco y Palma Real. De aquella costa se habian retirado los víveres y ganados; así mismo se habian remitido á Guayaquil dos mil libras de pólvora. Estas últimas providencias se debieron al Presidente de Quito, que lo era entónces D. Dionisio Alcedo y Herrera que ya he citado en esta carta. Burlado, pues, el holandés y desesperanzado de sus proyectos, hizo derrota á los Molucas, sin haber logrado de esta empresa sino miserias y trabajos.

AÑO DE 1740.

Eduardo Wernón, almirante inglés, salió á fines de Febrero de la Jamayca, con la mas formidable escuadra que hasta entónces habian visto las mares de nuestra América. Componiase ella de ocho navíos de tres puentes, 28 de línea, 10 fragatas y paquebotes, de 20 hasta 50 cañones, 2 bombardas, 6 brulotes y 130 embarcaciones de trasporte. Conducianse en ellas nueve mil hombres de desembarco, que hacian los regimientos de *Arieson Wenth, Wolses, Robinson, Lowthers, Winyares, Grants, Gooch, Lans,* y dos mil negros de machete. Todos en tierra al mando del brigadier *Wentworth.* Dirigió el almirante su rumbo á Cartajena. El 13 de Marzo á las nueve de la mañana, se dejaron ver por *Punta de Canoa* las primeras velas. Fueron ellas tres embarcaciones, que se ocuparon en sondear el puerto. A los dos dias, por la tarde, apareció toda la armada, y se fondeó entre los tres navíos. Despues los enemigos se desembarcaron en la playa de *Chamba,* habiendo antes arruinado las baterías de San Felipe, Santiago y San José. Esta última resistió cuatro dias la multitud de bombas, que á cuatro morteros incesantemente le arrojaban dos bombardas. En el sitio donde estaban nuestras dos primeras baterías, pusieron ellos una de 12 morteros para granadas reales, atrincherando su gente á lo largo de la espresada playa. De aquí sin cesar noche y dia el bombardeo, destacaron varios piquetes que redujeron á cenizas las baterías del barredero y punta de Abanieos.

Con estos pequeños triunfos alentados los ingleses, pasaron á batir el castillo de Boca-Chica. Los nuestros lo desempararon á los 17 dias. No les fué posible resistir mas tiempo el continuo fuego de la escuadra, baterías y morteros, avanzándoseles en tres columnas las tropas de tierra, y acercándose á la playa 50 lanchas cargadas de gente, para reemplazar los 1,500 que habian muerto en los primeros ataques. No teniendo ya la escuadra fortaleza que le impidiese el paso, entró en la bahia, y se fondeó en *Punta de Perico.* Desembarcó las tropas por tres partes, que fueron el Manzanillo, el Tejar de Grecia y el de Alcidia. Marcharon ellos hasta el Tejar de Gabala: aquí se fortificaron ocupando el convento de Nuestra Señora de la Popa. Despues ganaron el importante puesto de la Cruz grande, que está en el camino de la Boquilla. Resolvieron entónces tomar el castillo de San Lázaro, que se sitúa al E. de la plaza, sobre un monte que la domina. Para esto dividieron en tres columnas cuatro mil hombres que mandaba el brigadier *Granst.* Estos al abrigo del fuego de la escuadra y granadas reales que despedian los morteros, se arrojaron intrépidamente al avance.

Los nuestros, no queriendo sufrir mas pasiva defensa que hasta entónces habian hecho, les salieron al encuentro. Trabóse el combate á bayoneta calada. Cedió el ímpetu inglés á la constancia española: desórdenóse el ejército contrario quedando en el campo cerca de mil muertos y doscientos heridos, con todas las escalas, manteletes y preparativos de asaltar. Acobardados los ingleses con este mal éxito de sus primeras tentativas, se embarcaron atropelladamente. Y desde el 8 hasta el 20 de Mayo empezaron á navegar á la Jamayca, habiendo antes en 5 dias demolido los castillos que impedian la entrada del puerto. Por los prisioneros se supo despues que habian perdido en esta expedicion mas de nueve mil hombres, entre epidemiados y heridos, y 17 embarcaciones, infiriéndose probablemente que ellos mismos habian quemado 6, segun la observacion de nuestros vigías.

AÑO DE 1740.

A tiempo que tan fuerte expedicion empezaba contra Cartagena á poner en practica sus operaciones, se hallaban la plaza, sus castillos y fuertes con 1100 hombres de tropa reglada, 300 milicianos, 600 indios gastadores y dos compañías, una de pardos y otra de negros libres. La escuadra que debia impedir la entrada del puerto, se componia de 6 navíos de guerra con 400 soldados y 600 marineros. Se tuvo por conveniente barrenarlos, y con su gente completar la de los castillos. Pero no se logró en el todo. La *Galicia* con su capitan, y 30 hombres de su tripulacion fué apresada de los enemigos. El *San Felipe* y la *Africa* se pegaron fuego. El *San Carlos* se fué á fondo en medio de la canal. Con los otros dos navíos de guerra *El Dragon,* y las embarcaciones del Comercio, se cerraron las bocas del puerto, echándolos á pique. Así no se aprovecharon los ingleses de las pocas fuerzas navales que teniamos en aquel puerto, ni menos lograron la artillería de los castillos y fuertes, porque toda se habia clavado antes de desamparar los puestos.

Debióse el feliz éxito de defensa tan constante á la conducta, esperiencia y valor de los Tenientes Generales D. Sebastian de Eslaba, Virey de Santa Fé, que en la plaza mandaba las tropas de tierra, y D. Blas de Lezo, que con las de marina defendia el castillo de San Lázaro, asistiendo él mismo en la batería de la Media Luna. Estos jefes supieron á tiempo ordenar unas honorosas retiradas, habiendo hecho antes desalojar los sitios que no eran aparentes á resistir las fuerzas enemigas, y juntar todas las suyas en un cuerpo. El autor de la relacion de este suceso (que nuestro invicto Monarca el Sr. Don Felipe V hizo publicar en Madrid por los años de 1741) alabando su acierto, en la página 22 dice así: "Sin exajerar "el poder, ni el número de los ingleses, son dignos de eterna ala- "banza el valor, la constancia y la felicidad de los generales y de "las tropas del Rey. Si alguna de estas circunstancias les hubiera "faltado, sin duda hubieran cedido al inmenso cúmulo de trabajos, "al estrago continuo del fuego y á los reiterados esfuerzos de un "ejército arrogante y orgulloso."

No solo las tropas de España cumplieron con su obligacion. Tambien las milicias del pais no degeneraron del espíritu y constancia de ánimo que hasta aquí han manifestado los *Meridionales* y *Peruntinos* en defensa de su Religion, de su Rey y de su Patria. El citado autor, á la página 1.ª acreditando el valor de estos, espresa lo siguiente: "el dia 22, (habla del mes de Abril) intentaron los in- "gleses forzar el puesto de la Cruz grande, y fueron rechazados; y "el 24 quisieron hacer lo mismo con el del Manzanillo con una ba- "landra, una lancha y dos botes sostenidos de un navío de línea. "Pero despues de dos horas de fuego se retiraron sin pérdida nuestra por el valor con que resistió D. Baltazar de Ortega con 24 *milicianos*." En fin, la resistencia de mas de dos meses costó á esta ciudad solo 200 hombres, habiendo sufrido de dia y de noche sus murallas, baluartes y castillos el continuo fuego de la escuadra, mas de nueve mil bombas, y una multitud indecible de balas rojas, ollas y flechas incendiarias.

Llamóse ella en otro tiempo *Celemori*, y está situada á los 25 grad. 48 min. de L. B. Rodrigo Bastidas descubrió su bahia por los años de 1502. Fundóla por los de 1533 D. Pedro de Heredia, que fué su primer gobernador. Ha sido saqueada tres veces como se ha visto en esta carta.

AÑO DE 1741.

Jorje Anson, Vice-Almirante inglés, salió del puerto de Santa Elena á mediados del año de 740 con una escuadra de cinco bajeles de guerra, una chalupa armada y dos navíos de trasporte. Eran estos el *Centurion*, que él mismo comandaba con 60 piezas de cañon y 400 hombres de equipaje, el *Glocestér* con 50 cañones y 300 hombres al mando de Ricardo Norris; el *Severn* de igual fuerza bajo las órdenes de Eduardo Legg, *la Perla* de 400 piezas de cañon y 250 hombres, comandada por *Mateo Mitchél* el *Vvrager* de 28 cañones y 60 hombres al mando de Dandy-Kidd; la chalupa nombrada el *Teyal* montaba ocho piezas y 100 hombres, con su capitan Juan Murray. Los dos navíos de trasporte eran el uno de 400 toneladas, y el otro de 200. Ademas de la tripulacion de esta escuadra, se conducian 470 inválidos y soldados de marina, con un teniente coronel que los mandaba. El Vice-Almirante con toda su escuadra hizo escala en la Isla de la Madera. Aquí, al tiempo de su partida, señaló la isla de Santa Catalina, en la costa del Brasil, para que se juntasen en ella todos los navíos, que en el viaje se hubiesen separado.

Esperó Anson en esta isla la estacion mas oportuna para montar el Cabo de Hornos, la que venida se encaminó á la bahía de San Julian. En ella se fondeó con toda su escuadra el 19 de Febrero de 1741. Dejó este puerto el 27 del mismo, y navegó á buscar el estrecho de Maire. Entró á él con un tiempo feliz; pero á pocos dias se mudó en una tormenta tan tenaz, que duró mes y medio su continuacion. Se separaron los navíos de la escuadra: el *Severn* y *la Perla* se refujiaron al Janeiro, perdida la mayor parte de su gente, vergas y masteleros. El *Wager* dió en la costa de los Patagones y se hizo pedazos casi á la orilla de tierra, donde salvó su tripulacion como diremos en su lugar.

Con todo Anson venció el estrecho, y pasando el Cabo entró al mar del Sur, y se ancló en las islas de Juan Fernandez el 9 de Junio, habiendo este mismo dia descubierto el Tryal que le seguia, é igualmente se amarró en la bahia de Cumberland, que es la mejor á la parte septentrional de esta isla. En ella se le juntaron, segun las instrucciones, que (al montar el Cabo) él habia dado á sus oficiales, el *Glocester* que llegó el 26 de Junio, y el pingüe *Anna* el 16 de Agosto. Este habia estado en la isla de Yuchin y en una de las bahias desiertas de la costa de Chiloé donde refrescó su gente. Pero reconociéndolo Anson muy maltratado, é inservible lo mandó echar altravés y pasar su gente al *Glocester*, que le habian quedado de 300 hombres solo 82: tambien el *Centurion* y el Tryal habian perdido gran parte de su tripulacion: el uno 292 hombres, y el otro 92; de manera, que estos tres navios que eran montados á la salida de Inglaterra de 961 hombres se hallaron reducidos á 335, entrando en este número los pajes y sirvientes.

Cuando pensaba Anson dejar esta isla, despues de mas de 50 dias que la habia habitado, y seguir el rumbo de su destino, descubrieron sus vijias al Nord-Este el navío mercante nombrado el *Carmelo*, que por Setiembre habia partido del Callao para Valparaiso: salióle al encuentro, y le apresó sin dificultad ni resistencia. Su carga era 23 mil pesos, mucha plata labrada, azucar y tejidos de lana, ó paños de Quitó y 53 hombres entre marineros y pasajeros. Lo mas importante fueron las cartas. Por medio de ellas se instruyó en el número de navios que debian navegar del Callao a varios puertos del Sur, y en otras noticias bien interesantes á su expedicion. Estas le animaron á armar el *Monte Carmelo* con la artillería del *Pingue Anna*, y reforzar el *Glocestér* con 23 marineros españoles. Dió entónces órden que bajase este hasta Paita y subiese el Tryal hasta Valparaiso; cruzando él con el *Centurion* y el *Carmelo* al E. de Chile.

No habian pasado cinco dias de su salida cuando en la altura de Valparaiso se juntó con el Tryal, que habia apresado el *Aranzazu*, otro navío mercante que venia del Callao buscando aquel puerto. La carga de este era de los mismos efectos que la antecedente, con mas de 25,000 mil pesos en plata. Este bajel que era de 600 toneladas, y habia sido muchas veces armado en guerra, reemplazó al *Tryal*, que Anson mandó echar á pique porque hacia mucha agua por todas partes. Fué montado de 20 cañones, y se nombró desde entónces la presa del *Tryal*, entregándose su mando al capitan *Saunders*.

Miéntras que Anson estuvo ocupado en armar la nueva presa y mudar á ella la gente, pertrechos y municiones del Tryal, todos los navios destinados á Valparaiso, se aseguraron en el puerto. Congeturando él, que en esta altura no lograria otras presas, porque ya se tendria noticia de su llegada, así por la tardanza de los dos navios que esperaban, como los demas que se les habian escapado, navégó hacia la isla de San Gallan, que está á los 14 grados de L. M. y 5 millas al Norte de Morro–Viejo. Cruzando el espacio de Mar que hay entre esta altura y aquella isla, descubrió un navio nombrado *Santa Teresa*, que hacia viaje de Guayaquil al Callao. En ménos de una hora le dió caza, y rindió á los 14 golpes de cañon. La carga de este navio, que era de 300 toneladas, le fué de ningun interés. Se componia ella de efectos del pais y muy poca plata. Su tripulacion eran 45 hombres y tres señoras que se trasportaban á Lima. Despues cerca de la isla de los Lobos, se apoderó, sin mas que llamarle de otro navio nombrado *Nuestra Señora del Carmen*, que apénas habian corrido 24 horas de su salida de Payta. Era él de 162 toneladas, y traia á su bordo 43 marineros y algunos comerciantes, que trasportaban al Callao gran porcion de mercaderías de Europa.

Se conducia en esta embarcacion un estrangero, nombrado *Williams*, de los muchos que, bajo de título piadoso, abrigan nuestras tierras y son sus mayores enemigos y continuas espías, como se hará demostrable con hechos históricos, siempre que convenga. Este, pues, informó á *Anson*, que Paita era un puerto desnudo de guarnicion y defensa: que en él habia muy grandes caudales, que pertenecian al comercio del Perú: que el corregidor pensaba despacharlos á Lima en un navio que ya estaba de partida al Callao y que los tesoros del Rey y los suyos, trataba de introducirlos tierra adentro, para asegurarlos de alguna sorpresa que él intentáse.

Con estas noticias le ocurrió á Anson sorprender á Payta. al otro dia se puso á la capa 12 leguas para no ser visto. Asi que vino la tarde, en varias chalupas, al mando del teniente Brest, que se encargó de la empresa, envió 50 hombres, los mas escojidos de su tripulacion y dos de nuestros pilotos prisioneros que les sirviesen de guia. Ellos llegaron á las nueve de la noche al puerto y entraron á él sin ser descubiertos. Apénas empezaban á desembarcarse, cuando gritaron de un navio: *Ingleses, Ingleses.* Las voces se oyeron en el fuerte que disparó algunos pedreros que pusieron el lugar en mayor confusion. Los enemigos, luego que ganaron la tierra se formaron en una calle estrecha. De esta salieron marchando á la plaza de armas, haciendo grandes ruidos con los pífanos y cajas. Apoderados de ella y de la Tesorería no tuvieron que sufrir mas de una descarga de los nuestros que mataron uno ó hirieron dos.

Hasta el dia siguiente en que llegó Anson con toda su fuerza, estuvo la ciudad á discrecion de la pequeña tropa: se examinó el pillage. Los ingleses lo hicieron subir á mas de treinta mil libras esterlinas. Los nuestros lo estimaron en millon y medio de pesos, sin contarse las alhajas de oro, perlas, diamantes, rubíes y esmeraldas. Despues el Vice-Almirante mandó quemar la ciudad. Para que el fuego hiciese mas breve el estrago, sacaron de los almacenes todos los tejidos y sacos de algodon, que untados de alquitran colgaron é introdujeron en las casas. Así al instante que prendió el incendio fué tan activa su voracidad, que apénas se levantaron las llamas cuando se vieron las cenizas. Mandó así mismo clavar los cañones del fuerte y echar á fondo cinco navios que estaban anclados en el puerto. Solo salvaron de este estrago dos iglesias que sirvieron de cárcel á 80 prisioneros que guardaba con cuidado.

Ejecutado esto, dejó á Payta y navegó á la isla de Quibo, que está cerca de la entrada de Panamá. Cuando se encaminaba á ella, encontró al *Glocester*. Este traia dos presas. Eran ellas, la una un navio cargado de caldos, aceitunas y mas de seis mil pesos en plata acuñada; y la otra un barco grande que trasportaba mucho algodon y otras drogas. Registrados los sacos de esta carga hallaron en cada uno grande cantidad de plata sellada, que subió á la suma de 72,000 pesos. En esta derrota echó sus prisioneros en la punta de Manta. A este tiempo ya sabia Anson por las cartas del *Carmelo* el desbarato de la escuadra de *Vuernon* en el ataque de Cartajena. Sin embargo, siguiendo su destinado rumbo, se aprovechó de las calmas para quemar tres navios y quedarse con cinco de que compuso una flotilla que tenia todas las apariencias de escuadra. Llegó á la isla que buscaba: aquí habiendo hecho aguada y demarcado las otras islas circunvecinas, navegó á las costas de Acapulco y apresó á la salida una pequeña barca que de Panamá pasaba á Cheripe.

Emprendió esta navegacion con el proyecto de tomar el galeon de Manila que ya habia llegado á Acapulco el 9 de Junio de 1742, segun le informaron tres negros pescadores que aprisionó de noche su chalupa, cuando él tocó en las cercanías de este puerto. Esta noticia dobló sus esperanzas. Así se mantuvo cruzando aquella costa, hasta el 15 de Marzo, habiendo dejado á Quibo el 9 de Diciembre de 1742. En esta larga navegacion faltándole el agua y tocada casi toda su gente de escorbuto se favoreció del puerto de Chequetan ó Seguatanes que está á los 17 grados y 36 min. de L. S. y 30 leguas á la parte del Oeste de Acapulco. Perdidas aquí todos sus ideas de esperar mas el galeon de Manila, que se habia mandado detener en

Acapulco, por saberse que ya él hostilizaba aquellos mares, quemó las presas haciendo poner su carga en el *Centurion* y *Glocester*, y dejar en tierra los prisioneros, á escepcion de algunos marineros, negros y mulatos, que llevó consigo. Entónces el 6 de Mayo hizo velas hacia las costas de Asia gobernando al Sudoeste. Como hubiesen corrido mas de 50 dias sin que soplasen los vientos que él esperaba, que eran los de Nordeste y se encendiesen otra vez en su tripulacion el escorbuto y disentería, navegó á las islas Marianas, habiendo quemado en el paso el *Glocester*, último resto de su escuadra, que por instantes se iba á pique. Descubrió estas islas y escojió la de Tinian para refrescar y curar su gente.

Para entrar á ella, hizo enarbolar el estandarte español. Á esta señal vino á bordo una barquilla con cuatro indios y un español. Este se informó que la isla no tenia habitantes, á causa de una epidemia que se encendió en ella y obligó á pasar á Guan los pocos que libraron del estrago: y que él habia aportado allí con 20 indios para hacer carnes y cueros de las muchas vacas que se apacentaban en sus prados. Estas noticias fueron muy favorables á las ideas del vice-Almirante. Detuvo á los indios y al español que era un sargento de Guan, recelándose que si los dejase ir, avisarian de su llegada á las otras islas. Con estas precauciones se fondeó en 22 brazas de agua al Sud-oeste, casi á media legua de la orilla, y desembarcó su gente que ya no eran mas de 70 hombres capaces de servir y el demas resto casi muerto y herido de muchos males.

Empezaban los enfermos á restablecerse, cuando el 22 de Octubre levantándose una furiosa tempestad de viento por el Este, arrancó las amarras del Centurion y lo arrojó afuera. Á este tiempo él, la mayor parte de sus oficiales y 113 hombres de su tripulacion. proyectaban varias ideas para escaparse del trágico fin que les amenazaba. Entre estas fué una á cargar la barca española, que habia apresado á la salida de Quibo y de quince toneladas que era, estenderla hasta 40 para trasportarse con su gente á Macao. Habia dado principio á esta construccion, estaba en el mayor fervor de ella, cuando una de sus vigias descubrió al *Centurion* que volvia despues de 19 dias, en los que habia experimentado toda la furia de un deshecho y continuado huracan, habiendo solo perdido su grande chalupa que desde la primera noche se hizo pedazos contra el bordo de un navío.

A los cinco dias de haberse restituido el *Centurion*, partió el vice-Almirante de esta isla para la de Macao. Navegó á ella y entró con felicidad á su rada guiándole un piloto chino que por treinta pesos le ofreció sus servicios. Despues, sabiendo que en Canton habia cuatro embarcaciones inglesas, pasó allí á hacerse de víveres y comunicar sus aventuras con los de su nacion. Aquí habiendo tenido con el Virey chino varias cuestiones sobre el anclage y otras etiquetas, consiguió al fin lo que deseaba. Pero deteniéndose en aquel puerto mas tiempo que el que sus magistrados permiten por la ley, le obligaron á salir, con prohibicion que en adelante no se le aprontasen víveres.

En este sistema de cosas, se dió á la vela el 19 de Abril de 1743, fingiendo ir á la Batavia para despues regresar á Lóndres. Mas estando en alta mar, reveló á sus oficiales y tripulacion el proyecto que maquinaba. Era este esperar en el Cabo del Espíritu Santo el Navío de Manila, por ser la primera tierra que reconocen los nuestros, cuando vuelven de Acapulco á Filipinas.

Con esta idea dirigió su rumbo á aquella altura. Al mes que habia tocado en ella, descubrió muy de mañana al Sud-este el Galeon, nombrado *Nuestra Señora de Cavadonga* que mandaba *D. Gerónimo Montero*, portugués de nacion. Este oficial, que tambien le habia reconocido, hizo fuerza de vela para darle caza. Asi que estuvieron á tiro de fusil y en preparacion de abordaje, aseguraron las banderas y se principió el combate. Á este tiempo, en nuestro Galeon, prendieron fuego los parapetos de las redes de combate. Subió tan alta la llama, que casi llegaba al medio del palo de mesana. Miéntras que los nuestros se ocuparon en apagarlo y cortar las redes que lo sostenian, se aprovechó el enemigo de aquel accidente, logrando la ocasion. En esta sus fusileros, haciendo continuo fuego, mandó el Vice-Almirante disparar varios cañonazos cargados de metralla, que hicieron estrago bien considerable en la minería del Galeon. Despues con cinco golpes que no erraron en el tiro, acabó de rendirlo, matándole 70 hombres, y hiriéndole 84, siendo de los suyos solos muertos dos y heridos 24. La presa montó un millon trescientos trece mil ochócientos noventa y tres pesos: y treinta y cinco mil seiscientos ochenta y dos onzas de plata en barras, y una grande porcion de esta labrada, cochinilla y otras drogas de ménos cuenta.

Habiendo el vice-Almirante entregado el mando de nuestro Galeon á *Saumarez*, su primer teniente, trasportado el tesoro á su navío y asegurado los prisioneros en la bodega, volvió á Canton y se fondeó en su rio entrando por el estrecho de Boca-Tigris. Aquí, en respuesta de una carta que envió al Virey, avisándole de los motivos de la entrada por este estrecho, le llegaron tres mandarines y dos pilotos que despachó aquel Ministro. Su comision era conducirle á la segunda Barra y proveerle cada dia de cierto número de viveres. Esto se ejecutó con la mayor puntualidad. Pero estuvo sin audiencia del Virey, desde 16 de Junio de 43 hasta fines de Setiembre en que se la concedió, permitiéndole cuanto le pedia. Lo que efectuado á su satisfaccion, salió de esta Barra el 10 de Diciembre, habiendo ántes á instancias de los magistrados chinos, dado libertad á los prisioneros españoles que quedaron en Canton. En realidad deseaba él este descarte. Asi, obsequió á los mandarines (dejándose rogar con lo mismo que queria. Á los dos dias tocó en Macao y vendió el Galeon por 6,000 pesos que le contaron los mercaderes orientales. De aquí el 15 hizo velas al Estrecho de la Sonda, y se ancló el 3 de Enero en la isla del Príncipe para hacerse de agua y leña. Partió de esta el 8 á buscar el Cabo de Buena Esperanza, de donde, habiendo llegado á principios de Marzo y descansado tres semanas en la colonia holandesa, navegó á Inglaterra y se fondeó el 15 de Junio del expresado año en la rada de Spithead, despues de un viage de 3 años y 9 meses al rededor del mundo.

Los ingleses de *Wager*, que (como hemos dicho) salvaron en una de las islas de los Patagones, recogieron los fragmentos y víveres; que de su destrozada embarcacion arrojó el Mar. Con ellos se proveyeron de casa y sustento. Pero; como este último empezase á escasear, fomentaron contiendas que desconcertando la armonía de la union, pararon en una continuada discordia, hasta dividirse en bandos y matarse unos á otros. Para evitar estas cuestiones sangrientas; que cada instante movia aquella infeliz grey, los oficiales subalternos despojaron del mando á *David Cheap*, que habia sido capitan del bajel, y lo dieron á *Beaus*, su teniente. Este con una grande barca, nombrada el *Speedwel* (que sus compañeros habian construido de las ruinas del *Wager* durante su naufragio) la lancha y la chalupa, salió de esta isla el 13 de Octubre de 1741, conduciendo en ellas 81 hombres. Dejó en tierra al capitan *Cheap* con algunos oficiales y seis desertores. Entre estos deben tambien contarse otros, que en las canoas de los *Indios Patagones* habian ya pasado á la Tierra-Firme de nuestro continente. Apénas él habia dado principio á su navegacion, cuando soplando un viento muy recio, hizo pedazos en el *Spedwel*, la vela del palo de mesana.

Para remediar este daño, despachó la lancha á lá isla con 9 marineros. Como estos tardasen en volver, siguió su rumbo. En él, teniendo á cada momento un nuevo peligro que evitar, perdió la chalupa que arrebató la violencia del mar; aun trayéndola amarrada á la popa de su embarcacion. Asi mismo desertaron once de su tripulacion, que valiéndose de la fuerza, se hicieron poner en tierra. Con todo, venciendo él innumerables dificultades y riesgos, salió por el estrecho de Magallanes, llevandole las corrientes hasta la embocadura del Rio-Grande, donde entrando, se ancló en frente de la ciudad. Aquí el, con toda su gente, recibió de los portugueses aquel buen trato, que en tales casos saben comunicarse las naciones amigas. Despues *Beaus* y los suyos, por varias vias, se restituyeron á Lóndres desembarcándose en Spithead, unos el 20 de Diciembre de 1742, y otros á 4 de Enero de 1743. Pero todos fueron ásperamente reprendidos y privados del servicio y sueldos devengados, por haber desamparado y desobedecido al capitan, á quien (aun en aquella miserable situacion) debian seguir y obedecer, segun sus ordenanzas y reglamentos de marina.

David Cheap, habiéndose proveido de yerbas marinas y algunos zurrones de cebo, que de la carga del desbaratado *Wager* baraban en la orilla de su estéril isla, se entregó al mar con la lancha que habia vuelto de buscar las velas, y con el esquife que él reservaba. Su tripulacion eran 12 remeros y 4 oficiales. Ocho de estos remaban en la lancha y cuatro en el esquife, compartidos los subalternos. Vogaban de dia, dejándose llevar á discrecion de los vientos. De noche amarraban sus embarcaciones y dormian en las pequeñas islas que encontraban. Al cabo de mes y medio de tan penosa navegacion, haber perdido su esquife y estar los suyos (no ménos que él) consumidos de hambre, frio y desnudez, determinó volver á su antigua isla, que miraba como una segunda patria. Restituido á ella, á pocos dias le llegaron en dos canoas varios indios. Entre estos habia uno natural de Chiloe, que hablaba algo el idioma español. Propúsole, que lo conduciría á aquella isla, con tal que le diese la lancha y cuanto traia á su bordo, luego que tocase en el destinado puerto. *Cheap* convino en ello, y navegó con su guía. A los tres dias llegó á una grande bahia, donde halló en una choza la muger del indio y dos de sus hijos, ya grandes, que tomó á su bordo, y volvió al mar despues de dos dias. En esta navegacion entró por la embocadura de un rio, que le fué preciso saltar, venciendo asi la violencia de sus corrientes. Casi muertos él y los suyos de las fatigas que les causó este tránsito, junto con la inaccion y falta de fuerzas, solo hallaron en la tierra un poco de berdolagas y algunos pequeños mariscos, con que pudieron engañar el desesperado hambre que los acababa.

El indio, con su muger y sus hijos, se apartó á buscarles víveres, habiéndoles ántes señalado un sitio abundante de mariscos. Seis de sus compañeros tomaron la lancha para hacer esta pesca, y no se vieron mas. Quedó *Cheap* con sus 4 oficiales sin armas, sin ropa y sin auxilio humano en aquel desierto, que no era mas que bosques y peñas. Así pasó muchos dias, hasta que volvió el indio con su muger, trayéndoles algunos víveres. A poco tiempo vinieron otros, y tomando cada uno á su *inglés*, arribaron á Chiloe. De aquí avisaron los indios al corregidor de la ciudad de Castro. Este envió por ellos y los trató muy humanamente, haciéndolos poner en los colegios de los padres jesuitas. Despues fueron conducidos en una embarcacion á Valparaiso y entregados al gobernador de esta plaza. Este oficial los remitió al Presidente de Santiago, que era entónces *D. José Manso de Velazco*, primer Conde de Super-Unda, que despues fué Virey de Lima. Compadecido este Ministro de sus infortunios les dió por carcel la casa de un inglés rico, vecino de aquella ciudad, que se portó con ellos con benignidad y esplendidez. Vivieron en su compañia un año. A este tiempo, ajustadas las paces entre nuestra Corte y la de Lóndres, les concedió el *Conde de Super-Unda* la libertad para que se restituyesen á su patria, cuando mas les conviniese. Entónces, *Cheap*, *Hamilton* y *Beyon*, se condujeron á Europa en un navio frances, que salió de Valparaiso por los años de 1744 y *Champheel*, en el navio nombrado el *Asia*, de que tratarémos despues, habiendo muerto *Elliot* en estas aventuras.

De los ocho ingleses que habian desertado á la costa de los Patagones, quedaron cuatro, porqué dos se hallaron degollados, y otros dos no parecieron mas. Estos fueron tomados una noche por los indios que los llevaron al interior de la tierra, donde varias veces fueron vendidos por espuelas, plumas y otras bagatelas. En estas ventas ó cambios, como iban pasando siempre á nuevos señores, viajaron cuatro meses por estas tierras. Al fin de ellos tocaron en los términos donde reside el Rey ó cacique de estos bárbaros. Sabiendo este que habia cuatro prisioneros blancos, dió orden que los condujesen á su presencia. Sin dilacion fueron presentados delante de este pobre Soberano, que los tuvo ocho meses en calidad de esclavos, bien que los trató con humanidad. Despues, vendidos tres á los estancieros de Buenos-Ayres, los rescató el Gobernador de esta plaza y envió á Montevideo á servir en el navio el *Asia*. El otro de ellos que era de color oscuro fué vendido á un bárbaro que le trasportó en su compañia mas adelante de este pais. En fin, estos tres ingleses con los otros de su misma nacion, que fueron los que desertaron del *Speewel*, y ya habian sido aprisionados, se restituyeron á la Europa por los años de 1746, arribando á las costas de España, despues de casi cinco de trabajos y aventuras.

Antes que *Jorge Anson* hubiese partido de la isla de Santa Catalina á buscar el estrecho de Mayre, el Virey de Lima, *Marqués de Villa Garcia*, por noticias que se le comunicaron de Buenos-Ayres, sobre el destino de la escuadra inglesa, armó cuatro navios de guerra. Fueron ellos la *Concepcion* con 50 cañones, *San Fermin* y *el Sacramento* con 40, y *el Socorro* con 24. Estos se equiparon con tripulacion escojida y oficiales europeos, inteligentes en la Náutica. Salieron ellos del Callao (si bien me acuerdo) á mediados de Abril de 1741. Mandábalos en calidad de gefe el General del Mar del Sur. Este trazó la altura de la Concepcion y la de Juan Fernandez, donde estuvo anclado algunos dias. Pero considerando como imposible que pudiese *Anson* haber montado el cabo en aquella estacion, regresó al Callao, dejándo la isla el 6 de Junio, donde el 9 como ya se ha visto, llegó el inglés sin gente, sin víveres y su embarcacion incapaz de resistir, no digo á una escuadra de cuatro navios, pero ni aun á una fragata bien armada. No falta autor español que afirme que el General del Sur no observó en esta expedicion las órdenes del Virey. Esto no sé, porque no he visto los originales de la instruccion. Lo que sé es, que este oficial murió repentinamente, habiendo recibido del Virey cierta reprehension, despues que el Vice-Almirante empezó á infestar nuestros mares, apresando varias embarcaciones mercantes, que navegaban con el seguro de que no habia pasado el cabo.

Así mismo completó el Virey las compañias del Callao, y levántó en Lima tres regimientos. De estos eran dos de caballería y uno de infantería. Los coroneles de los primeros fueron *D. Diego de Chavez* Gobernador de Castro-Vireyna, y *D. Diego de la Presa Carrillo de Albórnoz*, que despues heredó el *Condado de Monte-Mar* y del último el *Marqués de Monte-Rico*. Igualmente mandó acuartelar las milicias del pais que pasaron de doce mil hombres, y en caso de necesidad subirán á veinte mil, siendo el mayor número de caballería.

Éstas tropas debian militar bajo el mando del Mariscal de Campo, *Marqués de Mena-Hermosa*, que entónces era cabo principal de las armas del Perú y despues Gobernador de Tarragona. Con estas providencias se aseguró Lima de cualquiera invasion enemiga, guardando la caballería las costas de sus contornos y estando las vigías en continua observacion y centinela. Despues expidió el Virey otra escuadra igual á la primera, que navegó con víveres, municiones de guerra y tropas á Panamá. Salió ella del Callao al cargo del almirante del Sur, *D. Pedro Medranda*, á fines de Abril de 1742, y se fondeó en el puerto de Perico el 22 de Mayo, cuando ya el enemigo habia dejado en aquella costa la isla de Quibo (como hemos dicho) á 9 de Diciembre del año antecedente.

Tambien nuestra corte, al mismo tiempo que la de Lóndres, despachó otra escuadra para que embarazase los proyectos que la inglesa intentase en nuestra América poner en práctica. Se componia ella de cinco navios de guerra y un Patache. Fueron estos la *Asia*, montada de 60 cañones y 700 hombres; la *Guipuscoa*, de 74 é igual número de gente á la primera, la *Hermiona* de 54 y 500 hombres, la *Esperanza* de 50 cañones y 350 hombres; el *San Estevan* de 40, con igual tripulacion á la antecedente, el *Patache* con 20 cañones y 100 hombres. Ademas de esto se conducia un regimiento de infantería para guarnecer los presidios en las costas del Sur. Partió esta escuadra de Cádiz á las órdenes de *D. José Pizarro*, que montaba la *Asia*, á mediados de Octubre de 1740. Cruzó algunos dias entre la isla de la Madera y las otras de las Canarias. A principio de Noviembre dirijió su rumbo al Rio de la Plata y se fondeó á 5 de Enero de 1741 en la bahia de Maldonado que está en la embocadura de este rio. Aquí tuvo noticias nuestro gefe, que *Anson* que estaba anclado con su escuadra en la isla de Santa Catalina desde 21 de Diciembre, se preparaba á montar el cabo. No esperó los víveres que habia aguardado 17 dias, y navegó al cabo con su escuadra el 22 de Enero. En este tránsito se hallaron las dos escuadras tan cerca una de otra, que la *Perla*, bajel inglés, casi fué apresada por la *Asia*, que teniéndole por el *Centurion*, se acercó á ella á tiro de cañon.

Navegando *Pizarro* con su escuadra en busca del Cabo se halló á poco mas de un mes en estado de doblarlo. Pero el 7 de Marzo, que fué el dia despues que los ingleses pasaron el estrecho de Mayre, se levantó por el Noroeste una fuerte tempestad, que arrojándole al Este, volvió á tomar el Rio de la Plata, habiéndosele ántes separado la *Guipuscoa*, la *Hermiona* y la *Esperanza*. De estas embarcaciones pereció la *Hermiona* con toda su gente, y la *Guipuscoa* se fué á fondo en la costa del Brasil diez leguas al Sur de la isla de Santa Catalina, con pérdida de 300 hombres, que acabaron á rigores de todo género de plagas.

Salvaron muy maltratadas las otras embarcaciones. Con los palos de la *Esperanza* y algunas maderas, que ella conducia á su bordo, se compusieron el *San Estevan*, y la *Asia*. Volvió segunda vez el gefe á tentar el Cabo. Empezaba á salir del Rio de la Plata, cuando el *San Estevan*, dando en un bajo perdió el timon y quedó incapaz de seguir el viaje. Mas él no desistió continuándolo con solo la *Asia*. Esta embarcacion, estando ya en la altura del Cabo que habian tocado felizmente por descuido del oficial de guardia y por su mala maniobra, perdió los palos y ganó otra vez muy maltratada y con bastante dificultad, el Rio de la Plata.

A este tiempo se armó la *Esperanza*, que estaba en Montevideo: partió con ella *D. Pedro de Mendinueta* que habia mandado la *Guipuscoa*. Venció este el Cabo y salió al Mar del Sur sin haber experimentado perjuicio alguno, ni en la embarcacion ni en su gente. Se ancló en Valparaiso, donde por tierra, transitando las pampas de Buenos Ayres y superando la cordillera de Chile, llegó D. José Pizarro con otros oficiales de la destrozada escuadra. Entre éste y *Mendinueta* se movieron algunas disenciones sobre el mando del navio. El uno alegaba que á su conducta se debia el feliz arribo. El otro, que él era gefe y que siempre él debia montar la última embarcacion que quedase. El Presidente de Santiago, que era el expresado *D. José Manso de Velazco*, sosegó estas alteraciones, declarando que el mando tocaba al gefe. Así tomó este la embarcacion y navegó al Callao. Despues, ajustadas las paces entre las dos coronas, dejó la *Esperanza* en aquel puerto con los oficiales correspondientes, para que sirviese de guarda costa de aquellos mares. Como ya el tiempo le instase para restituirse á España, se condujo á Chile, y de aquí por tierra á Buenos Ayres, por el mismo camino que habia hecho ántes.

Estaba entónces en Montevideo, en disposicion de navegar, el navio la *Asia*, último resto de la escuadra. Solo faltaba tripulacion, por habēr muerto casi toda la gente de la armada y desertado los mas. Para suplir este defecto se pusieron á su bordo todos los prisioneros ingleses, los contrabandistas portugueses, muchos indios paraguayos y once de los bárbaros, que llaman *Pampas*, que habia tres meses que en una salida habian aprisionado los milicianos de Buenos Aires. Con estas gentes y la marinería de España, que no era el mayor número, salió de Montevideo *D. José Pizarro*, á principios de Noviembre de 1748, seguia su destino sin contratiempo alguno. Pero una noche como á las nueve, estando todos los oficiales sobre el alcazar, envistieron los indios Pampas armados de cuchillos flamencos y mataron veinte españoles, hiriendo mas de cuarenta. Los oficiales que ignoraban los cabezas de este motin, se refugiaron á la cámara. La demas gente en tal confusion, unos se precipitaron de los corredores al combés y otros volaban á las cofas. Dueños ya los indios del alcazar, no hallaron en una caja los sables que presumían encontrar, para con armas mas ventajosas forzar la cámara de los oficiales. A este tiempo *D. Pedro Mendinueta* de un golpe de pistola mató al indio *Orellana*, que era el capitan de los amotinados.

Los otros, viendo muerto á su caudillo, se arrojaron al mar, ahogándose á un tiempo todos. Así acabó aquella sangrienta conspiracion, y repentino tumulto de los indios, llegando *D. José Pizarro* á España, á principios de Enero de 1746, despues de casi cinco años de trabajos y tormentos en el mar y en la tierra, que se le recompensaron con el grado de Teniente General y el Vireynato de Santa Fé que sirvió.

AÑO DE 1744.

Juan Pink, inglés, con un navio bien proveido de artillería y gente, se fondeó en el Rio de la Plata. Desde allí, burlándose de las prohibiciones que le embarazan esta libertad, hacia comercio con los contrabandistas de aquellas costas. Entre estos habia un Andaluz que llamaban *Girado.* Este por sus delitos habia sido pregonado en las calles públicas de Buenos Ayres. Determinadamente una noche se presentó al Gobernador de aquella plaza, que lo era el Teniente General *D. Domingo Ortiz de Rosas*, primero Conde de Poblaciones, y le dijo: que como se perdonasen sus delitos entregaria el navio inglés, que tenia por nombre el *Elias.* Convino en esto el Gobernador y le dió para ello una lancha grande y algunos pesos.

Girado buscó once Andaluces de iguales aventuras, y cargó la lancha de ganado mayor y menor, algunos zurrones de cuero vacios en que sus compañeros iban escondidos y armados de pistolas y sables. Con estas prevenciones partió de noche al navio, que estaba algo distante del surgidero. Llegó á él y se atracó á su costado, previniendo que luego que oyesen su voz, matasen todos los que encontrasen. Subió él solo al navio. Como el capitan lo conocia, creyó que eran verdaderos víveres los que traia, y mandó echar los aparejos para recibirlos. Estaban en esta faena cuando *Girado* en la puerta de la Cámara alta mató de dos puñaladas al capitan, é hizo la señal á los suyos que intrépidamente se arrojaron y mataron diez ingleses, hiriendo mas de veinte que se oponian. Entónces se apoderaron de la embarcacion que vendió al Rey, y volvieron á tomar otros ingleses, navegando para España. Su presa fué de mas de 100,000 pesos, que en la mayor parte se dieron á los Andaluces que emprendieron la aventura, quedando *Girado* absuelto de la pena ordinaria á que estaba condenado por sus culpas.

AÑO DE 1763.

Macnamara, comandante ingles, y *Hugo Stackhouse*, su teniente, salieron del Rio Janeyro á mediados de Diciembre de 1762 con una escuadra de 11 bajeles, que componian dos ingleses y nueve portugueses. Los primeros eran el *Lord-Clive*, navio de 64 cañones, y la

Ambuscada, fragata de 50. Los demas, un navio de 60 y seis bergantines de 18 á 20, armados en guerra, y dos embarcaciones de trasporte. Su tripulacion era numerosa, con casi mil hombres de desembarco, entre los que ochocientos eran portugueses. Dirijieron pues su rumbo hacia el Rio de la Plata. Su designio era sorprender la ciudad de Buenos Ayres, segun proyecto del inglés José Reez, que siete años habia vivido en ella; y á que algunos comerciantes de Lóndres habian concurrido con cien mil libras esterlinas.

Navegando con buen viento, descubrieron en la altura de la *Barra de Santa Lucía*, una goleta nuestra que montaba ocho cañones y dos pedreros. Atacóla con tres lanchas *Hugo Stackhouse* y la rindió á las dos horas de combate. Su oficial, conducido al comandante, le informó que el Brigadier *D. Vicente de Silva Fonseca*, Gobernador de la *Colonia del Sacramento* la habia capitulado el 30 de Octubre, esto es, despues de haber resistido 24 dias de sitio y continuo fuego de tres baterías, con bien reglados atrincheramientos, que la tuvieron expuesta al asalto por dos brechas, la una en el *baluarte del Carmen* y la otra en la cortina inmediata. Con todo siguió el comandante su rumbo y ancló la escuadra á vista de Buenos Ayres, habiendo ántes sacado al Lord-Clive la primera andanada de su artillería, y alijándole la aguada y lastre á causa del poco fondo que halló en el rio.

Despues de algunas tentativas inútiles sobre nuestras embarcaciones, tomó la derrota hacia la *costa del Rosario*. Envió á tierra dos botes con 50 hombres. Sentidos estos del piquete de caballería que guardaba la playa, huyeron precipitadamente á la espesura del monte, quedando muertos tres, y prisioneros cuatro. A los demas no se les pudo cortar la retirada, porque les valió para salvarse la oscuridad de la noche. Entónces se hizo á la vela y dió fondo no léjos de *Montevideo*. Aquí en un bergantin portugués le llevaron varios pliegos de *D. Gomez Freyre de Andrade*, General del Janeyro. En ellos le prevenia este gefe, que sin embargo de haberse desvanecido (con la pérdida de la colonia) el proyecto de sus respectivas Cortes, se mantuviese hasta nueva órden, cruzando la altura del Rio de la Plata; y que pusiese su principal objeto en la restauracion de aquella plaza que facilitaba el práctico inglés que le remitia.

Macnamara, despues de haber hecho consejo de guerra pasó á batir el baluarte de *San Pedro Alcántara*. Despues se puso al frente de *Santa Rita*, en donde pereció incendiado juntamente con el proyectista José Reez. Se salvaron solo 85 que naufragando hizo recojer el General. Las demas naves, á vista del estrago de su capitan, se retiraron muy maltratadas. Defendia la colonia el Teniente General *D. Pedro Zevallos*, Gobernador de Buenos Ayres y Capitan General del Rio de la Plata. Era el mismo gefe que la habia rendido y se portó no ménos activo en esto que vigoroso en lo otro. Ganó en una dos victorias que dobló el laurel en un triunfo. Aun enfermo no se rindió á la gravedad del mal. Se hizo poner sobre un caballo, y con solo su presencia alentó oficiales y soldados, mandando las baterías con el mismo ardor que cuando sano las hacia jugar. De este modo á la gloria de vencer añadió el honor de conservar.

Estas son las noticias que he podido recoger consultando los autores originales de ellas, y cotejándolas con los mas auténticos manuscritos que conserva la curiosidad de críticos y juiciosos. Van ellas colocadas segun la serie de los años en que han existido los sucesos. De este modo forman una breve cronologia que ha sido bien difícil reducir á un cuerpo y ceñirle á los estrechos límites de un papel. Quizá faltaran algunas: no serán ellas muy principales; ni ménos se harán notables donde es grande el concurso de hechos de mayor monta. He omitido las de la América Septentrional y sus islas. Este cuidado toca á los de Méjico; ellos desempeñarán el asunto, bastante campo dá á sus plumas el presente sístema de cosas.

En este no es poco lo que hay que desenredar para la exactitud de la bistoria y sencillez de la verdad. A mi solo me resta ahora concluir un papel, lo acabaré con unas ligeras reflexiones; no serán ellas fuera del caso, si se contemplan sin pasion las vigorosas defensas que han emprendido en todos tiempos los Españoles y Meridionales, guardando los puertos, costas y plazas del Perú, Tierra-firme, Buenos Ayres y Chile.

Es pues un engaño de nuestros enemigos, cuando sueñan que fácilmente invadirán las posesiones españolas en la América Meridional. Este es un delirio bien manifiesto: no pocas veces (como se ha visto en esta cronologia) han experimentado su locura á costa de su misma ruina. Son españoles los que defienden guardan y conservan estas tierras. Han heredado los que acá nacen la nobleza de espíritu y valentía de ánimo de los que allá viven. En el siglo que corre dieron prueba de esto los ilustres limeños que ahora me ocurren á la pluma y que á esfuerzos de su espada sufrieron muy dignamente ceñirse el laurel de Marte, son ellos:

El Marqués de Valde-Cañas.
El Marqués de Casa-Fuerte.
El Marqués del Surco.
El Conde de San Donás.
D. José Vallejo.
D. Juan de Cobarrubias. (*)
D. Pedro Corbete.

Este último fué Capitan General de la Real Armada de España. Los dos primeros Capitanes Generales de los Reales Ejércitos, Vi-

(*) Fué natural de Santiago de Chile.

reyes y Gobernadores de las mas importantes plazas y reinos de una y otra monarquía. Los otros Tenientes Generales, y no ménos caracterizados en honores dignidades y empleos.

Entre estos deben contarse otros ilustres, que aunque no son hijos de Lima han nacido en el suelo meridional de que es cabeza este emporio del nuevo mundo. Son estos:

D. Antonio de Irrazabal.
D. Lope de Armendariz.
D. Rodrigo de Orozco.

El uno nació en la ciudad de Santiago, capital del Reino de Chíle, fué Marqués de Valparaiso y Vizconde de Santa Clara. Gobernó en calidad de Virey y Capitan General, los Reynos de Tremczen y Navarra, habiendo sido muchos años Consejero de Estado y Guerra. El otro fué el primer Marqués de Cadreyta: debió su cuna á la ciudad de San Francisco de Quito. Mandó los galeones de España con el carácter de General, y gobernó á Méjico con el alto de Virey, siendo sus servicios bien señalados en haber desposeído á los holandeses de la isla de San Martin que empezaban á guarnecer con casi dos mil hombres entre marineros y soldados. El último tuvo por patria á la ciudad de la Plata en la provincia de Chuquisaca del Perú. Fué Marqués de Montara, y ascendió por todos los grados al Supremo de la guerra, habiendo sido Generalísimo de las tropas de España en tiempo del Señor D. Felipe IV. Las hizo invencibles en Flándes, Italia, Fuente-Rabia y otros paises de la Europa. Se ven sus hazañas esculpidas en mármoles, grabadas en bronces y estampadas en libros. Estos en diferentes idiomas, levantando su mérito á la mas sublime esfera del heroismo, le colocan en el templo de la fama. Justo merecimiento á quien supo ganarse las glorias por su brazo. Mas merece el Peru por solo este hijo, que por los fecundos partos de sus minas. El solo basta á engrandecerle, y no la opulencia material de sus tesoros.

Hay otros limeños que sin haber tocado tanta altura, se han acercado á rejistrarla. Son estos:

D. Fernando Dávila.
D. Eugenio Alvarado.
D. Alvaro de Ibarra.
D. Miguel Nuñez.

El primero sirvió con el grado de Mariscal de Campo en la guerra pasada, y fué Presidente, Gobernador y Capitan General en el Reyno de Tierra-Firme. El segundo, gozando de igual grado en esta, que acaba de terminar la paz, ha acreditado su conducta y valor, como lo publican los Mercurios y Gacetas de Holanda. Desempeñó la confianza de nuestrro Soberano, gobernando con acierto la importanto plaza de Chavez, que las armas castellanas tomaron á los Portugueses, en la provincia Tras los Montes. Los dos últimos fueron Capitanes Generales del Perú, en vacante de Vireyes, por haberse hallado en aquella sazon presidiendo como Decanos la Real Audiencia de Lima. Estos Ministros no solo autorizaron el Senado con su respeto, y concertaron el gabinete con su política, sino ilustraron la escuela con su ciencia.

Los Monarcas Españoles tienen en sus vasallos del Perú mas que su valor y sus riquezas, su lealtad y su obediencia. Ellas defenderán estos reinos manteniéndoselos como hasta aquí en pacífica posesion: no es vasallaje el de estas gentes, es adoracion á nuestros Soberanos. En parte lo hacen el clima y la antiquisima sangre castellana que circula en las venas, si no de todos de los mas ó de algunos, que con su ejemplo mueven á los otros. A propósito de esto, ha dicho en nuestros dias el docto limeño Fray Alejo de Alvites del Sagrado Orden Seráfico: *El sol monarca de los astros, influye con mas actividad en la mayor distancia, cuando halla especial disposicion como se vé en el cristal donde la luz es fuego, y el amor á sus reyes, siendo en otros vasallos sujecion en los genios del Perú, distantes un mundo de su sol, es fé que casi declina en idolatría.*

En fin, el Padre José de Acosta, en su historia natural y moral de las Indias, lib. 7. cap. 28. pag. 532, que experimentó esto igualmente que yo lo he visto, advierte lo siguiente: *No piense nadie, que diciendo Indios, ha de entender hombres de troncos; y si no llegue y pruebe.* Y mas arriba á la pag. 531, habia dicho: *Quien estima en poco á los indios, mucho se engaña.*

COLECCION

DE LAS PRODUCCIONES

EN PROSA Y VERSO,

SERIAS, JOCOSAS Y SATIRICAS,

DEL ILUSTRE LITERATO

D. D. José Joaquin de Larriva.

TRAJEDIA FAMOSA

INTITULADA

LA RIDICULEZ ANDANDO,

Ó

LA MEDALLA DE LOPEZ.

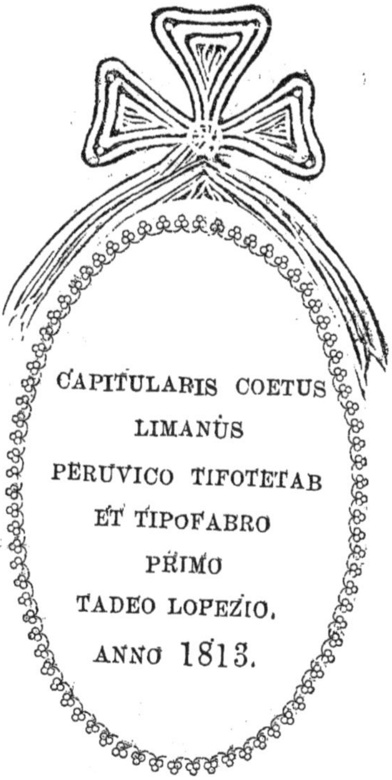
CAPITULARIS COETUS
LIMANUS
PERUVICO TIFOTETAB
ET TIPOFABRO
PRIMO
TADEO LOPEZIO.
ANNO 1813.

VERDADERO RETRATO DE LA MEDALLA LUPINA.
sin mas diferencia que tener un toro en lugar de la águila. Pero á bien que todos son animales de Dios.

PERSONAS QUE HABLAN.

LOPEZ I. galan y amante de

UNA MOZITA portàlera, cuyo nombre se ignora, y que hace veces de primera dama, aunque es criada en su casa.

ANTUCO, liberal 1.º

PERICO, liberal 2.º

CUCHO, liberal 3.º

CUATRO IMPRESORES, que no se nombran porque interesan tan poco en la tragedia, que aunque se quitaran, nadie los echaría ménos.

ACTO PRIMERO.

Se levanta el telon y aparece LOPEZ en su casa con su vestido oscuro bordado de seda del mismo color, con su medalla puesta y mirándose al espejo. Entra

ANTUCO *y dice:*

Pues amigo: mas ¡qué veo!
¿Sales al fin con medalla?

LOPEZ *con voz magestuosa.*

Hoy ha de ver la canalla
El sugeto que es Tadeo.

ANTUCO.

Lo estoy viendo y no lo creo.
¡Hay locura semejante!

LOPEZ *mirando la medalla*

¡Qué bien brilla este diamante!

ANTUCO.

Hombre: tú el juicio has perdido.

LOPEZ.

Cae muy bien sobre el vestido
La medalla, ¡voto alante!

ANTUCO.

¡Qué bien se ha de reir de ti

¡El viejo, el mozo, el muchacho!
Desde hoy todo el populacho
Te tendrá por baladí.

LOPEZ *encogiéndose de hombros.*

Y ¡qué se me dará á mí!

ANTUCO.

Con que ¿con medalla vas?

LOPEZ *saliendo de su casa.*

Acompáñame, y verás.

ANTUCO.

Que te acompañe el demonio.

LOPEZ.

Pues á Dios amigo Antonio.

ANTUCO.

Me voy, y no vuelvo mas.

ANTUCO tira para la Concepcion; LOPEZ se dirije para Santo Domingo, llevándose tras de la medalla todos los muchachos que encuentra en el camino, y cae el telon.

ACTO II.

Se presenta LOPEZ en la esquina del jamon, rodeado de innumerables muchachos, en el momento de encontrarse con

PERICO *que dice asombrado:*

¿Qué significa, hombre, aqueso
Que al pecho llevas colgado?

LOPEZ.

La medalla que me ha dado
De la ciudad el Congreso.

PERICO *riéndose:*

No te la dió para eso.
Te la dió para guardalla.

LOPEZ *enojado:*

Es: no seas tonto; calla.
¿Te cabe eso en la mollera?
Si para guardalla fuera,
Me mearía en la medalla.
Pero hombre: ¡cuanto me asienta (*mas tranquilo*)
Y cual me pone de bello!

PERICO.

Y dime ¿no fué Cabello
El que fabricó la imprenta?

LOPEZ *vuelto á enfadarse y con razon:*

Aqueso no es de tu cuenta,
Ni de otro ningun canalla.

PERICO *tambien enfadado:*

Es que entonces la medalla
De él debia ser blason.

LOPEZ *muy serio: pero queriendo ocultar su incomodidad:*

Ya saldrá la procesion:
A Dios.

PERICO *en tono sumbático.*

A Dios Barandalla.

PERICO tuerce por la calle de Bodegones. LOPEZ sigue por el portal de botoneros, acompañado de innumerables muchachos que le hacen por detras algunas morisquetas; y cae el telon, pero no encima de LOPEZ: porque entónces se volveria á su casa: y no seria fácil encontrar quien representase su papel en los tres actos que restan. Es de advertir que el número de muchachos que le siguen se aumenta un 50 por 100 en cada media cuadra.

ACTO III.

Se levanta el telon muy despacio para dar tiempo á LOPEZ que se ha metido en un callejon del portal de escribanos á hacer una diligencia que por puerca no se dice. Debe medirse el tiempo de manera que se descubra el portal al tiempo que LOPEZ, seguido siempre de los muchachos, pasando por la puerta de la cárcel, se encuentra con la mocita portalera de quien dijimos que se ignoraba el nombre.

LOPEZ *tirándole la saya y haciéndose un caramelo.*

Mas que nunca.

MOZITA *hecha una vívora.*

¡Qué lisura!
Poco tirarme la saya.

LOPEZ *medio formal y enseñándole la medalla:*

Tú no has visto esta medalla,
Cuando te muestras tan dura.

MOZITA *despues de dar una carcajada.*

Ay! ¡qué pieza!

LOPEZ *conservando la misma media formalidad y sin soltarle la saya.*

Mi ventura
En ella tengo cifrada.

MOZITA *haciendo fuerza para safarse, dándole de manotones y en voz muy alta.*

No me tenga usted parada.

LOPEZ *sonriéndose, haciendo unos movimientos con la cabeza como si su pescuezo fuera de melcocha, con los ojos dormidos y con una voz melosa y muy pausada:*

Pues díme siquiera un *sí.*
Que la medalla sin tí,
No me sirve para nada.

MOZITA *con una risita picaresca y con tono remolon:*

¡Hay casito!

LOPEZ *despues de dar dos suspiros y de haber hecho esfuerzos para tomarle una mano que ella huye, y medio lloroso:*

Ya valor
Falta para el sufrimiento.
Yo pedí al Ayuntamiento
La medalla por tu amor.
Creí templases el rigor,
Al verme con este arreo.

MOZITA *con resolucion y tono varonil:*

Se engañó usted Don Tadeo.
Hoy que está con ese herrage,
Me parece mas salvage,
Mas ridículo y mas feo.

Hace la MOZITA un esfuerzo extraordinario, safa de las manos de LOPEZ y se vá riendo á caquinos para la calle de Mercaderes. LOPEZ la sigue algunos pasos, vé que se le cae un papel, lo toma, lo besa, se lo arrima al pecho, y encontrándose con el original del poema intitulado REVERSO DE LA MEDALLA escrito de letra y puño de su rival, á quien habia encontrado con ella la noche antecedente: dá algunas patadas, rompe el papel, se tira los cabellos, y haciendo entre dientes mil juramentos de no volver á hablar á la tal MOZITA, camina para Santo Domingo hecho un tigre. Es de advertir que los muchachos no deben desampararle un punto. Cuando él vaya por el café de Santo Domingo, debe caer el telon con el mismo cuidado que ántes, porque faltan dos actos.

ACTO IV.

Este acto es el dia siguiente á las siete de la mañana, cuando se le acababa de despojar á nuestro LOPEZ de su adorada medalla. Cuando se alza el telon, vá LOPEZ saliendo del palacio muy desconsolado, cabizbajo, con el calzon caido, parándose de trecho en trecho y echando algunos votos. Vá tan ciego, que no repara en el pilon de la plaza, dá un porrazo contra él, se cae y se rompe la cabeza. Pero es tal su sufrimiento, que no hace mencion de esta cosa en toda la tragedia. En las misturereras en-

cuentra á la MOZITA portalera; entónces se entona un poco, olvida algo la medalla y los juramentos que hizo, la quiere convidar, ella no le admite; le habla; no le contesta, se vuelve á incomodar, y sigue su camino. En la esquina de Bodegones encuentra con

CUCHO *que le dice:*

Y ¿la medalla qué se ha hecho?

LOPEZ *echando algunos lagrimones, no se sabe si de cólera ó de pena.*

El diablo se la llevó.
Tan solo un dia duró
Ennobleciendo mi pecho.
Estoy en ira deshecho. (*Aquí rompe el baston*)

CUCHO.

Lopez: tu espíritu aquieta.

LOPEZ *mas enfurecido.*

¿Quien contiene la rabieta,
El corage y el furor,
Viendo el signo de su honor
Debájo de una silleta? (*Aquí le falta poco para tirar piedras.*)

CUCHO.

¡Quien tal hubiera creído
De una medalla tan bella!

LOPEZ *enjugándose las lágrimas.*

¡Cielos! ¡qué fatal estrella
Es la que á mi me ha cabido!

CUCHO.

Ya con medalla has salido:
Y aunque te cueste una muela...........

LOPEZ *mas bravo que nunca.*

Basta: juro por mi abuela,

Que otra vez el bien que adoro, (*Hace relacion á la*
Me ha de ver con plancha de oro, *mozita portalera.*)
Sobre el muerto y quien lo vela.

CUCHO se despide en la esquina de Bodegones: y LOPEZ sordo con la furia, no le oye y sigue por los Judíos sin contestarle. En la puerta de la botica vuelve la cara atras y entre los infinitos muchachos que le siguen, vé á uno que le estaba amarrando en un boton del fraque, con un hilo acarreto, un papel donde estaba la inscripcion de la medalla escrita con carbon, y un gallinazo en lugar de la águila. Corre tras él para darle un cocacho, y cuando ya le iba dando caza, se unde LOPEZ por un escotillon. Pero no: mejor será que el muchacho se desaparezca por un vuelo rápido: por que LOPEZ pudiera maltratarse, y seria una lástima que la tragedia quedase sin concluirse. Despues del acto quinto, mas que se lo lleven los demonios. Aquí es preciso que el telon caiga muy breve: porque LOPEZ se ha puesto á orinar en la puerta de su tienda y pasa mucha gente.

ACTO V.

Se levanta el telon: y aparece la imprenta de la calle de los Judíos, y en ella cuatro impresores jugando. á las tejas. Entra LOPEZ en mangas de camisa, muy sofocado, y dice:

LOPEZ.

¡Como traigo la cabeza!
Y ¡qué! ¿Ustedes, no hacen nada? (*repara en los*
¿Por qué esa prensa parada? *impresores*)
¿El Peruano no se empieza?

IMPRESOR 1.°

¿Qué ruido es ese? ¿Es calesa? (*viene un temblor*)

IMPRESOR 2.°

No: temblor.

IMPRESOR 3.°

Temblor es, sí.

IMPRESOR 4.°

Corran todos por aquí. (*saliendo por el callejon.*)

Los cuatro impresores salen á la calle. LOPEZ tropieza con una forma del Peruano liberal, la desbarata, se cae, y queda tan adolorido de la rodilla, que no puede correr. El temblor apura, y dice

LOPEZ.

A Dios diablos! Esto es hecho.
Abajo se viene el techo.
Ya cae: me pilló: ¡ay de mi!

Cae el techo sobre la pierna izquierda de LOPEZ, y se la quiebra, Este, reducido al último abatimiento, tumbado en el suelo, lleno de tierra, y con la pierna metida debajo del techo, dice:

LOPEZ.

¡Infeliz LOPEZ! tu suerte
Ha decidido el temblor;
Y te habría hecho favor,
Si te hubiera dado muerte.
Venga otro temblor mas fuerte,
Y acábete de una vez;
Pues morir, ménos mal es
Que tener una medalla,
Y no poder pasealla
Por faltarle á un hombre pies.

Aquí por cuatro escotilllones, salen cuatro diablos, todos con medalla, y se ponen á bailar el sorongo, encima del techo. Como LOPEZ tieno su pierna metida debajo, siente con el peso de los diablos unos dolores muy fuertes: dá unos gritos descomunales: y cae el telon por la última vez.

SAINETE.

PERSONAS QUE HABLAN.

Lopez.	*Un escribano,*
El cojo Prieto.	*El platero que hizo la medalla.*

Se alza el telon y aparece Lopez sentado tras su mostrador y recostado sobre su brazo; y el cojo Prieto parado delante de él, y tomando un vaso de aguardiente. Entra el Escribano, y poniendo sobre el mostrador el lazo de la medalla envuelto en un papel, dice:

EL ESCRIBANO *muy serio*

Esta órden traigo.

LOPEZ.

¿Qué es eso?

ESCRIBANO.

Es el lazo.

LOPEZ.

¿Y la medalla?

ESCRIBANO.

Se destinó á la gentalla
De la cárcel.

LOPEZ.

Y ¿de aqueso
Que hago yo ahora?

COJO.

Si al pescuezo
Lo pones, soga ahorrarías
Para ahorcarte.

Entra el PLATERO con cara de herrero mal pagado, y dice:

Veinte dias
He venido.

LOPEZ *dando un porrazo en el mostrador.*

No hay dinero.

PLATERO levantando el baston.

Pues habrá palos.

LOPEZ quitando una muleta al cojo y dando al platero con ella.

Primero
Ten.

COJO *cayéndose por la falta de la muleta.*

¡Pobres costillas mias!

Siguen dándose de palos el PLATERO y LOPEZ; y hasta que LOPEZ no tenga cuando ménos dos costillas rotas no cae el telon.

NOTAS.

1. ª La música de la tonadilla debe componerse de cuatro ó seis marimbas, dos tambores destemplados y nueve flautas de cañas. Hemos creido útil al público poner aquí la letra, que es la siguiente:

¡Ay Lopez! la medalla
Cuanto te cuesta!
¡O maldito Peruano,
Maldita imprenta!
 Tal paradero
Tiene el pieza que quiere
Ser caballero.

2. ª No faltaran críticos adocenados que digan que Lopez debia morir para que estuviese este drama segun las reglas del arte. Y por eso me parece conveniente advertirles que la medalla muere; y que basta su muerte para una verdadera y completa tragedia.

A mi nada me costaba hacer morir á Lopez. Con la misma facilidad que le hago caer el techo sobre la pierna, podia hacer que le cayese encima de la cabeza. Pero Lopez es un hombre muy interesante: y si lo matamos, privamos al público de los diversiones que puede proporcionarle en lo futuro. Porque ¿qué no se debe esperar de un hombre que se ha presentado en la plaza con MEDALLA?

3. ª La forma del Peruano liberal en que tropezó Lopez, fué la que estaba armada para el Domingo último. Como el impresor la compuso apurado para que se tirase en ese dia, salió el tal Peruano como el público ha visto.

REVERSO DE LA MEDALLA.

EXORDIO.

Canto del grande Lopez la medalla
al son de mi lucido monacordio:
canto la envidia de la víl canalla;
y catate acabado ya el exordio,

INVOCACION.

¡O vosotras, carachas, que nadando
Estais en el gran Rimac noche y dia!
pues ya la invocacion se vá acabando,
prestarme breve vuestra melodía.

CANTO 1.°

Lopez que en las pasadas elecciones,
fuistes de los bulleros el encanto,
dieron fin tus siniestras intenciones,
y aquí dió fin tambien el primer canto.

CANTO 2.°

Cantaré la tu ciencia prodigiosa
que en los albaceazgos se eterniza:
traslado á tu cuñada siempre hermosa;
y aquí el segundo canto finaliza.

CANTO 3.°

Canto la herida que en el brazo hiciste

al fuerte Diaz con tu diestra brava:
canto la bofetada que sufriste;
y mi tercero canto aquí se acaba.

CANTO 4.°

Canto tu imprenta, canto el Peruanote
que á todo Lima tiene ya tan harto:
canto tu tan bordado vestidote;
y tenemos concluido el canto cuarto.

CANTO 5.° Y ULTIMO.

Canto el fatal y digno paradero
que tuvo tu medalla el otro dia
de habertela plantado; y aquí quiero
que el poema concluya, musa mia.

OCTAVA.

Tiene el cabildo grandes ocurrencias
para premiar servicios importantes;
él sabe bien pesar las excelencias
de los sucesos mas interesantes:
¡O Lopez! pues á Lima hoy evidencias
que hay cabeza en cabildo que no hubo ántes,
disfruta, ¡o sucesor de Barandilla, (*)
de su ayuntamental grande medalla.

(*) Negro palangana, á quien el Virey Amat, por divertirse, le dió una medalla.

POEMA

REVERSO DE LA MEDALLA.

SEGUNDA PARTE.

EXORDIO.

Para cantar las glorias de Tadeo,
tomo segunda vez mi ronca lira,
que ronca debe ser para este empleo,
que aquí el exordio sin remedio espira.

INVOCACION.

Venga toda caracha y bagresito,
pero no: deteneos: poco á poco:
seguid nadando; ya no os necesito;
á tí mismo Tadeo, á tí te invoco.

CANTO 1.°

Canten otros con suave melodía
de verdaderos héroes las proezas,
en tanto que tú cantas, musa mia
al mas solemne y grande de los piezas.

CANTO 2.°

Canta el que sucitó grave tumulto,
allá en la *Santa* el liberal Tadeo:
canta que le guardaron bien el bulto,
por ser de liberales corifeo.

CANTO 3.°

Canta su cara torva y tan vinagre,
sus cortos brazos y su cuerpo tieso;
canta su boca, que es boca de bagre,
sus ojos tuertos y nariz sin hueso.

CANTO 4.°

Cántalo por tu vida vestidito,
con uniforme azul de cabildante
que llegó á pretender este maldito,
por la imprenta de que otro es fabricante.

CANTO 5.°

Canta que tales señas y colores
prestaba este solemne mentecato,
cuando pensaba que los regidores
colgasen en cabildo su retrato.

CANTO 6.°

Canta la multitud de bofetones
que proyectaba dar con su medalla,
en estas inmediatas elecciones
á todos los que él llama vil canalla.

CANTO 7.°

Canta mas, musa: pero no, detente,
y prepara despacio muchos coros,
para adornar con ellos dignamente
las listas y listines de los toros.

LA ANGULADA

Ó historia de D. Gaspar Rico, Angulo, Tricio, Querejazu, Ruiz de Lovera, Aragon, Torres y Villasana, Ministro honorario de la hacienda pública, Director General de la Lotería Nacional de la America Meridional, escritor del Depositario.

POEMA EN DOCE CANTOS, ESCRITO POR

A B C D E F G H I J K L M N O P Q R S T V X Z.

DEDICATORIA Á TITO LIVIO EMPERADOR ROMANO Y CONQUISTADOR DE JERUSALEN.

Hube pensado apénas
escribir esta historia,
cuando ¡o Señor veniste á mi memoria
alegando derechos de Mecenas.
Y ¿quién podrá negarte
el que tienes justicia en esta parte?
Pues si el héroe que canto en mi Angulada,
no viene á ser por nada
mas célebre y famoso
que por sus grandes bolas de Lotero;
confesar es forzoso,
que debe su grandeza

á la feliz cabeza
de aquel mortal que combinó, el primero,
tan armonioso juego y tan bonito.
Y ¿ese no fuiste tú ¡o ilustre Tito!
hijo digno del grande Vespasiano,
que del pueblo Romano
queriendo hacer las fiestas mas lujosas,
segun nos dice Dion entre otras cosas,
arrojaste tú mismo con tu mano
del mas alto lugar del anfiteatro,
no dos, ni tres, ni cuatro,
sino diez mil bolitas de madera,
en cada una de las cuales era
señalado un presente que se daba
á cualquier aragan que la pillaba?
Presta, pues, acojida favorable
¡o sucesor de Rómulo y de Numa!
á un rasgo de mi pluma
á que tienes derecho indisputable;
y yo en pago Señor te pronostico,
que serás tan eterno como Rico.
Y que si ántes te ha dado gloria tanta
la gran conquista de la tierra Santa,
ha de darte desde hoy mas nombradía
la invencion de la nueva lotería;
pues hablando, Señor, sin disimulo,
te honran mas esas bolas de madera
con que elevaste á superior esfera
al inmortal Angulo,
honor y gloria de los paises godos,
que esa espada de acero y esos brios
con que en el sitio que sabemos todos
hiciste pedir pita á los Judios.
Nadie dudo jamas que es mas portento
hacer un héroe que destruir un cuento.

CANTO PRIMERO.

Del célebre varon canto las glorias
á quien buscarle par en las historias
perder el tiempo es, cansarse en vano;
pues de non anda en el linaje humano:

De aquel que con el ruido
de su nombre que vá de zona en zona,
tiene atónito al orbe, y aturdido,
y á quien la fama sin cesar pregona
con tal fuerza y teson que cada dia
rompe un clarin, trompeta ó chirimía.
Al fenómeno canto mas estraño
que natura abortó desde que haymundo;
al héroe sin segundo,
aquel héroe tamaño
de quien para encerrar los grandes hechos
los límites del orbe són estrechos.
Canto al hombron famoso, cuya vida
á la de otro ninguno parecida
tiene tanta aventura rara y bella
que para hacer de ella
un compendio ó estracto muy conciso
tantos siglos viviera, era preciso
cuantas estrellas hay en la alta esfera,
incluso Capricornio, el Leon, la Osa
con las siete cabrillas
y los astros de cola y de barbillas.
Era tambien indispensable cosa,
que tuviese las plumas y cañones,
de todas las putillas y gorriones,
lechuzas, gallinazos, papagayos,
alcatraces, cernícalos y gallos;
y de cuanto volátil ha existido,
en el aire, en la jaula y en el nido,
de toda edad, y clase, y nombre, y pinta;
tanto hembras como machos,
desde que el Dios que habita el firmamento,
pobló con ellos la region del viento;
inclusos los que encerró en el arca
el célebre Patriarca
á quien tanto veneran los borrachos,
porque el árbol plantó del aguardiente;
y en fin, que se volviesen derrepente,
papel los cielos, y los mares tinta.
A aquel canto que en todas las edades
tendrá á la jente absorta:
para cuya memoria y nombradía
toda una eternidad es cosa corta,
pues que durar debia cuando ménos
catorce eternidades.
Canto al pasmo, al asombro
de todo hombre, así grande como chico;

Canto por fin............ ¿Le nombro?
Canto á Gaspar Angulo, canto á Rico.
¡Válgame Dios! ¡qué empresa
tan árdua y peliaguda!
¡Adonde ocurriré por una ayuda
que saque de este aprieto á mi cabeza!
Vamos á ver.—Ensíllenme el Pegaso
que me voy hasta arriba del Parnaso,
y pónganme en la alforja un gran porongo,
ó bien unas alcuzas,
para beber de paso un gordo trago
de la agua cristalina
de la sagrada fuente caballina.
Estoy montado............ Pero ¿qué es lo que hago?
¡Vaya, vaya, que soy un majadero!
Voy á darme un penoso y largo trote,
y lo que es peor muy mucho, que me expongo
á que este animalito,
que ántes era tan manso y tan galano
manejado por ruin y torpe mano,
de tanto poeta bárbaro y maldito,
se haya vuelto mañoso y pajarero;
y brinque derrepente, y zas, me bote,
y me tire tal vez una patada.
Y ¿para qué todo esto? para nada.
Por mas que templen las humanas musas
sus cítaras de plata,
solo pueden subirlas hasta el punto
en que se cantan siempre las hazañas
y glorias y trofeos,
de los héroes enanos y pigmeos:
pero cuando se trata,
de un tan sublime, delicado asunto,
como es cantar las glorias tan tamañas
de aquel héroe gigante,
que si las piernas abre lo bastante,
un pié puede poner en cada polo;
me parece un trompeta el mismo Apolo.
Solo tú mismo, insigne Villasana,
solo tú puedes, si te dá la gana,
sacar con bien al hombre
que, osado intenta celebrar tu nombre;
haciendo que se eleve hasta las nubes,
á donde solo tú, tú solo subes.
Ven, pues, Angulo mio, sé mi númen,
inflama mi cacumen:
haré versos: mil versos mas felices

que aquellos que hizo el Venusino Poeta;
y serán para mi niños de teta
los cantores de Eneas y de Ulises.
Ven por vida tuyita............ Mas ¿qué es esto
que estoy sintiendo y á explicar no atino?
¿Qué cosa viene á ser la que me ha puesto
en una especie de deliquio grato,
cual suele una botella de moscato,
ó mas bien, del sabroso Marrasquino?
¿Qué fuego es este cuya activa llama
penetra de mi cuerpo los rincones;
que las tripas me inflama;
me abraza los riñones;
que se me entra en la misma calavera,
y mis sesos calienta de manera,
que será maravilla
no los haga torrejas ó tortilla?
¡O! ¡cuantos pensamientos diferentes,
á mi alma cercan, y en tropel la asaltan!
¡Qué de imágenes bellas y excelentes
ván viniendo á ocupar la fantasía!
¡Qué es esto en que me veo!
Mi cerebro se ha vuelto un jubileo;
y todo es confusion y algaravía.
Me brincan las ideas y me saltan;
cosas muy grandes sin cesar me fluyen;
y los versos así de ciento en ciento
entre mi cráneo bullen,
cual bullen los frijoles,
cuando hierven las pailas ó peroles
en la cocina de cualquier convento:
ó bien, cual los gusanos en la fruta,
ó en un queso podrido de Calcuta.
El poético furor debe ser este,
si acaso no me engaño.
Este es el don celeste
concedido á muy pocos
á quienes pone así como unos locos,
y los conceptos métricos les sopla
y sin el cual ninguno hará una copla,
aunque esté trabajando todo un año:
este es el entusiasmo
que vuelve al hombre tonto,
un Cisne tan cantor como el del Ponto.
Tú me le has inspirado insigne Tricio;
y permite te diga, que me pasmo

de que guardes un fuego
con que abrásas, y quemas, y devoras,
en las nevadas Sierras donde moras.
Yo las gracias te doy
porque á mi invocacion veniste luego.
Y supuesto que estoy,
asegurado ya de tu alto auspicio,
con el cual hacer puedo tanto verso
que deje sonso á todo el Universo,
sin perder un momento,
Voy á empezar tu historia.—Vá de cuento.

Cuando el finado Dr. Larriva dió á luz el primer canto que antecede, se nos informó que todo el Poema lo tenia concluido; ignoramos las razones que le impidieron publicarlo, contentándose tan solo con imprimir la parte que ahora insertamos.

Editores.

EL NUEVO DEPOSITARIO

NUMERO 1.

Del Sábado 18 *de Agosto de* 1821.

PROSPECTO EN FORMA DE DIÁLOGO

ENTRE EL EDITOR Y UN AMIGO SUYO.

Tum; tum; tum, Deo gracias—¿Quién?—Yo—Adelante—¡Qué milagro en casa tan temprano!—Acabo de llegar: y me vuelvo á ir al momento—Adonde vas tan apurado—A casa de la jóven mas interesante que en mi vida he visto. Si tú la vieras:...—Yo no quiero ver á esa ni á, ninguna. ¡Qué no has de pensar en otra cosa!—Pues si señor: Hoy la he conocido en casa de una amiga suya y mia; y en el discurso de la conversacion, que me fué bastante deliciosa, me dijo que era muy aficionada á jugar la lotería. Yo la ofrecí un juego que aquí tengo. He venido por él; y voy á llevársele volando. Seguramente le apreciará ella muchisimo, porque es todo de marfil: y yo tengo ya un pretesto para entrar en su casa diariamente.—Siempre que oigo mentar *lotería,* se me viene Rico á la memoria. ¿En qué region se hallará?—¡Quién diablos sabe!—¿Si habrá escrito algun Depositario?—Habrá escrito cincuenta.—Y ¿sabes que estoy tentado de escribir un nuevo Depositario?—¡Tentacion verdaderamente diabólica! ¿Con qué piensas en tirar tajos y reveces contra todo el género humano, para hacerte, como Rico, despreciable y odioso?—¡Qué! ¿Estoy yo loco? Lo que pienso es escribir un periódico que parezca escrito con la pluma de Rico; no porque contenga insultos y dicterios; sino porque imite en un todo su lenguaje—Ni los demonios del infierno son capaces de imitar el lenguaje de Rico. Se me figura esa cabeza al caos de los poetas, ó á la torre de

Babilonia cuando se confundieron las lenguas.—Apostemos á que yo le imito?—¿Apostemos á que no?—Ahora mismo voy á mi casa á escribir.—No te vayas. Escribe aquí no mas, miéntras yo voy á llevar mi lotería. ¡Muchacho! Toma ese cajonsito; y ven conmigo. Eh: Abur. En aquella mesa tienes papel y tintero.—Muy bien. ¿Con qué comenzaré?..... ¿Con una *Sobre nota embetunada?* No.... ¿Con un *Intercalante?* Tampoco.... Vaya un

VARIANDO SIN VARIAR LA VARIACION.

Sí vale una noticia, se dice y se cree que D. Gaspar Rico y Angulo que, *no por miedo*, sino por verguenza, salió de Lima escoltado por las tropas españolas; perdió todo su equipage en el rio de Cañete. Si valen dos noticias, se dice y se cree que, poco ántes de Coillo, se cayó del caballo; y dió un costalazo mas que regular. Si valen tres noticias, se dice y se cree que el caballo no pudo resistir el formidable peso de la alforja en la cual iba la imprenta y los globos de la *Lotería*; y se cayó muerto al llegar á Pacaran. Si valen cuatro noticias, se dice y se cree que prosiguió su viage en un borrico viejo que caminaba muy despacio y de muy mala gana. Y si valen cinco noticias, se dice y se cree que ha gastado hasta hoy como trescientas resmas de pápel, y algo mas de una arroba de tinta.

NO DECIMA EN LOA DE D. GASPAR RICO Y ANGULO.

¡O genio el mas peregrino,
Que ha producido la España,
Y que estás hoy en campaña
Montado sobre un pollino;
Quiera Júpiter divino
(Ya que te vas y nos dejas,)
Que te maldigan las viejas
Desde el lúnes al domingo.
Y que el burro dé un respingo,
Y te eche por las orejas!

NO OCTAVA EN QUE SE DA AL BURRO UN CONSEJO SALUDABLE.

¡O burro venerable por lo anciano!
¡O burro, burro, burro sin segundo,
Destinado por Jove soberano,
A cargar á otro burro en este mundo!

Métete por tu vida en un pantano
De fango bien espeso y bien inmundo;
Para que allí trabaje, noche y dia,
Angulo con su imprenta y Lotería.

DIÁLOGO INTERMEDIARIO ENTRE EL BORRICO Y RICO, Ó ENTRE RICO Y EL BORRICO QUE TODO VIENE Á SER LA MESMA COSA.

RICO Amigo D. Jumento; camine un poco mas vivo, que ya las tropas van muy léjos; y si los montoneros, que nos vienen pisando los talones, nos llegan á pillar por la nuestra desgracia, no nos dejan ni para zapatero de viejo.

BORR. Si no se me aligera la carga que llevo á cuestas, no hay santo que me saque de este paso en que voy. ¡Que demonio de carga tan pesada! Yo he cargado muchas veces unos capachos tamaños llenos de arena, de cal, de ladrillos, de piedras y...... ¡Qué cosa no habré yo cargado en esta vida! He cargado hasta diablos. Pero nunca he sentido tanto peso como hoy. Diráme U., por su vida, lo que llevo en las alforjas?

RICO Así que te lo digamos, te tendrás por el mas venturoso de todos los borricos de la tierra, tanto presentes como preteritos y futuros, exceptuando solo á aquel que tuvo la dicha incomparable de recibir sobre sí al Redentor del mundo; y conducirle á Jerusalem en el dia que entró triunfante en aquella ciudad: pues puedes lisongearte de que, despues de ese burro que nos habla el evangelio, ningun otro, ni ántes ni despues del diluvio universal, ha llevado una carga tan importante y tan preciosa como la que tú tienes hoy la dicha de llevar.

BORR. Mas valía que fuera ménos importante y ménos preciosa; y que pesara ménos.

RICO Tú; como burro al fin, no sabes lo que te hablas. Oye, y calla. En uno de los lados de la alforja, que creo es el izquierdo, van los admirables globos de la LOTERÍA NACIONAL DE LA AMÉRICA MERIDIONAL, de cuyo seno mágico ó fecundo ha salido ó emanado la felicidad y la abundancia de mil y mil familias honradas ó no honradas que han hecho un principal mas ó ménos estenso, mas ó ménos ingente con los productos líquidos, es decir, con los premios máximos ó medianos de metálico efectivo proporcionalmente conformes á las mas ó ménos opciónes que tenian de los sorteos anteriores, ó á las cantidades mínimas de un cuartillo, dos cuartillos, tres cuartillos, ó cuatro cuartillos. En el otro lado, es decir, en el derecho, va una famosa imprenta destinada á servir para la continuacion del célebre periódico llamado *Depositario*, de quien puede decirse, sin mentira, que ha sido la lumbrera ó antorcha del Perú.

BORR. Depositario y Lotería..... Muy bien.... Segun eso U. debe de ser el señor D. Gaspar Rico y Angulo.

RICO El mismo que viste y calza. Nos somos aquel escritor melífluo que tanto trabajó en enseñar ó instruir á los limeños ó no limeños con escritos estensos ó profundos. Con los cincuenta *Depositarios* que escribimos, dimos á Lima una cuarta parte de ilustracion. Si hubieramos llegado á escribir cincuenta mas, le habríamos dado media ilustracion. Si ciento mas, tres cuartos de ilustracion. Y si ciento y cincuenta mas, una ilustracion íntegra ó completa; es decir, no mediana ni pequeña. Y ¿cual ha sido la recompensa que hemos recibido por tantas y tantas veladuras, y por tantos y tantos calentamientos de cabeza? El odio, la aversion y el desprecio de todos y de todas. Y ¡quién sabe cuanto mas habriamos recibido, si no andamos de *patitas*, y tomamos con tiempo, el trote del cochino. *Nos* conocemos, tú conoces, y todos conocerán la falta que *nos* hacemos en la ciudad de Lima. Pero la conocerán tarde, tarde y tarde. Tenemos, sin embargo el consuelo hondo y extenso de que llevamos con *nos* la *Lotería nacional* que nos dá dinero sin trabajo ó fatiga, y tambien nuestra imprenta con la cual podemos acabar con los tontos de capirote; y desquitarnos de todos los que *nos* han insultado, *nos* insultan ó *nos* insultarán. Tenemos en la cabeza un *variando* excelente; y estamos ya rabiando por escribir el número cincuenta y uno del *Depositario*.

BORR. Basta, basta y basta Señor Don Gaspar Rico y Angulo, director general de la Lotería nacional de la América meridional, ministro honorario de la hacienda pública, y escritor melífluo del gran *Depositario:* hágame U. el gusto de apearse en el momento, y de quitarme de encima sus *preciosos é importantes trebejos*; que yo, desde pollino, he vivido siempre con la mayor conducta y *borriquía* de bien: y no es razon que deshonre estas canas que peino, cargando al cabo de la vejez instrumentos de maldades sobre estos lomos cubiertos de mataduras á fuerza de cargar tanta alfalfa para mantener á mis hermanos: tanto trigo y tanto arroz para el sustento de los hombres: y otras mil y mil cosas honestas y benéficas. Los globos de la *Lotería nacional de la América meridional*, no tienen otro objeto que estafar á los pueblos; y los caracteres de esta imprenta solo son para insultar á los hombres de bien. Si yo prosigo llevándolos, concurro á las ladroneras y y á los libelos de U; y me echo encima un reato que me tendrá por siempre atormentada la conciencia. No faltará en el ejército algun borrico tunante que se los lleve á U. Cata aquí por qué pesaba tanto el diablo de la alforja. No hay cosa mas pesada que un pecado mortal. Y ¡cuantos y cuantos se habrán cometido por U. con estos globos y con esta imprenta! Esos globos que parecen vacíos, están llenos de las maldiciones de tantos miserables cuya ruina han causado; y esas letras de imprenta que parecen de plomo, son de abominacion, de execracion, de iniquidad y.... ¡qué sé yo que iba á decir! Apeese usted volando, y *silencio, silencio y silencio.*

RICO No sea insultante el jumento, ni se meta en honduras. Calle, calle, calle; y prosiga su camino; porque sino, *trancaso con él.*

BORR. Dejémonos de historias, Sr. Rico. Si usted no se apea prontito, meto la cabeza entre las piernas; comienzo á dar respingos; y *trum, trum, trum,* salvaje en tierra.

RICO Este animal, aunque *cuatrupedante,* parece de carácter; y como lo dice, lo hará. *Nos* no estamos para sufrir un porraso en las costillas. Perdámosla sencilla, y no doble. Hagámonos desentendidos de los insultos del borrico; porque lo que no ha de ser bien castigado, sea bien callado. ¡O Gaspar Rico y Angulo! ¡O ministro honorario de la hacienda pública! ¡O director general de la Lotería nacional de la América meridional! ¡O escritor melífluo del gran *Depositario!* A qué estado tan triste te miras reducido! Si te vinieran ahora las ansias de la muerte, pudieras exclamar con el Leon de la fábula,

Este es doble morir: no hay sufrimiento;
Porque muero insultado de un jumento.

No hay remedio. Vámonos apeando. Vengan mis alforjas. Caminemos á pata; y para divertir el camino, entonemos la cantinela que entonamos cuando fuimos á pata hasta el Callao, por no haber encontrado un demonio en forma de aguilucho que nos llevase por los aires—*Tara rara......* No era así. *Tara rera......* Tampoco. *Tara rira.* Tampoco. *Tara rora......* Tampoco. *Tara rura.* Ménos . . . .
Tran laran. Este es el compas de dos por cuatro que yo buscaba. . . . .
Tran, laran, laran, lan; tran laran larun; tran, laran, laran, laran, lan; tran larun, larun. ...

NOTA EMBETUNADA.

Distaba Rico del ejército una legua, dos leguas, cuatro leguas, las que se vió precisado á caminar un poquito á pié, y otro andando. Se dice que el borrico (que no debia ser de los mas tontos) al verle ir con su alforja al hombro, le compuso, *de calamo currente*, la siguiente

DÉCIMA ASNAL.

Ahora sí que vas Angú-
A tu destino confór-
Puesto que vas con alfor-
Y no con papel y plú-
Yo conozco muchos bú-
Que te exceden en talen-
Mas, con su suerte conten-
Cargan alfalfa y adó-
Y nunca han sido escritó-
Ni han pisado las impren-

ADICION RONCADORA.

Al salir Rico de Lima con las tropas españolas, se despidió del público en un Depositario, (porque no era regular que un personage como él escurriese el bulto sin decirnos—*allí quedan las llaves*; y nos ofreció que volvería *entro de quince dias, entro de dos meses, entro de tres meses.* Nos opinamos acá, acá en nuestra opinion honda ó íntima que volverá entro de cincuenta años, entro de cien años, entro de doscientos años: y bien podriamos puntualizar mas y mas la fecha próxima ó remota en que nos hemos de volver á juntar con él, si algun almanaque nos dijese si el dia del juicio cae en lúnes, en mártes, en miércoles, en jueves, en viernes, en sábado ó en domingo.

ADICION TRANSEUNTE.

Nos creemos, y todos creen, con toda la credibilidad creible, que, en todos los puntos en que hacen alto las tropas españolas, hace D. Gaspar Rico y Angulo que la prensa se arme, y que se eche en cajas la letra de la imprenta volante. De manera que tiene á los pobres impresores en un continuo tragin; de cuyas resultas han enfermado los mas, y van dando al diablo la tal expedicion.

TRANSITO VINDICATIVO.

Dizque un soldado de las tropas españolas, al ver á mi D. Gaspar que llegaba al campamento á pié, fatigado, todo lleno de lodo, y con su alforja al hombro, le preguntó á un sargento que tenia á su lado, ¿qué hombre es ese? Y el sargento le dijo.

Aquel ministro honorario
Que con bolitas y globos

Engañó en Lima á los bobos,
Y les sopló el numerario.
Este es el DEPOSITARIO
De tu plata y de la mia.
Este es aquel que escribia
Contra el universo entero;
Y á quien, aun siendo LOTERO,
Le cayó la LOTERÍA.

CONTRA-ADVERTENCIA.

Despues de haber trabajado el dialogito de arriba, estabamos dudosos ó indecisos sobre si le imprimiriamos, ó no lo imprimiriamos; porque eso de hacer hablar á los borricos, no nos parecia á la verdad muy en el órden: cuando en esto, zas, cae en las nuestras manos un impreso en folio que comienza diciendo, con letrones muy gordos—EL TEATRO AL ILUSTRE PUBLICO DE LIMA; y al punto dijimos, *imprimatur:* pues si los teatros hablan, ¿por qué los borricos no han de hablar tambien? Los burros tienen tamaña lengua y tamaña boca con que hablar; y los teatros necesitarian hablar por la casuela, ó por alguno de los palcos. Tenemos ademas el ejemplar de la burra de Balaan que nos sabemos, y todos saben que habló; y ni sabemos nos, ni sabe nadie que haya hablado teatro alguno desde que el mundo es mundo. ¿Pali-versamos? Pali-versemos.

Con su alforja ó su maleta
Iba Gaspar, pico á pico,
Hablando con su borrico,
Cual otro Balaan profeta:
Cuando suena una corneta
Por aquellas pampas solas;
Y, diciendo *¡carambolas!*
Pegó tan fuerte carrera,
Que rodó en una ladera
Con su burro y con sus bolas.

CORRESPONDENCIA OFICIAL ENTRE DON GASPAR Rico y D. José Bohorques, aquel cajonero que está frente á la cigarria de D. Mariano Tramarria, y que vendia Depositarios y asentaba Lotería.

OFICIO DE RICO Á BOHORQUES.

Habiendo naufragado, en el rio de Cañete, el nuestro equipaje donde iba toda la moneda contante y sonante que habiamos reunido ó colectado de las últimas loterías; hemos quedado tan pobres, que no conocemos una blanca. En esta virtud, se servirá U. remitirnos, en primera oportunidad, todo el dinero que tenga en su poder resultante ó procedente de los nuestros Depositarios. Dios guarde á U. muchos años.—Cuartel general en fuga 19 de Julio de 821.—*Gaspar Rico y Angulo.*—Sr. D. José Bohorques.

OFICIO DE BOHORQUES Á RICO.

Desde la fuga de U. no se ha vendido un solo Depositario. Pero prevengo á U. que no espere le remita un cuartillo; pues por muchos que se vendan para empanadas y pasteles, hoy que tenemos abundancia de trigo; nunca alcanzará su producto para devolver sus reales á los que me echaron lotería en la última semana. Dios guarde á U. muchos años.—Cajoncito 16 de Agosto de 821.—*José Bohorques.*—Sr. D. Gaspar Rico y Angulo.

EL NUEVO DEPOSITARIO.

NUMERO 2.

Del Jueves 30 *de Agosto de* 1821,

INTERMEDIO MAÑOSILLO.

Tran, laran, laran, lan, tran, laran, larum; tran laran, laran, laran, lan; tran, larum, larum. Divertido muy mucho iba nuestro Angulo con la suso-inserta cantinela que es la misma, mismísima que entonó ahora meses en el camino del Callao, cuando por falta de Diablo y balancin, hizo su viaje á pata, como no los dice él mismo en el número 43 del su difunto depositario. Marchaba á veces de frente, y á veces con paso oblicuo, semejante ó igual á aquel con que se metió en el café de Bodegones, aquella célebre mañana en la que solo con hacer *uf, uf, uf,* se encajó en el ventrículo tres panecillos regulares ó irregulares, con mas ó menos mantequilla, y una tasa no grande de café con leche, por lo cual tuvo que sacar de su bolsillo, segun las cuentas buenas ó malas que el mozo le ajustó, siete reales de moneda corriente completos ó cabales, es decir, catorce medios; es decir, veintiocho cuartillos. Habria caminado una legua ó legua y media; es decir, tres millas castellanas, ó cuatro millas y media, cuando derrepente el cielo se encapota, bomita agua por castigo, lanza pedazos de granizo como huevos de avestruz; y comienza á tronar y retronar, allá allá en sus altas bóvedas cóncovas ó profundas. Creyó al principio nuestro Rico que era el traquido estrellante del carbónico sulfuroso que despedian ó bostezaban ó crutaban las bocas circulares; hondas ó íntimas los cañones ó pedreros del ejército real, á quien por ser dia miércoles, se juzgaba próximo, ó mas próximo. Pero despues conoció que eran guerrillas aercas; es decir que las nubes mas ó menos inmediatas, mas ó menos preñadas se batian unas con otras, y se tiroteaban entre sí mas abajo ó mas arriba de la atmósfera terrestre, es decir, en la region del fuego ó *ignífero sulfurante*. Como las sustancias metálicas naturalmente atraen á la materia eléctrica, llovian los rayos sobre la alforja de Rico que, aunque no llevaba metálico con tante llevaba el plomo de los caractéres de la imprenta. Sin embargo de que el terror pánico, excesivo ó extenso crecia en su alma un grado, dos grados, tres grados, cuatro grados, y... él proseguia su camino; hasta que al fin rendido del cansancio, echó á tierra las alforjas; y se sentó sobre los globos. Ya entónces olvidó el compas de dos por cuatro; y mudando de tono hizo el siguiente—

SOLOLOQUIO SIMBÓLICO.

Despues que la comparsa refundente
Nos ha tundido desde el pié al cogote
Despues que en muladar puerco, indecente
Nos ha enterrado el pícaro chingote:
Despues que tanto y tanta malqueriente
Nos ha forzado á huir á todo trote
Sufriendo soles, lluvias y serenos:
Tambien ¿Trum, trum, relámpagos y truenos?

CONTRA NOTA INTERMEDIA.

Largo rato prosiguió nuestro Rico parli-versando y parli-prosando sobre su triste situacion, tanto mas dura para él, cuanto que la comparaba con los tiempos de sus prosperidades pasadas; con la época sobre todo, en que siendo el árbitro absoluto de la casa de los Gremios, disponia á su antojo del metálico sonante que habia en abundancia. Iba ya á ponerse el sol, y el cielo se habia serenado cuando vió que un hombre á caballo se dirijia al lugar en que él estaba. Al principio tembló; porque juzgando fuese algun montonero de la patria, creyó que era llegada la fin de sus dias; y que iba á pagar allí las hechas y por hacer. Pero conoció despues ser un lancero de las tropas españoles; y comenzó á llamarle con la mano. Cuando el soldado estuvo cerca, entabló con él el siguiente

DIALOGO HIPERBÓLICO.

SOLD. ¡Aquí el Sr. Rico! ¿Qué novedad es esta?
RICO ¡Ola! ¡Con que me conocia el buen soldado!
SOLD. Toma si le conozco á U. Le conozco mas que á mis manos. Pues si yo he sido asentador de lotería mas de dos años.
RICO En medio de las nuestras desventuras, no deja de ser consuelo encontrar un conocido y de buen natural como tú nos lo parece ó nos lo representas.
SOLD. ¿Pero qué hace U. aquí?
RICO Eso es para mas despacio. En el camino te impondremos de todo; por ahora lo que conviene es que tratemos un negocio que á ambos interesa.
SOLD. ¿Y cuál es?
RICO El que te apees del caballo para poner sobre él la nuestra alforja y el nuestro individuo, y que nos acompañes á pata, dándonos conversacion, que nós te prometemos, aseguramos y juramos hacerte Director de la Lotería Nacional de la América Meridional. Y cuenta que tú serás el primer asentador que haya subido al rango de Director desde que se inventó este juego noble y sublime.
SOLD. Convengo en ello.... Ya estoy abajo.... Monte U.... Cuidado con la alforja.
RICO Ay! ay! ay! ay!
SOLD. ¿Qué es eso? ¿Se ha lastimado U.? Pues la silla está buena.
RICO ¡Qué importa que la silla esté buena, si las nuestras asentaderas están malas. Un maldito jumento mas troton que todos los demonios nos hizo un par de llaguelas, que por mas sebo que les untamos, no quieren cicatrizarse ¡Qué hemos de hacer! Paciencia, paciencia, y paciencia.
SOLD. ¿Están buenos los estribos?
RICO Todo está corriente y moliente.
SOLD. Pues andando se hacen chancacas.
RICO En el primer paraje en que encontremos papel y tintero, te daremos tu título en forma.
SOLD. ¿Con que ya yo soy director general como U.?
RICO General nó. Eres Director particular ó singular, ó individual, ó parcial, ó como quieras llamarte.
SOLD. ¿Y en que se distingue el general del particular?
RICO Oye y sabrás. Los Directores particulares, son varios ó muchos, y cada uno de ellos solo dirije la loteria de un pueblo, lugar ó provincia; cuando el Director general, que es solo ó único, dirije las loterías de todos los pueblos ó provincias de la América meridional. Yo, yo, yo, y no otro ninguno soy el tal Director general que tambien pudiera llamarse universal.

SOLD. ¿Y yo podré usar ahora ese mismo uniforme que U. usaba en Lima.

RICO No puedes: ni podrias aunque fueras director general; por que has de saberte que por descuido ó desidia ó abandono, no tienen hasta hoy los directores uniforme señalado. Nos usabamos en Lima y usarémos en todas partes ese que nos viste, por ministro honorario; que somos, de la hacienda pública.

SOLD. Pues hágame U. tambien ministro honorario.

RICO No alcanzan á tanto las nuestras facultades.

SOLD. ¿Con que mayor cosa es ser ministro honorario que Director de lotería?

RICO Lo primero es mas alto ú honorífico: lo segundo mas lucrativo ó mas útil. Nos hemos mezclado lo uno con lo otro, llevándonos de Horacio que dice—*Omne tullit punctum qui miscuit utile dulci*... Mas adonde estamos; que estoy viendo ranchos ó casuchas?

SOLD. En el pueblo de Pacaran.

RICO Gracias á Dios. Apeemonos aquí no mas... ¡Áaaaaay! ¡Que cansado vengo; y que adolorido! Trae la alforja para adentro. Muchacho, buenas noches te dé Dios.

MUC. Téngalas U. muy buenas.

RICO ¿Si habrá aquí papel y tintero?

MUC. Sí, Señor. Hay uno y otro.

RICO Venga, pues, pronto, pronto y pronto.

SOLD. Veamos primero lo que hay que cenar.

RICO No, mi amigo. Queremos que sepas que hemos quedado tan reconocidos á la fineza que nos hicisteis dándonos el tu caballo, que aunque el estómago nos está llamando histérica ó flatulentamente, nos hacemos sordos á sus voces ó insinuaciones íntimas; y queremos que la primera diligencia sea despacharte el título de Director.

MUC. Aquí está, Señor mio.

RICO Toma pues la pluma y escribe.

SOLD. Diga U.

RICO *Nos D. Gaspar Rico y Angulo......*

SOLD. Angulo.

RICO *Director general de la lotería nacional de la América Meridional....*

SOLD. Meridional.

RICO *Ministro honorario de la hacienda pública, &c. &c.*

SOLD. &a.

RICO *Hallándose vacante la directuría parcial de la provincia ó pueblo de...*

SOLD. De—

RICO Deja allí un blanco como de medio renglon para poner despues el nombre de la provincia: porque no nos podemos fijar en ninguna, hasta que las cosas se asienten ó se entablen.

SOLD. Muy bien: siga U.

RICO *Hemos venido y venimos y vendremos siempre en nombrar, como en efecto, hemos nombrado y nombramos para llenarla....*

SOLD. Para llenarla:

RICO ¿Cómo te llamas ó te nombras?

SOLD. Gaspar de Castro.

RICO Muy bien. Eres mi tocayo. Pon pues. *Á D. Gaspar de Castro:*

SOLD. Castro:

RICO *Y le transferimos ó trasladamos ó conferimos todas y cada una de las nuestras facultades, para que pueda vender billetes de á cuartillo, de á medio, de á real, de á dos reales y de á peso:*

SOLD. De á peso:

RICO *Para que pueda fijar carteles impresos ó manuscritos...*

SOLD. Manuscritos.

RICO *Imprimir manifiestos y números y todo lo que conduzca, próxima ó no próximamente, al mejoramiento progresivo ó rápido del ramo....*

SOLD. Del ramo.

RICO *Dado en Pacarán á 19 de Julio de 1821.*

SOLD. 1821:

RICO A ver para firmar—GASPAR RICO Y ANGULO. Ahora falta una cosa esencial ó precisa; y es que el escribano del ramo autorize el nombramiento. Y ¿cómo lo haremos si está en Lima?

SOLD. U. que puede hacer Director á cualquiera, tambien podrá habilitar á cualquiera de escribano.

RICO Dices bien ¡Muchacho! ¿Cómo te llamas?

MUC. Basilio Yeguas, Señor.

RICO Pues bien. Yo te habilito, ó Basilio Yeguas, para que provisional ó provisoriamente, autorizes ó puedas autorizar todo lo que nos firmemos ó rubriquemos. Firma aquí.... Está bueno. Toma tu nombramiento; y guardale mas que si fuera reliquia; porque con las reliquias no se come, y con él, morirte no has de hambre. Empero para que tu puedas cumplir con tu obligacion, es necesario que estés impuesto en la pauta variable ó no variable de la acumulacion de los fondos. Has de saberte, pues, que hay sorteos generales, frecuentes, medianos é intermediarios: que el mayor no debe exceder de cuarenta mil cuartillos; y que el menor no debe bajar de cuatro mil. Es preciso advertir que las cantidades intermedias de cuatro á ocho, y de veinte á treinta son divisibles ó distributibles. Por lo que hace á la teoría de las opciones, de los premios máximos ó mínimos, de los cupos, de los billetes y valores es algo enredadilla. Pero te daremos una cartilla ó Caton No Cristiano; y allí te impondrás de..... ¿Qué polvadera es aquella?

Sold. Parece gente de armas... Y se viene arrimando para acá... Yo me largo. Abur.

Rico ¡Hombre! ¿Es posible que me dejes en las hastas del toro?... Ya se fué con título y caballo. Muy bien. Ha hecho conmigo el soldadillo lo que el diablo con las brujas. Paciencia y barajar.

COMPENDIO Ó EXTRACTO Ó QUINTA ESENCIA
DE LA VIDA DE D. GASPAR RICO Y ANGULO ESCRITO POR EL MISMO EN LA SIGUIENTE

DECIMA Ó NO DECIMA.

Yo nací pobre y desnú–
Como nacen los borri-
De un hombre llamado Ri–
Y de una mujer Angú–
Desde jóven la fortú–
Me sopló muy favorá–
De Gremios mandé la Cá–
Fuí Director de la suér–
¿Y hoy que soy? Hoy soy un cuér-
Seré alcahuete mañá–

EPISTOLA CHIMBADORA DEL DIFUNTO COJO
PRIETO, DIRIJIDA Á SU ALBACEA.

Sr. D. N. de N..

Purgatorio 2 *de Julio de* 1821.

Muy Sr. mio:

Jamás le creí á U. capaz de abusar de la confianza de un amigo que tanto le distinguió mientras estuvo desterrado en ese valle de lágrimas. Esos preciosos manuscritos que puse en manos de U. en los últimos momentos de mi vida, dije á U. que eran la cosa única que amaba sobre la tierra: y cuando yo pensaba y esperaba la noticia de que andaban corriendo en esos mundos impresos á mi nombre, me encuentro derrepente con un periódico llamado *Deposita-*

rio, en el que veo copiadas á la letra mis frases y mis cláusulas, y si no me equivoco, mis pájinas enteras. Es imposible que U. haya dejado de franquearlos á alguno. U. me lo negará seguramente; pero yo tengo esperanza de saberlo por la misma boca del editor del periódico: porque es regular que pase por estas inmediaciones cuande vaya á ocupar la habitacion que se le está preparando mas abajo, por si acaso perece en la contienda á que está desafiado; en toda forma, por el Ministro de Marina de aquel apostadero. Entre tanto mande U. á su difunto amigo

Antonio Prieto Lazo de la Vega.

VARIANDO.

VENTA.—Quien quisiese comprar una calesa mas ó ménos nueva, mas ó ménos barata, ocurra á la imprenta del *Nuevo Depositario*.

EL NUEVO DEPOSITARIO

NUMERO 3.

Del Jueves 20 *de Setiembre de* 1821.

INTERCALANTE.

Turru, ru, ru, ru, ru, ru, ru, ru, ru, ru, ru, ru, ru, ru, ru, ru, ru.—Muchacho:—Siñó.—Tuercē por aquí—Iti calle no poré pasá—¿Por qué?—¿No vé esa burico mueta? Mula poré pantá—Tuerce, demonio, mas que te lleve la trampa á tí y á la calesa.—*Turru, ru, ru, ru, ru, ru, ru, ru, ru.*—Calesero, para. Adios amigo. ¿Adonde en calesa por aquí?—Voy á la imprenta del difunto Ruiz, á ver si ya me han armado el número tercero del *Nuevo Depositario.*—Hombre, déjese U. por Dios, de escribir Depositarios.—Y ¿por qué? Le han disgustado á U. los dos números que tengo publicados? Están malos? Hábleme U. con confianza.—No están malos. A mi me han divertido infinito: y si U. no fuera tan mi amigo, desearía muy mucho que jamas se acabase el tal periódico. Pero me es muy mucho que jamás se acabase el tal periódico. Pero me es muy sensible que dé U. márgen, con papeles, á que le tiren y le muerdan. Amigo mio: permítame U. que le diga que no todos han recibido bien el tal *Depositario.*—No tenga U. cuidado por eso. Yo tampoco le escribí para todos: y si U. me apura, no le escribí para nadie. Yo escribo para mi solo: imprimo mis escritos, porque me agrada verlos de letra de molde; pero á nadie he forzado jamás á que los lea. Harto conocen todos lo que mi pluma sabe hacer. Aquellos que no gustan de sus rasgos ¿para qué los compran? ¿Para qué los leen? Nadie les pone, mi amigo, ningun puñal en los pechos. Y en suma ¿qué es lo que dicen?—Dicen que es una lástima que gaste U. el tiempo en escribir bufonadas: y en esto tienen, mi amigo, muchísima razon.—Cada vez que oigo esta cosa, me quiero desbautizar. ¡Hay empeño de la laya! ¿Qué cuenta tiene ninguno con que yo gaste mi tiempo en lo que me diese la gana? ¿Yo gasto el tiempo de nadie? ¿No es mio el que gasto? Si yo, para escribir, pidiese á Fulano prestada una noche, á Sutano un dia, y á Mengano una semana, entónces si que tendrian fundamento para hablar. Pero, gracias á Dios que puedo dar una vuelta en redondo, sin que nadie pueda señalarme con el dedo y decir que le debo ni un minuto.—Está U. muy equivocado en ese punto. Ningun hombre constituido en sociedad es árbitro absoluto de su tiempo. Él debe responder á los demas de una hora que gaste malgastada. Asi como cada uno disfruta ó participa de las ventajas que proporcionan al público los otros con el buen uso que hacen de su tiempo; así, tambien, en recompensa, está obligado cada uno á hacer buen uso del suyo, para proporcionar al público ventajas de que participen los demas. Por manera que esto viene á ser una especie de comercio en que cada individuo compra, con su tiempo, el tiempo de los otros. Asi, aquel que se aprovecha del tiempo de los demas, y no paga con el suyo, es un deudor público que debia ser severamente castigado por las leyes. —Y yo, en resumidas cuentas ¿á quien debo pagar el tiempo que consumo en hacer *Depositarios?*—A mi, y á todos los individuos de la sociedad á que U. pertenece.—La restitucion es algo griega: ¡Lástima que no haya bulas de composicion de tiempo!—Ya sale U. con sus chanzas. Si U. quiere restituir, ó á lo ménos no aumentar la dependencia, yo le daré un arbitrio.—¿Cual es?—Tener parte en un periódico que vamos á trabajar entre varios amigos.—Estoy pronto—Con que ¿ya no habrá mas Depositarios? Le empeño á U. mi palabra de que este número tercero será el último—Mejor fuera que no se publicase—Eso no. U. me ha convertido con su plática. Yo estoy resuelto á pagar todo el tiempo que debo. Pero ya tengo trabajado este Depositario, y no me quedo con él entre el cuerpo—Me convengo.—Pues, Señor, adios, que es tarde. Mañana nos verémos.—Adios—Muchacho, tira—Turrururu, rururu, rururu,—Para. ¡Don Juan! ¡Zapata!—Señor—¿Estamos listos?—Si señor. Cata aquí está la proba.—Muy bien. La cabeza estará buena. Vamos adelante.

DIÁLOGO ATRASADILLO.

Cuarenta y cinco miiiiiil, ochocieeeeeeeentos, noventa y sieeeeeete.—Para, muchacho. Dígame U. mi amigo, ¿qué significan estos gritos musicales ó armónicos?—La rifa ó el sorteo de los números ó billetes de la *lotería nacional.*—¡Hola! Con qué aquí se hacia.—Pues si esta es la casa del director general.—¿Cual es el director?—Aquel de levita verde y gorro negro que está bajo del docel—¿Y por qué usa docel?—Espere U. un poquito que van á pregonar otro número.—Veintiocho miiiiiiil, quinieeeeeeeentos sesenta y uuuuuuuno.—Yo eché ayor cuatro números. Tal vez habré sacado alguno de estos dos premios.—No lo crea U. Ambos han sido de la casa,—Y dígame U. ¿como está la casa con las obras pías? ¿Paga corrientemente?—Oigamos—Treinta y cuatro miiiiiiil, trescieeeeéécentos, cuarenta y dooooooos.—Si este será mio—No señor: de la casa—¡Qué! ¿Todo lo saca hoy la casa?—Si, Señor—Y ¿U. como lo sabe?—Por que lo mismo sucede en todos los sorteos asi intermediarios como semanales y frecuentes—Entónces, ¿para qué son esos globos, esas bolitas y todo ese aparato?—Para alucinar al vulgo que no sabe el tejemadeje de la casa. Sin embargo, hagamos justicia al director. El no se queda con todo, hablando rigurosamente; porque salen siempre de casa algunas cantitades, aunque pequeñas ó mínimas. Si se sortean, por ejemplo, ochenta mil cuartillos, quedan en la direccion setenta y cinco, y los cinco restantes circulan por el pueblo; para evitar hablillas de malsines, y taparles la boca.—¡Cuanto me alegro de saber esta cosa, para no botar mas reales á la calle! ¡Qué director tan lindo! No puedo irme de aquí, sin arrimarle una

NO OCTAVA, SINO DÉCIMA Y MUY DÉCIMA.

¡O director general
de nacional lotería
que yo mejor llamaría
ladronera nacional!
¿Como, dí de tanto real
harás la restitucion,
cuando te dé un torozon,
ó se te pudra una entraña;
si ya no vienen de España
Bulas de composicion?

A Dios mi amigo.—Adios, Señor mio.

VARIANDO.

Lo que es del agua, el agua se lo lleva. Así dizque dijo un lechero á quien, al pasar un rio, se le fué al agua el sombrero que cabalmente había comprado con los derechos que cobraba por los bautismos de la leche. ¡A qué vendrá este cuento!—¿A qué vendrá? A que D. Gaspar Rico y Angulo, despues de haberse puesto á jugar en Coyllo con un par de tunantes que asi manipuleaban los dados, como él las bolas de su difunta lotería, y vomitando hasta el último de los innumerables cuartillos que entraron en su poder para el sorteo ordinario de la última semana que no se verificó; debió decir tambien: *Lo que es de la trampa, se lo lleva la trampa.* Y nos añadimos que estuvo bien llevado; porque no debió meterse con los cubos quien toda su vida ha comido á beneficio de las esferas ó las bolas; como se lo dirémos, muy bien dicho en la siguiente

OCTAVA,

Conservo en la memoria, ó Gaspari–
que cuando andabas con la capa ró–
te ganabas el pan de cada dí–
en el juego que llaman de peló–
manejaste despues la loterí–
y pillaste muchisimos dobló–
Si, por las bolas, te sopló la suer–
¿Por qué dejas las bolas? Vete á un cuer–

NO CUARTETA,

Asi que noticias tú–
te ganaron á la má–
O Gaspar Rico y Angú–
Dije, para mi, ya el Diá–
se llevó lo que era sú–

VARIANDO SIN VARIAR.

¿Adonde diablos dejamos al nuestro D. Gaspar en el número anterior, para continuar su historia graciosa y verdadera? ¿Adonde? En Pacaran. ¿Que haciendo? Echando por esa boca zapos y culebras contra el bribon del soldado que le jugó la puerca de alzar con título y caballo. Y ¿qué le sucedió allí? ¿Qué le sucedió? ¡No es nada! Que, cuando él mas descuidado estaba, siente entrar caballería en el pueblo. Eran cuatro desertores de las tropas españolas que iban á buscar que comer para seguir su contra-marcha. Peró como él no sabia si eran ó no sus amigos, metióse hasta el corral del rancho en que se hallaba; y se tumbó sobre el pesebre. Dos hambrientos borricos que allí habia, se alegraron muy mucho con el color verde de su levita; y se tiraron á ella como gato á bofes. En un dos por tres, le dejaron desnudo: y algo mas le debieron de hacer; porque se vió precisado á dar un grito que alborotó el rancho. Entraron los soldados, y no podian contener la risa, al ver á nuestro Rico en mangas de camisa, con su gorro negro y con su barba de dos dedos, forcejeando con los burros que se lo querian comer. Pero en fin, á sablazos, los separaron del pesebre. Preguntaron entónces á Rico ¿qué significaba aquello? Y él les contestó así:—Habeis de saberos ó soldados, mas ó ménos valientes, que Nos venimos ó hemos venido á este pueblo mas ó ménos miserable por un tejido ó complejo de accidentes raros ó casuales que yo sé, que otros saben, y que á vosotros nada interesa saber. Estabamos, pues, viendo forma ó manera de largarnos de aquí, cuando, *placatan, placatan, placatan,* oimos el ruido de las patas de los vuestros caballos; y para asegurar el nuestro individuo, dimos una carrera no despaciosa, sino rápida y mas rápida; y echamos sobre este pesebre la nuestra humanidad no perpendicular, sino horizontalmente. El resto de la historia vais á oirle en la siguiente décima. Pero es preciso que sepais que Nos, nos hemos visto muchas veces comidos de gusanos: pero jamás, hasta hoy, comidos de borricos.

NO OCTAVA.

Como era verde-esmeral-
la nuestra leva ó levi-
creyeron estos borrí-
que eramos tercio de alfál-
cual nos desguasa una fál-
cual nos rompe los botó-
y despues de que en peló-
nos dejaron insolén-
quisieron con los sus dién-
morder la nuestra persó-

Mucha risa causó á los soldados el razonamiento de Angulo; y á nosotros nos la causa tambien, y nos da gana de hacerle el elogio que sigue:

OCTAVA.

Don Quijote el manchego ¡vaya vaya!
llamóse *el Caballero de los Leones,*
porque intentó con dos una batalla
que se quedó tan solo en intenciones.
Y tú que entraste, con burral canalla,
en efectiva lid de mordiscones,
¿Derecho no tendrás, aunque hecho añicos,
El Caballero, á ser de los borricos?

Pasaron los soldados con nuestro Rico como una media hora; comieron con él; y despues le llevaron consigo para divertirse en el camino. Luego que estuvo montado en un burro que ellos le proporcionaron, en mangas de camisa, con sombrero de picos y con la barba muy larga; porque es de advertir que, á su salida de Lima, prometió no afeitarse hasta la vuelta; uno de los soldados, que habia sido capi-gorron, y preciaba de poeta le

DIJO.

Es cierto que vás, Riquí-
de retrato ó de píntú-
jamás he visto figú-
que mas me provoque á rí-
¿Quién por las calles de Lí-
pudiera pasearte ahó-
para que tuvieran bó-
los viejos y los muchá-
y fueran, tras tí, en coplá-
cantando *Juan de la Có-?*

VARIANDITO.

Ya esto queda corriente: que lo tiren pronto.—Señor: una novedad me han contado hoy de D. Gaspar Rico.—¿Cual es?—Que se le perdió la A y la B de la imprenta que llevó: y que no ha podido publicar ningun papel.—Ya me pone U. en precision de escribir otro Depositario, para enseñarle á Rico á escribir sin A y sin B—¿En todo el Depositario no se pone ninguna A ni B.—Ninguna.—Y ¿como es eso?—U. lo verá. Adios.—Turru rururururururururum.

EL NUEVO DEPOSITARIO.

NUMERO 4.

Lima 30 *de Octubre de* 1821.

Verdadero retrato de la persona de D. Gaspar Rico y Angulo, Director general de la lotería nacional de la América meridional, ministro honorario de la hacienda pública y escritor melífluo del *Depositario.* Los que le conocieron aquí tan lozano y tan robusto, estrañarán el verle tan seco y macilento. Admira, con efecto, el desfiguro tan grande que han causado en su semblante las intemperies y malos alimentos de la sierra. Tambien le pone avejentado lo muy crecido de la barba que ha jurado no cortarse hasta volver á Lima.

RICO INMORTAL.

¡Loor eterno al amor, al embeleso
de las almas sensibles:
á tí niño travieso
que hacer nos haces cosas imposibles!
¡Loor eterno otra vez! porque tú fuiste
quien, viendo á un jóven aburrido y triste,
por que á su prenda amada no sabia
como enviarle la forma de su cara;
le aconsejaste un dia
que en la pared su sombra delineara;
inventando asi el arte del dibujo,
por cuyo grande y poderoso influjo,
se nos hacen presentes
los personajes muertos, los ausentes.
Por él, hoy conocemos á Tibulo,
á Ciceron, á Horacio y á Catulo,
á Virjilio el mantuano,
y á todos los demas del siglo de oro.
Por él, vemos la imágen de Diodoro,
y tambien la de Homero
que disfrutó el primero
el favor de las musas soberano.
Por él, la edad futura
conocerá de Rico la figura:
y cuando alguno de los rasgos sabios
de las sus obras lea,
contemplado estará su cara fea,

lo tosco de sus labios,
sus ningunas patillas,
y sus cortas, membrudas pantorrillas.
¡Qué desgraciados fueron
los héroes que existieron
ántes que la pintura se inventara!
Por mas que se empeñaron
en pintarnos su cuerpo y aun su cara
diestros historiadores,
en lugar de colores,
de su elocuencia con los rasgos bellos;
sus imágenes y ellos
en los mismos sepulcros se enterraron.
Es muy débil y efímera la gloria
que puede, sin dibujo, dar la historia.
Y tú ¡escritor jamás bien alabado,
que, si el papel se suma
que ha consumido tu melíflua pluma,
en tercio y quinto excedes al Tostado;
y que á la prensa hiciste
así gemir con obras esquisitas,
como al bolsillo triste
con los números, globos y bolitas
de la tu lotería;
mil veces te gloría
de que tu madre hubiera
acertado á parirte en una era
en que, á la par de la literatura,
á su ápice ha llegado la pintura!
Tú no necesitabas, es muy cierto,
de la ayuda de éste arte,
para inmortalizarte,
y triunfar del sepulcro y sus horrores.
Aunque hábiles pintores
en el mundo no hubiera ni pinceles,
bulla habias de meter despues de muerto.
Bastaban tus papeles
para hacerte vivir eternamente.
Pasar de gente en gente,
hasta la fin de las generaciones,
tu nombre ufano y ducho se veria:
mas nada se sabria
del tu gracioso talle y tus facciones.
Y ¿quien seria aquel que no deseara
conocer por la cara
al que supo escribir Depositarios.
al célebre Gaspar Rico y Angulo,

asi como, de Yulo,
nosotros, al presente,
deseamos conocer al descendiente,
al leer sus comentarios;
y saber si fué manco ó si fué cojo,
orejon ó visojo,
si tuvo color blanco ó de mulato,
y si fué narigon ó si fué ñato?
Marcha, pues, escritor el mas famoso
de cuantos hasta el dia,
con prosa y con poesía,
sudar hicieron las peruanas prensas.
Las distancias inmensas
de los siglos futuros
impávido atraviesa y orgulloso,
en el jumento obero
que tu pintor te dió por compañero:
que, si á pié te retrata, en mil apuros
te ves para llevar sobre él tu hombro,
en carrera tan larga,
de imprenta y globos la pesada carga.
Marcha tú de peruanos, pasmo, asombro,
de castellanos viejos flor y nata,
marcha y ninguno intrépido te ataje.
En tu glorioso viage
muchos encontrarás claros varones
á la inmortalidad marchando á pata.
Mas tú los tus talones
arrima á los hijares del pollino;
y á toditos los deja en el camino,
y llegado que seas
de la fama eternal al templo augusto,
¡ cuanto será tu gusto !
cuando á la entrada leas,
en caracteres de oro muy bien puestos
sobre cuatro magníficos armarios—
Estos, de Rico son depositarios.
Estos, de Rico son los manifiestos.
Despues, del comandante
Escandon las lindísimas poesias
verás en un estante:
cierto papel que corre en estos dias:
décimas infinitas y un soneto
de tu digno rival, el Cojo Prieto:
las obras todas que escribió Terraya;
y muchas otras de la misma laya.
Luego te subirás por una escala,

á una larga y anchurosa sala :
en cuyos altos muros, embutidos
muchos héroes verás esclarecidos.
Toditos, casi, son de infantería :
aunque de haber no dejan unos que otros
que montados están sobre sus potros.
Mas como no se encuentre otro jumento
que el del gran Sancho Panza y este tuyo ;
pues que tan solo por personas tales,
allí se admiten estos animales ;
el tu glorioso y eternal asiento
será, Gaspar Angulo, desde luego,
en un nicho que esté frontero al suyo :
para que así hagas juego,
y guardes proporcion y cimetría
con el mas benemérito escudero
que jamas tuvo andante caballero.
Allí génios alados, por el aire,
aunque la tu persona mucho pesa
te subirán Gaspar : verás cual vuelas,
sin aplicar al burro las espuelas.
Entre tanto, las ninfas con donaire,
quitárante el de picos derrepente :
y ceñirán la frente
de la tu rara singular cabeza
con una gran corona
tejida de verbena y de congona.
Despues, en dulce y armonioso coro,
entonaráse un himno en tu alabanza :
y una gran contradanza
cerrará la funcion con llave de oro.
¡ Oh felice Gaspar ! cosa de zumba
viene á ser para tí la horrible tumba.
Tú te puedes reir del garrotillo,
del dolor de costado y tabardillo :
y tambien de la angina,
mas que nunca en el mundo hubiera quina.
Que se mueran los bobos
cuyas almas escasas,
contentas con vivir en el reposo,
nada hicieron estraño ni ruidoso.
Mas tú, que con tu imprenta y con tus globos,
unas cosas hiciste tamañazas,
imposible es Angulo que te mueras,
aunque tú mismo, tú morirte quieras.
Aunque todos los males
que á los tristes mortales

hoy se conspiren juntos,
aun inclusive el vicho
y la disentería,
para acabar contigo;
tú con el burro tu mejor amigo,
tu imprenta, lotería
y tus escritos bellos,
te burlarás de ellos;
y orondo y hueco llegarás al nicho
dó, á pesar de malsines y vestiglos,
vivirás por los siglos de los siglos.

VARIANDO.

En el número cincuenta y dos del Depositario de Rico, impreso en Jauja el diez y ocho del corriente, se lee lo que sigue:

SOBRENOTA EMBETUNADA.

Despues de ordenado y dispuesto todo lo concerniente á la impresion del nuestro periódico, llegaron á las nuestras manos los tres números del *Nuevo Depositario* publicados en Lima por....Conocemos á su *autor*; muchos le conocen; y todos le conocerán, cuando le demos á conocer. Apénas les dimos una ojeada rápida ó violenta....Contestarémos ó no contestarémos....en el número que sigue ó en los subsiguientes....¡Eeeeeeeeeh! *¡Sucios!* Nada puede haber de comun entre Gaspar Rico y Angulo y los cofrades existentes y por existir de la *tripilitrapala*.

VARIANDO SIN VARIAR LA VARIACION.

Se dice y se repite que el General Serna, atendiendo ó no atendiendo á los méritos y servicios mas ó ménos grandes, mas ó ménos importantes del ministro honorario de la hacienda pública y no secreta, D. Gaspar Rico (no de plata) y Angulo; vino en concederle, como en efecto le concedió, la Intendencia de Huancavelica: y que el susodicho Rico pensaba reconcentrar allí la direccion general de la lotería nacional de la América meridional; con cuyo objeto, causa ó motivo, habia consumido, en la impresion de manifiestos y billetes, todo ó casi todo el papel que llevó para los Depositarios. Siempre que hablamos ú oímos hablar de la tal intendencia, se nos viene á la memoria sin poderlo remediar, la Insula de Sancho; y nos dá gana de gritar:

Viva el nuevo Sancho;
y obras mil imprima:
viva el Intendente
de Huancavelica.

Viva el nuevo Sancho;
viva su levita:
viva el Intendente
de Huancavelica:

Viva el nuevo Sancho,
para que haga rifas:
viva el Intendente
de Huancavelica:

Viva el nuevo Sancho;
mil leguas de Lima:
viva el Intendente
de Huancavelica:

Viva el nuevo Sancho
que nació en Castilla:
viva el Intendente
de Huancavelica.

Viva el nuevo Sancho;
su borrico viva:
viva el Intendente
de Huancavelica:

NOTICIA CONTRARIA Ó NO CONFORME A LA ANTERIOR.

Por muchos de los pasados del ejército real en su segunda retirada, sabemos y otros saben que el General Canterac quiso obligar á Rico á que asentase plaza de soldado en el escuadron de granaderos montados; y que habiéndose Rico lamentado, no dulce, sino amargamente, de que se quisiese abatir tanto la su benemérita persona; y alegando en su pro, para eximirse del tal alistamiento, los incomparables servicios practicados en las dos direcciones de gremios y lotería; y principal ó mas principalmente en la jornada de la sierra que él no emprendió por miedo que tuviese de quedarse én Lima; sino con el fin de calentar, con el fuego de sus Depositarios, el entusiasmo real que era natural se enfriase en las nevadas cordilleras; hubo la de San Quintin entre los dos; y estuvo en un tris el que la cosa hediera.

CONTRA-NOTA PERPENDICULAR.

Estamos esperando noticias circunstanciadas de la llegada de Rico á su Insula ó Intendencia; para dar al público una relacion exacta de las funciones que se hagan con el motivo de su recibimiento.

EL NUEVO DEPOSITARIO.

NUMERO 5.

Sábado 1.° *de Diciembre de* 1821.

¿Escribiré ó no escribiré....¡Válgame Dios!....No sé qué hacerme....Yo prometí al público no escribir mas *Depositarios*. Pero ¡como he de perder los preciosos materiales que acaban de venírseme á las manos!....Yo escribo....No hay remedio....aunque quede en el concepto de poco escrupuloso en cumplir mi palabra. Estoy seguro de que el público me perdonará fácilmente esta badulacada plumaria que le proporciona leer la siguiente

ANÉCDOTA PERPENDICULAR.

Estando anoche en casa de unas mozas á donde concurren diariamente varias personas de humor que solo se ocupan en buscar materias de que reirse; entró derrepente un mocito de aquellos que el vulgo llama *Volantusos*, armando tanta bulla, y con una cara tan de pascua, que parecia estar mas contento con un papel que llevaba en la mano, que el rey con sus alcabalas. Aquí traigo (dijo, parado en medio de la sala y levantando en alto su papel) aquí traigo la cosa mas preciosa que se ha estampado hasta el dia desde que Lima es Lima. ¿A qué nadie adivina lo que es?—Será el retrato de esta señorita (dije yo entónces, señalando á una jóven que estaba junto á mí.)—No es negocio de retratos, me contestó el mocito. Es un manuscrito incomparable que acabo de desenterrar de cierto archivo.

Ya yo sé lo que es, dijo entónces un lego de esos que llaman confitados. Es seguramente alguna glosa del ciego de la Merced.—No es sino algun soneto del célebre Cabiedes, replicó un monigote.—Nada de eso es, respondió el mocito.—Pues diga U. lo que es, con mil demonios (dijo la muchacha que estaba á mi lado) porque si no, me levanto y le rompo el papel. ¡Es buena que nos tenga U. devanándonos los sesos, para salir despues con alguna bobería!—Entónces el mocito se acercó á la luz, desdobló su papel, y despues de haber dicho á la muchacha,

Oiga U. señora mia:
Y verá si es bobería:

leyo:—*D. Gaspar Rico de Angulo, Tricio y Querejazu, Reynares, Ruiz de Lovera, Aragon, Gonzales, Torres y Villasana: Ministro honorario de real hacienda y capitan de granaderos de la 3.ª compañia del regimiento de voluntarios distinguidos de la Concordia española del Perú. Por cuanto con arreglo á la planta del cuerpo, debo nombrar quien desempeñe los cargos subalternos de la compañia; nombro para sub-brigadier 2.º de ella, á D. José Suarez Inclan, de este comercio; por concurrir en su persona notoriamente, cuantas circunstancias se requieren al intento.—Lima y Marzo* 18 *de* 1811.—Gaspar Rico.

Aqui nos reimos todos á caquino tendido, y una de las muchachas saltó y dijo, repasándose los dedos: *Rico*, uno. *Angulo*, dos. *Tricio*, tres. *Querejazu*, cuatro. *Reynares*, cinco. *Ruiz*, seis. *Lovera*, siete. *Aragon*, ocho. *Gonzales*, nueve. *Torres*, diez y *Villasana* once cabales son.—Aquí interrumpió la madre de las muchachas, y dijo: Todavia conservo en la memoria un versecito que aprendí bien muchacha, y que aquí viene de perilla. Oíganle ustedes.

Una dedena,
de tena, cadena,
de rabo de Cuco,
de San Seruco,
de vidà, vidon:
cuéntalas bien, que las once son.

¡Caramba (continuó la mocita) en la cáfila de apellidos que tenía el Señor del gorro negro! Bien necesita poner á su borrico un par de alforjas mas, si los quiere llevar todos consigo.—Si ensarta algunos mas (añadió otra) á pique que se hubiera remontado hasta entroncarse con Adan.—¡Ay niña! la dijo su madre. ¡Pues qué! ¿Adan tuvo apellido?....Dice muy bien la señora Doña Juliana, añadió un Reverendo que, entretenido con su malilla, no habia chistado hasta entónces. Ni Adan, prosiguió) ni sus hijos, ni sus nietos tuvieron apellido. Y yo soy de opinion que hasta despues del diluvio universal, no hubo apellidos en el mundo. De modo que si el apellido *Torres*, que es uno de los once del señor D. Gaspar, trae su orígen (como es mas que probable) de la torre de Babilonia, se puede apostar una oreja á que es el mas antiguo de todos los apellidos de la tierra.... La ocurrencia fué celebrada por toda la tertulia. Y el Reverendo que (segun me impuse despues) habia sido, aquí en Lima, de uña y carne con Rico; y habia estado siempre con él á partir de un confite; quedó muy horondo de haber llevado tan léjos la cuna de su amigo, que estuvo en un tris la hiciese nadar (como la arca de Noé) sobre las aguas del diluvio. Las muchachas me suplieron entónces que dijese alguna cosilla en verso sobre los once apellidos. Y yo, que no hallo en mi conciencia, haberme resistido jamás á ruegos mujeriles, les hice en el tiro la siguiente

OCTAVA Ó NO DÉCIMA.

¡Qué lástima Gaspar, que sean once
los tus nobles, antiguos apellidos
que han de durar, en láminas de bronce,
per sæculorum sæcula, esculpidos!
Agrega por tu vida *Leon* ó *Ponce*
que son tambien bastante distinguidos.
Ó si no, yo te agrego Berengena;
y tienes ya completa la docena.

Infinito fué lo que dió que reir mi octava á todos los concurrentes, exceptuando solo al religioso que, aunque por razon natural, ha de ser

Aficionado mucho á berengenas,
Y mas si son ahornadas y rellenas.

tuvo muy á mal el que yo hubiese mezclado una con los apellidos de Rico. Así es que, dejando la malilla y acercándose á nosotros, dijo: cosa es bastante estraña que unas personas sensatas esten haciendo chacota de la nobleza de un hombre, mas estimable mil veces que el oro y que la plata. Pero es preciso confesar que esto proviene de ignorancia. Y estoy íntimamente persuadido de que si ustedes tuvieran en la punta de la uña, como yo, la ilustre genealogía del señor D. Gaspar; y supieran el origen claro de sus once apellidos; bien léjos de reirse de ellos, los pronunciarian con respeto. Los apellidos de Rico no son apellidos como todos. Son apellidos de un órden y gerarquía superior. Y yo no encuentro razon para que los haga ridiculos el número de *once*, como dan á entender los versos que se acaban de repetir.

El once *nada tiene de indecente,*
por mas que llamen once *al aguardiente.*

Antes por el contrario, es un número privilegiado y singular al cual parecen circunscribirse las cosas mas altas y sublimes. *Once* son los millares de las vírgenes que acompañan á Santa Ursula en el coro celestial. *Once* son los domingos consagrados al culto religioso del gloriosísimo patriarca Santo Domingo de Guzman. Y hasta los mandamientos de la ley de Dios, aunque parecen diez, no son sino *once*, segun el poeta que dijo:

Cuatro son las tres Marías,
cinco los cuatro elementos,
ocho las siete cabrillas,
y once los diez mandamientos.

Si otros son caballeros por los cuatro costados; el señor D. Gaspar lo seria por los *once*, si acaso los tuviese. Y para explicarme en términos matemáticos, viene á ser como el centro de un círculo á donde se juntan *once* rayos que tocan á la gran circunferencia en que andan revoleteando poetas, oradores, filósofos, juristas y hasta príncipes y reyes.—¿Príncipes y reyes? dijo admirada una de las niñas.—Si señora, le contestó. Príncipes y reyes. ¿De donde piensa usted que le vienen á D. Gaspar los apellidos de *Aragon* y de *Angulo?* El primero le viene de la célebre *Juana de Aragon*, esposa del grande Ascanio príncipe de *Taglicozzi*, que existió en el siglo sexto de la era cristiana. Y el segundo, del famoso *Angalo*, rey de una comarca de Germania, el cual conquistó la isla de la Gran Bretaña; y dió nombre á los Anglos.—Alto ahí, dije yo entónces. El conquistador de la Gran Bretaña no se llamó *Angulo*, sino *Angul*, segun me acuerdo haber visto en el diccionario de Moreri.—Es cierto, me respondió. Pero me coje muy de nuevo el que un hombre que sabe hacer octavas, se ande parando en una letra, y principalmente en una O, que en su propia figura está diciendo que es lo mismo que un cero.—Calléme yo la boca; y él continuó diciendo: el apellido *Lovera*, aunque no viene de reyes, no deja de ser por eso, de los mas distinguidos: pues el sabio *Simon Lovera*, que estuvo preso en Madrid por razones de estado, fué uno de los primeros personajes del siglo diez y siete.—Aquí saltó el mocito conductor del papel y dijo:

¡Quien le habia de decir al tal Simon
que, al cabo de dos siglos, un Gaspar
habia, juntamente, de heredar
su apellido, su sangre y su prision!

Ninguna necesidad habia (dijo el relijioso) de que se sacase aquí la prision de Rico. Pero ya que U. la trajo á colacion, es preciso que sepa que no es la prision sino el delito el que degrada al hombre: y que aquel que tiene limpia su conciencia, como la tenia D. Gaspar cuando le prendieron en Madrid, queda siempre en su misma fama y opinion, aunque se le vaya sucesivamente encerrando en todas las cárceles del mundo.—El mocito alegó las razones que tuvo la justicia para meter á Rico en la cárcel de Madrid. El padre las rebatió. Y yo, por cortar una conversacion que se iba ensangrentando, le pregunté cual habia sido el héroe de quien heredó nuestro Gaspar el apellido de *Rico*.—Es el único (me dijo) de que no tengo noticia. Aunque no dejo de pensar que sea un flamenco llamado Justo *Rickio* que nació á fines del siglo diez y seis: y que, con el trascurso de los tiempos, se haya corrompido el apellido.—Si es negocio de corruptela (dijo un venerable anciano que estaba sentado en un rincon) es mas creible que sea el aleman Pablo Ricio; ya por que el apellido se diferencia ménos del de Rico, y ya, principalmente, porque fué judío; aunque hay graves autores que aseguran que se convirtió despues, y que murió en el seno de la religion cristiana.—El padre hizo un gesto muy estraño cuando oyó el cuento de *Judío:* y yo creo que se hubiera largado sobre la marcha, si otro no le pregunta que si el apellido Gonzales habia sido heredado de Manuel Gonzales Telles, célebre profesor de Derecho en la Universidad de Salamanca. A lo que el contestó: no señor mio. Ese apellido, tal vez el mas ilustre de los once, viene de un español llamado Thirso Gonzales que fué en el siglo diez y seis General de los Jesuitas.—¡*Ave Maria*! gritó una muchacha. ¡Qué! ¿Tambien los generales de los Jesuitas tenian descendencia?—Y bien larga añadí yo.—Riéronse todos de la especie:

Y tanto incomodóle la risilla
al padre, que al momento,
calóse su capilla;
y mandóse mudar á su convento.

Cuando iba por la puerta de la sala, dije en voz alta, para que él oyese—¡O nobilísimo Gaspar que, con las infinitas ramas de tu frondoso árbol genealógico, te hallas enredado con todos los siglos, pues tienes en cada uno, un pariente cuando ménos! oye esta décima que me ocurre en tu loa.

DÉCIMA.

Si en los siglos delanteros
has de vivir por tu ciencia;
por la tu noble ascendencia,
ya has vivido en los traseros.
Rompe ya los tus tinteros,
y tu pluma de alcatras:
pues aunque no escribas mas,
y te metas en un cuerno;
serás, *Villasana*, eterno
por delante y por detras.

Cayóle muy en gracia la décima al monigote de quien hablamos antes; y despues de haberla celebrado, dijo que supuesto eramos *once* los individuos de la tertulia, podia tomar cada uno un apellido y hacer un acróstico con él. Todos adaptamos la idea. Y era cosa de ver á las muchachas pelear á la rebatiña por el apellido mas bonito. Esta decia: Yo quiero el *Tricio*. Aquella: el *Villasana* que es mejor. Esotra: yo me agarro el *Reynares*. Y la de mas allá: pues venga para mi el *Ruiz de Lovera*. Yo tomé el *Angulo*: hice un acróstico de que no me acuerdo: y mandéme mudar para mi casa, á donde me puse inmediatamente á escribir la siguiente:

NOTA ACHAROLADA.

Aunque no nos hacemos mucho favor en imajinar que haya quien dude de la autenticidad del nombramiento de Inclan hecho por Rico; sin embargo, si hubiere alguno, ocurra al cajon de D. Camilo Liceras, le verá original.

VARIANDO.

¡Zapata!—Señor.—¿Como estamos?—Faltan siete renglones para llenar el pliego. —¿Siete? Pues vaya una

SEGUIDILLA ABOLERADA.

Once las letras son
del aguardiente:
y *once* los apellidos
del Intendente.
¡Once felice!
Mas que el doce y el trece,
catorce y quince.

EL NUEVO DEPOSITARIO

NUMERO 6.

Sábado 15 *de Diciembre de* 1821.

Don Gaspar de Villasana en marcha para su Intendencia.

ADVERTENCIA.

Hasta aquí hemos estado circunscriptos á dos apellidos solamente, para nombrar á nuestro héroe. Pero en lo sucesivo, usarémos indistintamente de cualquiera de los *once* consabidos. Así, para evitar las confusiones y las dudas que pudieran nacer de tanta *variacion sin variar* (porque, sin *variar* en la sustancia, hay once *variaciones* de voces ó palabras) es indispensable que todos los aficionados á leer los nuestros *Depositarios*, se aprendan de memoria el encabezamiento del despacho de Inclan; y sepan que

Angulo, Torres, Querejazu, y Ricio,
Reynares, de Lovera, Ruiz, y Tricio,
Villasana, Gonzales y Aragon,
Once cosas parecen y una son.

SOBRE ADVERTENCIA.

Hasta aquí nuestro D. Gaspar solo ha sido *Caballero de los borricos.* Pero desde hoy será tambien conocido por el nombre de *Caballero de los once apellidos*:

Imitando al manchego Don Quijó–
Que, segun Benengeli, fué primé–
De la triste figura Caballé–
Y despues Caballero de los Leo–

CONTRA ADVERTENCIA.

¡Con qué rasgos tan bellos y graciosos,
en los tiempos antiguos se escribieron
las vidas de los héroes fabulosos
que dizque se dijeron
Don Quijote y Gil Blas de Santillana!
Y ¿teniendo yo un *Tricio* ó *Villasana,*
héroe real y efectivo,
y tanto, que los dos, mas afamado,
cuanto vá de lo vivo á lo pintado;
por qué causa no escribo
con mas sal que *Cervántes* y Le–Sage?
¡Vaya, vaya, que soy un gran salvage!

VARIANDO SIN VARIAR LA VARIACION.

Chiiitum, chitum, chitum, chiiiiiitum, tum, tum, tum, chiiiiiiiitum, tum, tum, tum, tum, tumtumtum, chiii, chiii, tum, tum, tum, tumtumtum, tum, tum, tum, tum, chitum, chitum, chiiiiiiiii, tum, tum, tum, tum, tum, tumtum.

Magníficos fueron los fuegos con que recibió Huancavelica á su Intendente; el cual quiso presenciarlos montado en el caballo en que acababa de llegar. Pero, por desgracia, un maldito cohete acertó á reventarle entre las patas:

Y el diablo del obero
que fué, desde potrillo, pajarero,
un respingo pegó con tanta gana,
que voló por los aires *Villasana.*
Mas quiso su ventura

sobre un monton cayese de basura.
Que si así no sucede ¡*Ave Maria!*
No la cuenta, tal vez su Señoría.

El porrazo sin embargo, debió de pillarle algo de la cabeza ó del cerebro; porque se mantuvo privado hasta el siguiente dia en que amaneció sin novedad, á favor de una jeringa y dos ventosas sajadas que le hizo aplicar, en el tiro, el proto-médico de allí. A las diez de la mañana, el cabildo pleno se presentó en su casa; y su Señoría, el señor Intendente tuvo la bondad de recibirle en la cama. Uno por uno le fueron saludando con la cabeza, y el alcalde de primer voto, abrió la boca y dijo: Señor: No hay voces con que explicar lo sensible que ha sido á este ayuntamiento el porrazo de anoche: y querría mas bien que hubiese recaido en uno cualquiera de los individuos de su seno, que en la persona de Useñoría.—Aquí interrumpió el Intendente, diciendo: Por muy sensible que haya sido á este ayuntamiento el nuestro porrazo de anoche, mas sensible nos fué á *Nos;* porque cosa vieja es, que nadie siente el mal como aquel que le padece. *Nos*, sin embargo, agradecemos mas ó ménos sus lisonjeras expresiones. Y en prueba de la consideracion que nos merece, le protestamos, con aquella ingenuidad que nos es característica ó mas característica, que damos por bien empleado el susodicho porrazo; y que sufriríamos, gustoso, otro igual ó desigual, por tener el honor estenso ó incomparable de mandar á un pueblo tan heróico ó generoso.—El Intendente hizo una pausa; y el segundo alcalde tomó la palabra y habló así: Señor, todo está dispuesto, en la iglesia mayor para la solemne misa de accion de gracias que debe celebrarse por la feliz llegada de Useñoría á esta su intendencia, y venimos á saber si acaso se halla Useñoría en estado de asistir. La nuestra llegada á la Intendencia, contestó *Aragon*, nada ha tenido de feliz. Antes, por el contrario, ha sido desgraciada ó mas desgraciada. Y si conforme caimos en blando, hubieramos caido en duro, nos hubiera costado la torta un pan. Sin embargo, el golpe no fué de los mas ténues ó livianos. Y si hemos amanecido tan alentados, es por el influjo mas ó ménos benéfico de la jeringa y las ventosas. Pero principal ó mas principalmente, por un milagro de la Vírgen de los Remedios, en cuyas manos nos pusimos anoche. Por lo cual pegaba, mucho mejor, una misa de salud, que no de accion de gracias. Porque esto de dar gracias por haberse pegado un porrazo en las costillas, no nos parece nada natural; á ménos que entendamos, rigurosa ó mas rigurosamente, aquello de *gracias á Dios por todo.* En cuyo caso, deberémos hacer misa de gracias por cada robo que nos hagan y por cada pedrada que nos den. Sea de esto lo que fuere, tengan Usías la bondad de esperarnos afuera, que vamos á ponernos el nuestro vestido para asistir á la funcion.—Se retiraron á la sala todos los individuos del Cabildo, y al poco rato salió ya vestido Querejazu y se dirijió con ellos á la Iglesia, donde se hizo una fiesta cual su persona requería.

Despues del evangelio, subió al púlpito un tapado á quien llaman allí *Pico de oro*; y dijo el siguiente

SERMON.

Obtulerunt ei munera, aurum, thus, et mhyrram.
Le ofrecieron oro, incienso y mirra.
San Mateo cap. segundo.

Señor:

Allá en los tiempos de atrás en que Heródes mandaba la Judea, se aparecieron derrepente, en la ciudad de Jerusalen, tres reyes magos, llamados Melchor, Gaspar y Baltazar, que guiados por uua estrella de un resplandor extraordinario, venian desde el Oriente, buscando como locos al Redentor del mundo, cuyo nacimiento sabian por celestial inspiracion. Informados allí, de que segun el oráculo del profeta Michéas, debia nacer en una aldea de la tribu de Judá, que llamaban *Belen*, tiraron para allá, y en un pesebre humilde, en que habia á la sazon una mula y un buey, hallaron al Mesías recien nacido, á quien adoraron prosternados, y le ofrecieron oro, incienso y mirra: *Obtulerunt ei munera, aurum, thus, et mhyrram.* Y ¿quienes fueron, por ventura, los que ofrecieron la mirra y el incienso? Melchor y Baltazar. Y ¿por qué le ofrecieron cosas tan pequeñas? Porque eran pobres sin duda: y así cumplieron con dar lo que tenian. Y ¿el oro quien le ofreció? Ofrecióle Gaspar. ¿Por qué Gaspar ofreció una cosa mas preciosa que sus dos compañeros? Porque era *Rico* el tal Gaspas. ¡Hola! ¡*Gaspar* y *Rico!* Muy bien. Y ¿Useñoría cómo se llama? ¡Qué semejanza entre uno y otro! Pues, hay mas todavia. Aquel Gaspar venia del Oriente. Y ¿de donde vino Useñoría? ¿No vino de Castilla la vieja que está al oriente de nosotros? Aquel *Gaspar* venia trayendo oro: *Aurum.* Y ¿Useñoría no trae esa famosa Lotería que produce mas oro que el Tipuánis y el Chocó? Aquel *Gaspar* era Mago. Y ¿no es una majia verdadera la que ejerce Useñoría, haciendo que unas bolitas de madera paran onzas y pesos como tierra? Aquel Gaspar era rey del Oriente. Y ¿qué viene á ser Useñoría cuando, sentado magestuosamente debajo de su docel, dicta leyes á la fortuna y á los hados que ha conseguido encerrar en tres pequeñas esferas que hace jirar á su arbitrio, y que gobierna y manda, como señor absoluto, no solo en el Oriente, sino tambien en el Poniente, en el Septentrion y el Mediodia? ¿Quiere Useñoría parecerse mas á su tocayo? Es muy difícil mayor parecimiento. Cualquiera confunde á un Gaspar con el otro Gaspar, y cree que el Intendente de Huancavelica fué uno de los Magos, ó que uno de los Magos es hoy dia Intendente de Huancavelica. Nadie dirá que Useñoría se parece al rey del Oriente, como un huevo á una castaña. Antes por el contrario, todo el mundo gritará que se parecen los dos, así como un huevo se parece á otro huevo. Yo encuentro, sin embargo, una pequeña diferencia ventajosa á

Useñoría. La diré: El otro *Gaspar* era *Rico* de oro solamente: *Aurum.* Pero Useñoría es *Rico* de talentos, *Rico* de luces, *Rico* de ingenio, *Rico* de arbitrios, *Rico* de proyectos, y es en fin, *Rico* de tantas y tantas cosas, que si conforme le pusieron en la pila el nombre de *Gaspar*, le *ponen* el de *Pedro*, por fortuna, pudiera decirse á sí mismo, como aquellos verdosos pajarillos que se crian en las montañas vecinas á Guayaquil, *Periquititito, Rico, Rico, Rico, de Puerto–Rico.* ¡O Huancavelica! ¡Qué ventura la tuya! ¡Cuanto te envidiarán todas las provincias de la Sierra! Ahora si que mereces el nombre de Villa–Rica; mas bien que el año de quinientos setenta y dos en que te le dió tu fundador Francisco de Toledo. Y Useñoría, tambien, merece ya mejor que ántes el primero y mas precioso de sus *once* apellidos: quiero decir, que aunque Useñoría fué *Rico* desde que su madre le parió, nunca fué tan *Rico* como ahora. Ya habeis visto, oyentes mios, el plan de mi discurso. En la primera parte os haré ver que *Villa–Rica,* es mas *Rica* desde que es mandada por *Rico*. Y en la segunda, que *Rico* es mas *Rico*, desde que manda á *Villa-Rica.* Ave Maria.

CONTRA NOTA.

No copiamos el sermon entero, por no fastidiar á los lectores. El exordio basta para conocer el mérito de la pieza, segun aquel adajio que dice: *Por el hilo se saca el ovillo.* Concluida pues la funcion, el señor Intendente se dirijió para su casa, acompañado del Cabildo. Y una nube que en el camino habia, se abrió cuando pasaba y arrojó sobre la cabeza de su Señoría, entre mistura y otras cosas, una porcion de papeletas en que estaban escritos, con letras de molde, los versos siguientes:

1.°

Todo esquilon y campana
y cuanto tenga badajo,
hasta que se venga abajo,
repique hoy por *Villasana.*

2.°

Por fin, con ojo propicio,
nos miró el Omnipotente,
dándonos por intendente,
al incomparable *Tricio.*

3.°

Tus talentos singulares
y la tu pluma elocuente,
de esta provincia intendente
Te hicieron grande *Reynares.*

4.°

Envidie la tierra entera
la suerte de Villa-Rica,
que, á pesar de ser tan chica,
encierra á un *Ruiz de Lovera.*

5.°

Ya se acabaron los males
de esta generosa villa:
pues se ha sentado en su silla
el intendente *Gonzales.*

6.°

¿Di, pueblo, cómo no corres
y das brincos de alegría,
al ver que ha llegado el dia
en que te gobierne *Torres?*

DIALOGO.

¡Zapata!—Señor.—¿Hoy tambien faltan siete renglones para llenar el pliego?—Hoy faltan ocho.—Bien. Pon pues esta octava que mandó *Villasana* á una jóven de Huancayo, al partir para Huancavelica.

OCTAVA.

Listo tenemos ya nuestro caballo
para partir: ¡O Rosa! ¡O cruel destino!
Partimos: mas dejamos, en Huancayo,
el nuestro corazon fino ó mas fino.
No sea que fiero, tremebundo rayo
penetre el nuestro cuerpo en el camino,
y queme la tu imájen ¡Oh tirana,
homicida de *Tricio* y *Villasana!*

NUMERO 1.°

NUEVA DEPOSITARIA.

Escrita con el objeto de mandársela á D. Gaspar Rico, residente en el castillo del Callao, por un correo estraordinarísimo, aereo–metálico–sulfúrico–tronante.

Lima 1.° *de Mayo de* 1825.

ENTRADA DE PAVANA.

¡Quién como tú, *Depositaria mia*,
Feliz *Depositaria!*
Que, conducida por lijera bomba
Que vá, con su espoleta,
Hendiendo el aire en luminosa comba,
Cual un tiempo le hendia
El pequeño farol ó luminaria
Que llevaba en el rabo mi cometa,
Con mas celeridad que la del viento,
Vas á trepar al alto firmamento:
Y, despues de correr rejiones bellas
Pobladas de planetas y de estrellas,
Ver de cerca á Saturno con su calva
Y al lucero del Alba,

A Febo conocer que da los dias,
Y á las Cabrillas siete y tres Marías,
Y pasar junto á *Virgo* y el Cangrejo
Y el dios terrible de la cruda guerra,
Descender otra vez sobre una tierra
Do la gloria tendrás inapreciable
De saludar al CASTELLANO VIEJO:
A aquel varon ensine, incomparable.
Sin par entre la jente
Que habita del un polo al otro polo:
A aquel héroe famoso y prepotente
Que, del Callao en pié mantiene, solo,
Los altos torreones.
Que, á no ser por su pluma tan de fuego,
Hubleran sucumbido, desde luego,
A pesar de sus muros y cañones,
¡O Villasana! ¡O Rico!
¡O Aragon! ¡O Gonzalez!
¡O Querejazu! ¡O Tricio!
¡O Torres! ¡O Reynares!
¡O Gaspar de Lovera! ¡O Ruiz! ¡O Angulo!
¡O sí! Me congratulo
De poder dirijirte este mensaje.
Y al cielo plegue que el volante paje
Que le va á conducir con tanta bulla,
Tan junto caiga á la persona tuya,
Que á entregártele llegue en propia mano,
Envuelto cual cartucho ó cual barquillo,
A tí que eres dos veces castellano
Y honor de la Castilla y del Castillo.

DIÁLOGO INTERCALANTE.

DON GASPAR RICO.—EL IMPRESOR DON JOSÉ MASIAS.

IMPR. ¿Qué milagro señor Rico tan temprano en la imprenta? Aun no son las seis de la mañana.

RICO Falta un cuarto, tres minutos, diez y siete segundos y mas ó ménos terceros.

IMPR. ¿Qué papeles son esos?

RICO Es el número 160 del nuestro *Depositario* que hemos concluido ahora cosa de cinco, seis, siete, ocho, nueve ó diez minutos y medio. Oígale U. y verá que, jurando ó no jurando, con gracia ó sin chiste, á las claras ú oscuras, anunciamos, con el idioma de la claridad divertida, verdades que aprovechan mucho á muchos, y que *intaravintanticulan....tanto....á tantos.* Dice pues: *El Depositario. Número* 160. *Callao* 1.° *de Mayo de* 1825. *Invitatorio antifonado.* Molestados, toda la noche, próxima ó mas próxima, por un cierto calorcillo insinuante ó intenso que nos hizo arrojar por los minutísimos poros de la nuestra epidérmis ó cutícula, hasta el humor linfático convertido en sudorífico, y por una comparsa de zancudos mas ó ménos cantores, mas ó ménos punzantes, que se empeñaron en llenar la nuestra cara de esos tumorsillos pruriginosos que piden pronto ó mas pronto el auxilio de las uñas, y en amolar los tímpanos delicados de las nuestras orejas con el infernal diapason de su música ingrata ó descompasada, no nos ha sido posible ó fácil saludar siquiera al poltron de Morféo. Dieron las tres en el nuestro cronómetro: y los nuestros miembros, no secos ni descansados, aunque tendidos á la bartola, no encontraban mayor ó menor refrigerio en las vueltas y revueltas que daban en la cama, Entre tanto, la nuestra imaginacion vagaba por esos mundos de Dios, no ocupándose en asuntos peculiares ó privativos al nuestro individuo particular ó particularizado, ni tampoco en especies lividinosas ó sucias, sino en verdades de mayor cuantía que penetran muy pocos, que buscan muchísimos y que interesan á todos. Despues de catorce minutos y medio de una meditacion mas profunda ó ménos superficial, en que consultamos al consejo de la nuestra sesera peculiar ó privativa sobre futuros contingentes ó no contingentes, condicionales ó no condicionales, relativos ó no relativos á la suerte próspera ó adversa de quince millones de individuos personalisados ó de personas individualizadas, iguales en idioma, en religion y en costumbres; pero mas ó ménos desiguales en sexo, en inclinaciones, en opiniones, en designios, en vicios y virtudes, me rasqué la cabecilla por lo peliagudo del negocio. Y resuelto á trasladar al papel, á proporcion de mi incapacidad relativa, mis ideas zumbáticas salpicadas con un trocito de risa sardónica, para darlas al público de un mundo ó de dos mundos con todos sus inducciones, conecciones, aducciones y deducciones, me calé el gorro y los botines: y así en mangas de camisa, como suelen estar los mozos de pulpería para vender los plátanos y el queso, puse los huesos de punta y me arrimé al bufete. La primera dilijencia fué subir al Parnaso á conversar un rato, por vía de desahogo refrijerante, con mi amigo Apolo y con sus hijas, y decirles algunas quisicosas envueltas en chufletas. Y apénas descendimos para olvidarnos de nos y pensar en otros y en otras....cuando....Buurrrruum.... el sonido ronco ó grave del bronce mas ó ménos hueco me anuncia la venida próxima ó mas próxima de una bomba enemiga. Pero nos que lanzamos con semejantes plumas, y que sabemos que el tal sonido no es mas que el *traquido-estallante-carbónico-sulfuroso*, contestamos, histérica ó flatulentamente con otro sonido semejante ó idéntico; expeliendo con mas ó ménos fuerza, por el intestino recto, la fraccion atmosférica apretada ó comprimida en su mayor ó menor elasticidad, entre las sinuosidades intercalantes de las tripas del nuestro *mondongo*. Bien tajada la pluma y despavilada la vela para parir á todas luces, opiniones *ignífero-sulfurantes* y conceptos *corroentes*, que, aunque concebidos á oscuras y entre sábanas, no eran espurios ni sacrílegos, sino lejítimos ó mas lejítimos, comenzamos á escribir por la siguiente nota pabólica.

IMPR. Cierto que pone U. á los artículos de su Depositario unos rótulos ó epígrafes que el diablo que los entienda. ¿Qué cosa significa *Nota parabólica?*

RICO La palabra *nota* es demasiado vulgar ó vulgarizada para que nos detengamos nos en pronunciar sobre ella nuestras defecciones tácitas ó implícitas, derechas ó jibadas. Por lo que toca ó tañe á la palabra *parabólica*, es hija lejítima, lejitimada y lejitimable de la voz matemática *parábola*, que es una de las tres, cuatro ó cinco secciones mas ó ménos cónicas. Ya que tiene U. la belígera incomprehensibilidad de averiguarlo todo, luego que oiga los tiros, no de la hermandad del *tripili trapala*, sino de las trincheras enemigas ó mas enemigas, observe el rumbo corvo ó torcido que las bombas traen, y ya ha visto *parábolas* hechas y tuertas con todas sus insidencias, pertenencias, anexidades y conexidades.

IMPR. A buen seguro que las vea. Harto hago, cuando oigo tiros, en buscar agujero en que meterme.

RICO Esa es puerilidad encampanada en cobardía. Buscar agujeros es bueno para los débiles ratoncillos cuando los persiguen los gatos juguetones.

IMPR. Y ¿habrá quién tenga serenidad para hacer una observacion tan diabólica?

RICO Yo, yo, yo, yo, yo.

IMPR. ¿Usted?

RICO Siiiiiiiiiii. Lo mismo miramos nos esos globulillos ferruginosos que escupen las bocas metálicas con que nos saluda de cuando en cuando la cortesía *Colombiana*, que aquellos de agua y jabon que los muchachos fabrican soplando como se hacen las limetas. Cuando la *cuatrupedante curbatilidad* de la linea.... ¡Barajo mi plata, padre! Este bombazo me ha llegado hasta la médula oblongada. Parece que los enemigos, como quien no quiere la cosa, se nos van arrimando mas ó ménos.

IMPR. ¡Vírgen santísima! ¿Si estaré seguro debajo de esta mesa?

RICO Alcánzame, muchacho, ese perol para resguardar siquiera la parte príncipe del nuestro cuerpo, encasquetándonosles á manera de morreon ó de birrete.

IMPR. Ese perol tiene tinta.

RICO Aunque tenga diablos coronados. Mas vale ensuciarnos con tinta ó con otra cosa peor ó mas peor, que el que un maldito casco, bien ó mal dirijido, nos desbarate las narices, ó nos lleve algun pedazo de la glándula pineal. Muchacho del demonio; dácale mas ó ménos pronto, mas ó ménos lijero.

IMPR. Ya escapamos. A Dios gracias. Allá caiga el rayo. Ya puedo salir de debajo de la mesa.

RICO Y nos podemos quitarnos este perol que nos ha echado una polaina, bañándonos, desde la coronilla de la nuestra cabeza hasta las plantas da los nuestros pies, con ese líquido glutinoso ó fétido que, si bien es precioso en el papel, es inaguantable en la ropa y en el pellejo.

IMPR. ¿No decia U. que no temia las bombas?

RICO Lo dijimos, lo repetimos y lo repetirémos. Pero eso es por lo tocante al nuestro individuo singularizado: qué por lo correlativo al mismo individuo jeneralizado, es otra cosa diferente ó estraña. Si á U., por ejemplo, le cayera un casco errante en el *occipucio*, poco ó nada se perdia: porque impresores hay muchos ó varios, y una hormiga no hace verano. Ademas, el arte tipográfico es el huevo de Juanelo que le entiende cualquiera. Pero si la nuestra persona fracasara, haria falta á millares y millones de vivientes actuales y futuros, existentes aquí y allá y acullá; como se verá en las cinco notas perpendiculares que deben salir hoy á luz.

IMPR. Señor Rico: ahorrémonos de voces. Yo me he comprometido mucho con imprimir los malditos Depositarios. Ya basta. Yo le veo á esto cara de borrico, y mañana ú otro dia se rinde el castillo y--------

RICO ¿Qué es eso de rendirse el castillo? Escupa esa herejía. El castillo se rendirá cuando á nos, nos falte la esencia ó existencia. ¿U. piensa que es la espada de Rodil la que conserva el Castillo? Pues no es sino la pluma de Rico. Esta es la que mantiene firmes á los muchos y buenos esperanzantes que esperan con esperanzas fundadas en las previsiones conniventes del nuestro anteojo político. Si no hay un Angulo en el castiilo, ya la opinion pública estaría enterrada en el panteon de las *bursatilidades*.

IMPR. ¡Temblor señor D. Gaspar! ¡Qué hacemos ahora!

RICO Si como hay edificios á prueba de bomba, los hubiera á prueba de temblor, allí deberiamos meter las nuestras personas. Pero supuesto que no los hay, corramos á la plaza.

IMPR. Corramos.

GRAN DESCUBRIMIENTO.

Ya podemos ir á Europa sin necesidad de embarcarnos. ¡Loa perdurable al inmortal Angulo que nos ha procurado esta ventaja, juntando, con la su cabeza singular, estos dos grandes continentes que la naturaleza habia separado con tanto perjuicio de la especie humana! En comprobacion de esta verdad tan importante, damos al público la siguiente representacion que hemos copiado del número 10 del Sol del Cuzco.

EXCMO. SEÑOR.

Necesito pasaporte para transferirme á Europa, y V. E, se ha de servir expedírmelo "para que pueda hacer el tránsito por mar en "cualquier buque nacional ó estranjero que se me proporcione, ó "por tierra, desde cualquier pueblo ó lugar donde le emprendiere." Hoy no puedo designarlos por el estado y situacion en que me ha puesto la necia debilidad de haber defendido la causa española en estas rejiones, de la manera mas singular que V. E. sabe y es notorio, aun habiendo previsto que en el Congreso habria diputados que adoptasen medidas opuestas á nuestra conservacion y sosiego, mas nunca imajiné que fuesen tan parciales, inconsecuentes, injustos é inhumanos. Me acompañan dos domésticos.

Dios guarde á V. E. muchos años.—Cuzco 11 de Abril de 1822.—Excmo Señor.—*Gaspar Rico.*—Excmo. Señor Virey, Gobernador y Capitan Jeneral del Perú.

VARIANDITO.

O bomba sulfurosa y retronante,
Que vas á conducir este rasguillo,
Memorias dále á *Júpiter* tonante,
A quien verás metido entre su anillo.
Diviértete con *Vénus* un instante:
Y cayendo despues sobre el Castillo,
Busca por su detras á Villasana,
Y clávatele en forma de almorrana.

OCTAVA.

Los Virgilios y Homeros son muchachos,
Poetas miserables que sin fuego
Y sin gracia cantaron por borrachos
En malos versos el enojo griego.
Yo valgo mas, aunque jamás mi lira
Osé templar; mas mi entusiasmo es tanto
Que un Dios sin duda con su rayo inspira
El grande asunto que atrevido canto.

EPITAFIO

Que se puso en el castillo del Callao, sobre la losa que cubre el sepulcro de D. Gaspar Rico.

Deten esa tu planta presurosa
caminante: y sacando tu denario
híncate de rodillas en la losa,
y resa devotísimo un rosario;
pues el alma de cántaro aquí posa
del que el mundo llamó *Depositario.*
Toda su vida la pasó de pillo:
en Castilla nació, murió en Castillo.

OTRO.

Aquí un tremendo enjambre de gusá-
hinca feroce su agusado dien-
en el cuerpo de aquel que el suyo infá-
en las almas hincó de tantas gen-
Aquí yace podrido Villá-
saltad, ó pasajeros, de conten-
ya de la activa se volvió en pasi-
¿Le visteis mordedor?—Vedle mordí-

EL SACRE.

I.

El Alto Perú, que era ántes
El centro de las riquezas,
Se ha quedado entre las manos,
¡Pobre! Tocando tabletas.
Porque Ayacucho,
Diestro muy mucho
En estos juegos,
Manda talegos
A Guáyaquil,
De mil en mil,
Para que Roca
Los guarde allá.
¡Muy bueno vá!

ESTRIVILLO.

Sucre el año de veintiocho
Irse á su tierra promete.
¡Como permitiera Dios
Que se fuera el veintisiete.

II.

Parece á cada moneda
Que le han puesto un par de alas,
Porque todas han volado
A las orillas del Guayas.

No se halla medio
Para un remedio,
Ni hay un ochavo
Ni hay un centavo
Estando allí
El Potosí
Que, como tierra,
La plata dá.
¡Muy bueno vá!

Sucre, en el año veintiocho
Irse á su tierra promete.
¡Como permitiera Dios
Que se fuera el veintisiete!

III.

Todo el lujo alto-peruano
Se lo ha llevado el demonio.
No ha sido el demonio, miento,
Que ha sido Don José Antonio.
No vé manillas
Ni gargantillas
Ni prendedores
Ni apretadores
Que no despache
Para Machache
A quien toditos
Sabemos ya.
¡Muy bueno vá!

Sucre, el año veintiocho
Irse á su tierra promete.
¡Como permitiera Dios
Que se fuera el veintisiete.

IV.

En Chuquisaca las leyes
Bajo de los sarracenos
Se respetaban muy poco:
Pero hoy se respetan ménos.
Va un comerciante
Para adelante.
¿Mulas? Embarga:
Y que la carga
Se quede á pié
Y esto ¿por qué?
Porque á los baños

Vaya la tal....
¡Muy bueno vá!

Sucre, en el año veintiocho
Irse á su tierra promete.
¡Como permitiera Dios
Que se fuera el veintisiete!

V.

Nuevo nombre se le dió
A la tierra alto-peruana:
Se le dió constitucion:
Pero y ¿libertad? *¡Caramba!*
Hay extorciones,
Contribuciones
Todos los dias.
No hay garantías,
Seguridades
Ni propiedades.
Cual mal esclavo
Todo hombre está.
¡Muy bueno vá!

Sucre, en el año veintiocho
Irse á su tierra promete.
¡Como permitiera Dios
Que se fuera el veintisiete!

VI.

La ciudad que de la *Plata*
Con razon llamóse un dia,
La ciudad del fierro hoy
Llamarse muy bien podria.
¿Quien tiene ahí fondos?
Limpios, morondos
Están ya todos;
Que nuevos godos
Los han saqueado.
Y ¿qué han dejado?
Grillos, cadenas
Y esposas ¡Ah!!!
¡Muy bueno vá!

Sucre en el año veintiocho
Irse á su tierra promete.
¡Como permitiera Dios
Que se fuera el veintisiete!

VII.

Los pobres alto-peruanos,
Despues de fatigas tantas,
Solo han logrado hasta hoy
El cambiar mocos por babas.
Los chapetones
Eran bribones,
Mucho ruines,
Mucho malsines.
¡Qué despotismo!
Pero ¿hoy lo mismo
O peor el dengue
No corre allá?
Muy bueno vá!

Sucre en el año veintiocho
Irse á su tierra promete.
¡Como permitiera Dios
Que se fuera el veintisiete!

VIII.

Hubo en el réjio gobierno
Sus pillos de siete suelas:
Pero hay tambien en la patria
Sus pollos de mucha cuenta.
Hay un *Infante*
¡Bravo danzante!
Y un *Alarcon*
¡Lindo pichon!
Y un *Calvimonte*
Que en Amatonte
¡Lengua maldita!
No digas mas.
¿Muy bueno vá?

Sucre en el año veintiocho
Irse á su tierra promete.
¡Como permitiera Dios
Que se fuera el veintisiete!

IX.

Ya no eres, no, ni tu sombra
¡Opulenta Chuquisaca!
Perdido has sin duda el *Chuqui*,
Porque eres ya toda *saca*.
El Vitalicio
Te *saca* el juicio,

Saca escuadrones
Y batallones,
Saca vestuario
Y numerario,
Y hasta las piedras
Te *sacará*:
¡Muy bueno va!
Sucre, en el año veintiocho
Irse á su tierra promete.
¡Cómo permitiera Dios
Que se fuera el veintisiete!

X.

Los mandones de Bolivia
Todito lo han trastornado:
Y han puesto la religion
Por los piés de los caballos.
Les causa risa
El que oye misa,
Odian al clero
Mas que al ibero.
El sacramento,
Cosa de cuento
Es, y Dios mismo
No existe ya.
¡Muy bueno va!
Sucre, en el año veintiocho
Irse á su tierra promete.
¡Cómo permitiera Dios
Que se fuera el veintisiete!

XI.

¿Perú alto por qué te quejas
De que Sucre te ha quitado?
Dime ¿no te ha dado *nombre?*
¡No es nada lo que te ha dado!
Tus campos razos
Están sin brazos
Que los cultiven:
Los que en tí hoy viven
No ven un peso:
Mas ¡qué importa eso
Cuando *Bolivia*
Te llamas ya!
¡Muy bueno va!
Sucre, en el año veintiocho
Irse á su tierra promete.

¡Cómo permitiera Dios
Que se fuera el veintisiete!

XII.

¡Buena laya de comercio
Se ha descubierto en Bolivia!
¡Cierto que se están viendo hoy
Cosas que no están escritas!
Los *Alarcones*
Como melones
Muy baratitos
Los billetitos
Compran y (cuerno)
Luego el gobierno
Los amortiza,
Que t-a-l-tal:
¡Muy bueno va!
Sucre, en el año veintiocho
Irse á su tierra promete.
¡Cómo permitiera Dios
Que se fuera el veintisiete!

XIII.

Permita el cielo piadoso
Que el barco en que Sucre vaya
Camine al puerto derecho
Y no tropiece con nada.
Zéfiro suave
Te lleve ¡o nave!
Huya remoto
El crudo noto:
Feliz navegues
Y al puerto llegues.
Pero á mi Sucre
No traigas mas.
Ja, ja, ja, ja.
Sucre, en el año veintiocho
Irse á su tierra promete.
¡Cómo permitiera Dios
Que se fuera el veintisiete!

DIALOGO.

¿ Con que llegó el correo de Valles ?— Nada sé.— Sí señor: ha llegado cosa há de dos horas.—¿ Y qué se ruge por ahí ? —Solo he oido decir que Bogotá se ha arruinado. — ¿ Cómo Bogotá ? Será Popayan.—No señor. Es Bogotá. Ya lo de Popayan está hasta olvidado. Y dizque el estrago ha sido tal, que es preciso echar abajo, por lo ruinosas que han quedado, las pocas casas que pudieron resistir á la furia del terremoto.— ¿ Si desgraciadamente estaria allí el Libertador ? — No señor : se hallaba en el campo.—Muy bien. Me alegro, ¿ y qné dia fué la tragedia ? — No he oido hablar de eso, pero puede que nos lo diga este periódico de Guaqaquil que acaban de prestarme. — ¿ Qué periódico es ? — El número tercero del *Colombiano del Guayas*. Aquí hay una proclama del General Flores á su ejército.— Léamela U.— *Soldados:—Yo saludo con vosotros á este dia de gloria y de respeto. Hoy el santo de la fama celebra la página primera de la historia, y el regcijo colombiano quiere subir al cielo, llevando el hechizo de las gratitudes. Soldados: entre los muchos períodos ilustres que embellecen la vida del Libertador, ninguno parece comparable á la época presente, porque la gloria de los grandes triunfos y de los grandes hechos, no puede ser superior á la gloria de haber servido á la humanidad en sus dolencias. El Libertador es la antorcha que ha brillado en el espacio de las disenciones: él ha avergonzado á la esperanza, haciendo renacer á la patria de las cenizas de la conflagracion. Victoriemos, pues, las delicias de la concordia en este dia memorable: no manchemos el pensamiento con la memoria del daño. Soldados: cuando los recuerdos son grandes, es permetido vivir de ellos. Una série de victorias, los rasgos del heroismo, la libertad de un mundo, no puede mencionarse sin tributar alabanzas á su autor. Levantemos en nuestros corazones monumentos de sublime admiracion hasta que la posteridad cubra con sus canas los prodigios del génio colombiano, si es que la posteridad puede resistir el tropel de tantas glorias y virtudes. Guayaquil, Octubre* 28 *de* 827--- ¿Qué tal le parece á U?--- Vuelva U. á leer que me he quedado en ayunas ; y todo me parece un despropósito de la cruz á la fecha--- *Soldados: yo saludo con vosotros este dia de gloria y de respeto.*--- Sepamos, ante omnia, qué dia es el saludado.--- Aquí no lo dice.---Lo dirá mas atras. Vuelva U. la hoja---Será este.--- ¿ Cómo dice ?--- *Dia de San Simon ó aurora colombiana.* Esé es seguramente. Pero observemos de paso, que es bonito modo de honrar al Libertador, el reducir á aurora ó crepúsculo matutino, que es lo mismo, su dia de natalicio. Si se le hiciera siglo, lustro, olimpiada, año, aunque fuera bisiesto, mes, aunque fuera sinodico, ó siquiera semana, se le engrandecería : pero hacerle aurora, es menguarle, y no asi como quiera : porque de veinticuatro horas que tenia se le ha reducido á una y doce minutos, que es lo mas que dura la aurora en las regiones ecuatoriales, como Guayaquil. Que si fuera en el polo, ya duraria dos meses : pero siempre es mengua para el dia convertirse en crepúsculo, por largo que este sea ; porque su luz, aunque muy brillante respecto de la noche, siempre es escasa y mezquina, comparada con la del dia. Asi es que luego que esta comienza á brillar, huye aquella avergonzada á las playas occidentales. Vamos ahora á la proclama. Eso de *saludar al dia*, me parece una cosa absolutamente inútil, porque *saludar* no es otra cosa que desear á alguno la salud ; y como los dias nunca enferman, por la misericordia de Dios, desearles la salud, es desearles una cosa de que no han menester. U. saluda á un hombre diciéndole : *Tenga U. buenos dias.* ¿ Y á un dia cómo saludará U ? -- Le diria , tenga U. buenas horas ó buenos minutos.--- Tambien se llama *saludar*, el hacer salvas con tiros de cañon: pero esas salvas no se hacen á los dias, sino á las personas, cuyas grandes acciones se recuerdan en ellos.--- Aplicar por los impostores remedios vanos para la curacion de la rábia ú otros males, tambien se llama saludar.--- Cierto. --- Pero ni los dias padecen de rábia, ni al General Flores se le puede llamar *saludador*, por mas que el exceso de su cortesía le obligue á saludar al dia de S. Simon. Pasando mas adelante, eso de *dia de gloria* está corriente: pero en lo de *dia de respeto* no me convengo. No puedo concebir como se acate y se reverencie y se rinda obsequio á una fraccion pequeñísima del tiempo, que no es mas que la duracion sucesiva de las cosas. --- Diga U. lo que quiera, para mí el dia de San Simon será siempre de muchísimo respeto.-- ¿ Cómo así ?--- ¿ No ha oido U. decir: *una arma de fuego infunde respeto*, que quiere decir, *infunde miedo ?* Pues asi es el respeto que yo le tengo al dia de San Simon. Le temo mas que á un toro bravo : le ayuno las vigilias ; y siempre que me acuerdo de él me sucede lo mismo que le sucedia á San Gerónimo cuando se acordaba del dia del juicio: todos mis miembros se estremecen.---*Quotiescumque illius diœ recordor, omnia mea membra contremiscunt*--*Respeto*, en lengua germánica, significa *espada*. --- Pues entónces, dijo muy bien el General que el dia de San Simon era dia de *respeto*; porque es dia de *espada*. El Señor la desenvainó en él: y nos hizo una herida muy profunda: *Dixi irae dies illa*.—¿Y de donde le viene á U. tanto temor para ese dia? --- ¿ De donde? de la ruina que nos trajo el año 46, en que se vino abajo mucha parte de Lima: y á no ser por el Señor de los Milagros, quien sabe sino queda piedra sobre piedra.--- Ese es un fenómeno físico que puede suceder en cualquier dia.-- Bien: pero no me negará U. que hay dias aciagos.

Pero aun fuera de esto,
El tal San Simon
Nunca ha sido Santo
De mi devocion.---

¿ Y por qué? ¿ No es un Santo como los demas?---Él bien puede ser muy Santo: pero eso de andar siempre con Judas, y caer siempre juntos me dá muy mala espina, por aquello de *Dime con quien andas, te diré quien eres; cada cual con su cual, y cada oveja con su pareja*.--- El Judas que anda con S. Simon, es tambien Santo como él. No es aquel Judas Iscariote que vendió al Redentor.--- Antes dije á U. que habia dias aciagos: y ahora le digo que hay tambien nombres aciagos. Ahí tiene U. El Libertador no es San Simon, el que nos trajo la ruina á nosotros. Pero, por llamarse Simon, apénas pisó, esta última vez, el territorio de Colombia, cuando, zas; dos ruinas consecutivas: la de Popayan y la de Bogotá. --- Esos son accidentes. Siga U. leyendo.--- *Hoy el Santo de la fama celebra la primera página de la historia*.--- Alto ahí ¿ cuál es el Santo de la fama? San Famo no hay en el repertorio.--- A mí me ocurre que puede ser San Vicente Ferrer; porque es el único Santo que tiene trompeta como ella. Ademas que lo de *Ferrer*, puede derivarse de *fero fers*, que significa llevar: y todos sabemos que la fama solo se ocupa en llevar y traer.--- ¡ Está buena la etimologia! Adelante--- *Y el regocijo colombiano quiere subir al cielo, llevando el hechizo de las gratitudes*.--- ¡ Es cuanto puede dar el naipe en despropósitos!

¡ Oh proclamista insigne y elegante!
Tu eres el que hasta el cielo te levantas
Y con solo una pluma (¡ Ay qué brillante!)
Vuelas mas que los pájaros con tantas.
Tu hablar es fresco, tu pensar flamante,
Tus frases, novedades con que encantas
Mas ¿ cómo no dirás diez mil primores,
Si es natural que Flores paran Flores?

Mastuerzo pare mastuerzo,
Alhelí pare alhelí,
Floripondio floripondio
Y suche suche, y así.

Cierto que seria un espectáculo bastante peregrino ver al regocijo colombiano, á quien es preciso figurarse como un pajarraco, subiendo por esos aires de Dios, y llevándose en el pico ó en las garras el hechizo de las gratitudes, que debe ser una carga mas pesada que la plata y el oro.--- Á mí me parece mas natural que el hechizo lleve al regocijo, que no que el regocijo lleve al hechizo.---¿Y por qué?-- Porque el regocijo no tiene alas para poder volar ; y el hechizo sí las tiene, como que es cosa allá de las brujas.--- Yo no sé qué es lo que me hace mas gracia, si las originalidades de la proclama ó las observaciones de U. --- ¿ Y dígame U., eso de querer llevar hechizos al cielo, no es un atentado que castigaría con la mayor severidad la antigua inquisicion ? Si digo yo que la religion anda hoy por los piés de los caballos--- ¡ Hombre de Dios ! Aquí no se entiende por hechizo esas yerbas ó untos de que usan los hechiceros ; sino la persona ó cosa que arrebata las potencias y sentidos.-- ¿ Y las gratitudes arrebatan las potencias y sentidos ? --- Al autor de la proclama con esa pregunta. ¿ Qué sigué ? --- *Entre los muchos períodos ilustres que embellecen la vida del Libertador, ninguno parece comparable á la época presente.* Veamos qué pero le pone U. á esta cláusula.— Primeramente, aquí se confunden *época y período*, siendo así que el período es un espacio de tiempo que puede ser de muchos siglos, como el período Juliano ; y la *época* es un punto solo donde comienza el período. En segundo lugar, los períodos no embellecen las vidas de los grandes hombres ; ántes por el contrario, las vidas de los grandes hombres embellecen á los períodos. Nadie dirá que los principios del siglo diez y nueve embellecieron la vida de Napoleon , y sí dirá todo el mundo que la vida de Napoleon embelleció los principios del siglo diez y nueve. ¿ Y dá la razon de eso ? --- Sí señor. --- ¿ Cuál es ? —*Porque la gloria de los grandes triunfos y de los grandes hechos, no puede ser superior á la gloria de haber servido á la humanidad en sus dolencias.*--- Segun eso,

Cualquiera partera,
Cualquier barchilon
Tiene mayor gloria
Que el gran Napoleon.

Adelante.--- *El Libertador es la antorcha que ha brillado en el espacio de las disenciones.* ¿ En donde está ese espacio ? --- En la esfera de las curvatilidades de que habla Rico en sus *Depositarios.*--- Y será muy oscuro, una vez que necesite antorcha que lo alumbre.

A mí me parece que debe ser muy claro; porque siempre oigo decir *la llama de la discordia*, que es lo mismo que disencion---¿Sigo?—Sí.--- *Él ha avergonzado á la esperanza, haciendo nacer á la patria de las cenizas de la conflagracion.*---Muchos han hecho al Libertador Simon Macabeo; pero el General Flores le hace Simon Mago: porque eso de avergonzar á la esperanza ó, lo que es lo mismo, hacer que, de verde que ella es, se ponga colorada, es solo obra de la mágia. ¿Qué mas? --- *Victoriemos pues las delicias de la concordia en este dia memorable*--- Victoriemos mejor al autor de la proclama.

Hoy de los conventos
Salgan las mulatas,
Con cajas, clarines
Y sendas matracas:
Y todos á una,
Con grita, algazara,
Entonen mil veces
Aquesta tonada.

Catay del que se decia
Que nada escribir sabia.
Pues catay como escribió,
Y una proclama forjó.
Vitor que á Colombia ha dado
Un nuevo César fortuna,
Que ansí como la su espada,
Ansí maneja la pluma.

Catay el que se decia
Que nada escribir sabia.
Pues catay como escribió
Y una proclama forjó,

¿Se acabó? --- No, señor, sigue. *No manchemos el pensamiento con la memoria del daño.*--- Cuidado que una mancha de memoria, sobre una tela de pensamiento, será peor que una de aceite sobre telas de lana. Acabe U. de una vez.---Voy allá.---*Soldados: cuando los recuerdos son grandes es permitido vivir de ellos.*---No lo entiendo. Adelante.---*Una série de victorias, los rasgos del heroismo, la libertad de un mundo, no puede mencionarse sin tributar alabanzas á su autor.*---Eso está corriente.--- *Levantemos en nuestros corazones monumentos de sublime admiracion.*--- Esta es una especie de estuco espiritual. Siga U.--- *Hasta que la posteridad cubra con sus canas los prodigios del génio colombiano.* --- Esta cláusula hace muy poco aire á Colombia; porque para que la posteridad pueda cubrir con sus canas, los esfuerzos del génio de sus hijos, preciso es que estos esfuerzos sean tan pequeños, como piojos, que es lo único que cubren las canas.---Tambien cubren el cerebro. *Sed cicest* que en el cerebro está la glándula pineal donde reside el alma con el génio y sus esfuerzos: ergo. Muy bien. Acabe U. por Dios. --- Vamos á la última cláusula.--- *Si es que la posteridad puede resistir el tropel de tantas glorias y tantas virtudes.*

Cerraste con llave de oro:
Echastes el resto.al fin;
Por eso en lugar de *Flores,*
Llamarte quiero *Jardin.*

Cómo no ha de poder posteridad
Las glorias colombianas resistir,
Cuando he sido capaz yo de sufrir
Tu tanto disparate y necedad.

Adios, señor.— Adios amigo.

REMITIDO DE BOLIVIA.

Ya el destino se extinguió.
De sacristan en Bolivia;
Porque ya no hay que guardar
En iglesias ni en capillas.

No hay un hachero
Ni un candelero
Ni una naveta
Ni casoleta.
Ni un relicario
Ni un incensario
Ni custodia una
Ni un viril;
Que á Guayaquil
¡ Ay qué fortuna !
Voló todo con mayas y blandones,
Cálices y patenas y copones.

Las iglesias de Bolivia
No hay para qué las cerrar,
Y así es que están, noche y día,
Abiertas de par en par.

EL FUSILICO

DEL GENERAL FLORES.

Estando la otra noche en casa de ciertas jóvenes en que se reunen varias gentes de humor á pasar el rato con una partida de rocambor y otra de fusilico, amenizadas con intérvalos de música y de baile, entró derrepente un mocito muy envuelto en su capote de barragan; y dijo en voz alta—Aquí traigo una cosa muy bonita, muy elegante, muy mona, muy graciosa, en una palabra, un filili. ¿A qué nadie adivina lo que es?—Una de las muchachas, medio vizca, se puso mas contenta que una pascua; y dijo: Yo adivino. Es la barajita que U. me ofreció para el fusilico.—Otra de ellas, muy chata pero graciosa, repuso—No es eso, sino mi peineta que quedaron de acabarla para hoy—Tampoco es eso, replicó una tercera mas fea que la necesidad. Seguramente es mi retrato.—En fin la madre, mas impaciente que las hijas como buena vieja, desembozó al mocito; y habiéndole visto un impreso en la mano, gritó—¡Malhaya sea Júdas! Una oreja pongo á que es la Cotorrita (*)—Cerca le andas, contestó el mocito: Y desdoblando su papel dijo—Esta es la célebre proclama del General Flores. ¿Quieren ustedes oirla?—Todos le respondimos que sí; y él leyó.—*Compatriotas: los crímenes de la faccion peruana llaman al Libertador hácia nosotros. Su venida se anuncia tan respetable como el trueno; y hasta la tierra se conmueve con su nombre. Dispongámonos á recibirle con lágrimas de gozo, en los transportes de la gratitud.*—Aquí exclamó un señor abogado,

(*) Periódico que se publicaba en aquella época. (1828)

poniendo sus cartas en la mesa---¡Lindo elojio del Libertador, por cierto! Si alguno se pusiera de intento á pintar horrible á S. E. para hacerle aborrecible á los pueblos, no diría mas seguramente. Si yo me hallara en el pellejo del Libertador, le jugara una buena al dichoso Flores, para que supiera como debe escribir.---Pero ¿Qué es lo que dice, le preguntó la vizca, para tanta ponderacion?—Que es lo que dice, señorita, respondió el abogado? ¡No es nada lo del ojo y le llevaba en la mano! Primeramente dice que los *crímenes llaman al Libertador*: que es lo mismo que si dijera que S. E. tiene vocacion á ser malvado; así como la tiene á ser virtuoso aquel á quien llaman las virtudes. Yo no tengo al Libertador en tal concepto.---Y aunque así fuera, añadió un *quidam* desconocido para mí, no le tocaba á Flores el decirlo; porque al fin es su jefe; le sacó de la nada; le hizo gente: y le dió el grado de General sin merecerlo. Amen. ---Dice despues, prosiguió el señor abogado, *que la venida de S. E. se anuncia tan respetable como la del trueno*. Como U., señorita, no ha salido de este pais privilejiado, no sabe, felizmente, como se anuncia la venida del trueno. Pues sepa U. que, por lo regular, la anuncian un cielo muy encapotado con nubes negras y parduzcas; una fuerte nevada ó granizada, un huracan violento y un horizonte oscuro, iluminado, á ratos, por la luz de los relámpagos mas melancólica y horrible que la misma oscuridad. Decir, pues, que así como la de este meteoro espantoso, así se anuncia la venida del Libertador, es decir que la melancolía, la tristeza, la angustia, la afliccion, el miedo y el espanto preceden siempre á S. E. en sus marchas; y forman como un cuerpo de vanguardia que vá anunciando su próxima llegada á pueblos horrorizados y atónitos que aborrecen tanto sus excelentísimas visitas, como aborrecen las del trueno.---Y ¿quien ha de apetecerlas? exclamó cierto doctor que jugaba fusilico con las jóvenes. ¡Cáspita en el par de huéspedes! Sin embargo, esto me parece nada comparado con lo que sigue, á saber, con aquello de que *hasta la tierra se conmueve con su nombre*; porque el terremoto, á lo ménos para mí, es el mas tremendo de todos los fenómenos de la naturaleza.---Y para todo el mundo añadí yo: principalmente para aquellos que han presenciado uno tan fuerte como el del 30 de Marzo.---¡Caramba en el temblorazo! dijo la coja. Y tomando la guitarra, cantó la siguiente coplilla:

Si, á mas de la cruda guerra,
Nos trae truenos y temblor,
De nuestro Libertador
Huyamos cielos y tierra.

De manera que Flores, continuó el abogado, tomando un polvo de rapé, temió quedarse muy corto con dar al Libertador la terribilidad del trueno solamente; y le arrimó tambien la del temblor, para hacer á S. E. la mas terrible de las cosas terribles, así como Aristoteles hizo á la muerte: *Terribilium terribilisima.*---Aquí se puso en pié un religioso anciano, miron perpétuo del fusilico, diciendo: Señores, yo no hallo nada de estraño en la pintura que hace el General Flores de la venida del Libertador; pues veo que es la misma mismisima que hace el profeta Isaias de la venida del Señor, cuando vaticina la ruina de Jerusalem. En el cap. 29 ver. 6, dice así *A domino exercituum visitabitur in tonitruo et conmotiore terre.* El señor de los ejércitos la visitará con el trueno y el temblor.---¡Vaya! dije yo: Cualquiera cosa apostaría á que Flores topó por ahí con alguna de las muchas biblias castellanas de que nos han atisbado los ingleses; y se le vino á los ojos este texto que le pareció de perlas para dar á su proclama una entrada imponente y magestuosa.---Pero ustedes no han estado en lo mejor, dijo el doctor. Despues de pintar Flores á S. E. con los colores mas negros, quiere *que se dispongan á recibirle con lágrimas de gozo.* Habrá quien lloré de gozo, cuando oye tronar el firmamento, y cuando siente extremecerse los fundamentos de la tierra? Si al señor Flores le alegran estos dos hórridos fenómenos, tiene su señoría un gusto muy particular.—Tambien quiere, dije yo, que le *reciban en los transportes de la gratitud.* ¿El trueno y el temblor nos hacen algunos beneficios, por ventura, para que les estemos reconocidos? Si señor, me contestó el doctor. Hacen beneficios y grandes, principalmente el segundo. Porque oiga U.; hay un temblor; la gente se atolondra, y corre sin saber á donde vá, abandonando sus casas y sus cosas: y entónces los valientes, que no le temen, se meten en las casas de los cobardes que huyen, y se arman de sus cosas. Algunos se habilitaron el 30 de Marzo; pero mas se han habilitado en otras épocas.

Y es muy regular que Flores
Uno de estos haya sido,
Puesto que está agradecido
A los truenos y temblores.
  Ganancia de pescadores
A rio vuelto siempre hay.
Y por eso en el Azuay
Agotada ya la pesca,
Armar con nosotros gresca
Ñor Flores quiere, catay.

Y ¿no es cosa muy graciosa, añadí yo, que Flores llame *faccion* á nuestro lejítimo gobierno, solo porque no está como ántes, subordinado al de Bolivar? De modo que cuando nosotros pensamos que en Ayacucho se firmaba la carta de nuestra libertad, no se firmaba sino la escritura de nuestra venta. Así es que los peruanos ó hemos de ser esclavos de Bolivar ó facciosos. ¡Miserable alternativa!—Todos suplicamos á la coja que dijera alguna cosa sobre esto, porque tiene la gracia de improvisar; y tomando ella la guitarra, cantó así:

Cuando de España las trabas
En Ayacucho rompimos,
Otra cosa mas no hicimos,
Que cambiar mocos por babas.
Nuestras provincias esclavas
Quedaran de otra nacion.
Mudamos de condicion;
Pero solo fué pasando
Del poder de Don Fernando
Al poder de Don Simon.

Triunfaron los peruanos
Del rey ibero.
Mas ¿para qué triunfaron?
Para lo mesmo:
Que á su hado plugo
Quedaran de Bolivar
Bajo del yugo.
Este yugo rompióse
Ya felizmente.
Ahora si somos libres
E independientes.
Y ántes juramos
Morir que el que nos mande
Ningun tirano.

Todos celebramos la prontitud de la muchacha., Y el mocito, despues de haber pedido permiso al auditorio, continuó leyendo: *¡Compatriotas! Parece que se acerca la vindicta del amor patrio. Los pérfidos que han mancillado nuestra gloria, responderán de su sacrílega maldad en el terrible tribunal que la justicia del cielo les prepara. Nos han sublevado los ejércitos: han tentado los medios de usurpar nuestro territorio: han mandado á nuestras costas la calamidad que deplorais: quieren estender sus límites funestos con la violenta refusion de una república vírgen, que nació en los campos de Ayacucho á la sombra de los laureles colombianos: y aun se han atrevido á flamear su bandera de rebelion en un pueblo del Azuay. ¿Qué debemos esperar de los atroces que hollan el derecho de las naciones, de los ingratos que dañan á sus generosos bienhechores? Nada. Los traidores no tienen que ofrecer. ¿Vengarémos el baldon? Soldados: Colombia ha recibido un nuevo ultrage. ¿Vosotros os brindais á repararlo? ¿Volvereis á surcar la tierra movediza del Perú?*—Alto ahí, dije yo. Aquí á sus soldados los vuelve gañanes; porque solo estos surcan la tierra. Pero ¿por qué llamará *movediza* á la tierra del Perú?---¿Por qué? me contestó la vieja. ¿No ha sentido U. sus movimientos en los dias pasados? ¡Caramba! A moverse mas, no habria quedado una casa parada.--El mocito se rió y continuó: *La* *planta de la justicia seguirá por las huellas del honor que marcaron vuestros pasos? El tiempo lo dirá.*---Y si no, lo diré yo, dijo un monigote que entraba á ese tiempo.---*Los pueblos,* prosiguió el mocito, *son amigos?*---¿De qué? preguntó la tuerta. ¿De las cadenas dictatoriales? Conocí mucho.---Tres treses dijo la vieja.---¿Cual ménos? le preguntaron.---El dé oros, contestó.---A ese palo, añadí yo, estamos todos fallos el dia de hoy. Ya se vé: ha marchado tanto para Colombia, que con razon se queja el General Flores de que hemos mandado á las costas de Colombia la calamidad que deploran sus pueblos. Aunque el está muy equívoco: porque nosotros no hemos mandado nuestro oro; sino que nos lo han llevado.---Si señor, agregó el abogado. El oro es una verdadera calamidad. Díganlo, si nó, los españoles que continuamente se estaban quejando de que la conquista de la América los habia perdido. Y se quejaban con justicia. Miéntras ellos se manejaron con sus ochavos y sus cuartos de cobre, fueron sobrios, activos y valientes en la guerra: pero lo mismo fué verse con onzas de oro, que el lujo se extendió; se corrompieron las costumbres; y el diablo se llevó la sobriedad, la actividad y el valor. Así vemos que los españoles de hoy dia no son aquellos de Sagunto y de Numancia.---Lo mismo sucedió á los romanos con la conquista del Asia, dijo el mocito; y siguió leyendó la proclama.---*La fuerza de un partido los oprime. Ellos están taciturnos. Compadezcamos su dolor.*---¡Qué señor tan compasivo! exclamó la coja. ¡Qué lástima nos tiene! Dios se lo pague por su buen corazon. En el cielo halle la caridad. ¿Ya se acaba la proclama que me tiene fastidiada?---Si señora, le contestó el mocito: y leyó---*y victoriemos desde ahora su infalible redencion que ofrecen vuestras armas.*—Juan José Flores.---*Cuartel general en Guayaquil á 18 de Abril de* 1828.---El mocito se despidió y se mandó mudar; y la vieja saltó y dijo: ¡como me gusta este señor Flores por amigo de victoriar! Todas sus proclamas las acaba con vitores! ¡Que bueno habia sido para mulata de monjas! ¡Como hiciera hablar á la matraca por esas calles, cuando hubiera abadesazgo en su convento!---Y hay algo de cierto, me preguntó el monigote sobre esos cargos que hace á los peruanos de que han sublevado los ejércitos de Colombia; tentado los medios de usurpar su territorio; mandado la calamidad á sus costas; tratado de extender sus límites con la violenta refusion de la república boliviana; y flameado en un pueblo del Azuay su bandera de rebelion?---Nada, nada, le contesté. Todo esto es una reverenda mentira. Primeramente: Los peruanos no tuvimos arte ni parte, como es público y notorio, en el suceso del 26 de Enero en que la division 3.ª por si sóla, se pronunció en favor de la Constitucion de su pais que Bolivar queria derribar; y estos son todos los ejércitos que se le han sublevado en el Perú. En segundo lugar, ¿quien podrá persuadirse que nosotros, que tenemos uno de los suelos mas feraces, y el mas rico, sin disputa, en oro y plata de todo el mundo conocido y muy extendido, por otra parte, para el número de sus pobladores, vayamos á usurpar un territorio ingrato y miserable? En tercer lugar: nosotros no hemos mandado otra cosa á sus costas que sus mismos soldados, con la única diferencia de que fueron vestidos; habiendo venido los mas como Adan estuvo en el paraiso. Pudiera suceder muy bien que el señor Flores llamara calamidad al vestido que debe ser bien molesto en un pais tan caliente; y principalmente, á unos hombres que no estaban acostumbrados á llevarle. Por lo que respecta á la república Boliviana, no hemos hecho mas que aparejarnos para no ser sorprendidos; porque nunca nos ha inspirado la menor confianza la conducta sospechosa de su presidente Sucre. Finalmente aquello de haber tremolado (y no flameado como él dice) nuestra bandera de rebelion en un pueblo del Azuay, seguramente debe entenderse por *Jaen* sobre que tienen antiguas aspiraciones, sin presentarnos el menor derecho. Aquí no hay mas sino que Flores no puede llevar en paciencia el que no dependamos de Bolivar; y nos gobernemos por nosotros mismos. Se le van los ojos por las minas de Pasco, por las chirimollas y por otras cosillas que no hay por allá. Y como no es regular que, sin mas ni mas, se meta de mano armada en nuestras tierras, diciendo *esto es mio*, como quien arrancha un sombrero ó una capa en medio de la calle, porque eso sería un escándalo á los ojos del mundo cuya opinion aun respeta un poco, se esta agarrando de pelillos, ó buscando, mas bien, pretestos falsos para cohonestar el robo con la apariencia de conquista; dando á la injusta agresion, que intenta hacernos, todo el carácter de una guerra lejítima y en forma. De manera que esto viene á ser lo mismo, ni mas ni ménos, que lo que hizo el lobo de la fábula para mamarse al inocente corderlllo; buscarnos, como dicen, cambalache.---Aquí ha de estar ese libro, dijo entónces el dueño de la casa; y tomándolo del estante, le abrió y leyo:

Ad rivum eundem Lupus et Agnus venerant,
Siti compulsi: superior etabat Lupus,
Longeque inferior Agnus: tunc fauce improba
Latro incitatus jurgii causam intulit.
Qur, inquit, turbulentam fecisti mihi
Istam bibenti? Laniger contra timens.
Qui possum, quæso, facere quod quæreris Lupe?
A te decurrit ad meos haustus liquor
Repulsus ille veritatis viribus,
Ante hos sex menses male, ait; dixisti mihi.
Respondit Agnus: equidem natus non eram.
Pater hercule tuus, inquit, maledixit mihi.
Atque ita correptum, lacerat injusta nece.
Hæc propter illos scripta ést hominəs fabula
Qui fictis causis inocentes oprimunt.

¡Malhaya los latines de ustedes y quién los inventó! exclamó la

tuerta. ¿No hay quien nos diga esto en castellano, para entenderlo?
—Si señora, le contestó el doctor; y tomando el libro, dijo:

Se refiere que antaño,
Un lobaso tamaño
Y un cordero tan tierno,
Que aun no pensaba en apuntarle el cuerno,
Cierta mañana fuerte del estío,
Llegarón á apagar su sed ardiente
En los frescores de la misma fuente:
Aunque algunos opinan que fué rio,
Y no falta quien diga que charcaso;
Pero todo es lo mismo para el caso.
Pues, señor, como digo de mi cuento,
El lobo que de sangre mas sediento
Mil veces mas estaba que no de agua,
Y que apagar resuelve la gran fragua
De su vientre con ese corderito,
Con la cabeza gacha,
Le mira de hito en hito,
Jurándole de echarle á la capacha:
Y los pies al tunante
Le comen por correr á echarle el guante.
Pero como el mas ruin, el mas malvado,
Avergonzándose de parecerlo,
Para que, tal cual es, no puedan verlo,
Se presenta por siempre disfrazado;
Y á su accion mas infame y la mas fea
De la justicia con el trage arrea,
¿Qué hace nuestro hábil lobo,
En astucias tan diestro
Cual la mas vieja zorra,
Y ya por experiencia padre maestro
En el carnericidio y en el robo?
Su lid empieza por buscar camorra,
Para dar colorido al atentado
Que ejecutar pretende:
Y poder sin escándalo, en el prado,
Del sencillo rebaño
Y de tanto animal que no le entiende
La maña y el engaño,
Proceder hostilmente
Contra un inerme, mísero inocente
Que no habia cometido mas delito,
No habia delinquido en otra cosa
Mas que en nacer con carne muy sabrosa,
Capaz de provocar el apetito

Del animal hambriento
Que, de llenar la panza en siendo cuento,
No se para en pelillos:
Se abalanza á los tiernos corderillos,
Los persigue, los pilla y les dá muerte,
Sin tener mas razon que ser mas fuerte.
¡Dicho y hecho! Se finge muy zañudo:
Y la voz dirigiendo á mi lanudo,
¿Por qué, le dice, en tono altisonante,
Me enturbias la agua de que estoy bebiendo? (1)
¡Enturbiarte yo la agua! No lo entiendo,
Responde el corderillo cabisbajo;
Pues, estando yo abajo
Y tú arriba del rio,
El agua corre de tu labio al mio.
La razon era fuerte;
Pero ¿valióle? Nada;
Porque estaba su muerte
Irrevocablemente decretada.
Convencióse el rapaz: pero el instante,
Otro pretesto busca al muy tunante,
Para hacer criminal al corderillo;
Porque el asunto era
Que por *fas* ó por *nefas* él muriera.
Porque su gorda carne ¡hay picardia!
Cebara su voráz glotoneria.
Sí, que agora seis meses, dijo el pillo,
Tú, contra mí, insolente,
Echaste pestes por aquesa boca (2)
Mi edad aun es muy poca,
Responde, muy cuitado, el inocente.
Yo ahora seis meses nacido no habia.
Tu padre, entónces, fué por vida mia, (3)
Dijo el lobo por fin en tono horrendo:
Y diciendo y haciendo,
Sobre el cordero mísero se lanza,
Sin que le pueda hacer ninguna mella
La justicia y razon con que le arguye.
Corre tras él; le atrapa, le desuella,
Le muerde, le golpea, le despanza,
Le mata, le destroza y se le enguye.
Hablan los versos estos
Con la perversa gente

(1) Nos han sublevado los ejércitos.
(2) Han tentado los medios de usurpar nuestro territorio.
(3) Se han atreyido á flamear su bandera de rebelion en un pueblo del Azuay.

Que mentidos pretestos
Buscan para oprimir al inocente.

Despues de haber aplaudido todos, como era muy regular, la oportunidad de la fábula y la gracia de la traduccion improvisada, saltó la tuerta y dijo---¿Con que Flores piensa de véras en venir? ¡No le cueste al pobre la torta un pan! ¡No venga su señoría por lana y salga trasquilado!---Así lo creo, añadió el doctor.

Porque Flores es lobo, no lo niego;
Pero el Perú, señora, no es borrego.

Estoy firmemente persuadido de que él vá á llevarse un clavo de ala de mosca.---Como el que yo me acabo de llevar, dijo el abogado. Eché un solo nada ménos que con cuatro matadores; hallé reunidas todas las espadas; y me han dado codillo.---Como Flores, le dije yo, encuentre reunidos á los peruanos, saldrá tan bien parado de su campaña, como U. de su solo. En la reunion está todo el negocio.---El monigote suplicó á la coja que dijera algo sobre esto, para cerrar la noche con llave de oro; y ella, tomando su guitarra, cantó:

Si olvidamos los rencores,
Y nos unimos en masa,
No ha de hacernos una basa
Con sus espadas ñor Flores.
Entre con mil matadores:
Pues tiene tanto malillo;
Que yo le aseguro al pillo
Le hemos de hacer la mamola;
Y pensando darnos bola,
Se ha de hallar con un codillo.

Aquí dieron las diez; y la tertulia se acabó.

LA ARAÑA.

FABULA.

¡Que ligera memoria es la mia,
que ni pesa tan solo un adarme!
de mil cosas quisiera acordarme,
mas con ella no puedo contar.
No se donde, ni cuando he leido,
que en los tiempos de antaño vivia
una astuta muger, que tenia
gran destreza en el arte de hilar.
Que, tejiendo á las mil maravillas,
por instinto, el que siempre conserva,
se atrevió á desafiar á Minerva,
apocando su inmenso saber.
Que en castigo la diosa mudóla
en araña asquerosa insolente;
lo que prueba en el caso siguiente
que el maligno infeliz ha de ser.
¡Qué tupida, que fuerte y pareja
es mi tela, esta araña decia,
apostarle á cualquiera podría,
que mejor no hay quien sepa tramar!
¡Cuantas moscas, mosquitos, moscones,
he de ver en el aire colgando!
avechucho que pase volando,
no podrá de mi tela escapar.
Reconoce, repara, refuerza
los extremos de todo su estambre;
trasijado, impelido del hambre
sube y baja el inmundo animal.

Al fin para, se pone al asecho
en su tela agachado, encojido;
calla, ronca, se finge dormido,
aguardando una presa cabal.
Ya de golpe y zumbido cayeron
una abispa, una mosca, un zancudo,
tres moscones de vientre peludo,
y otros cuantos de igual calidad.
Densas nubes al fin de esos mosquitos,
que, vagando en las tardes de estío,
buscan siempre, del charco del rio
la insalubre continua humedad;
Dan mil vueltas, la tela se cubre
de esa turba importuna y molesta
y la araña sus zancos apresta,
se prepara á pelear ó morir.
Ahí se traba un reñido combate;
á infinitos la tela enmaraña,
y la astuta insidiosa alimaña
ya no sabe á que parte acudir.
Mas y mas vá creciendo el barullo
mas y mas se encarniza la lucha,
quien sacude, quien pica, quien lucha
con las alas, la trompa, los pies.
Se desquicia, se rompe el urdimbre,
La contienda ya vá de vencida,
ya la araña estropeada, rendida,
en su tela vá dando traspies.
Y con tela, mosquitos y moscas,
dando en tierra un horrible porrazo,
sofocada se encuentra en el lazo,
que ella misma esforzóse en armar.
Sin aliento en su dura agonía,
ya sintiendo su muerte vecina,
tarde llora la propia ruina,
tarde siente su acerbo penar.
. Mete grima el ver ciertos pedantes
escritores é insulsos poetas
que consiguen con maña y con tretas
de los necios hacerse aplaudir;
Que deslumbran con dichos falaces
al incauto que de ellos se fia,
sin preveer la infundada osadía,
con que intentan lo falso encubrir.

AL CRITICO COSCORRONERO.

Aquel que dá coscorrones
de fraile, de misa y olla;
aquel que todo lo embrolla
con ridículas razones,
piensa imitar expresiones,
que son en Isla y Cervantes
muy chistosas y picantes;
pero insulsas en su boca,
en que la sal es tan poca
que son los *vomi–purgantes.*

Estos no se crea, no,
que son cualquier cosa: vaya—
que apostólico Matraya
por *Le Roy* les preparó:
con ellos *vomi–purgó*
á todo el género humano,
como hace el viejo cristiano
de nuestro criticador,
ó mas bien rebuznador,
en método *carmoniano.*

PREGUNTA SUELTA

Del autor del Diccionario analítico, al médico incrédulo de quien se quejó el Dr. D. Abel Brandin, por haberle negado abiertamente la posibilidad de que las mugeres paran por el ombligo, siendo así que el Dr. D. Abel asegura en el número 3. ° de sus "Anales Medicales," haber asistido á una de esta naturaleza.

DECIMA.

AD MEDICUM INCREDULUM.

Tú que, de Abel enemigo,
otro Cain vienes á ser;
¿No crees lo de la muger
que parió por el ombligo;
á pesar que hay un testigo,
y de circunstancias tales?
Pues si en partos de animales
entiendes tanto, me dí:
¿por donde pare Brandi
los *Anales Medicales?*

OCTAVA.

Aqui falta una letra consonante
dirás, *Brandi* cuando leas mañana.
Llámase esta figura, que es brillante,
apócope en la lengua castellana.
La fuerza me apuró del consonante;
y la ene entera me comí sin gana.
Mas ¿qué importa una letra yo le coma,
á quien le come tantas á mi idioma?

DICCIONARIO ANALITICO O BRANDO-HISPANO.

Dispuesto para la inteligencia de los "Anales Medicales que está publicando en Lima, periódicamente, D. Abel Victorino Brandin, doctor en medicina en la Universidad de Paris, Caballero de la órden real de la Legion de honor en Francia, de las academias de Europa y América, y autor de muchas obras. Dále á luz F. D. y le consagra al licenciado Carmona, de la familia real de obras y bosques, bachiller por el rey, y autor del "Método racional de curar los sabañones."

OCTAVA DEDICATORIA.

¡O predilecto de tu padre Apolo
que, con sabios quirúrjicos renglones,
hiciste resonar de polo á polo
tu nombre, honor de Hespéridas regiones.
Solo á tí insigne médico, á tí solo,
que enseñaste á curar los sabañones,
Se debe consagrar un diccionario
Anali-medical y boticario!

Ad Abelis Brandini excellentissimi medici opus tam materia quan forma justis laudibus concelebrandum.

EPIGRAMMA.

Quis neget annales medicales quemque legentem
mirari, quanti ponderis hoc sit opus?
Quis lepor in titulo ¡Quæ quanta facundia dictis!
Qualis apollineo flamine vena fluit!
Id porro utilius quan græcam discere linguam,
Quam legere Hippocratem moconiumque melos.

TRADUCCION LIBRE.

Los anales medicales
son dulces como la miel,
viva el doctor don Abel
para que nos dé panales.

OTRA.

Abel y Abeja, en línea diferente,
Trabajan cosas dulces igualmente,
Las de esta denomínanse *Panales*,
Y las de aquel Asnales Medicales.

A HERACLITO.

OCTAVA.

¡O! Si vivieras en el siglo mio,
eterno llorador del mal ageno,
cuanto te rieras, como yo me rio
al ver al mundo de escritores lleno!
Leyeras á Brandin, y del sombrio
humor, quedaras al instante bueno.
Y entónces don Abel á sus *anales*,
con razon les llamara *Medicales*.

DE OTRO MODO.

¡O si vivieras en el siglo mio,
eterno llorador de agenos males,
cuanto te rieras como yo me rio,
leyendo los *anales medicales!*
De aquel humor tan tétrico y sombrío
sanáras sin geringas ni çordiales.
Y tan bueno quedaras, conceptúo,
que á Demócrito hacer pudieras dúo.

DECIMA.

En la importante cuestion
que la Crónica examina
se halla de ciencia una mina,
un corral de erudiccion,
Bentham, Salas, Ancillon,
Martens, Constant, Reyneval,
hacen el gasto total
de este *exámen eminent*,
que muestra *self evident*,
que hay *derecho natural.*

EPIGRAMMAS APOLOGÉTICO-MEDICAL.

Si fueron los animales
los maestros de don Abel,
pueden escribir como él
sus anales medicales.

Dices cura, por la plata,
sin licencia don Ventura,
¡hombre de Dios! ¿A quien cura,
si á cuantos le llaman mata?

MAGNUS ALEXANDER

CORPORE PARVUS ERAT.

Yo soy aquel Moreno, aquel Mariano
que fué al remoto pais del Europeo,
á rellenarse del saber humano,
y volver á su patria hecho un Liceo.
El ornato del suelo ayacuchano,
el Filósofo, en fin, Epicureo;
que compuso, durmiendo como un muerto,
mejores leyes que Solon despierto

APOLOGIA DEL FILOSOFO EPICUREO.

Sin dar yo en mi cama ni una vuelta,
dormia á pierna suelta,
tal que tan aina no me recordaran,
aunque carretas sobre mi pasaran;
no sé cual noche del corriente Mayo,
en que llegué cansado de Huancayo.

Cuando á eso de las dos de la mañana,
¡lo pieza que es Morfeo!
¡Guay! ¡Cómo disparata y desatina!
¡Y cómo con nosotros se divierte!
Relojero me creo;
y de hacer un reloj me dió la gana.
¡Sns!—¡Al negocio. Está la Catalina
y la cuerda y el pelo y el volante.
Está la esfera. En menos de un instante,
sin menearme del lecho,
tengo ya mi reloj hecho y derecho.
Tin, tin, tìn, suena ya. ¿Qué hora? Las trece.
Todititito el cuerpo me estremece
la postrer campanada.
Recuerdo, y me hallo sin reloj y sin nada.
¡Las trece! dije entonce. ¡Hay tal portento!
Quedado he con mi máquina lucido.
Pero ¿quién es aquel que monstruos no hace,
por mas genio que tenga
y mas conocimiento,
siempre que á la cabeza se le venga
el trabajar dormido
en unas obras de cualquiera clase?
Asi le aconteció ni mas ni meno,
al célebre Moreno
con su código grande, que á fé mia,
es obra tan maestra
como lo fué mi muestra
que dió unas horas que no tiene el dia.
No faltará por ahí quien me critique,
y no quiera creer me despertara
sonido de reloj imaginario.
Mas yo á ese tal le preguntara:
El ruidoso repique
de dó campanas no hay ni campanario,
del Monasterio de Jesus Maria,
¿Nó despertó á Moreno el otro dia?

DIALOGO.

DON JOSE—DON ANTONIO.

D. José—¡Eso es, amigo mio! Date á deseo, olerás á poleo. Un siglo hace que no se le vé á U. entrar por estas puertas—¡Qué se me habia de ver, si he estado metido en cama, y casi, casi, me lleva Jesucristo! ¿Nó lo ha sabido U?—Ahora me acuerdo que oí decir se habia U. caido con caballo y todo, en ese caño de la esquina de Santo Tomas—Eso no fué lo principal. Solo me tuvo de costo dos sangrias.—Y ¿cómo fué esa caida?—Cómo habia de ser: pasaba por allí en una noche muy oscura, no vi el precipicio y el caballo se me fué de bruces.—Si U. se hubiera caido en un caño recien abierto, no me causara estrañeza; pero en ese que está asi hace años y siglos ¡vaya, vaya! ¿quién hay en Lima que no sepa de semejante agujero, y que tan demarcado en la imaginacion no lo tenga, para no hundirse en él en medio de sus tinieblas, cual el piloto tiene en sus cartas hidrográficas, al peligroso banco ingles en el Atlántico, para libertar á su nave de que encalle en sus arenas?—¿Quién? yo que ha un puñado de tiempo que no ando por ahí. El cruel porrazo que me pegué en las costillas me dió la primera noticia de la existencia de ese abismo. Y dígame U. una cosa, ¿ese banco ingles que acaba U. de nombrar hácia qué parte viene á estar situado?—¿Por qué preguntaba U?—Porque como U. ha dicho que estaba en el Atlántico, se me vino al pensamiento el que pudiera fracasar allí el buque que conduce á mi querido Bernardo; y quedarse Lima sin las luces con que debia venir á iluminarla; y yo sin el gran placer de darle un abrazo á su regreso, diciéndole:

Amigo, mi amigo,
Ya te vuelvo á ver;
Pero ¡oh cuán famoso,
Civil y cortés.

—Cierto que esa seria una pérdida deplorable en extremo.—Todos debémos interesarnos en la felicidad del viaje de Bernardo, que es para nosotros mucho mas interesante que lo fué el de Jason para los habitantes de Aténas; pues si Jason fué á la Cólquida á conquistarles y llevarles el vellosino de oro, Bernardo va á la Europa á conquistarnos y traernos otra cosa mas preciosa incomparablemente—la sabiduria. U. en especial, que es tan su amigo, debe dirigir continuamente á la nave que le lleva, aquellas palabras que Horacio dirigió á la que condujo á Aténas á su amigo Virgilio que iba á buscar, como Bernardo, las fuentes de las luces.—Dice así:

Sic te Diva potens Cipry,
Sic fratres Helenæ lúcida sidexæ
Ventorumque regat pater;
Obstrictis aliis, præter yapiga,
Navis, quæ tibi creditum
Debes Virgilium finibus Atticis
Redas incolumen precor,
Et serves animæ dimidium meæ.

—Dígame U. eso en castellano, porque me he quedado en ayunas.—Oigalo U. pero no traducido literalmente, sino aplicado á Bernardo—

¡Oh nave venturosa,
oh venturosa nave,
que cuando á otra un zurron, un tercio, un fardo,
á tí se te ha confiado de Bernardo
la carga tan preciosa!
Yo te ruego que vueles como una ave,
y le lleves robusto y bueno y sano
á las costas de Iberia
en la opuesta ribera
del Atlántico océano;
y que le hagas surgir en claro dia,
á ese que es la mitad del alma mia.
En cualquier de los puertos andaluces,
de dó pronto vendrá lleno de luces.
Ríjate asi la madre de Cupido,
la diosa de las bellas,
tan poderosa en Chipre como en Guido
y los hermanos de la hermosa Elena,
mientras Eolo encadena,
y encierra en sus profundos calabozos

los notos y aquilones impetuosos,
sin que á otro viento alguno libre deje
que al zéfiro apacible
que en medio de una mar muy bonancible,
de nosotros te aleje
soplándote muy suave por la popa,
y no te desampare hasta la Europa.

—Pero volviendo al banco ingles, por lo que hace á él nada hay que temer de Bernardito: el Atlántico es muy grande, como se extiende de Occidente á Oriente, desde las costas de las dos Américas hasta las de Africa y Europa; y de Norte á Sud, segun algunos, hasta los mismos polos; así, aunque Bernardo lo atraviesa, pasa distante del banco ingles muchos centenares de leguas. El banco está situado en frente de la boca del Rio de la Plata, entre los 34 y 35 grados de latitud austral. Y Bernardo debe haberse embarcado en Porto-Belo que está en los 10 grados de latitud Boreal, dirigiéndose al Norte; porque aunque trató de pasar por el estrecho de Bering, no le fué posible por estar el mar enteramente helado: y se dice que un buque extranjero le encontró de regreso para el Sud, en frente de la punta Borrica.—¿Con qué estaba el borrico en frente de la borrica?—Mófese U. de Bernardo; U. le verá volver, y si le conoce, entonces que me aspen.—¿Y esa punta Borrica en qué parte está?—Cierra por el Occidente la boca del Golfo Dulce, al Sud del Istmo del Darien, en cuyas aguas termina la linea divisoria de las dos Repúblicas Centro América y Colombia. Por eso creo que debe haberse desembarcado en Panamá y reembarcado en Porto-Belo: pero despues de todo, U. no ha llegado á decirme cual ha sido la enfermedad que le ha embarazado venirme á ver, supuesto que no fué el resultado de la caida en el caño.—Ha sido una disenteria que me puso á pique de liarlas.—Y ¿de qué le vino á U. esa cosa, estando en una dieta tan extricta?—¿De qué? de lo que ha venido á casi todo Lima; del pan podrido.... ¡Válgame Dios! cuando comeremos pan de buen trigo—eso va muy largo. El trigo de Chile se lo van llevando para el Janeiro, para Montevideo y hasta para la Nueva Holanda.—¿Hasta allá? Eso no es una isla con honores de Continente, pues que es casi tan grande como la Europa; y á quienes algunos geógrafos llaman la quinta parte del mundo?—Eso es.—Pues no creo que está muy cerca de Chile.—¡No es nada la distancia! Es casi la mitad del globo; porque la Nueva Holanda no está muy distante del Quersoneso de Oro ó Península Extracangen, en donde se halla situado el reino de Siam antípoda del Perú.—Pues ¿por qué no traen mejor los trigos al Callao?—Yo no lo sé. Pero el hecho es que no los traen, y si los traen los dejan picarse, como ha sucedido con esas doce mil y mas fanegas que estan en Bellavista, mandadas botar al mar por el Gobierno Superior, aunque D. Domingo Derteano pretende comprarlas para cebar cochinos; y creo se las vendan porque son ventajosas las propuestas que él hace, y porque asi estamos muy seguros de que se venda alguna parte para pan y para bizcocho, como sucederia muy probablemente si se llegara á botar.—Eso es seguro. No hacen muchos dias que se mandaron botar al rio trescientos costales de harina podrida que habia en una panaderia de abajo del puente; y en esa corta distancia se desaparecieron siete, pues ¿cuántas fanegas se desaparecerian desde Bellavista hasta el Callao? ajústeme U. la cuenta. Pero, pregunta ahora mi curiosidad: si ya no vienen trigos ¿qué se va á moler en ese gran molino que se está haciendo cerca del puente?—Se molerá viento, y entónces se realizará lo que se cantaba hace algunos años, á saber:

Agua raspada,
Viento molido,
Que el molino este
No muele trigo.

—¿Y ya está esa obra muy adelantada?—No lo sé. Muchos dias hacen que no paso por allí.—Pues ya las aguas están cerca y ese rio trae á veces su regular corriente.—Ahora me acuerdo de que U. no llegó á explicarme lo que era la corriente trópica sino las polares.—¿Quiere U. que se lo explique ahora?—No seria malo.—Pues oiga U. Dije á U., en dias pasados, que de cada polo iba sin cesar una corriente hácia el Ecuador; pero que en llegando á los 30 grados variaba de direccion, y se dirigia al Occidente; con lo que se formaba una tercer corriente llamada trópica ó tambien ecuatorial: esta viene á ser como un gran rio cuya madre es ancha de 60 grados, cuyas márgenes son los paralelos que pasan por las latitudes de 30 grados tanto Norte como Sud, que está dividido por el Ecuador en dos partes iguales, y que continuamente corre en una direccion contraria á la de la rotacion del globo.—Eso está bueno. ¿Pero cual es la causa de que las corrientes polares muden de direccion en los treinta grados y formen la trópica?—Allá voy. Ya sabemos que en la zona tórrida hay mucha mas evaporacion que en las demas, ya por su mayor calor provenido de la perpendicularidad de los rayos del sol, que jamas traspasa los trópicos, y ya tambien por la inmensa extension de la superficie de las aguas, pues que hay en ellas 5[7 de mar contra 2[7 de tierra. Ahora pues: las aguas de las zonas templadas y glaciales que corren á reemplazarlas, para conservar siempre el equilibrio del globo, pesan mas que ellas incomparablemente, asi porque el frio las tiene mas compactas, como porque están mas cerca del centro de la tierra. Ellas están tambien animadas de un movimiento de rotacion mucho mas lento que el de aquellas porque se hallan describiendo círculos menores, Y, como en virtud de la fuerza de inercia no pueden despojarse en un instante de aquel grado de movimiento que una vez adquirieron, no es posible que sigan la rotacion del globo. Pesadas y casi inmóviles, ellas caen de repente en la esfera de la mayor movilidad, y conservan por algunos instantes su carácter primitivo. Pero la parte sólida del globo se mueve sin cesar al Oriente con la misma rapidez con que huye de estas aguas, que quedándose siempre un poco atras, parecen moverse hácia el Occidente y retirarse de las costas occidentales de los continentes, mientras que en las orientales la tierra se avanza hácia las aguas, que no pudiendo seguirlo por la celeridad de su rotacion parecen avanzarse hácia ella.—¿Y no hay en el mar otras corrientes que estas tres?—Si no se encontrará tierra alguna en la superficie del globo, si fuera toda ella ocupada por los mares, no habria mas corrientes que las tres generales; las dos polares y la trópica.—Pero los continentes y las islas, oponiendo al curso de las aguas unos muros invencibles en sus riberas orientales, las obligan á refluir en aquella direccion que las localidades determinan. De aqui nace una multitud de corrientes particulares que no son mas que modificaciones diversas del movimiento general.—Dejemos para otro dia las corrientes particulares.—Dígame U. ahora: ¿esa corriente ecuatorial no será un obstáculo á la pronta venida de nuestro amado Bernardo?—Todo lo contrario. Le es sumamente favorable. Cuantos navegan de la Europa para las Américas, bajan hasta la latitud de las Canarias, es decir, hasta los 30 grados donde ya encuentran la corriente trópica que los trae al Occidente.—¡Muchas ganas tengo de ver á Bernardo! ¡Cómo no vaya á venir como aquel que despues de haber gastado yo no sé cuanto tiempo en educarse fuera de su pais, volvió por fin tan ilustrado, que estando comiendo con sus padres el dia de su llegada, tomó una gran corbina que se puso en la mesa: sirvió á su padre la cabeza, á su madre la cola, á sí mismo todo el cuerpo, diciéndo: *Caput Pater, Cola Mater—Corpus meum:* ó como el otro que diz que entró en su casa diciendo á un perico que estaba á la puerta: *¿Periquitis nostris non conoces mihi? Ego sum de casa.* No señor. Bernardo vendrá de otra laya. Esos no pasarían el Atlántico como nuestro Bernardo. En las guias de este mar está toda la virtud. O, sinó, vea U.: vino aquí Moreno, el autor del sueño Epicureo, sin haber estado en Europa mas que cuatro dias que gastaria en divertirse; y al instante dictó leyes al Perú, y habrían sido perfectas, si en vez de prohibir en ellas el comercio del té, que á nadie perjudica, hubiera prohibido el de la harina podrida que mata tantas gentes, cuando Solon y Licurgo se estuvieron tanto tiempo en paises extranjeros, para poder dictarlas á su vuelta á Aténas y Esparta. ¿Y, por qué esta diferencia?—Porque Moreno pasó el Atlántico, cuando Licurgo no atravesó sino el Mirtao y el Crotico, y el Rojo y el Indiano; y Solon el Egio y el Escarpacio y Egipciaco.—El dia que llegue Bernardo le he de dar un buen convite. Ya me parece que estamos comiendo con él. ¡Vaya! tome U. esa copa y eche un brindis. —Yo no hago versos de cálamo ocurrente, qué versos ni qué versos; ya los versos se retiraron de las mesas junto con las empanadas y los chupes; pues asi como me gustan las empanadas y los chupes, mas que otros muchos platos que se sirven en las mesas del dia, asi tambien me gustan mas los brindis en verso que en prosa.—Brinde U. como quiera, haciendo de cuenta que yo soy Bernardo.—Allá vá; salga pato ó gallareta:

Ven Bernardito á regar
El patrio suelo querido
Con las luces que has bebido
En el Atlántico mar.
Ven Bernardito á abismar
Al que estudió en el Perú
Con lo que estudiaste tú
En el Atlántico mar.
Ven Bernardo á dictar
Esas que aprendiste leyes
Allá con los peje-reyes
En el Atlántico mar.
Ven Bernardito á entonar
Esas canciones tan buenas
Que robaste á las sirenas
En el Atlántico mar.
Ven Bernardito á enseñar
Nuevas costumbres y usos
Con tus talentos infusos
En el Atlántico mar.
Ven Bernardo á desterrar
Añejas preocupaciones,
Con las que oiste lecciones
En el Atlántico mar.

—Bravo, bravísimo.—Me parece que oigo cañonazos; estará entrando algun buque de guerra.—¿Si vendrá en él Bernardo? —Pudiera suceder muy bien.—Pues voy ahora mismo á averiguar.—Y venga U. á avisarme si acaso ha llegado.—Como nó.—Al instante.

SEGUNDO DIALOGO.

DON JOSE—DON ANTONIO.

Don José—¡Por donde ha salido hoy el sol!—He venido tan temprano por salir de una curiosidad que no me ha dejado dormir en toda la noche—¿Cuál es esa?—¡Con que habia ya trece planetas, y U. nada me ha dicho. sabiendo mejor que nadie mi aficion tan grande á la ciencia astronómica!—Yo no sé una palabra de eso: ahora lo oigo. ¡Trece planetas!—Sí, señor, trece planetas—Despues de los cuatro que descubrieron Olbers y Piazi en 1801 y 1802, á saber; *Vesta, Juno, Ceres y Palas*, no ha llegado á mi noticia el que se haya descubierto otro ninguno—¡Cómo no!—¡Sí, señor!—Hay dos mas que no tiene la menor duda—¿Cuáles son los trece planetas?—Vamos á ver—Son: Mercurio, uno; Venus, dos; la Tierra, tres; Marte, cuatro; Vesta, cinco; Juno, seis; Ceres, siete; Palas, ocho; Júpiter, nueve; Saturno, diez; Urano, once; *Libertad*, doce; y *Orden*, trece—¡Libertad y Orden planetas!—¿Quién los descubrió?—¿Cuándo?—¿Cómo?—¿En qué lugar?—¿Con qué nuevo instrumento?—¿Qué tiempo gastan en sus revoluciones periódicas en derredor del sol? ¿Giran sabre su eje? ¿Tienen satélites? Cuánto distan del sol? ¿Qué tiempo gasta en llegar hasta ellos la benéfica luz de este monarca de los astros? ¿Salen por fortuna fuera del Zodiaco ó solo se mueven dentro de él? ¿Están sus órbitas muy inclinadas sobre el plano de la elíptica? Pertenecen á la clase de los planetas Telústricos, á la de los planetas Asteroydes, ó á la de los grandes planetas?—Yo no sé nada de eso: lo único que sé es, que son planetas.—¿Y cómo sabe U. qué son planetas?—Porque lo he leido anoche en el Conciliador.—¿En el Conciliador?—Sí, Sr.; en el Conciliador del miércoles de la semana pasado. ¡Ya! ¡Si el Conciliador lo dice, así será! ¿Cómo dice el Conciliador?—Dice así: "En los pueblos robustecidos bajo la atmósfera, de la Libertad del y Orden....Y ya ve U. que teniendo atmósfera, han de ser planetas precisamente—¡Vaya, vaya, vaya, que el paso es para llorar! pero á mi me causa risa; ¡hombre de Dios! Eso no quiere decir otra cosa, sino que el Editor del periódico no sabe lo que es atmósfera, que á haberlo sabido, no se la hubiera plantado tan desatinadamente á la Libertad y al Orden. Pero aunque realmente tuviesen atmósfera, no por eso serian precisamente planetas: tienen atmósfera los cometas, las estrellas fijas, y aun muchos cuerpos terrestres como todos los odoríferos. Tienen atmósfera el blanco jazmin, tiénela el ámarillo tulipan, y tiénela tambien la matizada rosa.—Pero la Libertad y el Orden, ni son cometas, ni estrellas fijas, ni cuerpos terrestres.—Entónces, qué atmósfera es esta?—Esa atmósfera solo existe en la cabeza del Editor. Y esto no es nuevo en él. Desde el número primero nos encajó el órden con atmósfera. Al fin del prospecto dice: (hablando de los peruanos) "Es preciso que respiren constantemente bajo la atmósfera del órden." Pero lo mas lindo es que poco mas arriba ha dicho, hablando de las facciones: "Han minado sordamente los cimientos del órden." De modo que el órden es un comodin. Ya se le dá atmosfera, ya se le dá cimientos, ya se le hace planeta; ya se le hace edificio. Seguramente en esa atmósfera del órden se formará el hielo.—De la razon de que habla el Conciliador en el número sexto. Tambien se engendrarán allí otros muchos meteoros racionales, como relámpago de la razon, rayo de la razon, trueno de la razon, granizo de la razon y nieve de la razon—¡Qué buenos serian unos helados hechos con esa nieve! ¡El hielo de la razon! ¡Apénas puede decirse un igual despropósito! Yo lo creería el mayor de cuantos se han dicho hasta ahora, si no acabara de ver por mis ojos eso de la atmósfera de la libertad y del órden. Dejando lo uno por lo otro, ¿ha visto U. las Miscelánea del Sábado?—Yo no veo ninguna.—Allí se le dice á U. una cáfila de insultos.—Eso es natural.—Natural?—Sí señor.—Natural y muy natural. ¡Qué quiere U. que hagan unos hombres que no caben en el pellejo de tanto orgullo que tienen, al ver criticadas sus obras que ellos creian tan maestras; y criticadas de un modo que les es imposible componer los desatinos garrafales que se les echan en cara. ¡A cualquiera se la doy! ¡Perder su crédito literario! ¡No es nada lo del ojo¡ Si pudieran contestar, ya se desahogarian: ¿pero quiere U. que revienten de cólera? Meta U. la mano en su pecho, póngase en el lugar de ellos y les dará la razon. Todos hacen lo mismo. El insulto es el arma de la ignorancia. El que se ve atacado y no puede contestar con razones, contesta con desverguenzas. Esto dió ocasion á Iriarte para componer aquella fábula, en que el orgulloso pavo, viéndose vencido por el cuervo, en el desafio que tuvieron á volar, le dijo, lleno de furia que era negro, que era muy feo, que era puerco y que tenia por costumbre comer cuerpos muertos. El cuervo triunfó pero fué á costa de oir de boca del pavo unas cosas tamañas. Cada uno se defiende como puede, el perro á mordizcones y el borrico á patadas. ¿Y nada mas trae la Miselánea que desverguenzas?—Tambien se mofa de la Geografia. ¡Estupenda ignorancia! Sin la Geografia no se puede absolutamente escribir ni leer cosa alguna. O si no, tome U. de la mesa el papel que le dé la gana. ¡Vaya este! ¿Qué cosa es?—Es el número 71 del Conciliador—Lea U. el artículo editorial en la parte qué guste—Dice: "Dos són los grandes ejes sobre que giran la ciencia de la administracion de hacienda. El primero la contabilidad y el segundo la libertad."—Ya U. lo vé! Al primer tapon zurrapa. Si el editor hubiera aprendido la geografia matemática, sabria lo que es eje, y vería que es una cosa imposible el que algo pueda girar sobre dos de ellos. Si á la bola de las suertes, verbi gracia, cuando está girando al rededor de su eje, se le atraviesa otro eje en una direccion cualquiera, y se fija en sus polos ¿qué sucedería? Que la bola no podrá girar ni para una parte ni para otra; y se quedará parada—Precisamente sucederia así. ¡Girando sobre dos ejes! ¡No lo ha dicho ni el diablo! Segun eso la ciencia de la administracion tendrá cuatro polos, dos en cada eje.—Asi deberia ser. ¿Pero U. no ha reparado una cosa!—¿Cuál es?—Que acabamos de ver á la libertad con atmósfera, como planeta en el número ochenta y uno: y ahora lo vemos en el sesenta y uno y convertida en eje—¿Qué tal?—¡Como una perla! —Cuánto deseo que llegue Bernardo para que ilustre el país, y no escriban tantos despropósitos que hacen formar á las naciones extranjeras una idea tan poco favorable de la nuestra! —¿Y qué es de Bernardo?—Llegó á Valparaiso y yo lo espero en Lima por momentos. Aquí le he compuesto esta cancioncita que haré poner en solfa, para que cante el dia que llegue. Léala U.—Dice:

Llega, llega ¡Bernardo del alma!
Llega, llega á tu suelo natal,
Dó te espera los brazos abiertos
Todo el pueblo que te ánsia estrechar.
Si es tan grata la aurora en el polo,
Porque solo se mira rayar
En despues que seis meses enteros
De tinieblas cubierto se está.

Que no mira en todo ese tiempo
Un momento siquier disipar,
A no ser por auroras boreales
O benéficá luz zodical,
¡Cuanto á Lima seraslo ¡oh Bernardo!
Que hoy la vienes bondoso á alumbrar,
No de meses despues ni de años,
Ni de siglos de noche fatal.
Los primeros peruanos vivieron
Vida errante y feroz y animal.
Religion no tuvieron, ní leyes,
Ni tuvieron tampoco moral,
En los campos y bosques vivian,
Sin que nadie mandara en la paz:
Y jefes que las tribus rigieran
En la guerra nombraban no mas.
Sus costumbres, sus usos, sus juegos
Era todo en extremo brutal:
Y, en lugar de cazar animales
Unos á otros se vian cazar:
Y en sus grandes banquetes ponian,
Como el mas exquisito manjar,
Cual nosotros la grande empanada
Grande posta de carne humanal.
A vivir en poblado aprendieron
Y otras cosas, de Manco-Capac:
Y el carácter feroce tambien
Con sus leyes llegóse á domar.
Mas de ciencia ninguna pudieron
Los profundos arcanos sondear;
Aunque algunas pequeñas nociones
Garcilaso en su historia les dá;
Como son conocer los solsticios
Que sus fiestas debieran reglar,
La carrera mensual de la *Quilla* (1)
Y del *Intip* (2) el circulo anual.
Los iberos despues conquistaron,
El imperio de Huayna-Capac
Que el Quitu (3) alcanzaba hasta el Maulli (4)
Y del mar (5) alcanzaba hasta el mar. (6)
Por tres siglos sobre él ha pasado

[1] La Luna.
[2] El Sol.
[3] Quito.
[4] Maule.
(5) El Pacífico.
(6) El Atlántico.

De los reyes el yugo fatal:
Y en tres siglos de su infamia débil
No salieron las ciencias jamás.
Los tiranos fundaron escuelas
Do su idioma enseñaron á hablar;
Y colegios fundaron tambien;
Y les dieron de estudios el plan.
Sus cadenas, empero, no vieron
Los peruanos fué todo su afan;
Porque así, sin saber las train,
Las llegaron por siempre á arrastrar.
Los derechos del hombre, por eso,
No dejaron jamás estudiar:
Y prohibieron el leer cuantó libro
Enseñaba lo que es libertad:
Se prohibieron con penas tremendas
Por un monstruo, por un triqunal.
Que al talento paraba en su vuelo,
Y hasta el genio llegó á encadenar;
Que á las luces feroz perseguia;
Y que al fin las llegaba á encerrar
En hondos calabozos, do nadie
Nunca, nunca las viera brillar,
Que el saber castigaba de muerte,
Mas que el crimen de lesa deidad.
Y que vivos quemaba á los hombres
Que estudiaban su gran dignidad.
De este modo logró mantenernos
Tantos tiempos el déspota real
En grosera ignorancia sumidos
Ya que no fué en total ceguedad.
El coloso cayó por el suelo,
Para no levantarse jamás:
Y sus fierros odiosos, pesados
Hechos trozos ha un lustro que están.
Raudo vuelo emprendieron las ciencias
Con alas que les dió Libertad:
Y, apesar de lo corto del tiempo,
Sus progresos miramos ya;
Los progresos que espera la patria
Del talento y de aquel singular
Ingenio, que á sus hijos natura
Siempre quiso tan pródiga dar,
Si la guerra, por mas que hános dado
Tanta gloria y honor nacional,
No dejara estampada su huella

Qúe primero pensose en borrar.
Mas ¡qué importa, Bernardo, si tú
Ya de luces hidrópico estás:
Y vienes á quitarnos las sombras
Cual las quita brillante fanal!
Mas ¡que importa, Bernardo, si vienes
De la opuesta ribera del mar:
Y, á manera del astro del dia,
Nos conduces la luz oriental!
Tu llegada en la América toda
Una época muy grande abrirá:
Y tu siglo, será siglo de oro,
Y bién siglo será de Bernard.
Llega, llega ¡Bernardo del alma!
Llega, llega á tu suelo natal
Dó te espera, los brazos abiertos
Todo el pueblo que te ansía estrechar.

—Qué tal?—Magnifica. Yo me la llevo á casa de unas señoras muy apasionadas de Bernardo, y que tendrán en leerla la mayor complacencia.—Llévela U. pues. Adios.—Adios.

DESCRIPCION

De un Museo de la lengua Latina que se ha establecido en esta capital, bajo los auspicios del Gobierno y á direccion de D. José Perez de Vargas, inspector general de escuelas de primeras letras y de latinidad. Hízola el Dr. D. José Joaquin de Larriva.

El año veintiseis se ha visto señalar, en los primeros dias de su círculo, con uno de aquellos acontecimientos grandiosos que sirven de época, despues, á los fastos de la historia. Es la apertura de un museo de la lengua latina que puede competir con los primeros de Europa, ora por el aseo y el gusto que reinan en su edificio, donde ha sabido conciliarse la sencillez con la elegancia, y ora, principalmente, por los talentos y las luces de su digno director, D. José Perez de Vargas que, aunque hijo de padres americanos, nacido y educado en la patria de los Médicis, hizo un estudio el mas profundo de la bella literatura, y aprendió á hablar el idioma de Horacio con la misma propiedad que el del Ariosto. Es el museo un largo y anchuroso salon, capaz de contener doscientos jóvenes, y en cuyos altos muros ha imitado el pincel, con la mayor perfeccion, una arquería magnífica que por todos lados le cerca, y le embellece. Sobre hermosas columnas de órden dórico, descansan estos arcos: y en cada intercolumnio se deja ver, copiada de los mejores modelos, la imágen venerable de uno de los principales oradores ó historiadores ó poetas de cuyas plumas divinas se formaron las alas con que han volado hasta nosotros, y seguirán volando hasta las últimas edades, los nombres muy gloriosos de aquellas dos repúblicas antiguas, las mas guerreras, sin duda, y las mas poderosas, y las mas ilustradas de la tierra. No se puede entrar en el museo, sin sentirse penetrado de un religioso respeto, al mirarse circundado por los primeros maestros del género humano. Se creería estar en el santuario del templo de la inmortalidad, donde viven á un tiempo los varones preclaros de los climas y de todos los siglos. Apesar de las grandes distancias de tiempo y de lugar que separan entre sí á los talentos rivales de griegos y romanos, están juntos allí Homero con Virgilio, Tucídides con Tácito, Jenofonte con César, y Demóstenes con Tulio.

Despues de haber visto y admirado á estos portentosos fenómenos del mundo intelectual que la naturaleza ha producido por medio de los grandes y extraordinarios esfuerzos que se complace en hacer de cuando en cuando, para excederse á sí misma, se tiene la satisfaccion de oírlos hablar, y conversar con ellos, acercándose á un estante que se halla en el fondo del salon, y que, entre otros muchísimos volúmenes, guarda sus escritos, aquellos célebres escritos que podemos llamar las lámparas eternales del mundo; aquellos jefes de obra del entendimiento humano en que se agotaron de una vez, con las gracias todas del arte de escribir todos los primores del gusto, y todas las riquezas del ingenio. No es muy fácil decidir si éste presente de luces, que sus autores nos mandaron, haya sido ventajoso ó funesto á su posteridad, y si son acreedores por él á nuestra gratitud ó indignacion. Nos dieron en ellos, es verdad, excelentes modelos; pero nos los cobraron con usuras; quitándonos con ellos, para siempre, el mérito de la originalidad. Nada nos ha quedado que crear, nada que inventar: y la de imitar sus rasgos con alguna perfeccion, es toda la esfera á que han circunscrito los últimos esfuerzos del genio, y toda la glória literaria á que nos han dejado derecho de aspirar.

Por gradas de mármol blanco se sube á la alta cátedra donde se dictan las reglas que enseñan á descubrir los tesoros escondidos en la Eneyda y la Farsalia, y sobre la cual se advierten dos grandes ventanas de cristal que parecen destinadas á alumbrar el sagrado monte de Apolo que por en medio de ellas se levanta, y á cuya falda se ven, presididas de ese Dios, aquellas nueve hermanas que con su mágico poder trasmitieron al Taso el estro de Virgilio; y hacen vivir entre nosotros, despues de tantos siglos, á Aquiles y Alejandro. Al ver allí á la fama armada de sus alas, y acompañada de un héroe á quien va conduciendo de la mano hácia el templo de la gloria que se descubre á lo lejos entre la abra que separa al Helicon del Parnaso, es imposible cosa dejar de acordarse de BOLIVAR á quien solo falta un paso para entrar en el santuario, y de rendirle el homenaje de admiracion y gratitud á que tantos derechos hánle dado sus triunfos inmortales; esos triunfos tan ventajosos á nosotros que, alejando por siempre del Perú al despotismo hispano, hacen ya aparecer sobre su suelo los gloriosos rastros de las letras que, acompañadas de las artes y seguidas siempre de las ciencias, solo marchan tras del carro que conduce á la libertad.

Aquí la imaginacion que habia reculado tantos siglos para admirar los grandes hombres de las épocas pasadas, vuelve otra vez hasta el dia para admirar al grande hombre de la época presente: y volando en un momento desde el Pindo hasta los Andes, descubre, desde la cima de sus eternas nieves, los venturosos campos que presenciaron los combates en que la tiranía, derrotada, huyó para siempre jamas, de la victoriosa independencia: mira, con un placer inexplicable, la nueva faz política que hoy presentan los pueblos del Perú. y se pasma al contemplar que se hiciera tamaño cambiamiento miéntras la luna discurrió cuatro veces solas por su órbita de plata.

El Museo es el primer santuario que Lima independiente ha fabricado á Minerva. La tiranía prohibió el culto de esta diosa á las generaciones pasadas, y nuestros padres se ocultaban para quemarle inciensos, como los primeros cristianos para quemarlos á la Divinidad. Los gabinetes de América eran las catacumbas de Roma. La generacion actual va á ocuparse enteramente en levantarle templos, y consagrarle sacerdotes. Y, en la generacion que nos siga, será la hija de Júpiter mas adorada en Lima, que la hija del Mar lo fué en Citera. Bolívar es sábio y es guerrero, y no puede dejar de protejer el culto de la que es, al mismo tiempo, diosa de la sabiduría y diosa de la guerra.

Antes de dar principio á las tareas del Museo, trató su director de hacer con solemnidad la ceremonia de su estreno: y el Consejo de Gobierno, de cuya órden se emprendió, y bajo cuyos auspicios se fundó esa importante escuela en que deben comenzarse á formar los legisladores de la república y sus primeros magistrados, con asistir aquel dia, quiso darle la honra que recibió en promoverle. Luego que llegó S. E. y ocupó la cátedra, el señor Dr. D. Miguel Tafur, rector de la Universidad de San Márcos, dejando el asiento que ocupaba entre un lucido y numeroso concurso, dijo:

"Excmo. Sr.--Se abre el museo de latinidad y humanidades, en el sexto año de nuestra independencia, cuando ya respira el Perú de las fatigas de la guerra, despues del sangriento choque para arrancar de sus tiranos la palma de su libertad. ¡Qué época! ¡Qué sucesos! ¡Qué gloria estaba reservada por el Supremo Arbitro de los destinos de los pueblos, al héroe que nació en Colombia, y pertenece á toda la América, porque su triunfante espada ha roto los grillos de todo el continente! Despues de la derrota de nuestros enemigos, nada se habia hecho por la causa de la libertad, sin el fomento de las luces. V. E. penetrado de esta verdad, cerrado el templo de Marte, abre el santuario de Minerva con la llave de la lengua de los Césares, en la que se depositaron los tesoros de la sabiduria de Grecia y de la misma Roma heredada del legado precioso de Aténas y de las demas repúblicas que sobreviven en los grandes hombres que en sus escritos continúan siendo los mentores del género humano. ¡Oh! ¡Quiera el cielo que las nuevas repúblicas del orbe reciente, oscurezcan el esplendor de las del antiguo globo! Que instruidos por las desgracias que les hicieron perder su libertad, conservemos la nuestra en medio de las virtudes. ¡Que los Fabricios, Camilos y Catones, la ilustren á la par de los Tulios, Virgilios y Libios! Que compitan la providad y las luces, y que cimentadas en el bien y las letras, se consuele la humanidad de los desastres que ha sufrido, y que manchan con sangre el triste libro de la historia. Todo, Excmo. Sr., puede hacerse por un gobierno ilustrado, contando con la voluntad general, con los esfuerzos del génio de la América. y con el patrocinio del cielo de donde desciende el bien y las luces. Que esta consoladora esperanza aliente á la juventud que va á sucedernos, y á la que esperan tiempos mas tranquilos y gloriosos para que recuerde siempre que á la generacion presente es deudora de los bienes que disfruta, y que en sus himnos de júbilo repita siempre el nombre de Bolívar, y que los oradores y poétas que engendren la libertad y las luces, ensalcen sus hazañas con solo enumerarlas."

Cuando el señor rector hubo acabado de hablar, D. Manuel María Freyre, jóven alumno del museo, subió á una pequeña cátedra que se habia colocado con este objeto á la derecha de la grande, y pronunció la siguiente elegía, que puso fin á la funcion, y que sería bastante para dar á conocer al director del museo, si él no fuera conocido tan de antemano por sus muchas composiciones de este género.

IN MUSÆI LATINI AUSPICATISSIMA DEDICATIONE.

ELEGIA.

Siquis ab incoeptis educitur exitus ipsis
    Principium quoties nobile rebus inest;
Hœc erit illa dies, qua non felicior ulla
    Addiderit pulchris Artibus omne decus;
Mitibus et studiis teneras advertere mentes
    Invitans, Musis aurea sæcla parat;
Perque novas gentes romana facundia robur
    Numene Palladio proferet aucta suum.

Ignibus et nimbis Thaumantias * orbe fugatis,
Adducit Phœbum, firmaque ab axe micat.
Iam iam desistunt insignia pectora bello,
Quæ dedit in pugnis pulchra America suis:
En foribus clausis, pacate Marte, Bifrontis
Iani Libertas erigit alma caput;
Imperioque iacens legun furialis Erinnys
Proiicit invisas exululata faces.
Arma togœ cedant; Cyllenius, orbe redempto
Effundat gazas, Periedesque vocet.
Pindarus et Xenophon, Demosthenis oraque Tulli
Ne desint; superant inclyta gesta Ducum;
Quæ iam sint quamvis latum vulgata per orbem,
Tempus credibili forte minorat feret.
Sextilis sic sexta dies, sic terna Decembris
Ter geminata, suo nomine quemque notet.
Et memoret quantos hosti rapuere triumphos
Marte sub ancipiti ne quoque bella forent.
Credito posteritas; nobis Victoria tantis
Se dedit auspiciis, ne sit habenda fides.
Mars ipse obstupuit. Geminatis viribus hostis
Imminet, at fractus cedit, et ense cadit.
Castra, duces, acies, tormentaque, signaque, et urbes;
E pugna, nostræ iam ditiones erant.
Ni Patriæ viguisset amor sua colla catenis
Heu! Populi imbelles turpius icta darent.
Heu! Pede calcasset miseranda cadaveres victor,
Unde lues nobis perstet, honorque sibi.
Ni Patriæ tetigisset amor pia pictora, clausa
Finibus et Latti Roma fuisset adhuc.
At quæ nunc Ithaci, quæ nunc Pelidis in armis
Gloria, Mæonidis ni intonuisset epos?
Quidve per inmensas Romana potentia terras,
Quæ inmmisit fasces, signa, aqúilasque suas,

* Septem Iridis colores socia vexilla discriminant
De Peruviano prœsens liceat subjicere.

EPIGRAMMA.

Ex albo et rubro deprendes signa Peruvi;
Hoc hostis metuas, illud amicus ames.

SEXTILLA.

Del Perú, mira, la bandera és esta
Que de blanco y de rojo se compone,
Este, sangrienta guerra manifiesta;
Aquel, pureza en la amistad supone;
Asi inviolable fé guarda al amigo,
Y terrible escarmienta al enemigo,

Ni Crispus, Tacitusve suis annalibus ipsam
    Ornassent? Certe nomen inane fluat.
Artium amatores, si non Augustus amasset
    Quam tennis claris Artibus esset honos!
Aurea non actas cumulum tetigisset honoris,
    Scriptaque Romulidum condita nocte forent.
Si non Mœcenas coluisset nobile carmen,
    Quid Maro, quid Flaccus, quid modo Naso fores?
Omnia tempus edax tenebrosis inmolat umbris,
    Mœnia cumque suis urdibus alta ruunt;
Ingenii dotes, vera et sapientia nusquam
    Temporis insidiis, invidiæque iacent.
Id bene tu sentis hominum, Vir maxime Simon,
    Quem Mars ipse aluit, Pallas et edocuit
Terribilis bello quantum, sic pace benignus,
    Exæqùas studiis ingeniisque vias;
Quaque manu gladium stringis, que iura tneris
    Divibus, ostendis nobile honoris iter.
Gaude America, Viro per quem iam libera perstas,
    Inscribe et fastis nomina digna tuis;
Limaque plaude Viro per quem tua lecta inventus
    Se totam studiis tradere gestit ovans.
Hic tibi recludit Musis ad pertile templum.
    Que Patriæ natos Gloria, Honorque vecant.
Quantum Martis honos valeat, Sapientia quantum,
    Virtutem a tanto doctaque disce Duce;
Vive igitur fellx Pœbi lumeusque decusque,
    Hisque diu intersis gentibas, atque inves.
Vive diu felix, felix tua gloria crescat
    Màxima, si quidquam quod mage crescat habet.
Vive Pater Patriæ, merito qui iuri vocaris,
    Suscipe et obsequio carmina vota tuo.
Clare Vir et populos æquo moderamine ducens
    Hippolyte, Antistes Consiilique iubar,
Esse sub auspiicis ne dedignere peractum,
    Ut per te incœptum, quod tibi surgit opus;
Proque tet ac tantis, sapiens quæ pectus honorant
    Gloria perpetua posteritate manet.

VERSION DE LA ANTECEDENTE ELEGIA

POR EL AUTOL DE ELLA.

Si el principio feliz de toda empresa
Un éxito glorioso nos promete,
Este es el grande y venturoso dia
Que á las letras propicio y á las ciencias
Con nuevo brillo su esplendor reanima;
Este á la tierna juventud convida
Al estudio mas dulce y mas ameno
Que nos hace esperar siglos de oro.

Por el favor de la divina Palas
La romana elocuencia engrandecida,
Toda su fuerza, toda su belleza
Por entre nuevos pueblos y regiones
Desplegará. Despues de las furiosas
Tempestades que al orbe han conmovido,
Vuelve el íris de paz su faz benigna
Hácia este continente, é inamovible,
Desde el empíreo al claro sol precede.
Ya deponen las armas los valientes
Esforzados guerreros, que sus pechos
Por salvar á la América, expucieron
Al furor español. Ved, ya cerrado
De Jano el templo, cual la augusta frente
Levanta al cielo libertad sagrada;
Cual de las leyes el benigno imperio
Ya sucumbiendo la infernal Erynnis,
Con mil ahullidos lúgubres y fieros
Al suelo arroja la ominosa tea.

Sucedan ya las letras á las armas;
El comercio florezca; el nuevo mundo
Centro sea de las artes y las ciencias;
La América no envidie al orbe antiguo
Los Píndaros, Polibios, Jenofontes,
Demóstenes y Tulios; pues si en ellos
Nos excedió, á los suyos se aventajan

Los talentos, ó ingenios peregrinos
Que produce este suelo, y las proezas
De nuestros invencibles generales
Que á todo el orbe admiran, y que el tiempo,
En la série tal vez de largos siglos,
Referirá, por de menor cuantia.
Esculpidos en oro y en diamante,
El seis de Agosto, el nueve de Diciembre
Recuerdan á los pósteros los grandes
Nombres de tantos héroes cuya diestra
En Junin y Ayacucho, para siempre,
Fijó la independencia americana.
Créelo, posteridad. Tantas han sido
Las palmas y trofeos con que obsequiosa
La victoria premió nuestros esfuerzos,
Que contarse podrián por fabulosos.
El mismo Marte, al horroroso choque,
Absorto queda. Con dobladas fuerzas
Nos provoca orgulloso el enemigo;
Mas, de su aciaga suerte y nuestras armas
Agoviado, se rinde, ó muere al filo
Del centellante, irresistible acero.
Todo el campo, el ejército, los jefes,
Pertrechos y banderas y provincias
Desde el principio de la accion cayeron
En poder nuestro. ¡Ah! Si el amor sagrado
De patria nuestros pechos no inflamara,
El inocente pueblo americano
Aun arrastrára la servil cadena
Que atára al carro triunfador su cuello.
Ah! El vencedor con pié postrero y duro
Nuestros yertos cadáveres hollando,
Con nuestra infamia sellará su gloria.

Del mismo modo la soberbia Roma
Aun se veria á los límites angostos
Del Lacio reducida, si en los pechos
De tantos héroes, el amor de patria
Ardiendo con un fuego inestinguible,
No los hubiera á la virtud guiado.
Mas ¿cuál seria de Ulisès y de Aquiles
La gloria, si sus ínclitas hazañas
No las hubiera al mundo pregonado
La épica trompa del divino Homero?
Y del poder romano quién sabria
Que en regiones plantó lás más remotás
Sus águilas. sús hazes y banderas,

Si en sus anales Tácito ó Salustio
No hubieran ensalzado sus victorias?
Confundido en un caos investigable,
Hasta su nombre el tiempo habria borrado.
¿Y qué estima tuvieran hoy las letras
Si ledo su amistad y patrocinio
A los amantes de las bellas artes
No les hubiera dispensado Augusto?
Al colmo del honor no habría llegado
Al siglo que del oro el nombre trajo,
Y sepultadas en eterno olvido
Estuvieran las obras ingeniosas
De los ilustres hijos de Quirino.
¿Quién recordará al fin de tantos siglos
Del Mantuano, de Nason, de Flaco
La cadencia armoniosa, si un Mecenas
No hubiera sus favores prodigado
Al estro encantador de la poesía?

Todo en el mundo la fatal guadaña
Del tiempo lo derriba y sacrifica
A las oscuras sombras del averno.
Las soberbias ciudades, las murallas
Las mas fuertes, al fin la tierra ocupan
Con sus grandes ruinas. Del ingénio
Las dotes y el fulgor que presta al hombre
De la sabiduría la luz divina
Jamas destruye el tiempo ni la envidia.
¡Oh el mayor de los hombres! Oh! Bolívar
Hijo de Marte, alumno de Minerva
Cuán penetrado estás de estas verdades!
Tan terrible en la guerra, cual benigno
En la paz, en las ciencias el inmenso
Campo nos abres por do libre pueda
La virtud desplayarse y el ingenio.
Tú con la mano misma con que empuñas
El acero en defensa de los pueblos
Y de las sábias leyes que nos rijen,
La senda heróica del honor nos muestras.

Regocíjate, América, de ún hijo
Que ser y libertad y honor te ha dado.
Y, grata á tanto don, grava en tus fastos
Ese nombre inmortal. Y tú envidiable
Lima prorumpe en mil tiernos aplausos
Al héroe por quien hoy tranquila existes,
Y por quien á ilustrarse con las ciencias

Tu noble juventud corre á porfia.
Este es quien el templo de Minerva
Abre á los hijos de la patria, en donde
Honor, gloria y virtud juntas residen.
Aprende de él las bélicas virtudes,
La integridad y la sabiduria.
Salve de la victoria predilecta,
Salve, gloria de Marte, honor de Febo.
Largo tiempo el Perú, de tu presencia
Disfrute, y mira por su bien cual padre.
Vive feliz, feliz tu gloria crezca,
Si es que puede crecer siendo tan grande;
Vive feliz, ¡oh padre de la patria!
Pues que tan justo nombre has merecido,
Y admite estos mis débiles acentos
Que consagra mi pléctro á tus virtudes,
Y que amor y respeto le han dictado.

Y tú, Unánue, varon esclarecido
En ciencias y en talentos y en virtudes,
Presidente y antorcha del Consejo,
Que incorruptible y justo en tu gobierno,
Guias del Estado la dificil nave,
Dígnate recibir bajo tu auspicio
Este nuevo Liceo que por tu influjo
Y que por órden tuya se ha erijido;
Que ya por tantas y tan raras dotes,
Que mas y mas te constituyen grande,
En la posteridad perpétuo nombre
El mérito y la gloria te consagran.

LAS PROFECIAS DEL COJO PRIETO.

Obra póstuma del célebre héroe de este nombre, bien conocido en esta capital por su ingenioso y raro talento. Sácalas á luz

UN DEVOTO DE LAS ANIMAS.

PROFECIA PRIMERA.

En el silencio de la noche. cuando
tosiendo y rebuznando
los hombres y borricos
tienen en movimiento los hocicos:
cuando la luna con su caperuza
y orejas de lechuza
se pone en atalaya
tapada de ojo con su manto y saya.
Cuando los chinganeros y pulperos
borrachos come cueros
con su poder frontino
bautizan todos aguardiente y vino.
Cuando las chuchumecas del escote
no han topado camote
y sin temer la muerte
cenan su cacho de guarapo fuerte.
Cuando los pinganillos de la sota
limpios como pelota

de conciencia y bolsillo
á las gradas les dan un tabardillo.
Cuando los sacristanes de la uña
afilan la pesuña
por pescar los pobretes
y cambiarles la plata por puñetes:
en fin cuando la gente ya cansada
de la carga pesada
con grandísimo empeño
á bofetadas anda con el sueño;
en un cuarto encerrado
con sigilo y cuidado
se hallaba en grande aprieto
el héroe insigne *D. Antonio Prieto*
estaba haciendo cuenta
y contaba la plata,
que habia en la cajeta;
mas para lo que intenta
todo era patarata
pues siempre le faltaba una peseta;
confuso y aburrido
estaba, cuando siente
que en la puerta hacen ruido
y que suena una voz como de gente.
Asústase al momento
y agarra la muleta
y como pronto el levantarse trata
se le enreda la cabeza entre la pata;
cayó el salvaje en tierra
y el golpe le destierra
el susto que tenia
y entonando su voz de chirimía
en acentos iguales
como hojas de tamales
dijo: ya las conozco queriditas
ya que son las ánimas benditas;
yo me acordaré de ellas.
no tengan mas querellas
y mañana sin falta verbum verbo
Se les dirá misa allá en Viterbo.
No señor D. Antonio
ese es un testimonio
que usted me ha levantado
que yo Dios sea loado
no soy alma bendita, ni me he muerto
y aquesto es lo mas cierto,
ábrame pues la puerta

que mi miedo no acierta
á estar aquí tan tarde
no me conoce, yo soy ña Velarde
la beata de saco
que le regala aquel rico tabaco.
Suspenso estaba el cojo
y poniendo en remojo
su lengua troglodita
que para hablar jamas tuvo pepita,
abre la puerta y viendo la fantasma
que por venir de Casma
envùelta en una chigua
era orejon traido de la ligua
dijo: pase adelante
la señora beata altisonante
y diga lo que quiere,
que si en lo que dijere
le pudiese servir de cualquier modo
Antonio Prieto le servirá en todo.
Pues tome U. asiento,
que en breve le expondré todo mi cuento.
Yo quisiera que usted me aconsejara
en un pleito que tengo con un niño
que le tengo cariño
y yo no deseára
que por mi causa le viniera daño.
Al oir esta voz hizo un estraño
el valeroso Prieto,
y montando en corage
le contesta en su rápido lenguage.
O beata frontina
alma de carabina
envoltorio estupendo
botija sin remiendo,
canasta de berrugas
y pastel de estorninos sin pechugas;
dime demonio envuelto en papagayo
con ese largo sayo,
retrato del gigante
que lleva el pujavante
para cortar los callos á Longino
autor del calepino
que trata de lòs pujos de Mahoma,
dí naciente Sodomà,
es esta hora de venir á hablarme
ó mas bien de insùltarme,
con el pleito del niño de la bola
que te hace la mamola

y que te dé consejo,
como si acaso yo fuera algun viejo
de los de barba cana
que chupan á las seis de la mañana
para cortar la bilis
y echar plantas delante de Amarilis:
Anda vete espantajo
tinaja boca abajo,
beata francolina,
nariz hecha cecina,
cara de mamarracho
y barriga postiza de un gavacho.
Huye de mi corneta
nieta de Juan de Aprieta,
almorrana inflamada
y moco de candil de una posada.
La beata que oyó tal tarabilla,
armando la golilla
en tono protestante,
le responde con tono altisonante:
siga usted ño cogete,
cojo y recojo, cojo con bonete,
cojo con muletilla,
cojo y cojin con sudadero y silla,
cojo requiem eterna
coján, cojin, cojon sin pié ni pierna,
palitroque cojito,
muleta de costilla de mosquito,
mísero monigote,
cojo desde los piés hasta el cogote.
¿Quién le ha dicho al cojillo
ramo de peralvillo,
que así debe tratar á una señora
como doña Isidora
Velarde y Cornicabra,
que solo encajes labra,
para los vuelos de las sobre-camas
que hoy estilan las damas?
Por vida de la luna, mi comadre,
que yo le haré que ladre
al cojete sarnoso;
con puntas de potroso,
si á mi honor ofendido
no me lo indemnizára el atrevido.
Prieto que atento estaba
á lo que la estantigua articulaba.
levanta la muleta

y le dice: tambora de retreta;
betun de zapatero,
y sarten de mondongo de un pulpero,
beata manflorita,
zapallo sin pepita,
renacuajo de estero,
no conoces que soy un caballero
de la primera guisa,
sin embargo de no tener camisa;
yo te aseguro, rama con moquillo,
mampara sin pestillo,
juicio final con patas,
nido de garrápatas,
perol de boticario
y facistol portátil de arbolario;
que si yo no mirara
que aquella linda cara
que tuvistes en tiempo de Pilato,
te ha conducido á darme este mal rato,
saliéras en las suertes;
mas veo que no adviertes
el respeto debido á mi persona,
porque estarás con sueño, ó tendrás mona.
En fin, hagamos paces,
y sin gastar disfraces,
dime lo que te pasa.
Ay, cojito, mi bien, vamos á casa,
y allí te contaré mis aflicciones;
yo á tu casa, ab renuncio, nones, nones,
en este cuarto se abrirá la audiencia
y á todos tomaré la residencia.
A todo estoy corriente;
mas primero será mejor que el diente
lo afilemos con este platanito,
y bebamos despues este traguito.
Pues sea en hora buena,
á obedecerte voy, dulce sirena.
Ya que echaron su trago
se hablaron con alhago,
y la beata que es mas bachillera
empezó su oracion de esta manera:
Yo, señor de mi vida,
nacida entre señores,
siempre he sido servida
y obsequiada de todos con primores;
mi abuela fué marquesa
y me crió con toda la grandeza.....

Aguarde usted un rato,
le responde el gran Prieto,
ó soy un mentecato,
ó usted me está faltando ya al respeto,
porque se descomponen mis folías
cuando se trata de caballerías;
ninguno se me iguala
y debian pagarme la alcabala
los duques, condes y hasta los vireyes,
si Antonio Prieto llega á dictar leyes;
mi alcurnia es tan antigua
que vino en una chigua,
embarcada en un buque francolino,
solo con el destino
de sembrar en los pueblos y lugares
de nobles Prietos hasta los solares;
y asi logro yo ser por línea recta,
la rama mas directa
del más noble abolorio
que jamas se han sentado en refectorio,
todos envidian mi fortuna rara,
hasta el mismo, virey, es cosa clara,
si tuviera una hija.
me casára con ella, es cosa fija;
pero yo los detesto á estos bribones
que vienen sin calzones
y se llevan millones á su tierra,
haciéndonos en paz muy dura guerra.
Pero tiempo vendra, si no me engaño,
que todo aqueste daño
lo paguen con usura
porque como basura
los veremos á todos estos guapos,
que envueltos en jarapos
los harán desfilar hácia su España
volviéndoles la plata telaraña.
Entónces se verán los fanfarrones,
ambiciosos ladrones
y oprosores tiranos,
pedir perdon á los americanos,
verán, verán, veran tantas de cosas
verán que de las siorras mas fragosas....
Calle usted, don Antonio,
no sea usted el demonio,
mire que viene gente,
mire que lo tendrán por insurgente.
Dices bien, beatita,

pila de agua bendita,
rosquete de chancaca,
lamedor y triaca
hecho de verengenas,
ya callo, y me doy enhorabuenas
de lo mucho que habrá que ver en Lima
y el ladron que cayere llore y gima.
Dejémos por ahora
esta conversacion, sí, mi señora,
que yo me comprometo
á contarle en secreto
lo que las almas ya me han revelado,
y cuando vea que yo estoy encerrado
en mi cuarto solito,
véngase despacito
y seguiremos nuestra narrativa,
mueran los ganzos y que Lima viva.

ELOGIO

Que en un acto consagrado al Excmo. Sr. Virey Don José Fernando Abascal, pronunció en la Real Universidad de San Márcos, en 1807, el Dr. D. José Joaquin de Larriva. Sácala á luz el señor Marqués de Valle-Umbroso.

Excmo. Sr.

Sin que las lenguas se cultiven no pueden perfeccionarse las artes y las letras. Ni puede percibirse sino detras del carro que conduce á las artes y á las letras, la marcha lenta y magestuosa de las ciencias. Nada falta á las naciones modernas sino lenguas mas felices, para igualar á las antiguas en los trabajos del espíritu. Los romanos que asi como los griegos, conocian la influencia del dialecto sobre las costumbres de los pueblos, trabajan en propagar el suyo con las armas, y logran extenderle hasta tocar los límites que encierran su gran dominacion. A excepcion de algunos hombres oscuros que se habian refugiado en las montañas, la Europa entera hablaba en latin; pero la invasion de los bárbaros no tarda en corromperle. A los sonidos dulces y armoniosos de un idioma pulido por el génio y por la delicadeza de los órganos, mezclaron estos pueblos guerreros las expresiones groseras y los acentos rudos que trajeron de sus bosques sombrios. La pura latinidad desaparece de la Europa, y se multiplican los lenguages á proporcion de los gobiernos.

Itàlia es la primera que sacude un yugo tan humillante. Su lengua con sonido, número y acento, ha tomado todos los caractéres de la poesia y todos los encantos de la música. Las musas eligiéndola por su órgano, la han consagrado á las delicias de la humanidad. El frances ha conseguido reinar en la prosa: las gracias hablan por su boca, y su lenguaje se ha hecho tan dominante en nuestros dias, como el poder de su nacion. La inglesa tambien ha producido sus poetas y prosistas que le han dado un carácter de energia muy propio para hacerla inmortal.

Nosotros hablamos con majestad, dulzura y armonía: y el lenguaje castellano parece organizado para aventajarse á todos en la poesia y en la prosa. Pero nacido de tres dialectos tan distintos, el godo, el latino y el arábigo, era preciso que tuviese en su orígen grandes irregularidades que solo podian vencerse con el arte, el teson y la destreza. La filosofia de la elocucion y del gusto no ha merecido la atencion del español; y la habla castellana que cuenta tantos siglos de antigüedad, apenas parece haber salido de su cuna.

El colegio de San Cárlos no puede ver con indiferencia que la nacion española, que ha llegado ya á la edad de la filosofia, conserve en su lenguaje todos los defectos de la infancia; y hoy nos propone un proyecto para enriquecerle y mejorarle. Proyecto á primera vista felicísimo y que parece pondria á nuestra lengua al colmo de su gloria; pero que sujeto á un exámen serio y prolijo, aparece tan funesto á la república de las letras, como el fuego destructor de los conquistadores bárbaros de Roma.

Sí: hacer que hablen solo en castellano nuestras universidades y colegios, es arruinar el comercio literario, es demoler el edificio de las ciencias, es detener la instruccion nacional y los progresos de las luces.

Si la lengua latina se ha mirado hasta ahora con aprecio por ser el idioma de los sabios: si se ha cultivado tanto por ser la llave del depósito de la sabiduria; privada de esta antigua posesion en que ha estado mas de dos mil años, ya no seria en adelante parte de la educacion: la infancia no seria precisada á su estudio laborioso, y ya reputado por inútil, quedarian desiertas sus escuelas: se estinguiria muy breve la raza de sus maestros: poco á poco se iria perdiendo entre nosotros, y los españoles del siglo venidero mirarian los tesoros que enriquecen su suelo, con la misma indiferencia con que los bárbaros habitantes de la Grecia miran en el dia los restos inapreciables de su esplendor anonadado. Lo monumentos preciosos de las ciencias se verian por todas partes, ó mas bien, no se verian cubiertos con el polvo de los tiempos. Los jefes de obra de la imaginacion y del genio estarian vilmente confundidos con las mediocridades del estudio y del arte.

Y tantos grandes hombres que despues de mil años salieron de las cenizas de la antigua Italia para ser los maestros del género humano, yacerian sepultados otra vez en sus tumbas antiguas. Ya no se pensaria ni en los talentos de Ciceron, ni en la gracia de Terencio, ni en el ingenio de Horacio y de Virgilio, ni en las luces de Tácito y de Livio. ¡Qué mudanza tan fatal en la fortuna de las letras! La ignorancia colocaria su solio sobre las ruinas brillantes de la sabiduria. Sucederian las tinieblas á la claridad de nuestros dias, y el siglo de la barbarie al siglo de la filosofía.

De los griegos, decian Ciceron y Quintiliano, hemos recibido las honestas disciplinas: así, sin saber su lengua no podemos hacer progresos grandes en ellas. Todo lo hemos recibido de los latinos, debemos decir los españoles: así, en nada podemos progresar sin aprender la lengua en que escribieron. El teólogo, sin ella no entenderá los padres, los concilios, ni la auténtica version de la escritura. El legista no podrá leer las respuestas originales de los jurisconsultos. El filósofo no será ilustrado por la antorcha del último siglo de la república romana. El poeta no recogerá las flores de la edad de Augusto, para sembrarlas en la suya. Y en fin, el orador en medio de tantos admirables modelos que posee sin conocerlos, quedará abandonado á los esfuerzos solos de su genio; y no llegará en sus obras á un grado de perfeccion que las haga dignas de conducir gloriosos á la inmortalidad á los héroes de su tiempo.

No crea V. E. ser comprehendido en este número. Para alabar á un príncipe que ha recibido tanto de la naturaleza como ha recibido V. E. no se necesita del auxilio del arte. La coordinacion de las palabras, los tropos, las figuras y los demas retóricos adornos que nos han dejado los panegiristas latinos en sus bellísimos escritos, solo sirven para suplir la pobreza de los asuntos, para elevar las cosas humildes y engrandecer las pequeñas. Pero una materia tan hermosa como la vida de V. E. es ella misma su ornamento. Un mérito tan realzado como el mérito de V. E. se eleva por sí propio. Unas acciones tan grandes como las acciones de V. E., hablan ellas solas y publican su gloria.

Para tomar el panegírico de Evágoras, era necesario un Isócrates. Yo soy bastante para formar el panegírico del Excmo. Abascal. En efecto, señor, el elogio de V. E. es su historia pronunciada por el sentimiento y la verdad. Nada hay que exajerar, nada que finjir.

Que trabajen en buscar genealogías los pobres oradores de los hombres comunes. Yo trato de un hombre extraordinario, y no necesito hablar de la gloria de sus padres. Por mucho que su familia haya honrado á V. E. yo oso decir que V. E. ha honrado mas á su familia. La naturaleza que le habia distinguido con un talento singular y un ánimo esforzado y generoso, le inspira desde la infancia una pasion decidida por el egercicio de las armas. Con estas disposiciones V. E. no tarda en echar los fundamentos de su reputacion. En la edad de diez y siete años empieza á señalarse. Para que el cielo que le tenia destinado para sostener algun dia con la espada el honor de la nacion, quiere que entre cuanto ántes en la senda dilatada que conduce á este fin tan árduo como glorioso, y le hace florecer en medio de la gran fermentacion de las discordias de la Europa. Cinco años habia que la Francia y la Inglaterra estaban empeñadas en una guerra sangrienta, cuando el conde de Aranda va á forzar en Portugal las murallas de Almeida. Este hombre célebre, que puede oponer la España al Turena de la Francia, es el primero que guia á V. E. á la campaña. El le enseña el camino que lleva á la victoria. El le pone á la vista los primeros sitios y batallas; y le da las primeras lecciones del arte de rendir plazas y de ganar ciudades. V. E. era un discípulo digno del conde de Aranda y el conde de Aranda un maestro digno de V. E.

Una paz profunda sucede bien presto á las turbaciones de la guerra. Ya no puede V. E. ejercitar su valor en los combates; pero no pierde de vista el arte militar. V. E. sabe que el campo de batalla no es la sola escuela donde se forman los guerreros: que Cohorn y Vawan no adquirieron entre el fierro y el fuego esa ciencia de defender y de atacar plazas con que abrieron los ojos á la Europa: y que el rey de Prusia no crió entre cadáveres y sangre esa táctica nueva con que hizo ver al mundo, que los grandes ejércitos no estaban sujetos en sus movimientos, á cálculos menos ciertos que los cuerpos mas débiles; y que los mismos resortes que ponían en accion un batallon, manejados y combinados bien, movian cien mil hombres. V. E. sabe que la guerra no es en nuestros dias ilustrados, como en los siglos de barbarie, un furor que junta muchos hombres armados al rededor de dos jefes, y los precipita sin órden, los unos sobre los otros; sino una ciencia vasta y complicada que enseña á combatir, y á defenderse con regla y con medida. V. E. sabe en fin que no puede vencer en el tumulto del campo con el manejo de las armas, quien no aprende á pelear en la tranquilidad de su retiro con el manejo de los libros; y elige para instruirse la academia real de Barcelona.

Guerreros de todos los paises: vosotros, que os habeis consagrado á la defensa de la patria, imitad la conducta de Abascal, si quereis sostener con dignidad el nombre ilustre que llevais. Disfrutad en el seno de vuestras familias de las dulzuras de la paz; pero no penseis en dormir á la sombra de los laureles que recogeis en el campo.

V. E. no habia descansado de sus fatigas honrosas, cuando se entrega al estudio de esas ciencias profundas que se han hecho las compañeras y los instrumentos de la guerra. Allí calcula la velocidad y el movimiento: allí conoce y mide el tiempo y la extension: allí aprende á formar cálculos complicados y difíciles: allí adquiere ese espíritu de combinacion que ha hecho en todo tiempo los grandes generales. Y su genio militar le enseña á hacer felices aplicaciones de estas nociones abstractas á las fortificaciones, al ataque y á la defensa de las plazas.

Puerto-Rico, la isla de Santa Catalina, la colonia del Sacramento, Argel y Rosellon ven aparecer los frutos de este glorioso trabajo. Allí pone V. E. en práctica la teoría sublime de ese arte terrible y profundo: allí despliega todas las fuerzas de su alma, y toda la energia de su intrepidez y su valor. ¡Qué no pueda yo describir aquí por menor todas las hazañas de V. E.! Pero ¿quién será capaz de describirlas? Solo V. E. sabe las grandes cosas que hizo en esos teatros famosos de su honor y de su gloria. Nosotros, señor Excmo., todo lo ignoramos. En la isla de Santa Catalina y en la colonia del Sacramento, solo admiramos á Cevallos: en las costas de Argel, á nadie vemos sino á O-Reylly: y cuando oímos hablar del Rosellon, recordamos solamente los nombres respetables de la Union, de Urrutia y de Ricardos. ¡Cuántos grandes hombres combatieron á los Persas bajo el mando de Perícles! y Perícles solo se llama el vencedor de Sámos. Trescientos Lacedemonios perdieron generosamente la vida en las Termópylas, por impedir el paso al formidable ejército de Jerjes; y solo ha pasado á la posteridad el nombre de Leonidas. Los soldados Atenienses al entrar en la batalla de Platéa, *no combatimos*, se decian, *por una sola region; combatimos por los trofeos de Marathon y Salamina. Probemos que no se debieron á Temístocles ni á Milciades, sino á nuestro valor é intrepidez.* Es desgracia, señor Excmo., comun á los soldados y á los jefes subalternos, el que queden sus proezas sepultadas en los campos, y casi nunca lleguen á aparecer en las ciudades. Ellos pelean, ellos vencen, y solo el general se lleva los frutos de la victoria. V. E. no mandaba en jefe; pero su espíritu guerrero era digno de mandar. No ha llegado á la América la fama de sus hechos; pero la profundidad de los talentos y la extension prodigiosa de los conocimientos militares que admiramos cada dia mas en V. E., nos obligan á pensar que se hizo acreedor en todas sus campañas á llenar el mundo del ruido de su nombre. Abascal peleó: y Abascal no pudo dejar de distinguirse.

Pero yo confundo las épocas, señor Excmo., de la vida de V. E. ¿Quién podrá seguir unos pasos tan rápidos? ¿Quién podrá juntar con órden tantos rayos esparcidos de su gloria? V. E. acababa de regresar á España de capitan de granaderos del regimiento de Leon que fué á reforzar en el Guarico el ejército español que estaba destinado á la conquista de Jamayca, cuando ascendido á comandante del tercer batallon del regimiento de Toledo, es encargado de instruir al regimiento entero en la táctica nueva, y de hacer maniobrar á los tres batallones combinados con los cañones y caballos.

Yo me figuro á V. E. en esa ocupacion tan digna de sus luces: y me parece ver á Federico despreciando la autoridad y el ejemplo de los guerreros anteriores, y haciendo nacer un órden desconocido de cosas; manifestando que las tropas, cualquiera que sea su número, pueden ser bien disciplinadas; formando combinaciones que ninguno ha formado; dando en cierto modo ventajas á las piernas sobre los brazos; é introduciendo en las evoluciones y en las marchas esa celeridad tan necesària en las batallas, desde que Luis XIV, multiplicando los ejércitos, les hizo ocupar un frente tan sumamente extendido. El regimiento aprende á ejecutar con destreza todas sus maniobras. Y el rey pasa á Toledo, á que le presente V. E. en el seno de la paz, el espectáculo de la guerra.

Yo veo á V. E. mas grande, mandando tres batallones en presencia de Carlos, que al conde de Saxe mandando cien mil hombres en presencia de Luis. Y la plaza de Toledo me parece un teatro de honor mas bello que los campos de Fontenoy. Si aquí admira la fuerza que mueve los fundamentos de tres imperios rivales; allí se admiran las columnas magníficas que sostienen el trono. Y si aquí se ve á la gloria agitada coronando unos sucesos en que tienen gran parte el acaso y la fortuna; allí se ve á la gloria tranquila coronando los triunfos del arte y del génio. Por esto recibe V. E. el grado de teniente coronel del regimiento de África, y las señales mas lisonjeras de la satisfaccion de Carlos IV: precio mas grande para su alma sublime, que las nuevas distinciones que creia Luis XV para premiar á Mauricio.

La misma escena repite V. E. en Aranjuez, con el regimiento nuevo de *las órdenes militares*, al tiempo de partir de coronel á su última campaña en la que hace sin duda cosas memorables, pues que ajustada la paz, asciende á brigadier.

Entretanto la gran Bretaña vuelve á sepultar á la Europa en los horrores de que apenas acaba de salir. De los canales de Albion parten escuadras numerosas á turbar la tranquilidad de que el océàno empieza á disfrutar. Gérvis se dirije contra Cádiz, y Pulgney parece amenazar las costas de la Habana. Nuestra isla está muy débil para resistir el ataque de un enemigo poderoso, y sus fuertes temen las baterias inglesas. ¿Cuál será el apoyo de la Habana? Es Abascal. V. E. recibe, con el título de teniente de rey, la comision de defenderla y corre á justificar la eleccion con el suceso. Llega, observa, combina, enseña, manda, ejecuta, y reune en la plaza cuanto ha inventado de grande el génio de la guerra. La Habana ha convalecido. Ya se halla en estado de desafiar á la arrogancia. Abascal solo le ha servido mas que un refuerzo de muchos batallones.

¡Qué nueva inesperada! Pulgney ha desembarcado en el Ferrol. V. E. ha perdido un triunfo; y yo he perdido un bello rasgo. Pero si su plan de defensa, ese jefe de obra del arte militar no le proporciona la gloria de vencer, consagra á lo ménos en la Habana el nombre de V. E. y lo hace presidente de Guadalaxara.

¡Qué! ¿en una ciudad que cuenta ya una série tan larga de presidentes, los habitantes no disfrutan aun de las ventajas de una exacta policía! Estaba reservada á V. E. la gloria de criarla; y estaba reservada á Guadalaxara el honor de ser la primera en admirar politíco, al que ántes solo se habia admirado militar. Alli es donde descubre V. E. que no solo entiende el arte de fortificar ciudades y hacer de ellas asilos de proteccion y de seguridad; sino tambien el de arreglarlas, y hacer de ellas teatros de comodidad y diversion: que es capaz de formar Atenienses, así como fué capaz de formar Lacedemonios; y que sabe mandar una provincia, con el mismo acierto con que mandaba nn regimiento.

La fama del presidente vuela de Guadalaxara á la córte; y las gracias vuelan de la córte á Guadalaxara. V. E. se ha hecho víctima de la seguridad pública, padre de los pueblos, amigo de los hombres; y el rey le hace mariscal de campo, virey de Buenos-Ayres, virey del Perú.

¡Qué triste es la condicion de las cosas humanas! Los mayores bienes casi siempre están mezclados con los males. Siempre anda la esperanza acompañada del temor. Abascal, el grande Abascal viene á hacer, con su gobierno, feliz nuestra region. Pero el poderoso isleño acaba de turbar de nuevo el reposo que dieron á la Europa las victorias de la Francia; y Abascal camina en un leño débil por el elemento de su imperio. ¡Génios tutelares de mi patria! protejed esa nave. Ella conduce la suerte del Perú. La fortuna acompaña á nuestros enemigos. Esto es hecho. La nave es apresada. Y nosotros vemos en ella vacilar nuestro destino. Todos estamos consternados: en tanto que V. E. siempre superior á los reveces de la suerte, permanece tranquilo. Y si acaso esperimenta algunos momentos de dolor, es por no poder sufrir sus males solo, y verse precisado á dividirlos con esa tierna y graciosa hija, tan digna de su padre, y qué hace con justicia todas sus delicias.

Pero el cielo que estaba tan irritado con nosótros, ha empezado á sernos favorable. Ciudadanos: aseguraos otra vez. Los ingleses tan sedientos del oro, nos han restituido el defensor de las minas del Perú; Ellos han pensado que nos volvían un hombre. No han conocido que nos volvían un héroe. Ellos lo conocerán cuando vean brillar en nuestras manos las armas españolas. Limeños: ya no es tiempo de que temais sus insultos. Cuando veais que sus flotas osan arribar á nuestros púertos, no hagais caso de sus fuerzas, ni conteis tampoco vuestras tropas. Marchad con confianza: Abascal marchará con vosotros, y vosotros vencereis.

Sí, señor Excmo., el empeño que tiene la arrogancia inglesa en extender su imperio á los mares del sur, el terrible ejemplo de Buenos-Ayres, y la expedicion que se cree estarse preparando en la isla de Santá Elena; todo esto debia espantarnos bajo otro gobierno. Pero bajo el gobierno de V. E. nuestros enemigos solos, deben temer. No conseguirán con acercarse á nuestras costas, sino aumentar la gloria de V. E. y hacerle ejercitar su valor, asi como le han hecho desde lejos ejercitar su prudencia.

No es esta, señor, una temeraria presuncion. Es una confianza justa y razonable. V. E. nos ha acostumbrado á grandes cosas. Nos ha hecho ver que se eleva para obrar, sobre los ejemplos y las reglas. V. E. que pone órden en todo, ha trastornado sin embargo todo el órden del gobierno. Ha hecho en Lima en cuatro meses, lo que al parécer debía hacerse en cuatro años. Ha descubierto el arte de abreviar la policia. ¡Quieran tomarlo por modelo los vireyes futuros!

¿Hablaré yo de la vasta extension del espiritu de V. E. que todo lo abraza al mismo tiempo, sin que se embarazen los proyectos militares con las miras políticas, ni las utilidades del público con los negocios del estado? ¿Hablaré de esa actividad sin precipitacion con que da providencia á todo, y á todo con acierto? Hablaré de ese carácter de dulzura con que ha adquirido derechos sobre todos los corazones, y de ese género nuevo de heroismo con que ha comunicado á las almas todas, el ardor guerrero de la suya? Hablaré en fin, de ese exceso de honor que no dejándole aquietarse con haber hecho inaccesible á los enemigos de la patria, los límites que fijan su gobierno, le obliga á que desée volar á arrojarlos de las riberas del rio de la Plata? No, mi voz es demasiado lánguida para que yo pretenda levantarla sobre la enérgica voz de todo el pueblo. Cada accion de V. E. es seguida de los elogios públicos.

Todos hablan sobre ella: todos lo aplauden: todos bendicen al Dios de los ejércitos que se digna formar tan buenos príncipes, para hacer felices á los pueblos; y acaban de ofrecerle este tributo de gloria, clamando con entusiasmo: *hé aquí los vireyes que debian perpetuarse.*

Si: V. E. vivirá siempre en el Perú. No vivirá en inscripciones ni estátuas. Estos monumentos arrogantes perecen del mismo modo que la mano frágil que los forma. El tiempo destruye los metales, y borra los caractéres grabados en los mármoles. La memoria de V. E. será mas respetada. Los habitantes de Lima instruirán á sus hijos de la felicidad de que ahora están gozando. Estos hijos instruirán á los nietos; y este recuerdo delicioso conservado de edad en edad, se perpetuará en cada casa y en todos los siglos.

ARENGA

Que en presencia del Exmo. señor virey Don José Fernando Abascal, pronunció por la real Universidad de San Marcos en el besamanos del 27 de diciembre de 1812, el Dr. D. José Joaquin de Larriva.

Excmo. señor:

Yo no sé á que atribuir el embarazo que siento el dia de hoy al hablar á V. E. en nombre de la Universidad de San Marcos. ¿Será acaso lo respetable del lugar? No señor. Este lugar no es nuevo para mí. A cuatro vireyes he hablado en él de parte del convictorio de San Carlos. ¿Será la desconfianza de hacer un discurso digno de la atencion de V. E? Mucho ménos. Jamás orador se vió en circunstancias mas favorables, para desempeñar su cargo con dignidad y con decoro. El sitio de Cádiz levantado, Astorga y Santander rendidas, Málaga sorprendida, Galicia, Austria y la Mancha libres enteramente, cincuenta mil franceses completamente derrotados, ocho generales muertos en el campo de batalla, muchos oficiales, con número crecido de soldados hechos prisioneros, una porcion considerable de pertrechos de guerra quitada al enemigo, algunas aguilas arrancadas de sus manos, innumerables trofeos levantados contra el tirano de la Europa: nuestros bravos guerreros persiguiendo por todas partes las miserables reliquias de los grandes ejércitos que inundaron la Península, el rey José huyendo precipitadamente para Francia, y la nueva constitucion de la monarquía jurada en la metropoli; ¿qué materiales mas hermosos para formar una arenga en que se trata de felicitar á un jefe tan interesado como V. E. en las glorias de la España, y en la prosperidad de sus armas? Sin duda que lo que me acobarda, señor Excmo., es la presencia de V. E. Yo tuve el honor, es verdad, de que me eligiese mi colegio para cumplimentar á V. E. pocos dias despues de su llegada. Pero eso ha seis años: y V. E. no era entónces tan grande como ahora. Entónces solo era un virey del Perú; hoy es el hombre de la América. Entònces hablé á un jefe en quien no habiamos tenido tiempo de observar lo que la fama nos decia: hoy hablo á un príncipe que ha desplegado ya toda la energía de su alma: que hadescubierto á la faz del mundo entero la profundidad de tus talentos, y la extension prodigiosa de sus conocimientos políticos y militares, conservando la tranquilidad en las provincias de su mando, y conteniendo en su deber á los pueblos vecinos. No estrañe V. E. que la academia conociendo todo esto, se sirva de mi débil voz para expresar sus sentimientos. Ella no ha querido exponerme mandándome que forme una oracion. Me ha mandado solo que diga á V. E. que así como crecen cada año su mérito y gloria, así crecen en ella la veneracion y el respeto: y que no contento con tener hoy parte en el regocijo público, viene ella misma á manifestar el gozo particular que le ha cabido. Estos son, Sr. Excmo., los votos de la escuela. Solo resta que los acepte V. E. que yo he desempeñado ya mi honrosa comision.

ARENGA

Que pronunció el Dr. D. José Joaquin de Larriva en el besamanos del 19 de Abril de 1813.

" A no estar tan obligado á la Universidad de San Marcos,
" renunciaria la distincion con que hoy me honra encomendán-
" dome que hable á S. E. en nombre suyo. Si el motivo que
" ha de llevarla el dia de pascua con los demas cuerpos de la
" ciudad á la presencia de S. E. no fuera otro que elogiarle,
" yo entonces muy gustoso admitiria el empleo de intérprete
" de sus sentimientos. Pues ¿qué cosa mas honrosa que ir á
" hacer el panegírico de un virey mas grande que todos los
" que le han precedido, y que apenas encontrará en lo futuro
" vireyes que se le parezcan? Ni ¿qué cosa al mismo tiempo
" mas fácil, principalmente para mi, que tengo tan egercitada
" la pluma en escribir sus glorias? Pero no debe ser este el
" objeto de mi arenga. No se me ha mandado que elogie sino
" que felicite á S. E. Y ¿cómo felicitarle ahora? Ha tres me-
" ses y medio que desempeñé la misma comision. Pero ¡qué
" circunstancias tan diversas de las circunstancias actuales!
" Acababamos de recibir entonces las nuevas mas halagüeñas
" que han venido de la península desde que el pérfido Napo-
" leon introdujo en ella sus huestes sanguinarias. La toma de
" muchos puntos importantes, y la completa derrota del mas
" respetable de los ejércitos franceses, bastaron por si solas pa-

" ra costearme un discurso que aunque no fué un jefe de obra
" de elocuencia; fue, sin embargo, digno por su asunto, de el
" solemne y fausto dia en que le pronuncié. Ahora voy á ha-
" blar en un dia mas fausto y mas solemne; y los sucesos úl-
" timamente ocurridos no prestan á mi voz sino materias in-
" faustas. Voy á hablar en un dia en que hacemos memoria
" del mayor trofeo que el poder divino obtuvo sobre las po-
" tencias rivales: y no diviso el menor trofeo que hayamos
" obtenido nosotros sobre los enemigos de la patria, para ha-
" cer de él al virey una memoria agradable. Las noticias que
" se nos han comunicado acerca de los ejércitos de Soult y de
" Suchet, no merecen todavia todo nuestro crédito: al paso
" que no podemos dudar de las que hemos recibido acerca del
" de Belgrano. ¡Ojalá tuviéramos tanta evidencia del triunfo
" de Welington, como de la desgracia de Tristan! ¡Situacion
" triste para un hombre encargado de cumplimentar á un
" príncipe tan interesado como el nuestro en la guerra de las
" armas españolas! ¡Nó saber si la suerte las acompaña en
" Europa; y saber que les ha vuelto una vez las espaldas en
" América!"

Asi decía yo, señor Excmo., cuando me eligió la academia para que viniese hoy á arengar á V. E. Pero despues hemos sabido que el Gobierno de Chiloé ha empezado á confundir el orgullo y los proyectos de los rebeldes, llevando sus armas victoriosas á la Concepcion de Chile. Este triunfo, tanto mas feliz cuanto no se ha comprado con las preciosas vidas de los valientes isleños, al mismo tiempo que nos da motivo de creer que el ejército real seguirá sus conquistas, que entrará en la capital, y que logrará pacificar todas las provincias del reino; presagia que V. E. terminará con gloria una guerra que, aunque aflige pasajeramente á la presente generacion, ahorra á la posteridad arroyos de lágrimas y sangre.

Ya he cumplido; señor Excmo., con el encargo de la escuela: y aqui debia terminar mi discurso. Pero V. E. me ha de permitir que despues de haberle felicitado por un acontecimiento tan plausible, me felicite á mi mismo y á todos mis conciudadanos. Y ¿de dónde piensa V. E. que sacaré materia para esta felicitacion? De esa accion que acaba de perderse en las inmediaciones de Salta. Si señor: esa ligera desgracia tan sensible á V. E. ha sido en cierto modo ventajosa para todos los que tenemos la dicha de vivir á la sombra de su gobierno. Ella nos ha proporcionado ocasion de conocer enteramente á V. E. Sabiamos tiempo ha que era V. E. un jefe verdaderamente grande en la prosperidad. Pero era preciso un accidente de esta clase, para saber si era el mismo en medio de las adversidades. Ahora hemos conocido que recibe con igual serenidad los bienes y los males: y que es tan diestro en eludir los desaires de la fortuna, como activo en aprovecharse de sus favores.

Nada tenemos ya que temer, señor Excmo. Sabemos que son inciertos los sucesos de las armas: que el éxito de una batalla suele depender de la mas pequeña circunstancia: y que el más fuerte se ve precisado muchas veces á ceder al mas débil. Pero tambien sabemos que aunque no se debe esperar felicidad en todos los incidentes de una guerra dilatada, se puede á veces contar con seguridad sobre los últimos resultados: que las fuerzas de un estado se hacen casi invencibles fuera de él, cuando un sabio consejo las gobierna en lo interior: y que el pueblo romano no esperaba las victorias del valor de sus tropas, sino de la prudencia del senado que dirigia por si mismo las operaciones de sus guerreros. Sabemos que nuestros generales pueden ser otra vez sorprendidos. Pero tambien sabemos que V. E. nunca se sorprehende. Sabemos que el ejército peruano puede sufrir en adelante pérdidas mayores. Pero tambien sabemos que tenemos un virey que ha de repararlas al momento.

¡O Perú, que despues de tres siglos vuelves á ver tus fértiles campiñas regadas con la sangre de tus hijos! consuélate pensando que esta desgracia, por terrible que sea, te ha venido en tiempo de Abascal. Bajo otro gobierno seria tu suerte muy dudosa. Bajo el suyo, padecerás un poco, pero tu suerte está segura.!

Ya me parece, señor Excmo., que nuestros bravos soldados se vuelven á poner al frente del enemigo: que están al principio intimidados con la memoria de la catástrofe del 20 de Febrero: pero que derrepente se acuerdan que son peruanos, y de que Abascal es su virey: que marchan entonces presurosos en pos de la victoria: que la alcanzan en fin: y que abren un campo hermoso donde yo escojo mil bellezas para presentarlas aqui otro dia que tenga el honor de hablar á V. E.

COMERCIO.

El Comercio sostiene las operaciones políticas y la guerra, y es igualmente útil al labrador, al marinero, al soldado, al noble y al príncipe.

Ward Proy. Ecónom. pág. 119.

Yo iba á prestar mis encomios al comercio, ó á ese agente benéfico que velando sin cesar sobre las necesidades de los pueblos, corre de un polo á otro, para ir á socorrerlas: que rodando continuamente al rededor del globo para apropiárselo al hombre, sacrifica al bien público sus luces, sus intereses y fatigas: que mas fecundo aun que la naturaleza, todo lo produce en todos los lugares, y hace que los habitantes de las heladas regiones disfruten del mismo modo que nosotros, de las ricas producciones del suelo americano: que agitando en fin con su soplo vivificante todas las semillas productivas de la prosperidad, dando vida á las artes, y aliento á la cultura, es en cierto modo el motor del mundo, el alma de la naturaleza. Pero de repente yo me veo detenido, y me pregunto á mi mismo: ¿adónde está el comercio? ¿existe él aun sobre la tierra, ó ya las naciones lo hicieron perecer sin advertir que aproximaban la época funesta de su ruina? ¿adónde están los lazos que estrechaban las cuatro partes del mundo? ¿Qué peso enorme se ha cargado sobre la elasticidad de ese resorte poderoso que desde el antiguo continente ponia en movimiento los intereses del nuevo? Ya aqui no se sienten los efectos de su vigorosa actividad. El centro de mi ciudad me parece el centro de la inercia. Acaso sus habitantes habrán en sus sacrificios, como los rodios, olvidado el fuego, y la deidad que dirigia las operaciones de la mas necesaria profesion, abandonando á Lima, se habrán retirado á un clima mas afortunado. Yo paso en busca suya los límites del espacio que llamo mi patria, y voy viendo que los pueblos, olvidada la ciencia de prosperar y enriquecerse, se ejercitan solamente en el arte fatal de los combates. Los labradores han dejado de la mano los instrumentos de vida, para empuñar con ella los instrumentos de muerte: los hombres industriosos han abandonado los talleres, para ocupar los campos de batalla: los comerciantes se han trasformado en guerreros; y los navios mercantes se han convertido en corsarios. La pausa perniciosa que han hecho las negociaciones del Perú, es la pausa general que han hecho todas las negociaciones del mundo; y el reposo que reina en nuestros paises, extiende su imperio melancólico sobre todo el planeta. La espada de la guerra ha cortado las venas de la sangre política que todo lo animaba: y la ambicion ha cerrado la comunicacion de los pueblos, trayendo el terror del norte al mediodia. Yo me veo precisado á venerar á Osíris en el templo de Marte. Voy á ofrecer mis votos á la benéfica Cibeles, cuando en honor de la pálida Discordia arde tanto incienso en el globo ensangrentado. Tengo que hablar del comercio, cuando el estruendo formidable del trueno que ha arrojado á la Europa en un letargo profundo, haciendo repetir á nuestras costas sus ecos horrorosos, tiene embargada la voz del comerciante.

No se debe extrañar que á la historia de los bienes del género humano, haya dado principio por la historia de sus males. Tratando de las ventajas del comercio, pensé que debia ocupar el primer lugar en mi discurso su actual influjo en la fortuna de mi patria. Tampoco se imagine que trato de prevenir en mi favor á los lectores con un exórdio artificioso. Estoy tan lejos de empeñarme en pesuadir que las circunstancias en que hablo tan funestas al comercio, lo son tambien á mi discurso; que no tengo embarazo en confesar que no me juzgo acreedor á la menor indulgencia, sino lo desempeño con decoro. No es un concepto ventajoso de mi mismo; es la belleza de mi asunto, quien me alienta de este modo, y me hace producir con arrogancia. Yo siento la debilidad de mis fuerzas: pero las veo sostenidas por la columna del estado. Conozco las dificultades del empleo de escritor que estoy desempeñando: pero estoy hablando del comercio; y el comercio hace correr la pluma de todos los escritores. Nada tengo que poner de mi parte en esta obra: mi solo trabajo es escoger los mas bellos entre tantos socorros extranjeros. Todos los pueblos que han llegado á un grado considerable de opulencia, me presentan para ella un fondo inagotable de ricos materiales: y tantos célebres artistas que la naturaleza ha concedido á climas privilegiados, para que trasmitan á los siglos futuros el mérito de los suyos, me ofrecen su destreza para pulirlos y hermosearlos. La voz lánguida del poder anonadado sale todavia de la tumba del imperio romano; y el genio se siente respirar entre las ruinas de la Grecia. Jamas he trabajado con mas satisfaccion: y no me admiraria que el cuadro que estoy formado, saliese un jefe de obra. Yo puedo disponer de los colores del Asia, y tengo á la mano los pinceles de Ródas y de Aténas.

Si: todas las sociedades deben al comercio cuanto tienen de delicado y de grande. La hermosura y la riqueza esparcidas en la vasta extension que limitan el oriente y el ocaso, el septentrion y el medio dia, son los caracteres que componen su historia. Para leerla, es preciso recorrer el globo entero. Esos obeliscos magníficos que se descubren al traves del tiempo, dominando en las costas del mar Mediterráneo (1) á todo el resto de la tierra, nos enseñan el sitio de su orígen: y esas inscripciones que se advierten en ellos, y que ha llegado á borrar el polvo de los siglos, son odas consagradas á su precioso nacimiento. Allí me parece que leo: *la felicidad y la alegria van á derramarse sobre la faz del mundo por mil canales diferentes: la abundancia y la cultura irán disipando hasta las sombras de la miseria y la barbarie: y ya no serán irreparables los estragos de la guerra. El comercio ha aparecido, ha empezado á embellecer la tierra, y se ha encargado de poblar los lugares desiertos.*

¡Que horroroso es ver á Nabucodonosor demoliendo los muros de la capital de la Fenicia, y al hermano de Menelao reduciendo á cenizas la ciudad magnífica de Dárdano! Pero ¡qué bello ver á los habitantes de la antigua Tiro refugiándose á una isla, obscurecer en poco tiempo la gloria de Sidon; y á los humildes restos de la soberbia Troya ir subiendo por grados á ese poder formidable que los hizo despues capaces de vengar la ofensa de su patria, abatiendo el orgullo de esa arrogante nacion, que no contenta con dominar aquí abajo, establecia dioses en los cielos, y dividia entre ellos la administracion

(1) El Egipto.

del universo! Entónces es cuando espira el periodo grosero de la humana sociedad, y esta empieza á conocer sus verdaderos intereses. Entonces es cuando el mundo sale de su infancia; y el semblante risueño de su graciosa juventud hace desaparecer los fingidos encantos de la edad de oro. Seria magnifico sin duda ver á la tierra ofreciendo voluntariamente sus frutos sin ser atormentada por el arado del labrador. Pero es mas magnífico aun verla poblada de hombres laboriosos que emplean sin cesar, para removerla y levantarla, todas las máquinas del genio: ver á todos los pueblos empeñados en fomentar su recíproca industria: todos trabajando en protejer la gloria de los otros. Los chinos domando el Golfo Pérsico, que jamas habia sentido el peso de los bajeles: los Persas haciendo navegables el Tigris y el Eufrates: los Egipcios plantando colonias en la India: y los Griegos edificando ciudades en los sitios mas proporcionados para el tráfico.

Entretanto Cartago que debia su orígen al comercio de los Tirios, crece prodigiosamente á la sombra de esta divinidad tutelar: disputa á las águilas romanas el imperio del mundo: y levantara un trofeo contra la potencia colosal de la república, sino se embriagara Anibal con las delicias de Capua.

Los romanos que habian sepultado al comercio en el sepulcro de sus reyes, y que despues pensaban solo en extender su dominacion, sienten irse apagando el antiguo explendor de la república á proporcion de los progresos que hacia su rival. Pero una nacion tan sabia, no tardó mucho tiempo en conocer que el tráfico se habia hecho esencial á la organizacion de los cuerpos políticos: y lo hace renacer con un suceso tan feliz, que recoge en su seno las riquezas todas del Africa y del Asia, y se hace la señora del mar y de la tierra.

Ya habia desplegado el comercio toda su energia. Ya habia llegado á un punto de elevacion de donde era preciso que bajase. El último paso de su gloria debia ser el primero de su ruina. Roma excita los zelos de las naciones escitas y germanas, así como Tito en otro tiempo armó contra sí la envidia de los Asirios y Caldeos. Los bárbaros del norte inundan las provincias occidentales de la famosa Italia, y causan en el sistema mercantil una revolucion mas funesta que la que le hicieron sufrir las conquistas de Alexandro. El robo y las violencias cortan la comunicacion de las ciudades y los campos: van desapareciendo poco á poco la poblacion y el cultivo: y la industria perece en el desórden. En este estado de confusion y de tumulto, el imperio se divide. Mientras que la guerra sentada sobre su trono de hierro, sumergía al occidente en un abismo de miseria y de barbarie, el comercio retrocede á su orígen primitivo, y vuelve á fijar en el oriente su trono de oro. Derrama sobre Venecia las riquezas de la India, y la pone en un estado de opulencia que jamas habian osado esperar sus habitantes. Venecia se llega á apoderar del tridente de Neptuno, y se hace respetable á todo el continente. Yo contemplo con placer esa época feliz de la república; y las pequeñas islas que la forman, me parecen columnas elevadas por la naturaleza en medio de los mares para sostener á la grandeza arrojada de la tierra.

Ya los Italianos iban desenterrando su antigua gloria de entre los escombros del imperio, cuando los felices descubrimientos del siglo 15 sofocan en su suelo la industria que fomentan en todo el resto del mundo. A todos los pueblos fortifican y enriquecen: á todos les aumentan la masa de las comodidades y placeres: pero destruyen la riqueza, y enervan el poder de la república, las dos grandes puertas que abrieron al comercio Vasco de Gama y Cristobal Colon. Dobla el Portugues el cabo meridional de la Africa: varian de rumbo los tesoros del Levante; y se eleva Portugal sobre las ruinas de Venecia.

Ya no es el Malabar el depósito de las producciones bellísimas del Asia. La Europa toda, Amberes misma tiene que ir á buscarlas á Lisboa, tal fue el teatro de la grandeza Portuguesa, que despues de haber sido conducida á un grado desconocido en los siglos anteriores, perece en el naufrajio que hizo descubrir á Alvaro de Cabra (1) las costas de la América, Portugal no piensa desde entónces sino en hacerse rico, sin pensar en el trabajo que solo atrae las riquezas: y ha llegado á conocer muy tarde que la canela de Zeilan valia mas que los diamantes del Brasil.

Mientras que el comercio proporcionaba á esta nacion las ricas mercaderias, proporcionaba á España el precioso metal con que se compran. Pues si debió Cárlos V. al ánimo esforzado de los ilustres reyes que le habian precedido, el cetro de oro del antiguo mundo, el comercio lo hizo empuñar el cetro nuevo del mundo de oro. Y en el tiempo feliz de Felipe II., en que fué nuestra España el centro de ese círculo donde giraban los grandes intereses de las naciones negociantes, era la casa de Austria la mas poderosa de la Europa. Sus tesoros eran inmensos, sus ejércitos invencibles, y sus armadas formidables. Pero apenas llegan las riendas del gobierno á las débiles manos de Felipe III., desaparece el comercio, y se lleva consigo las riquezas, los ejércitos y armadas. Debilitado el español por

(1) Alvaro de Cabra llegó á las costas del Brasil por salvarse del naufragio que sufrió en 1052.

la falta del comercio que, segun la expresion de Bocalini, es uno de los dos pechos que alimentan el estado, no puede aprovecharse del precioso descubrimiento del intrépido Lopez (1); mientras que el Olandés engrosando sus fuerzas en la India, le conquista cuanto poseía al otro lado del Ganges. ¡Qué espectáculo tan triste el que ofrecía nuestra España en todo el discurso del siglo XVII! Parece que iba retrocediendo precipitadamente á sepultarse otra vez en el horrible caos del siglo IV. Pero en fin Felipe V, ese rey grande y virtuoso que nos mandó la pérfida nacion que acaba de quitarnos ahora un descendiente suyo mas grande y mas virtuoso, se empeña en proteger la agricultura y el comercio; y comunicando á sus vasallos la pasion que lo devora, empieza á disipar la melancólica oscuridad en que yacía la península. Sigue Fernando VI las máximas sabias de su padre. Y cuando el gran Carlos III entabla el tráfico ventajoso de las islas Filipinas, no se atreven á impedírselo las dos naciones comerciantes que sentían disminuirse considerablemente los tesoros que sacaban del Asia. Pues ya las fuerzas de la Holanda no eran bastantes para oponerse á las ideas de la España; y la orgullosa Inglaterra temia el poder de la casa de Borbon.

Esta alternativa de debilidad y fortaleza ha sido en todos tiempos obra del comercio. El ha variado mil veces la faz del universo, trasformando á cada paso las áridas montañas en ricos minerales, las aldeas en ciudades, y las cabañas en palacios. La Polonia, que al presente apenas tiene lugar en nuestros mapas, era una potencia respetable cuando los otros pueblos eran labradores y soldados. Y la Holando, que era entónces un rincon pequeño de la tierra casi siempre sumergido en las aguas del Rhin, y que solo subsistia de la pesca, es ahora una república tan poderosa y formidable, y ocupa un lugar tan distinguido en el sistema político de Europa.

Antes del siglo XVI, cuando Génova y Venecia producían esos hombres que hicieron recular los límites del mundo, ¿cuáles eran las fuerzas navales de esas dos naciones que se disputan en el dia el imperio de los mares con esfuerzos mas gloriosos que los atenienses y esparciatas? La reina Isabel no encontró mas navios que los destinados á la pesca: y ocho que ocuparían uno de los rangos inferiores en las escuadras modernas, componian la marina que recibió Luis XIV con el trono de la Francia, pero que rápidos han sido sus progresos desde que Colbert y Cromwel despertaron en ellas el zelo del comercio! Inglaterra y Francia han llegado á adquirir una superioridad que atemoriza y su rivalidad mantiene el equilibrio

(1) Las Islas Filipinas.

del mundo. Sus continuas disenciones las perjudican mutuamente, y retardan sus pasos: pero cayendo una de ellas, acaso envolveria entre sus ruinas la gloria de la otra, Derribada una de las mayores columnas que sostienen el edificio grande de la opulencia general, deben resentirse todas las demás. Por eso Esparta rehusa esclavizar á Atenas; y Roma se arrepiente de haber destruido á Cartago.

Siempre fijaron las armas, las épocas funestas del comercio y siempre fijó el comercio las épocas felices de las armas. Esta mezcla monstruosa de intereses tan opuestos, es el orígen de las famosas revoluciones que han experimentado los imperios en los siglos anteriores; y que irán experimentando en los futuros, hasta que luciendo un dia claro sobre toda la tierra, conozcan las naciones que el comercio es la balanza de oro donde se pesan sus fortunas; y destronada la ambicion, vuelva á tomar la naturaleza las riendas del mundo.

Arbitros soberanos de los derechos de los pueblos, ¿queréis contar el número de vuestros vasallos por el número de los hombres! Demoled los muros que rodean vuestras plazas: trabajad en que la mano del labrador emplee en conservar la humanidad esa porcion de hierro que está empleando en destruirla la mano del soldado: empeñaos en que haga gemir los talleres y las fábricas, esa multitud de hombres que está gimiendo en el dia bajo del peso de las armas: haced que conduzcan á los paises extrangeros el fomento y la vida, esas escuadras numerosas que ahora solo conducen la desolacion y la muerte: no os alejeis de vuestras casas tantos millares de leguas, para ir á aumentar la suma de las misérias del género humano: respetad á los hombres: sabed que la felicidad ó la desgracia que llevais á las regiones mas remotas, por una especie de reaccion han de volver á vuestro imperio: tributad á la deidad encantadora del comercio, la adoracion que tributais al monstruo de la guerra, y sereis señores de todo el Universo. Un pueblo guerrero necesita derramar una porcion considerable de la sangre de sus hijos, para hacer tributario á otro pueblo; un pueblo comerciante sin derramar una gota, hace tributarios suyos á todos los demás. El célebre Luis XIV pensaba fundar una monarquia universal, entablando una amistad inviolable con todo el género humano; y obligando al poderoso agente del comercio á llevar hasta los pies de su trono los homenages y tributo de todas las naciones. Al mismo fin habia aspirado ántes el hijo de Filipo, pero por el camino opuesto de hacerse el enemigo de los hombres, destruir sus ciudades, y arruinar sus reinos. ¡Cuanto mas sensato el príncipe francés que el macedon! El primero, si lograra que la paz derramase en todas las sociedades sus benéficos influjos y que circulasen con libertad por toda la superficie de la tierra la felicidad y la abundancia, hubiera empuñado el cetro de un mundo floreciente. El segundo, haciendo resonar en todo el globo la fatal trompeta de la guerra, ó hubiera sido la víctima de su proyecto sanguinario, ó hubiera conseguido reinar sobre desiertos.

La sangre apaga el esplendor del trono que el tráfico fomenta. La negociacion sola es la sólida base capaz de resistir el peso de la magestad y de la gloria. Yo veo á Roma mas poderosa cuando manda cien navíos á la India, que cuando quema quinientos á la vista de la capital del Africa (1): y Alexandro me parece mas grande edificando á Alexandria, que destruyendo á Tiro. Pedro el Czar y el gran Gustavo, esos dos príncipes ambiciosos que se dejaron dominar enteramente del bárbaro placer de exterminar á sus semejantes, conocían sin embargo el poderoso influjo del comercio en la prosperidad de los imperios. Trabajaba el Moscovita en enseñarlo á sus vasayos, mientras el Sueco confesaba, que él sostenía las coronas sobre las cabezas de los reyes. Sin el favor de los comerciantes jamas se pusiera en práctica el valor de los soldados. Ni pueden recompensarse á la humanidad los estragos que hace en ella el que lleva en la mano el terrible azote de Belona, si otra no lleva en la suya la cornúcopia de Amaltea. ¿Qué adelantara la república Romana con tener tantos cónsules ilustres que llevasen sus armas victoriosas hasta las extremidades de la tierra, si no tuviera comerciantes que condujesen á Italia los despojos del mundo conquistado? ¿Ni cuál seria el servicio que hicieron á su patria los Corteses, Almagros y Pizarros viniendo á ofrecer al ídolo de oro de la América la sangre de la Europa, si la máquina admirable del comercio no trasportase á la Europa los montes de plata de la América?

Ninguna profesion exige los homenajes de los hombres con mas justicia que el comercio. Que se le presten, pues, los primeros respetos en los magníficos palacios de los administradores de los grandes imperios, porque él produce y sostiene la riqueza y el poder: que se le rindan obsequios en los augustos gabinetes de la humanidad, porque proporciona alivio á sus dolencias: que se oigan resonar sus elogios en los brillantes retretes adornados de muebles extranjeros, mientras en ellos se hermosea el bello sexo con los diamantes, las perlas, y las demas preciosidades que le conducen de la América, de la Europa, del Africa y del Asia, para contentar en él la pasion que lo domina: y entónensele himnos tambien en el alcázar de las ciencias.

(1) Escipion despues de haber derrotado á Annibal mandó quemar la armada de los Cartagineses compuesta de quinientas naves.

Si no se profanan los altares de Minerva, ofreciendo en ellos inciensos á Mercurio. Estas dos divinidades del Egipto eran esculpidas juntas por el cincel de la Grecia: sus templos eran los mismos, y sus fiestas comunes. Las orillas del Nilo que fueron la cuna del comercio, tambien lo fueron de las ciencias. Desde entónces han sido inseparables, y han participado igualmente de las revoluciones de la tierra. Cuando las ciencias salen de su patria conducidas por Pitágoras temen acercarse á los muros de la guerrera Esparta, y van á fijar su sello en la industriosa Atenas. Ellas fueron desterradas de la Grecia en el mismo tiempo que el comercio: y estuvieron mil años sepultadas con él en las cenizas de la antigua Italia, jamás Roma fué tan comerciante como en el siglo de oro de sus letras, ni Francia vió brotar en su suelo las semillas de luz y de cultura que le llevó de España Francisco I hasta que Luis XIV, comunicó al comercio todo el vigor de su alma grande. La moderna Tartaria y la Siberia á quienes una cruel naturaleza ha negado las delicias de la comunicacion y del tráfico, separándolas del resto de la tierra con el muro impenetrable del occéano glasial, estaban sumergidas en la ignorancia mas profunda, mientras que el químico Bertoldo preparando en Alemania el descubrimiento de la pólvora que debia someter la América á la Europa, enriquecia la física y la historia natural: Galileo inventando el telescopio en la capital de la Toscana, erigió en sistema la conjetura de Copérnico: Bayle desde Inglaterra contestaba las experiencias que Pascal y Torricelli hacian en Auverña y en Florencia: y Des-cartes desde Francia prestaba á toda la Europa el hilo que la sacó del intrincado laberinto en que la tuvo Aristóteles encerrada diez siglos.

Solo florece la sabiduría á la sombra fecunda del comercio. Parece que acostumbrada á la tranquilidad y la abundancia de su orígen, no llega á acomodarse á la miseria ni al tumulto. No pueden llevarse en una mano el libro y el arado. Ni el númen benéfico que preside á las ciencias permite que se mezcle á ese humo aromático que se eleva en sus templos apacibles con tanto reposo y magestad, el humo pestilente que se eleva con tanta precipitacion y desórden en los templos terribles del númen de la guerra.

JOSE JOAQUIN DE LARRIVA.

FABULA.

EL MONO Y LOS GATOS.

De escribir mi fabulita
hoy me ha venido el humor;
y un mono el héroe será
digno de toda atencion.
¡Salirnos ahora con monos!
dirá acaso algun lector;
tenga paciencia hasta ver
en lo que el caso paró.
Hallábase cierto gato
sobre un caliente fogon,
durmiendo y gozando en paz
de aquel plácido calor.
Hecho un apretado ovillo
estaba y muy si señor,
dejando rodar la bola,
y roncando á su sabor.
¡Qué cerca está el mal del bien!
nuestro gato lo probó
á quien por muy poco tiempo
su *vita bona* duró
En esa misma cocina
sentadito en un rincon

estaba el perverso mono
que el bien del gato acabó.
Era el monillo mas feo,
mas flacuchento y pelon,
mas vil y mas insufrible,
mas indigno y salteador,
mas dañino y mas ruin,
mas travieso y mas ladron,
el mono mas malo, en suma,
de cuanto mono hizo Dios.
Debió de darle sin duda
en la nariz el olor
de un buen chorizo que puesto
sobre las brazas dejó
una criada de la casa
junto al gato dormilon,
muy segura, ya se vé,
de su conciencia y honor.
Agua se le hacia la boca
al tal mono, el corazon
le latia, y en verdad,
latíale con razon;
que un buen bocado hasta entonces
jamás por su boca entró.
Hétele aqui que se viene
derecho para el fogon:
llega ya, y sobre el chorizo
la atrevida mano echó.
¡Ola! al punto la retira,
y con precipitacion:
¿Qué hubo? ¡qué ha de haber!
que el fuego, á la presa defendió.
Por el chasco no desmaya,
y con un nuevo valor
tres, cuatro, cinco y seis veces
la intentona repitió;
pero en todas bien quemado,
lo mismo que antes salió.
Parado y tanto ojo abierto,
por largo rato quedó,
contemplando muy despacio
el objeto encantador,
y meditando la traza
para saciar su ambicion.
La encuentra, y con aire fiero
hubo de exclamar: pues no,

" Sin que mis manos lo paguen,
" el chorizo vendrá á nos,
" lo juraré...... y lo juró.
Acércase á nuestro gato,
y un cuarto de hora le habló,
sobre su antigua amistad,
y más que amistad, amor.
La mano llena de ampollas
por el lomo le pasó,
y no falta quien afirme
que su mejilla besó.
Hizo á lo último, de amigo
la comun demostracion;
la mano del triste gato
con sus dos manos tomó;
el cual adormido y lleno
estaba de admiracion.
Al ver aquellas finezas
de la mona dignacion,
y nada, nada recela,
que no conoce el traidor.
En fin la mano agarrada
dentro del fuego metió;
con ella cual con un palo,
los carbones desvió,
y haciéndola con mas fuerza
dió con ella un embion,
que el oloroso chorizo
al campo raso sacó.
De los dolores del gato,
un pito no se le dió;
púsose á comer muy fresco
el paciente maulló;
y quemado y aburrido,
sale atestando veloz.
Esta industria original
linda al mono pareció,
repitióla, y muchas manos
de muchos gatos quemó.
Mas al cabo de algun tiempo
corrió por cierta la voz
de que el mono habia intentado
otra empresa muy mayor
con un gatazo disforme
que los machos le paró.

Y cuando con pico y patas
metido en ella se vió,
luego luego de los gatos
un consejo se formó,
ruina y muerte resolvieron
de este monuelo bribon,
y corriendo hecho un demonio
vino el gatesco escuadron.
Brincan sobre el alevoso
ciegos de rabia y furor;
y un millar demordiscones,
y de araños un millon,
y un sangriento monicidio
á todo gato vengó.
Príncipes, pueblos de Europa,
¿Nó podré deciros yo
que vosotros sois los gatos,
y el mono Napoleon?
Los principios son iguales:
será igual la conclusion.

(Del Dr. Larriva.—Abril de 1813.)

ELOGIO

Del Excmo. é Illmo. señor Dr. D. Bartolomé María ds las Heras, caballero Gran-Cruz de la real y distinguida órden española de Cárlos III, y de la de Isabel la Católica, del Consejo de S. M. dignísimo Arzobispo de Lima etc. etc. Pronunciado en la Universidad de San Marcos, el 27 de Octubre de 1815, en el acto de Teología que le consagró D. José Izaguirre, alumno del Real Seminario, por D. José Joaquin de Larriva, maestro en artes, Dr. en sagrada Teología, y catedrático de prima de Psicología en dicha universidad.

SEÑOR:

Desde que la Francia emprendió la obra de su regeneracion, rompiendo los diques que le habian fabricado siglos enteros de esclavidud y tiranía; su energía y su entusiasmo llevados al exceso, habian contagiado á ambos mundos. El horrendo clamor de la trompeta, que desde el centro del Austria hizo despertar los zelos de todas las potencias del oriente, habia lanzado sus ecos espantosos á las últimas regiones del ocaso; y el genio de la guerra, despues de haber sacrificado millones de víctimas en el continente europeo, habia volado á sacudir sobre el nuestro su hacha ensangrentada. Los vientos impetuosos de la devastacion y de la muerte soplaron al mismo tiempo por el septentrion y mediodia; y la pasion marcial se habia difundido, con la celeridad del fuego eléctrico, del un cabo al otro de la América. Entre las playas que vieron arder las naves del vencedor de Montezuma, y el pais que sirvió de cuna al fuerte Caupolican, no hay un punto solo que se haya libertado de esta especie de epidémia política. Hasta en las orillas del manso Rimac se han advertido sus síntomas fatales. Jamás hemos oido, es verdad, el estallido del cañon. Pero ¡cuantas veces hemos oido, en esta aula resonar los elogios de los que hacian mas estragos, con sus tiros, en la miserable humanidad! Nunca hemos visto humear nuestras murallas. Pero estamos fatigados de ver aquí humear los incensarios en obsequio de aquellos que sabian derribarlas y reducirlas á polvo. Los oradores de la Patria no han hablado en veinte años sino de ruinas, de sangre y de destrozos. Y la juventud estudiosa no ha creido continuar con gloria su carrera; si no consagraba las primicias á los feroces maestros del arte horrible que estaba despoblando al universo. Parece que los hijos de Apolo habian degenerado en esta era de ser primitivo y que las letras desdeñando la gracia de Minerva, se habian acogido al patrocinio de Belona.

Pero ¡que feliz mutacion en la academia! Hoy no se oyen en sus aulas, ruidosas relaciones de sitios y combates. A la aspereza de los clarines, ha sucedido esta tarde la dulzura de las flautas: á los fusiles y morteros, las plumas y los libros: á las tiendas de campaña, los apacibles gabinetes: á los campos de batalla, las cátedras y púlpitos; y á las hazañas horrorosas del conquistador y el guerrero, las fatigas tranquilas del sabio, y las virtudes pacíficas del gefe del cristianismo. ¡Dia dichoso! en que dejando al estrepitoso estruendo de las armas, sus estátuas y trofeos; se reservan los cultos académicos para esa profesion que hace al hombre superior á sí mismo, que es el honor y el blason de la sociedad que la cultiva, y la delicia de de todo el universo. ¡Dia memorable! ¡Dia que debe escribirse con caractéres indelebles en los fastos de Lima! Este dia va á fijar una de las épocas mas felices de la literatura peruana.

Pero ¿es posible que en dia tan solemne en que son desagraviadas la virtud y las ciencias, sea yo uno de los ministros destinados á ofrecer perfumes al benéfico númen que á su nombre viene á tomar posesion en el Licéo, de los augustos derechos que tanto tiempo les tenian usurpados el furor y la ambicion? ¿Es posible que tratándose de entonarle cánticos de gloria, y habiendo en este coro tan harmoniosas voces, haya elegido la academia la disonancia de la mia? ¡Ah! ¡Qué no tenga yo la expresion enérgica de un HERAS, para salir con decoro de mi honorífico empeño! Disertísimo prelado: préstame tu elocuencia encantadora, para concurrir de un modo digno á la grandeza y pompa de este dia. Comunícame ese fuego....Pero, señores: yo creia sobre mis hombros un peso que no hay; y desconfiando de mis fuerzas, estaba mendigando un socorro de que no necesito. Los hombres extraordinarios no han menester oradores sublimes. Todo en ellos es grande: nada es preciso finjir. Todo en ellos es raro, nada es preciso encarecer: todo en ellos es brillante: nada es preciso dorar. Los adornos del arte solo sirven para debilitar sus acciones. Una narracion sencilla de su vida es únicamente la que ofrece una idea completa de su mérito. Para elogiar á un hombre comun, es necesario todo el genio de un HERAS. Para elogiar á todo un HERAS, es suficiente el genio mio. Sí: yo emprendí hablar de este ilustre pastor de nuestra iglesia, resuelto á sacrificar en su obsequio la reputacion de orador. Pero felizmente me he engañado. Sin tirar una línea, me hallo trazado el panegírico con que voy á poner los últimos remates al bello monumento literario que hoy le erigen las musas en su templo. El mismo ha trabajado esta obra preciosísima. Sus virtudes hacen el fondo; y su ciencia le dá todo el lleno de luz correspondiente. Yo no tengo mas que hacer, que desenrollar el cuadro, y presentarle á la academia.

¡Qué prespectiva tan magnífica! ¡Qué variedad de colores! ¡Qué belleza de imágenes! ¡Qué abundancia! ¡Qué riqueza! La imaginacion discurre abismada por un campo inmenso sembrado todo de luces, de virtudes, de triunfos, de laureles. Cuanto mas examina, mas descubre: y cuanto mas descubre mas admira. En todas partes ve grande á nuestro héroe: pero siempre le ve mas grande en el último punto en que se fija. En Toledo, el doctor le parece mayor que el dean; y en Guamanga le parece mayor el dean que el arzobispo. Las dignidades adquieren en su persona un explendor extraordinario: y los teatros de sus glorias disputan con razon la preferencia. ¡O HERAS! ¡O prelado inmortal! ¡Qué portentosas son tus obras, y qué elevado tu merecimiento! Tu memoria se conservará, no por los mármoles y bronces que á pesar de su firmeza, llegan á ceder al fin á la fuerza irresistible de los tiempos; sino por el respeto y el asombro que atraviezan ilesos las generaciones y los siglos. Y tú, Carmona, dichosa porcion de Andalucía: gloríate de tener un hijo que hará célebre tu nombre entre las gentes, no con esa celebridad funesta que dan los famosos desastres, sino con aquella plácida celebridad que solo puedan dar la piedad y los talentos. La posteridad hablará de Marengo y de Jena; pero hablará con horror, mientras que no podrá hablar de tí sin penetrarse de esa veneracion profunda de que hoy nos penetramos nosotros cuando hablamos de los pueblos venturosós que viéron nacer á Fenelon, á Fleuri y á Bosuet.

Una alma noble y generosa, un corazon magnánimo y sensible, un entendimiento universal y profundo, una memoria pronta y firme, un espíritu vivo y perspicaz, una imaginacion vasta y fecunda, un genio delicado y sublime: tales son las prendas inestimables con que el señor Heras se presenta en el mundo; y tales las armas poderosas con que, auxiliado por los jesuitas de Sevilla, emprende la conquista de la república literaria. Entra, combate, triunfa, la toma, y se apodera en fin de todos sus tesoros. Gramática, retórica, filosofia, teología, derecho eclesiástico y civil, historia profana y sagrada, moral humanidades, escritura, padres, concilios, todo, todo es la presa de su inmensa capacidad. No hay conocimiento que no persiga su sed insaciable de saber: y no hay conocimiento que resista á la fuerza de su penetracion. Aunque algunos ingenios privilegiados suelen enriquecerse con todas las facultades, regularmente en una sola logran hace progresos extraordinarios. Pero él habia nacido para aprenderlas todas, y progresar en todas. El filósofo, el teólogo, el jurisconsulto, el canonista, el filólogo, todos son igualmente grandes, igualmente cèlebres, igualmente admirables.

Cualquiera de las ciencias que posee era bastante para hacerle capaz de ilustrar los paises á que debia la educacion y el nacimiento. Pero era precisa la reunion de todas, para que pudiese lucir en la antigua corte de los reyes de Castilla; y servir de punto de apoyo á esa sólida fama que comenzó á afianzarle su predilecto hijo Alfonso el sabio. ¡La fortuna de la universidad de Toledo! ¡Contar al señor Heras por miembro suyo! Ella le hace honor, es verdad, en recibirle en su seno; pero no le hace gracia. Le presta reputacion; pero la cobra con ventajas. Le condecora; pero mas se condecora á sí misma. Le proporciona un lugar distinguido entre los sabios de España; pero ella le toma entónces entre las universidades de Europa. Le confiere facultad para que hable en sus aulas; pero logra escuchar la voz de la sabiduria. Le da un laurel; pero recibe, en pago, ilustracion y nombre eterno. Si alguna vez han sido honradas las borlas de doctor, fué cuando ciñeron las sienes de este insigne varon, cuyos talentos descollando sobre los mas ele vados de su tiempo, hacian el encanto y asombro general: y cuya vasta doctrina tan copiosa y benéfica como las corrientes del Tajo, despues de haber fecundado la Castilla, salia como ellas á llevar á otras provincias la fertilidad y la vida.

¡Para qué me habré yo precipitado en tratar de este triunfo solemne tan digno de perpetuarse sobre los obeliscos mas altos de la literatura y del buen gusto! ¡Qué necesidad habia de seguir servilmente el hilo de la historia, si se hablaba de un héroe! Yo debí invertir el órden de las épocas. Debí quitar su grado del lugar que ocupaba en la serie de los acontecimientos de su vida, y colocarle en el último. Así hubiera conseguido dar á mi discurso una forma mas regular y mas bella, y conservar, y hasta el fin el interés de mis oyentes; pero no he sabido conciliar mi lucimiento con el suyo. En la mitad de la obra, me quedé sin materiales. Me veo precisado á continuar; y no hallo cosa capaz de entretener vuestra atencion. Os hablaré de Toledo. Ya nada espereis de mí de grande ni magnífico. Porque ¿qué podrá añadirse á la gloria de un hombre de quien ántes se ha dicho que mereció los aplausos de un pueblo que habia visto y conocido al criador del idioma en que han hablado los Garcilasos, los Cervántes, los Jovelláños y Olavides; al legislador incomparable que mejoró en sus partidas los brillantes trabajos de los Solones y Licurgos; al Tácito de España; al amigo mas favorecido de las musas castellanas; al émulo de Euclídes y Arquimédes, que osó reformar el primero las tablas astronómicas del famoso Tolomeo; al monarca inmortal que despues de seis siglos, reina aun en todo el mundo científico? El señor Heras se hizo admirar en la patria misma de Alfonso X. ¡Qué panegírico! Todo cuanto se diga despues, ha de ser precisamente débil, lánguido y frio.

¡Qué he dicho yo! ¿Me olvidé de que hablaba del Excmo. é Illmo. señor D. Bartolome Maria de las Heras? Los hombres verdaderamente grandes como él, ofrecen muchos puntos de vista diferentes. Si el orador por dejarse llevar de su carácter franco, ó por hacer ostentacion de su riqueza suma, derrama las gracias, disipa los primores, y prodiga las bellezas; puede consumir, no hay duda, todo el caudal que le franquean mirados por un lado. Pero los mira por otro: y adquiere nuevos fondos y recursos nuevos para continuar sorprendiendo y embelesando al auditorio. Tal es mi situacion en este instante. Yo tuve la imprudencia de presentar de un golpe al Heras literato. Pero ¿deberé por eso desmayar? ¿No me queda, por ventura, el Heras virtuoso? Sí, virtuoso Heras. Yo seguiré elogiándote: y tu elogio no me será desde ahora mas dificultoso que al principio. Antes espero ensalzarte mas en lo que resta, y ser mas elocuente. Agoté una materia; pero tengo otra á la mano mas abundante y mas amena. ¡Qué importa que la sabiduría me niegue sus imágenes, si me presta las suyas la virtud!

¡O virtud! ¡hermosa y envidiable virtud! ¡quién te poseyera, para pintar al vivo tus encantos! Tú eres el precioso fruto que adornando el espíritu del sábio, le hace digno del amor y la veneracion de los demás. Los talentos profundos que por una especie de fatalidad son la plaga mas terrible del linage humano, se tornan por tu influjo en instrumentos benéficos de su felicidad y sus delicias. Sin tí, los conocimientos mas vastos no son otra cosa que miséria, orgullo y vanidad. No hay heroismo sin tí. Y las letras jamás han sido loadas con razon, sino cuando tú, con tu soplo divino, las has animado, y puesto en movimiento.

Yo no sé, señores, como pudo progresar tanto en la carrera literaria un hombre tan ocupado en el estudio de salvarse. Lo cierto es que la bondad de su corazon no crecía ménos que la ilustracion de su espíritu: que ambas concurrieron á hacerle el oráculo de Toledo: y que la fama de su ciencia, por donde quiera que volaba, siempre volaba acompañada del olor de su virtud. Cuando hablo de su virtud, no quiero pasar en silencio que él jamás le dió en sus loables obras esa espantosa austeridad ni ese carácter meláncolico con que degradan á esta hija primogénita del cielo los mas de sus sectarios, robándola el deleite, el agrado y la hermosura. Siempre la presentó con aquel semblante apacible y risueño que la hace al mismo tiempo tan bella y tan amable.

Mi alma se recrea al contemplarle abandonando las altas distinciones que el mundo seductor le convidaba, por entrar en el camino de las humillaciones y la cruz: creyéndose mas honrado con ofrecer sus inciensos en el templo del Dios vivo, que con recibirlos él mismo en el santuario de la sabiduría; y dejando las comodidades y ventajas de una casa ilustre y poderosa, para ir á buscar trabajo en la viña del Señor.

Ahora es cuando me acuerdo de su linaje que olvidé al principio. Y ya no es tiempo de tratar de una materia que ántes habría dado un rasgo brillante á mi discurso. Las riquezas y los títulos hubieran recomendado al estudiante de Sevilla y al doctor de Toledo: pero no recomiendan al presbítero. Mientras le tuvimos en el siglo, se pudo haber hablado de la antigüedad, de los bienes de fortuna, de las acciones señaladas, y de los cargos honoríficos que hacen hasta hoy á su familia una de las primeras y mas respetables de Carmona. Pero ya le tenemos en la iglesia. Y la iglesia no conoce otra herencia, que la herencia del Señor; otro rango, que el rango de la virtud; otra nobleza, que la nobleza del espíritu; ni otra sangre, que la sangre de Jesucristo.

¡De qué expresiones me valdré para encarecer su humildad, esa profunda humildad que le mostraba tan pequeño á sus propios ojos, siendo tan grande á los ojos de todos los demás; y que le hacia creerse indigno de ocupar en la gerarquía de la iglesia esos puestos elevados á que era tan acreedor! Acaso se sepultaran sus talentos, y sus luces quedaran eclipsadas para siempre, si no mandara entónces las Españas un monarca ilustrado y justiciero que sabia conocer el mérito del vasallo, distinguirle y premiarle. Cárlos III, le hace capellan suyo y confesor de la reina: todo con el objeto de tenerle en su corte. ¡Qué no me sea permitido extender los límites de este discurso, para ponderar bastantemente los que él pronunciaba en Madrid! ¡Qué copia de doctrina! ¡qué amenidad! ¡qué dulzura! ¡qué vehemencia! ¡qué uncion! Se diria que el capellan del rey habia gastado toda su vida en cultivar la elocuencia del púlpito. Como los largos estudios y las profundas meditaciones le habian enseñado á manejar con destreza los resortes del corazon humano, excitaba los afectos con la mayor facilidad: El amor, el odio, la alegria, el dolor, la esperanza, el deseo, todos nacian al solo eco de su voz imperiosa. Como conocia demasiado á la virtud y la veia tan de cerca, la pintaba con tanta propiedad, que todos se enamoraban de sus gracias, y todos querian ser virtuosos como él.

¡Cuando imaginó la América servir de esfera algun dia á un astro de tanta magnitud! Pero el Padre de las luces no le habia criado para que iluminase un hemisferio solo: y hace que dejando la Península, venga á difundir sus rayos en estas regiones fortunadas. Yo no pienso demorarme en los deanatos que desempeñó tan altamente en Guamanga y en la Paz. Estas dignidades, por grandes que sean en sí mismas, son pequeñas en la historia de varon tan eminente: y ocuparian un lugar que debe reservarse á sucesos de mas excelencia y de mas gloria. Hablo de los que el Cuzco presenció en aquellos dias memorables en que le vió sentado sobre su silla episcopal. Aquí era donde él esperaba llegar, para mostrarse en todo su esplendor. El episcopado, al mismo tiempo que pone el colmo á su elevacion y su grandeza, pone en accion sus talentos, sus luces, sus virtudes, todas sus facultades, todas sus potencias. Era de verle amparando al huérfano con la una mano, y enjugando con la otra las lágrimas de la viuda: alentando al débil, y consolando al afligido: llevando él solo el peso de la mitra, y repartiendo las rentas entre todos: sufriendo con resignacion edificante, las penalidades y los riesgos de la santa visita de su diócesis: predicando en una aldea con la misma satisfaccion con que predicaba en Toledo y en Madrid: hablando el lenguaje de los pequeños é ignorantes, con la misma facilidad con que hablaba el de los grandes y los sabios: entrando en la humilde choza de un labrador miserable, con el mismo regocijo con que entraba en el palacio de los reyes: prodigando sus consejos, sus desvelos y cuidados: manifestando á cada paso su ternura paternal: trabajando en descubrir las misérias de la humanidad, para volar á socorrerlas: enseñando, con San Ambrocio, que despues de tocar sobre el altar el adorable cuerpo de Jesucristo, no hay honor para un ministro suyo, como el de aliviarle en sus miembros enfermos; obligando á practicar las virtudes, practicándolas él mismo: corrigiendo los abusos: haciendo brillar la disciplina: reformando el clero: instruyendo al pueblo: embelleciendo el santuario: fomentando el culto: dando en los beaterios de San Blas y Nazarenas, dos asilos seguros á las almas que huian de las tormentas del mundo, sin saber que daba al mundo dos testimonios auténticos de su caridad fervorosa; y levantando veintiocho templos que sirviesen á la gloria del Señor, sin pensar que levantaba veintiocho monumentos que eternizasen la suya.

¡Qué tierno y qué magnífico espectáculo! ¡La naturaleza se asombra al contemplarle, y la religion se complace! ¿Tiene un obispo mas deberes? ¿Hacían mas los fundadores de la iglesia? ¡O Cuzco! con razon te gloriabas de tu Heras; y con razon quedaste en desolacion y duelo cuando le trajo aquí la Providencia á ocupar la excelsa silla de los Mogrovejos y los Loaysas que acababa de perder un pontífice digno de los primeros siglos, el señor La Reguera. ¡Qué nombre! ¡Qué no pueda yo pronunciarle jamás, sin derramar algunas lágrimas! Permitidme, señores, que desohogue un poco mi corazon reconocido.

¡O La Reguera! ¡O sacerdote grande! ¡O mi protector! ¡O padre mio! tú abandonaste estas regiones, pero no abandonaste á este hijo tuyo. Te ausentaste de la tierra, pero quedaste en mi alma donde habias grabado tu cara imágen á fuerza de beneficios. Mi suerte, mis progresos, mi saber, cuanto soy, todo es tuyo: y tuyo será tambien cuanto sea en adelante. ¡Cómo te estarás complaciendo desde la mansion de paz en donde habitas, al verme ya en estado de elogiar en la academia al pastor ilustre que tú mismo sin duda nos impretaste del Señor para consolarnos de tu pérdida, y para llenar completamente el inmenso vacío que dejaste.

Sí, HERAS inmortal: tú has llenado este inmenso vacío: tú nos has consolado. ¡Qué heroismo! Cuando vivas en la posteridad con aquella vida de gloria que hoy comienzan á darte los genios de ese seminario, que ya vemos florecer bajo tu augusta sombra, no te harán tanto honor las grandes cruces de Cárlos é Isabel, como el haber reparado la falta de un REGUERA.

EPITAFIO.

PUESTO EN EL SEPULCRO DE LA INQUISICION CUANDO SE DECRETÓ SU EXTINCION POR LAS CORTES DE ESPAÑA.

Requiescan in pace. Amen.

SONETO.

En aqueste sarcófago se encierra
un fantasma que al mundo tuvo en poco;
fué el espantajo, el malandrin, el coco;
á nadie dió la paz, y á todos guerra.
Ya cayó en fin este coloso en tierra,
que tanto dió que hacer al cuerdo, al loco:
detente pasajero: limpia el moco,
y tus cuitas, y lágrimas destierra.
Ha muerto impenitente (segun dicen)
por lo que es justo que la hoguera enciendan,
y con sus huesos la candela aticen.
¡Mas oh dolor! mis voces no la ofendan:
en su aplauso otras plumas se eternicen,
y su causa las cortes la defiendan.

Del Dr. Larriva—Lima, 1813.)

En la muerte de doña Maria Moreno primera dama del Teatro de Lima asesinada por don Rafael Cevada el 2 de Agosto de 1813.

SONETO.

Lloren las musas con acerbo llanto
el desgraciado fin de la que un dia,
á Melpomene grata y á Talía,
de nuestra escena fué lustre y encanto.
Su primor y despejo pudo tanto
para darle opinion y nombradia,
que el culto espectador ya se creia
pasar desde el placer hasta el espanto.
En la flor de su edad encantadora
osó envano apagarle su luz pura,
y el sepulcro le abrió mano traidora;
Pues por vengarla, de esta losa dura
labró el genio un altar en donde mora
el talento, la gracia y la hermosura.

(Agosto 5 de 1813—Dr. Larriva.)

EL CONCISO.

EPÍGRAFE Ó ENCABEZAMIENTO.

UN CLAVO SACA OTRO CLAVO.
Y ESTO HA HECHO CAPAZ EL BRAVO.

INTRODUCCION.

MANIFESTACION DE UN HECHO,
"Que fué mal comunicado
Al público por Unanuè,
Por desengañarlo"
Se sacó el clavo Capaz,
y con otro clavo.

§ 1º

Varios lugares comunes.......
Vaya á ellos el Diputado
Con sus cálculos Loteros
De dos dias estirados:
Y ha pulverizado el testo
Que lo ha hecho pedazos.
Se sacó el clavo Capaz, y con otro clavo.

§ 2º

El enérgico papel
"Dice que fué improvizado"
Hé aqui el hecho : y al que lo hizo
Se le paró el macho.
"Pero es : que omitió Larriva
Que los Diputados,
Y el Secretario firmaran
En el gazetaso."
Dizque viendo mi papel
Enérgico, lloró un zambo. (1)
Y otros hechos hay Compadre.—
Para que es menearlos.....
Se sacó el clavo Capaz, y con otro clavo.

§ 3º

Vuelta al cálculo Lotero :
Válgante los diablos.—
¿ Péro quien ha de alabarme,
Si yo no me alabo ?
" Ainda mas Sëor Compadre
Que los dos enviados
Con eso de las cenizas,
Que están injuriando
En revolucion sangrienta.....
Luego titubearon,
Respondiendo ; como digo
En este parágrafo."
Y ¡ qué pobres hombrezuelos
Serán esos diablos,
A quien el improvizante
Autor Carmoniano
De sus estables principios
Ha desencajado !
Se sacó el clavo Capaz, y con otro clavo.

P. D.

Un tumor visible y bello.....
¿ Y se habia escapado ?
¡ Qué rico tumor Compadre,

(1) Dr. D. J. M. V. ¿Si seria él?

Rico tumoraso!
Se sacó el clavo Capaz, y con otro clavo.

APÉNDICE.

SONETO EN PROCLAMA.

Hundióse al fin: pulverizóse al cabo
La elocuencia Gerundia, y aun Supina
De pluma Carmoniana ó Capazina,
Para galvanizar de cabo á rabo.
Ea: que se electrice todo nabo
Con una tan enérgica PAULINA,
Que á San Martin asusta y amohina,
Y á cada tonto fincha como Pavo.
Cuéntese ya por fija la victoria:
Pues segun veo á Lima entusiasmada
Hará de los Chilenos Pepitoria.
La expedicion será Pulverizada,
Y hundiráse el prestigio *de su gloria,*
¡ Qué energía, qué triunfo, qué ensalada!

(Del Dr. Larriva—Lima, 1821.)

ELOGIO

Del Excmo. señor Simon Bolivar, Libertador Presidente de la República de Colombia, y encargado del supremo mando de la del Perú. Pronunciole en la Universidad de San Márcos de Lima, delante de S. E. el Consejo de Gobierno, el presbítero D. José Joaquin de Larriva; maestro de artes y Dr. en sagrada teología y en los derechos civil y canónico.

Al Excmo. señor Simon Bolívar, Libertador Presidente de la República de Colombia, y encargado del supremo mando de la del Perú.

Excmo. señor:

Cuando tuve la honra de ser encargado del elogio que se me oyó en la academia, en la tarde del 3, resolví publicarle bajo los auspicios poderosos del Mecénas mismo de la actuacion literaria en que fué pronunciado; porque al punto me ocurrió, que, como el brazo de V. E. habia libertado á mi patria del yugo del despotis-

mo, asi tambien su nombre libertaria á mi obra del furor de la censura: y que le serviria como de égida, contra los tiros de la mordacidad que la haria circular, con seguridad y con gloria, por todas las regiones del orbe literario. Pero despues me he visto precisado á mudar de dictámen; por haberme llegado á persuadir de que ni mi obra ha menester llevar al frente el nombre de V. E., ni yo tampoco puedo consagrársela sin cometer una injusticia.

Sí, señor Excmo. No hace falta un BOLÍVAR *en la portada de un discurso en que se lee mil veces esta voz prodigiosa que no puede jamas ni pronunciarse ni oirse, sin que la imaginacion se pierda entre lo maravilloso y lo sublime; sin que á la alma se presente la idea de la gloria; y sin que se sienta el corazon agoviado con el peso de un beneficio inmensurable que, aunque apure toda la efusion de los sentimientos que le animan, no es capaz de agradecer bastantemente. Y siendo mi panegírico formado por V. E., pues no son mas sus períodos que las hazañas inmortales que dieron la libertad á Colombia y al Perú, disponer de él ¿nó seria usurpar á V. E. el derecho que tiene á las obras que trabaja? V. E. levanta sus ejércitos: los disciplina y entusiasma: los hace atravesar montañas inaccesibles: los lleva sobre las aguas de los mayores rios sobre la tierra: sufre, con ellos, las molestias de las estaciones rigurosas: con ellos arrostra toda clase de obstáculos y peligros: se presenta, con ellos, en los campos de batalla; y hace cosas que pasman á la misma victoria que, sostenida de sus alas, observaba, de lo alto de los aires, cuales eran las armas que manejaba el valor, para bajar á coronarlas; á la misma victoria que acaba de ver pelear á Federico y Napoleon; y que estuvo en Arbélas y en Platea y en Accio y en Farsalia. Triunfa V. E., por fin, señor Excmo. Y ¿los triufos serán mios para que yo los consagre, aunque el númen sea V. E. mismo?*

Sin embargo, señor Excmo. Aunque el discurso no es mio, mio es el sacrificio que hice en ir á la academia á pronunciarle, cuando me hallaba asaltado de una terrible convulsion; exponiéndome así á no poderle concluir, como en efecto sucedió; á deteriorar mi salud: y tambien á perder, cualquiera que ella sea, mi reputacion de orador. Ese sacrificio ofrezco á V. E., pues no me parece indigno de sus aras. Dígnese V. E. de aceptarle: y crea, al mismo tiempo, que solo accidentes, como este, son capaces de detener mi lengua en la publicacion de sus glorias.

Dios guarde á V. E. muchos años.

Lima 13 *de Junio de* 1826.

Excmo. señor.

JOSÉ JOAQUIN DE LARRIVA.

EXCMO. SEÑOR.

¡Qué habia de llegar un dia en que se oyera en este sitio, la voz de la verdad! ¡Qué derribados los ídolos de la ambicion y el despotismo á quien la dependencia y el temor rindieron, por tres centurias, su abominable culto en el santuario de las musas, habian de colocarse, en su lugar, el genio y el valor! ¡Qué la divina elocuencia, tanto tiempo forzada á prostituir la belleza y el encanto de sus imágenes para dorar con ellas los crímenes famosos, habia de reasumir sus primitivos derechos; y ponerse en estado de loar á la virtud y al mérito! ¡Qué la lengua, señor, habia de ser, entre nosotros, intérprete del corazon! ¡Oh! ¡Cuán honroso es para mí hablar en el liceo en dia tan solemne: concurrir, con mi discurso, á la alta ceremonia con que se abre, para siempre, una época tan grande: y quemar, en los altares de Minerva, el primer grano de incienso que agradecidas las ciencias ofrecen al héroe digno que conquistó su libertad; esa libertad sagrada á cuya sombra benéfica acaban de emprender el encumbrado vuelo con que deben llegar, en poco tiempo, al punto de perfeccion á que son capaces de llevarlas, despues de quebradas sus cadenas, los ingenios profundos de que abunda nuestro suelo! ¡Cuán honroso es para mí, lo vuelvo á repetir, el que sirva de órgano mi voz al primer elogio de BOLÍVAR que se pronuncia en la academia! ¡Elogio de BOLÍVAR! ¡Y le pronuncio yo! ¡Seré capaz de hacerle dignamente! ¡Todo ocupado en la honra que venia á recibir, no pensé en la arduidad del empeño en que entraba!

Asi como era indispensable tener la espada de Bolívar, para hacer sus proezas; éralo tambien tener su pluma, para bien describirlas: y la posteridad se quedará sin conocer al héroe del siglo XIX, si él mismo, despues de haber obrado en los campos de batalla tantos prodigios como César, no escribe como él, los comentarios de sus guerras.

Hay, por otra parte, tantos y tan hermosos materiales, que yo no desespero de salir airoso de mi empresa. Tengo á la mano un conjunto de luces, de virtudes, de talentos, de trofeos, de triunfos y laureles que, si no empaño su brillo con mi tosco lenguaje, basta para ensalzar al héroe Colombiano hasta el grado de gloria que él merece. Yo le presentaré sencillamente; cuidando de no emplear las bellezas de un arte que no tengo la fortuna de poseer con perfeccion: y de no entrar en pormenores para que me faltan datos y talento para arreglarlos. Mi discurso vendrá á ser como un extracto en que solo se apuntan, por mayor, los hechos principales; como una perspectiva en que solo se pinta lo preciso para que se distingan los objetos; ó como una carta geográfica en que se ven señaladas, con pequeños puntos, las capitales mas grandes. Un período solo bastará, en mi panegírico, para dar razon de la batalla de Aráure, de esa batalla tan famosa por la heroica intrepidez con que un esforzado batallon, que entró en la accion desarmado por órden de su jefe, se proveyó de armas arrancadas de las manos de sus mismos contrarios; asi como basta un punto solo para designar, en el mapa, á la ciudad de Carácas, á esa ciudad menos célebre por haber oido, la primera el grito santo de libertad é independencia que resonó despues en los cuatro ángulos del mundo de Colon, que por haber sido la cuna de un Bolíbar á quien solo ha faltado brillar en otro teatro, para eclipsar las glorias de Pirro y de Alexandro.

Parece que la naturaleza y la fortuna se hubieran comprometido para hacerle grande. Si le prepara esta, de antemano, una porcion inmensa de riquezas, y le hace nacer de una familia de las mas ilustres y antiguas de Venezuela, le presta aquella una vasta capacidad, una penetracion profunda, un juicio sólido, un genio previsor, una actividad extraordinaria, un aliento superior á todos los peligros, y una robusta complexion capaz de resistir á todas las fatigas de la guerra. ¡Qué mas podian darle ellas! Ni ¡qué mas necesitaba él para hacerse uno de los mejores capitanes que existiéron jamás!

Una sábia educacion era cuanto faltaba para que no se malograsen disposiciones tan felices. Y, despues de recibir la mejor que podia dársele en su pais, las comodidades de su casa le llevaron á Europa donde visitó á España, Francia, Italia y Alemania, despues de haber visto, en el camino, á Méjico y

Habana. Este viage le llenó de luz y de experiencia; presentándole á la vista grandes intereses, grandes relaciones, grandes negocios, grandes controversias, grandes acontecimientos, y grandes hombres. Era entóncēs la Europa entera el teatro de la guerra. El clarin marcial, que se habia tocado en las orillas del Mediterráneo, sonaba ya hasta en las orillas del Glacial y el Atlántico y el Negro: las armas que brillaban sobre las márgenes del Sena, hacian temblar hasta á los pueblos que baña el caudaloso Gánges; y Napoleon marchaba, con pasos de gigante, en la célebre empresa de incorporar todo el globo al imperio francés, y que habria logrado consumar, si las tempestades del cielo, reveladas contra él, no bajaran á auxiliar á las tropas de la tierra. Las águilas imperiales volaban, triunfantes ya, de la Prusia á la Polonia, y de las Dos Sicilias á la Austria y á la Iberia: el trono de Pedro el Grande estaba vacilando; y á Paris se le creia destinada á ser la capital del universo. Combates, sitios, asaltos, convulsiones y batallas se sucedían sin cesar: y no se pasaba un dia sin que se batiesen dos ejércitos, ó se rindiese una plaza. Se podia decir, muy bien, que la mitad del mundo antiguo era, por ese tiempo, un campo de batalla: y que la otra mitad se preparaba á serlo. ¡Qué época! ¡Qué teatro! ¡Qué escuela para un hombre que, empeñado, desde jóven, en quebrantar los fierros de su patria, ansiaba examinar el curso de las revoluciones, y estudiar el arte de libertar los pueblos!

La exaltacion de Bonaparte al mas alto de los tronos del mundo fué el último de los grandes sucesos que presenció Bolívar en Europa, de donde pasó, despues, á la América del Norte en que á la sazon se hallaba el general Miranda, armando una expedicion para llevar la independencia á las vastas regiones de la Tierra Firme. Malograda que fué la expedicion, se retiró Bolívar á su pais: y se puso á cuidar de los intereses de su casa, mientras que las raras ocurrencias del continente antiguo, llegaban á mudar la faz del nuevo.

Sonó, por fin, la hora señalada en los labios eternos del destino para la emancipacion de las Américas: Y Carácas, que estaba escrita la primera en la gran lista de los pueblos libres, aparejó sus hijos al combate: abrió las puertas de Jano; y mandó hasta las plagas en que nace el sol, el ruido de sus parches. Yo no hablo una palabra de la honrosa comision que las nuevas autoridades confiaron á Bolívar cerca del gobierno de la Gran-Bretaña; porque al poco tiempo se volvió á embarcar, impaciente por prestar á su caro pais servicios mas activos. Y ¿hablaré del motin de los prisioneros españoles que le hizo abandonar Puerto-Cabello cuya defensa se le habia encargado? Y ¿por qué no he de hablar? Por importante que fuese la posesion de aquel punto, por tristes que hubieran sido las consecuencias de su pérdida, ¿qué capitan, el mas versado en los negocios de la guerra, podia prever desgracia semejante? Ni ¿quién era capaz de repararla como él que, poniéndose despues á la cabeza de seis mil valientes, atraviesa las montañas de Tunja y de Pamplona: se aposta sobre el Táchira; y, recibiendo allí refuerzos nuevos, se lanza, como el rayo, en pos del enemigo á quien encuentra en Cúcuta donde la fortuna combatió á su lado: y tanto favoreció los esfuerzos que él hizo para hacer bajar á la victoria sobre los estandartes de la patria, que mereció le perdonase la injusticia con que protegió, en el fuerte, la empresa de los prisioneros (1).

Algun tiempo le guardó fidelidad. Pero mudose despues: y abandonó, de nuevo, al grande hombre á quien nunca abandonaron la constancia y el valor. Imperturbable en los contrastes, conservaba siempre, en medio de ellos, bastante serenidad para salir de los peligros: marchaba derrotado con aire de vencedor: y se le vió el mismo en Cura y Araguita en que le fué tán adversa la suerte de las armas, que en Cúcuta, Grita, Barinas, Aguas Calientes, Aráure y Boca-Chica en que logró perpetuar su nombre y sus talentos. Si yo supiera describir estas ocho batallas, que ocupan la parte principal en el gran cuadro de su primer jornada, haria como un compendio de toda la gloria militar en que se creyera haber copiado, de la historia general de las campañas célebres, las acciones mas grandes de los primeros generales de todos los siglos y de todos los pueblos. Allí manifestó al mundo entero que su genio vasto se extendia á todas las partes de la guerra: que sabia defender una plaza, lo mismo que sitiarla: que vencia á los enemigos sobre las cumbres de los montes, lo mismo que en las llanuras: que las cordilleras y los rios no eran capaces de detener un punto la rapidez de sus marchas: que ejecutaba con actividad cuanto pensaba con madurez: que sabia suplir el número de soldados con el ardimiento y disciplina: que tomaba siempre partidos ventajosos en las circunstancias difíciles; y que poseía, por fin, el gran secreto de saberse aprovechar de sus mismas desgracias: de reparar sus pérdidas al punto: y dar admiracion al enemigo, cuando no podia darle miedo.

Sin embargo, habian dado los últimos desastres tan mal aspecto á la causa americana, que Bolívar se vió en la triste

(1) Aquí me agrabé considerablemente una fuerte convulsion que me habia asaltado en la mañana de aquel dia: y, fatigado en extremo, no me fué posible continuar. Però ¿quién es capaz, por sano que se halle, de seguir, sin fatigarse, los pasos de Bolivar? Me será siempre sensible haberme visto precisado á cortar el hilo de un discurso en que me habia arrebatado hasta los campos venturosos que vieron firmar con sangre la gran carta de la libertad de esta América; y me parecia estar acompañando á Bolivr, y participando de sus glorias.

precision de ir á Santo Domingo á negociar jente y armas para continuar la guerra, cuando las cosas mejorasen. ¡Qué aciagos fueron los dias de su ausencia! Se agolparon las desgracias sobre las armas libertadoras. Parecia que la victoria protectora de la América se habia marchado con BOLÍVAR. Triunfaban los tiranos en todos sus encuentros. Y se vió la independencia á pique de fracasar. Pero BOLÍVAR vuelve, y trae consigo la salvacion de la República. Las derrotas continuaron mientras que él no se puso al frente de los ejércitos. Pero acercábase el tiempo en que debian sucederles triunfos inmortales que atasen á la gloria, para siempre, al suelo Colombiano.

Penetrado Morillo, con justicia, de que la libertad del pais, que tenia oprimido el peso de sus tropas, debia salir, muy en breve, de Santo Tomás de la Angostura donde BOLIVAR se hallaba ejercitando á sus bravos en el manejo de las armas, que habian de llevar triunfantes de las bocas del Orinoco al golfo del Darien, y del mar de las Antillas al pais de las Amazonas, reune sus fuerzas en Carácas, y marcha con todas ellas sobre la capital de la Guayana. BOLÍVAR creyó imprudencia aventurar un combate, de cuyo exito pendia la suerte de la república, con un enemigo podersso á quien no podia arrancarse la palma de la victoria, sin uno de aquellos extraordinarios accidentes que jamás deben entrar en los cálculos de un jefe, y de que ofrecen pocos ejemplares los fastos de las guerras, y retíróse en órden con su jente; alejando los ganados que hallaba en los caminos, poniendo á veces fuego á las campiñas, y forzando siempre al enemigo á que marchase en cuadro. La fatiga y la hambre hicieron allí las veces de la bayoneta y el cañon: y la retirada tuvo el ayre de un triunfo. BOLÍVAR, sin presentar una batalla, destrozó la mitad del ejército del rey; y el jeneral español, vencido sin pelear, tuvo que huir de un pais en que entró tan orgulloso con la preponderancia de sus fuerzas; y que dejar á BOLÍVAR continuase, tranquilo, preparando los elementos de la independencia de su patria.

Esta fué la vez postrera que BOLÍVAR se vió necesitado á hacer la guerra de recursos, en que era capitan tan insigne como en la guerra viva. De la punta de su espada comenzó á brotar, desde entonces, un torrente rápido de triunfos que, despues de haber inundado á la antigua Santa-Fé, habia de entrar en el Pacífico, para salir otra vez á inundar nuestras tierras; semejante al Jordan que, despues de haber bañado las fértiles regiones del setentrion de Palestina, entra en el mar de Tiberiades, y vuelve á salir de él para bañar las del austro. No hace mas en adelante que derrotar y perseguir: y la victoria misma, á pesar de sus alas, se fatiga en seguir, de campo en campo, el vuelo de sus marchas, para presenciar sus hechos, y coronar sus armas que, vencedoras en mil puntos, logran por fin encerrar en una pequeña fortaleza á las últimas reliquias de los ejércitos de España; y franquearse las puertas de toda la República.

A la resolucion, tan sabia como enérjica que Bolívar tomó, de ir á buscar en una isla los medios y recursos de que habia menester para salvar el continente, se debió la libertad de la Nueva Granada y Venezuela; fruto precioso de las victorias de Várgas, y Boyacá, y Carabobo, que si no fueron tan ruidosas como las de Jena, y Marengo, y Austerlitz porque no se alcanzaron, como ellas, sobre los grandes ejércitos de Europa, han sido mas gloriosas, sin embargo, por haberse ganado á un enemigo que presentaba siempre doble fuerza en los campos de batalla.

Tantos hechos gloriosos, tantas inmortales proezas, tanta heroicidad y tanta fama, parecian ser la dulce recompensa de tanto valor, de tanto patriotismo, de tantas fatigas y de tantos trabajos. Se creería talvez que, en obsequio de Bolívar, habia agotado la fortuna todos sus favores, y la gloria todas sus coronas. Pero no era ese el fin de su carrera. Era solo el camino por donde debia subir á una esfera mas alta, y ponerse superior á los héroes mas grandes. Le faltaban aun laureles que segar. Aun tenia la fortuna favores que dispensarle. Aun tenia la gloria coronas que ceñirle.

¡Qué el desgraciado Perú no tuviese un Bolívar que supiera guiar los pasos de su revolucion! Todos los pueblos de la América habian ya enarbolado los pabellones patrios: y solo flameaban, sobre él, los estandartes castellanos. Todos sus ejércitos se habian disipado: todos sus fondos se habian consumido: todos sus recursos se habian agotado; y todos sus hijos, cansados de sufrir, miraban ya con fria indiferencia el éxito de los combates: y anhelaban solamente el que la guerra se acabara, cualquiera que fuese el partido que tomase la victoria. El despotismo y la anarquía se habian dividido su miserable imperio: y se disputaban, entre sí, sobre cual nos devoraba. ¡Todo amagaba horror y desolacion y sangre y muerte: y parecíamos nosotros estar condenados, irrevocablemente, á una servidumbre perdurable! Y ¿qué arbitrios quedaban que tomar en tan terrible crisis? ¿Habia acaso entre nosotros una mano bastante poderosa para alzarnos del abismo en que nos íbamos hundiendo? ¡La fortuna del Perú! ¡Nó caber en Colombia la gloria de Bolívar; y venir á ensancharse sobre su vasto territorio! ¡Qué acontecimiento tan plausible, tan digno de ocupar los primeros renglones en los anales de la regeneración del Perú! La llegada de Bolívar al puerto del Callao es la brillante fecha en que huyeron para siempre los anarquistas y facciosos, y en que los tiranos comenzáron á estremecerse de terror.

Aquí se espera de mí, y justamente, una descripcion circunstanciada de la batalla de Junin; milagro del valor, gefe de obra del arte militar, último esfuerzo del genio de la guerra. Yo me dispensé de hacerla de las acciones anteriores, por la poca luz que me presentaban desde la gran distancia á que se dieron de nosotros. Mas ¿qué me dispensará de hablar de esta con alguna detencion, cuando fué tan grande: cuando trajo la salud á la patria moribunda: y cuando yo debo estar perfectamente ilustrado de sus menores circunstancias por haberse dado casi á nuestra vista? Pero ¿qué hay que decir de una accion en que Bolívar nada trabajó? Nada mas hizo en Junin el vencedor de Pompeyo; *llegar, ver, y vencer.* Esa batalla inmortal en que el valor, triunfando de la fuerza, preparó, de un modo el mas maravilloso, la libertad del Perú, y cambió de repente su melancólica faz en plácida y risueña, no fué sino la obra de momentos. Y ¿gastaré yo mas tiempo en describirla, que el que gastó Bolívar en ganarla? Ni ¡cómo demorarme, tampoco, si tengo que seguir los pasos del triunfador que va corriendo ya, con la celeridad del relámpago, para hacer brillar sus triunfantes bayonetas en todas las provincias del vasto imperio de los antiguos Incas, hasta cerrar su campaña en la misma capital! Pero los restos miserables del ejército español, que lograron escapar del filo del cuchillo, le han cortado, desgraciadamente, el puente del Apurimac. ¡Ah! ¡Ahora se repitiera allí la magnífica escena que presentó al mundo el rayo de Macedonia sobre las aguas del Gránico, si la estacion horrenda de las tormentas y los yelos no osará detener la victoriosa planta; y forzara al valor á que hiciera una pausa!

La suspension de la guerra no fué suspension, para Bolívar, ni de trabajos ni de gloria. El marcha para la costa á recibir los auxilios que Colombia le mandaba. Y obligando á los tiranos á encerrarse en los castillos, entra triunfante en la capital de la república donde, al poco tiempo, recibe una nueva corona que la victoria le trae desde los campos de Ayacucho en que ciñe, con otra, la venturosa frente del digno general que, peleando con toda la destreza y con todo aliento de un Bolívar, hizo eterno su nombre; y acabó de fijar, para siempre jamás, la suerte afortunada de los pueblos peruanos. ¡O varon preclarísimo! ¡O campeon insigne! ¡O vencedor de Ayacucho! ¡O Sucre! Hasta el mismo Bolívar ha admirado la obra de tu brazo invencible; Bolívar que, acostumbrado á ejecutar diariamente extraordinarias cosas, parece que no debiera encontrar en la guerra nada nada que le diese admiracion. Recibe los homenages de veneracion y de respeto que hoy te rindo á nombre de las letras: y continúa marchando con pasos tan veloces hácia la inmortalidad, para que llegues cuanto ántes; y seas colocado, en su templo augusto, al lado de Bovívar.

No hay plaga mas terrible que el valor cuando no le acompañan las virtudes: y los bravos guerreros á quienes lleva á los combates ó la ferocidad, ó la ambicion, ó la avaricia, son los azotes del linage humano; asi como los guerreros virtuosos que solo corren á las armas para defender los derechos de la razon y la justicia, son los presentes mas bellos que pueden hacer los cielos á las naciones oprimidas. Será siempre venerada en el mundo la memoria de Scipion: en tanto que la de Atila pasará á la posteridad cargada con la ignominia y con la excecracion de los siglos. Si no hiciera mas Bolívar que vencer enemigos en el campo de batalla, y dejara que las pasiones le vencieran á él en el fondo de su corazon, ni él fuera entonces grande, ni yo me encargara de su elogio. Pero ¿quién observó sus tratados con mas religiosidad? ¿Quién guardó, despues de sus victorias, mas moderacion?. ¿Quién usó, con los vencidos, de mas humanidad? Y ¿quién prestó jamas testimonios mas ilustres de que no peleaba por el interes ni por la gloria, sino por tener únicamente la satisfaccion incomparable de fabricar con sus manos la prosperidad general? ¿Quién fué mas justo que él? ¿Quién mas piadoso? Ni ¿quién, tampoco, mas magnánimo? Devolver á Garcia la espada qué rinde en Pasto, poco tiempo despues de la accion de Bomboná, es un exceso de generosidad que honra mucho á la causa americana: y yo no sé si tiene ejemplos en la historia. Y ¿qué nombre le daremos al desprendimiento, mas que heroico, con que varias veces renunció el mando de su patria, y con que dejó en libertad á las cinco provincias que salvó con su espada, y que se honran con su nombre, para que ellas mismas decidiesen sobre el rango que habían de ocupar en adelante, entre los pueblos libres? Admitió, es verdad, la dictadura de la República Peruana. Mas ¿cómo dejaria de admitirla, sin echar un borron sobre sus armas y su nombre, cuando sabia muy bien que otro recurso no habia para libertarnos de un naufragio en el temporal deshecho que estabamos corriendo.

Cuando se habla de las virtudes de Bolívar, es imposible dejarse de acordar de las capitulaciones del Callao en que se hallan escritas, con los rasgos mas bellos, su magnanimidad y su clemencia. Así como, cuando se habla de las capitulaciones del Callao, es imposible dejarse de acordar de las virtudes de Salon cuya sabiduria las dictó; y á quien su denuedo y su firmeza le han dado tanto derecho á nuestra eterna gratitud.

¡Qué yo me acuerde ahora de una época de la vida de Bolí-

VAR que, si no es la mas grande para el mundo, debe ser, por lo menos, la mas satisfactoria para él! Hablo del fausto dia en que, desolojando á Monteverde, logró pisar, victorioso, el suelo patrio entre las bendiciones y los vivas de tantos deudos suyos y de tantos amigos, y de tantas gentes que le vieron nacer, y que en tropel concurrían á besar la mano bienhechora que acababa de romper sus pesadas cadenas, y de labrar su felicidad! ¡Qué, ántes de traerle al Perú, no me acordara de un suceso que habría dado tanta gracia y tanto interés á mi discurso! Para hablar ahora de él, era cosa indispensable llevar á BOLÍVAR otra vez hasta la capital de Venezuela: y yo no quiero verle distante de nosotros, ni aun con los ojos de la imaginacion, porque tiemblo por la suerte de mi amada república, á quien veo amenazada de un un contraste de que es capaz de salvar la diestra sola del Marte colombiano.

¡Sí vengador ilustre de la sangre de Atahualpa! Sí predilecto hijo de la alma victoria! Sí BOLÍVAR! Parece que el destino, no contento con verte ocupando un lugar tan preferente entre los héroes de la América, quiere verte ocnpar el primero entre los héroes del mundo. La santa alianza está empeñada en llevarte hasta mas arriba de la cumbre del honor, donde jamás se imprimió la huella humana. La continuacion de la guerra va á ser la continuacion de tu grandeza y tu heroismo; y mientras mas formidables sean los ejércitos que armen contra nosotros las potencias de Europa, tanto mayores son los triunfos que se preparan á tu espada. Tú vas á escarmentar, con ella, al aleman y al portugues, y á todo el que ose, sacrílego, profanar con sus plantas impuras el templo que has levantado á la santa Libertad. Y cuando hayas terminado la última y la mas gloriosa de tus grandes conquistas, la de una sólida paz, tendrá que buscar la fama un clarin mas sonoro para publicar acciones de un tamaño que nunca publicó: se extenderá hasta donde es capaz de extenderse la gloria: y tu augusto nombre, que hace la admiracion del orbe entero, será pronunciado en Sud-América, hasta la postrer generacion, con un mayor entusiasmo que el que sentían los romanos cuando, en el tiempo feliz de la república, se pronunciaba el de Flavio su primer dictador.

entre los [illegible]
entre los [illegible]
llevaba la [illegible] movimiento de la cumbre de [illegible]
[illegible] Francia [illegible]
ser la [illegible]
[illegible]
las [illegible]
propicia [illegible]
[illegible]
con este [illegible] el ejemplo que [illegible]
la Libertad. Y cuando [illegible]
[illegible] de las grandes [illegible]
que [illegible]
[illegible] de un [illegible]
lo es [illegible]
hace la [illegible] del arte [illegible]
América, [illegible] la nueva generación, [illegible]
[illegible]
de la [illegible]

CURSO

DE

GEOGRAFIA UNIVERSAL

DE LAS

CINCO PARTES DEL MUNDO,

ESCRITO POR EL PRESBITERO

D. JOSE JOAQUIN DE LARRIVA.

Maestro en artes; Dr. en Teología y en ambos derechos de la Universidad de San Márcos; Catedrático en la misma, de prima de Psicología, y de Geografía, Cronología, Historia y Gramática Castellana en el Convictorio de San Cárlos.

PERU.

SITUACION, EXTENSION, [illegible]. La República Peruana está comprendida entre los 3° 25' y los 21° 50' de latitud Sur, y entre los 69 y los 84 de longitud occidental del Meridiano de Paris. Tiene de [illegible] de E. á O. 150. Con[illegible] Colombia, de quien la separa el rio Tumbes por la parte de acá de la Cordillera de los Andes, que por la parte de allá [illegible] de [illegible] por el [illegible] está [illegible] República de Chile, por espacio de mas de 80 leguas; por el S. E. con un ramo ó brazo de la Cordillera de los Andes llamada Vilcanota, que se extiende de S. O. al N. O., con el gran lago Titicaca ó Chucuito, y con el rio Desaguadero que le separa de la República de Bolivia; por el E. con la cordillera de los Andes que la separa de esta misma República, y con tierras no conocidas que se extienden hasta mas de 500 leguas, y la separan del Brasil; y por el O. con el gran Oceano.

PERU.

GEOGRAFÍA FISICA.

Situasion, extension y límites.—La República Peruana está comprendida entre los 3.° 25' y los 21.° 30' de latitud Sur, y entre los 69 y los 84 de lonjitud occidental del Meridiano de Paris. Tiene de largo de N. á S., 365 leguas; y de anchor E. á O. 126. Confina por el N. con la República de Colombia, de quien la separa el rio *Tumbes* por la parte de acá de la Cordillera de los Andes; que por la parte de allá aun están por descubrirse los límites territoriales de estas dos Repúblicas: por el S. con el rio *Loa* y con el desierto de Atacama, arenal estéril que se extiende hasta Copiapó, en la República de Chile, por espacio de mas de 80 leguas: por el S. E. con un ramo ó brazo de la Cordillera de los Andes llamada *Vilcanota*, que se extiende de S. O. al N. O., con el gran lago Titicaca ó Chucuito, y con el rio *Desaguadero* que le separa de la República de Bolivia: por el E. con la cordillera de los Andes que la separa de esta misma República, y con tierras no conocidas que se extienden hasta mas de 500 leguas, y la separa del Brasil y por el O. con ei gran Oceano.

Nombre—Nada se sabe con seguridad sobre la etimolojía del nombre *Perú*. Unos le hacen venir de la voz corrompida *Virú*, uno de los valles de Trujillo; otros de *Berú*, rio que desagua en el Pacífico; y otros, en fin de *Pelú*, promontorio de la costa del mismo Oceano.

Divisiones antiguas—Algunos dividían al antiguo Perú, en *montarcos y marítimos*, separado uno de otro, por la gran cadena de los Andes. El primero comprendia todas las provincias situadas al Oriente de esta Cordillera, y se llamaba *montaráz* por los muchos montes que las cortan. El segundo comprendía todas las provincias situadas al Poniente de la misma cordillera, y se llamaba *marítimo* porque el mar Pacífico baña sus costas.

Otros en *Alto y Bajo Perú*, separados por el rio Desaguadero, el lago Titicaca y la cordillera Vilcanota, uno de los ramos ó brazos de los Andes que se extiende muchas leguas del S. O. al N. E. El primero comprendia todas las provincias situadas al S. E. de estas montañas, y se llamaba *Perú Alto* ó por su mayor altura de Polo, ó por su mayor elevacion sobre el nivel del mar con relacion al bajo.

El segundo comprendia todo el resto del vireinato; y se llamaba *Bajo Perú*, por contra posicion al *Perú Alto*. Trujillo es la parte mas baja del *Bajo Perú*; y por eso se le dió el nombre de *Paises Bajos ó Pais de los Valles*. Asi es que se llama *Valles* todo el territorio comprendido entre Tumbes al N., Lima al Sur, los Andes al E. y el mar Pacífico al O.

Pero las divisiones que se hicieron de órden del rey fueron las siguientes: á los principios de la conquista se dividió en dos gobiernos, el de la Nueva Castilla al N. con 70 leguas de largo, y todo lo que se descubriese al E. y al O. para D. Francisco Pizarro; y el de Nueva Toledo al S. con 200 leguas de largo y todo lo que se descubriese al E. y al O. para D. Diego de Almagro. Cuando se erigió el vireinato para Basco Nuñez Bela, se dividió en tres tribunales jurídicos, llamados *Audiencias*, que estaban divididos en 90 corregimientos: la audiencia de Quito al N., la de Charcas al S., y la de Lima ó los Reyes al centro. Entonces abrazaba el Perú desde la linea Equinoccial hasta el Trópico de Capricornio por ambos lados de la cordillera de los Andes; y desde las costas del Pacífico hasta las fronteras del Brasil, del Paraguay y de Buenos Airés. Y aun se puede decir que se extendia por el S. hasta el estrecho de Magallanes, y que tocaba por el E. la embocadura del Plata, las riberas del Atlántico y las montañas Occidentales de la América Portuguesa, llamada *Linea Alejandrina* del Papa Alejandro VI que demarcó con ella los linderos entre las posesiones americanas de España y Portugal; pues que estaban sujetos á sus virreyes los gobiernss de Chile, el Paraguay y Buenos Aires.

En 1784, desmembrado el Perú de las dos Audiencias de *Quito* y la de los *Chàrcas*, de las cuales la primera se habia agregado á la presidencia de Santa Fé, y la segunda al gobierno de *Buenos Aires*, para erijir los virreinatos de la Nueva Granada y de la Plata, la audiencia de los Reyes ó de Lima, á que solamente quedó reducido, se dividió en 54 partidos ó subdelegaciones que comprendían los 77 correjimientos que le habian quedado, y que estaban ellos mismos comprendidos en las ocho intendencias que siguen.

SITUACION.	INTENDENCIAS.	CAPITALES.
Al Norte........	Trujillo...............	Trujillo.
Al Centro........	Tarma...............	Tarma.
	Lima................	Lima.
	Huancavelica........	Huancavelica
	Huamanga............	Huamanga
	Cuzco...............	Cuzco
	Puno................	Puno
Al Sur...........	Arequipa............	Arequipa.

La intendencia de Puno era anexa al virreinato de Buenos Ayres hasta 1796 en que se agregó al Perú por cédula de 1º de Febrero.

Divisiones modernas.—En 1821 el general San Martin, que solo podia disponer de tres intendencias, la de Trujillo, la de Lima, y la de Tarma; porque las otras cinco estaban ocupadas por las tropas españolas, dividió la de Lima y Tarma en dos partes cada una; y así formó de las tres cinco Departamentos en la forma que sigue:

SITUACION.	INTENDENCIAS.	DEPARTAMENTOS	CAPITALES.
Al Norte..	Trujillo........	Trujillo.........	Trujillo
Al Centro..	Tarma.........	Huamalies.....	Huarás
		Tarma..........	Tarma
Al Sur....	Lima..........	La Costa.......	Huaura
		Lima...........	Lima

En 1823 el Congreso volvió á reunir las provincias que el general San Martin habia separado; dejando á la intendencia de Lima el nombre de *Departamento de Lima*, llamando á la de Tarma *Departamento de Huánuco;* y dando por capital á esta última la ciudad de Leon de Huánuco.

DIVISION ACTUAL.—De las ocho intendencias en que estaba últimamente dividido el antiguo vireinato del Perú, se han reunido dos, Huancavelica y Huamanga; se ha dado á esta reunion el nombre de *Ayacucho;* á Trijillo el de *Libertad;* á Tarma, que despues se llamó Huánuco, el de *Junin;* y á todas las intendencias en general el de *Departamento.* De modo que la República está dividida en siete departamentos de la manera que sigue.

SITUACION	INTENDENCIAS	DEPARTAMENTOS	CAPITALES
Al Norte..	Trujillo.......	Libertad.......	Trujillo
Al Centro.	Tarma........	Junin..........	Huánuco
	Lima.........	Lima..........	Lima
	Huancavelica . / Huamanga....	Ayacucho......	Huamanga
	Cuzco	Cuzco..........	Cuzco
	Puno.........	Puno..........	Puno
Al Sur....	Arequipa......	Arequipa.......	Arequipa

Estos siete departamentos están subdivididos en 60 provincias. (Pero en la actualidad está dividida la República en 11 departamentos y estos subdivididos en 62 provincias del modo siguiente.)

Situacion	*Departamentos.*	*Provincias.*	*Capitales.*
Al Norte	Amazonas.....	Chachapoyas.... / Maynas	Chachapoyas
	Libertad.......	Trujillo.......... / Jaen............ / Patáz .... / Huamachuco.... / Lambayeque .... / Chiclayo........ / Chota .... / Cajamarca	Trujillo
	Ancachs	Huaylas .... / Conchucos ...... / Huari .... / Santa	Huaráz

Al Centro	Junin	Pasco	Huánuco
		Huánuco	
		Jauja	
		Huamalies	
		Cajatambo	
	Lima	Cercado	Lima
		Chancay	
		Canta	
		Huarochirí	
		Yauyos	
		Cañete	
		Ica	
	Huancavelica	Cercado	Huancavelica
		Angaraes	
		Castro Vireina	
		Tayacaja	
	Ayacucho	Huamanga	Huamanga
		Andahuaylas	
		Cangallo	
		Huanta	
		Lucanas	
		Parinacochas	
Al Sur	Cuzco	Cercado	Cuzco
		Abancay	
		Anta	
		Aymaraes	
		Calca	
		Canas	
		Canchis	
		Chunvibilcas	
		Cotabambas	
		Paruro	
		Quispicanchi	
		Paucartambo	
		Urubamba	
	Puno	Azángaro	Puno
		Chucuito	
		Carabaya	
		Huancané	
		Lampa	
	Arequipa	Cailloma	Arequipa
		Cercado	
		Camaná	
		Condesuyos	
		Union	
	Moquegua	Moquegua	Tacna
		Arica	
		Tarapacá	

GOBIERNOS LITORALES.—Callao—Piura.

CLIMA.—La diversa situacion de los varios puntos del Perú, producen en ellos grandes diferencias de climas y estaciones. Los lugares mas elevados de los Andes están siempre cubiertos de nieve, y experimentan, á pesar de hallarse entre los trópicos, un invierno perpetuo. Los montes ménos elevados solo se cubren de nieve en la estacion fria; y las colinas gozan de una eterna primavera. La elevada llanura que se halla entre las dos cordilleras ápenas tiene variacion de temperatura en el transcurso del año. El termómetro de Ferenheit no varìa mas que los 65° á 66°, es decir uno solo. Esta region está constantemente verde; y los granos, legumbres y frutas de la Europa, encuentran en ella un clima general, sin embargo de hallarse toda situada en la Tórrida. El temperamento es sano, suave y agradable; y no se advierte otra distincion entre las estaciones del año que las lluvias que caen desde Noviembre hasta Mayo. En el *Pais de los Valles*; es decir, en la vasta llanura que hay desde Lima, Tarma y Tumbes, entre las cordilleras occidentales y las riberas del pacífico, no se conoce el relámpago ni el rayo, ni el trueno, ni la lluvia, ni la tempestad, pero el invierno y el verano se hacen notar bastantemente. Estas son las estaciones principales. El invierno dura desde principios de Julio, hasta fines de Noviembre, y el verano comienza en Enero y acaba con Mayo. El mes de Diciembre se llama comunmente *Primavera*, y el de Junio *Otoño:* pero esto solo señala el corto espacio en que se hallan mezcladas, la una con la otra las dos estaciones principales, sin que ninguna tenga enteramente su carácter propio. Mientras dura el invierno está el Cielo entoldado por una densa niebla que ápenas permite penetrarse por los rayos solares. Esta ausencia continúa del Sol junto con los vientos que nos vienen de las regiones fríjidas del austro, que aunque siempre son los dominantes aquí, soplan entónces con mayor violencia, causan un frio que molesta algun tanto, y obliga á vestirse de paño ú otros tejidos de esta especie. Al caer el dia esta densa niebla se desata, generalmente en una lluvia muy menuda llamada *gurua.* Durante el verano los rayos del Sol producen un calor bastante molesto principalmenle en los suelos arenosos que los hacen reverberar mas fuertemente. En el año pasado de 1827 el mercurio llegó á subir en el termómetro de Reaumur, hasta los 23 grados y medio, baja hasta los 12 en la ciudad de Lima. Sin embargo hay distritos en que el clima es mas suave que en la capital. En las llanuras elevadas no hay invierno: todo el tiempo es una mezcla de primavera y otoño. El Pais de los Valles no es tan malsano como ántes se pensaba.

MONTAÑAS.—La cordillera de los Andes atraviesa de N. O. al S. E., en una direccion paralela á las costas del pacífico, toda la extension de la República Peruana. Desde el desierto de Atacama va corriendo al O. de Arequipa y separándolo de la República Boliviana, entra en el Cuzco; allí se divide en dos ramales, que vuelven á unirse en las inmediaciones de Huánuco; luego se divide en tres, que se reunen tambien en los 6° de latitud austral; y corre desde allí una sola cadena hasta la Nueva Granada, en la cual entra ya dividida en dos brazos. La cadena occidental separa los *valles* de la *Sierra*, dejando los primeros al poniente, y la segunda al levante: y entre sus altos y numerosos picos coronados de nieve, tan antiguos como el mundo, se ofrecen pocos y dificiles pasos á los que viajan del uno al otro de estos dos paises. En la porcion que se extiende por toda la longitud del Departamento de Lima, y que abraza algo mas de 100 leguas, solo se encuentran tres; el de la *Viuda*, para ir á Pasco, el de *Yauli*, para ir á Huancavelica y el de *Turpo y Cotay*, para ir á Huamanga. El último que es el mas meridional, es tambien el mas molesto, porque el rio es mayor, y mas frecuentes las tempestades y nevadas. Hay picos muy altos en la cordillera del Perú, pero no están exactamente medidos.

VOLCANES.—En la parte de los Andes que atraviesa al Perú hay volcanes. El mas notable es el *Omáte*, en cuya falda está situada la ciudad de Arequipa, cuyos edificios se fabrican sin viviendas altas por los frecuentes terremotos que le causa. Todo el año está cubierto de nieve. A veces sin embargo se le vé humear; y los habitadores aseguran que vomitó fuego en tiempo de la conquista. El año de 1600 volvió á reventar: inundó de ceniza casi toda la provincia: hizo en la Capital muchos estragos y arruinó enteramente á muchos de sus pueblos. Su crater ó boca tiene 80 toesas de circunferencia, y su altura sobre el nivel del mar es de 3,180.

RIOS.—No hay rio alguno de importancia en el Perú á la banda occidental de la cordillera de los Andes, excepto el Rimac, pues que todos los arroyos que bajan de estos montes, tienen un curso de muy poca extension, desde su nacimiento en ellos hasta su boca en el Pacífico. A la banda oriental de la misma cordillera corren entre otros el Marañon, los dos tributarios de este, el Huallaga y Ucayali, y los tres que forman este último, el Apurimac, el Paucartambo y el Beni.

El *Rimac*. Nace en las montañas de Huarochirí al E. de Lima; cerca al O y desemboca en el Pacífico. Este rio aunque nada caudaloso, merece que se le nombre el primero entre los que bañan al Perú, porque tiene el honor de dar su nombre ahora corrompido en el de *Lima* á la Capital de la República que atraviesa por en medio, del E. al O. y al hermoso valle en que ella está situada y que alegra, riega y fertiliza.

El *Marañon*. Nace en el lago de Yauricocha cerca de Huánuco en el departamento de Junin, corre primero al N. O. atravezando este deparmento y el de la Libertad; y despues se didirije al E. atravezando este último, separando el Ecuador de las tierras desconocidas del Perú, y tambien la Guayana del Gran-Pará en el Brasil. Recibe en su curso muchos rios caudalosos, el Huallaga, el Ucayali y el Madera. En su confluencia con este último termina el nombre de Marañon que le dio el español asi llamado que le vió el primero; y toma el de Amazonas hasta que desemboca en el Atlántico. En la Geografia del pais de las Amazonas, describrimos circunstancialmente este famoso rio, delante del cual no son sino arroyuelos los tres jigantes líquidos del antiguo Continente; el Wolga, el Danubio y el Duper.

El *Huallaga*. Nace del lago Chiquiaboco, en las pampas de Bombon ó de Reyes en el departamento de Junin. Corre primero al N. con el nombre de *rio de Huánuco*. Despues sigue diversas direcciones, y recibe en su curso muchos rios. Cerca de Maynas en el departamento de Libertad (Trujillo) toma el nombre de Huallaga y desagua con él en el Marañon por dos brazos.

El *Ucayali*. Se forma en tierras desconocidas al N. del Cuzco, cerca de los 11° de latitud S. por la confluencia del Beni con el Apurimac; despues de enriquecido este último con las aguas del Pucartambo. Corre primero al N. O., despues al N. y desemboca en el Marañon; habiendo recibido en su curso muchos rios y formado muchas islas y lagunas, en que se encuentra porcion de caimanes y tortugas. En los bosques inmediatos á este rio, habitan diferentes naciones de indíjenas salvajes.

El *Apurimac*. Nace de una laguna al O. del Cuzco, cerca de la cordillera que separa en los 16° de latitud austral. Corre ya al N. E. y ya al N. O. hasta que confluye en el Beni, habiendo recibido, pocas leguas ántes, las aguas del Paucartambo. El Apurimac atraviesa el camino real que vá de Lima al Cuzco: y se pasa por un puente de sogas que tiene 80 varas de largo y 3 de ancho. El general Cantenac, le cortó cuando se retiró para el Cuzco, despues de haber sido derrotado en Junin; pero ya se ha hecho de nuevo.

El *Paucartambo*. Nace cerca de la capital de la provincia de su nombre en el departamento del Cuzco: corre al N. O. y despues de juntarse con otros varios rios, desagua en el Apurimac pocas leguas antes de que este confluya con el Beni.

El *Beni*. Nace en Sicasica, provincia de la Paz: corre primero al N. y despues al N. O.; baña á la Paz y al Cuzco; entra en las tierras desconocidas del Perú y se va á juntar al Apurimac, y á formar con él el Ucayali despues que este último se ha enriquecido con las corrientes del Paucartambo. Recibe en su curso á otros muchos rios, y en sus orillas se encuentran muchos pueblos de las misiones antiguas.

Lagos.—Ademas del lago Titi-caca, son muy notables en el Perú las lagunas de Yauricocha, de Urcos, y de Chinchaicocha ó Junin.

El lago *Titi-caca* tambien llamado laguna de Chucuito, porque la provincia de este nombre, en el departamento de Puno, toca á su borde occidental, está situado entre las provincias comprendidas bajo la denominacion de *Collao* que les dieron los Collas, sus primitivos habitantes al E. de Arequipa y al N. O. de la Paz. Es el mayor que se conoce en la América Meridional. Tiene de circuito 80 lenguas, y hasta 80 brazas de profundidad; su figura es un poco ovalada del N. O. al S. O. Diez ó doce grandes rios, sin contar muchos pequeños le llevan continuamente el tributo de sus aguas. Las del lago no son amargas ni saladas pero tan espesas y tan desagradables que no se pueden beber. Abundan dos clases de pezes: una de grandes y buenos, llamados *Suchis* por los indios; y otras de pequeños y malos á que los españoles dieron el nombre de *Bogas*. Las aves acuáticas le frecuentan mucho y sus márgenes están cubiertas de ellas.

El lago *Titi-caca* encierra muchas islas, entre las cuales hay una notable por su grandeza, que formaba antiguamente una colina, y que los incas hicieron allanar para construir un templo. Esta colina llamada Titi-caca, que quiere decir en lengua peruana *colina de plomo*, dió al lago el nombre que aun conserva. Allí fué Manco-capac fundador del imperio de los incas; finjió haberle enviado el Sol, su padre, con mama Oello Huca su hermana y su mujer, para que dictaran leyes á los salvajes del Perú.

Los bordes del Titi-caca se van estrechando ácia el S., y forman una especie de golfo, al fin del cual sale un rio llamado *Desaguadero* que, corriendo al S. E., va á formar en Chuquisaca, al N. de Potosí, la laguna de Pária. Aun se vé sobre el Desaguadero un puente de juncos, inventado por Capac Yupanqui, el quinto de los Incas, para que su ejército pasara á conquistar las provincias de Collasuya. Este rio que hoy limita por el S. E. á la República Peruana separándola de Bolivia, tiene de 80 á 100 varas de ancho: y aunque el agua se vé tranquila en su superficie ella corre por debajo con mucha rapidéz.

La isla Titi-caca, tan sagrada en los tiempos antiguos en que el Sol era adorado en uno de los templos suntuosos del imperio, y en que se habia reunido, de las ofrendas de oro y plata que todas las naciones presentaban, una suma inmensa de riquezas que los indios echaron en el lago, cuando vieron acercarse á los primeros españoles, se convirtió en estos últimos tiempos en un horrible presidio á donde los realistas desterraban á los defensores de la Independencia.

La *laguna Yauricocha*, á quien dos célebres geógrafos modernos, Pinkerton y Marte-Brawn, dan el nombre de lago de Lauricocha, está situada en las pampas de Bombon entre los 10° y los 11° latitud S. Apénas tiene una legua de largo y media de ancho: pero merece, sin embargo, un lugar muy distinguido entre los lagos mas grandes, porque dá nacimiento al marañon; es decir, al mas caudaloso de cuantos rios bañan la tierra.

La laguna de Urcos está situada en un llano ó valle de su nombre, comprendido en el territorio de Quispicanchi, provincia del Cuzco. No tiene mas que 500 varas de largo y 300 de anchor; pero es muy digna de atencion, ya porque en sus márgenes se ven las ruinas del gran palacio que el Inca Yuguar-Huacac labró para retirarse, cuando su hijo Viracocha le despojó del trono, y ya porque en ella, segun la tradicion, arrojaron los indios por librarla de la codicia de los españoles, aquella gran cadena de oro que apénas podian levantar del suelo entre 200 indios y que habia sido mandada trabajar por el Inca Huayna-Capac en el nacimiento de su hijo primogénito á quien ella dió el nombre de *Huascar*, que Huasca, en aquella lengua significa *soga*, y si los indios la añadieron una R fué porque quisieron desfigurar la voz, y que el nombre del príncipe diese valor y calidad á la joya, sin llevar su significacion, que les pareció ordinaria é indecorosa á su persona.

La laguna de Chinchaicocha ó de Junin está situada 5 leguas al S. de la ciudad del Cerro de Pasco. Su figura aunque irregular se aproxima á la de un elipse, cuyo eje mayor consta poco mas ó ménos de 6 leguas, y el menor de 2 á 3. La direccion del primero es de N. N. O. á S. S. E., atravesando la laguna por la parte del E. en toda su latitud una hermosa calzada que se ha refaccionado el año de 1847 por órden del Sr. Prefecto D. Mariano E. Rivero.

Esta laguna aunque de tan poca extension es digna de considerarse aquí, porque en sus orillas recibió el golpe de muerte el poder Español en la América meridional, para cuyo recuerdo se ha levantado una pirámide cuadrangular de 19 varas de altura en medio de la llanura donde tuvo lugar tan grande acontecimiento.

MARES.—El Mar Pacífico en cuyas costas orientales están situados los cinco departamentos de la Libertad, Ancachs, Lima, Arequipa y Moquegua baña á la República Peruana en toda su latitud desde Tumbes hasta el Loa.

Golfos.—El pequeño golfo de Púa, formado por las aguas del Pacífico entre el departamento de Moquegua y el desierto de Atacama, es el único que hay en toda la costa del Perú. Toma su nombre del rio Púa que corre del E. al O. y desemboca en él.

Puertos.—Hasta 21 puertos se cuentan en el Perú: tres en la provincia litoral de Piura, Tumbes, Paita y Sechura: tres en el departamento de la Libertad, San José, Pacasmayo y Huanchaco: tres en el de Ancachs, Casma, Santa y Huarmey: seis en el de Lima, Callao, Chancay, Huacho, Nasca, San Nicolás y Pisco: tres en el de Arequipa, Quilca, Islay y Moyendo; y tres en el de Moquegua, Ilo, Arica, é Iquique. Estos últimos nueve *se llaman puertos intermedios*, porque están situados entre el Callao y Valparaiso. El mar boreal de los puertos de la provincia litoral de Piura, en Tumbes, desembarcó Francisco Pizarro cuando vino á hacer la conquista del Perú. Todos los puertos de la República Peruana, exceptuados Paita y el Callao son pequeños; y algunos de ellos incómodos y desabrigados de los vientos. El de Huanchaco, además de todo esto, es sumamente peligroso por una barra que tiene á la entrada, y por la repetícion contínua de tres grandes olas consecutivas que los naturales de allí llaman Cruz.

El puerto de Paita despues de el del Callao es el mas cómodo y el mas seguro para anclar que hay en toda la costa de la República Peruana. Por eso era tan frecuentado antes por las embarcaciones de la Tierra-Firme y del reino de Méjico. Allí se desembarcaban los viajantes que querian pasar por tierra á Lima y demas provincias del Perú. Tambien tocaban allí los buques que venian de aquellas tierras en derechura para Lima, porque lo dilatado que solia ser este viaje por los vientos contrarios, en un tiempo en que la ciencia de navegar, la náutica, no habia llegado al grado de perfeccion en que hoy se halla, hacian indispensable esta escala para refrescar la jente y hacer aguada y nuevo víveres.

El Callao es el mejor de cuantos puertos forma el mar del Sud. Es muy espacioso, cómodo, seguro y tiene un muelle excelente. Las tormentas le son desconocidas. Siempre le sopla un viento suave que apénas mueve las tranquilas aguas; y los buques que anclan en él pueden zarpar todo el año, á cualquiera hora del dia ó de la noche. A orilla de este puerto habia antiguamente una ciudad populosa de su nombre, que el mar inundó y destruyó enteramente con casi todos sus habitantes en el tremendo terremoto de 1746, que tantos estragos hizo en la ciudad de Lima. En ese mismo año se edificó un cuarto de legua distante la villa de *Bella-vista* á donde se trasladaron los habitantes que habian quedado. El Callao está defendido por tres fortalezas que le hacen casi inexpugnable; el castillo de la Independencia, (Real Felipe) el del Sol, (San Miguel) y el de Santa Rosa (San Rafael) (1). El pirata inglés, Jacobo Heremiti Clerk le tuvo bloqueado cinco meses en 1624, y habiendo muerto de pesadumbre por no poderle tomar, fué enterrado en la isla de San Lorenzo, que está situada dos leguas al O. de la poblacion del Callao, que tambien dista dos leguas al O. de Lima.

Cabos.—El Cabo blanco en Piura, provincia litoral en el departamento de la Libertad, que cierra por el S. la boca del golfo de Guayaquil, la que está cerrada por el N. por la punta de Santa Helena, en el departamento de Guayaquil, y el promontorio de la Nazca en el Departamento de Lima, situado entre el puerto de su nombre al N. y el de San Nicolás al O. son los únicos que hay de alguna consideracion en la costa del Perú.

Producciones vegetales.—Además de los vegetales indígenas de que hablamos en la corografia del imperio de los incas, produce otros muchos el Perú, cuyas semillas se trajeron de Enropa. Estas pueden dividirse en tres clases: legumbres, hortalízas y frutas. A la primera pertenece el trigo, la cebada, el arroz, el garvanzo, la lenteja, la haba y otras. A la segunda la col, la lechuga, el rábano espinaco, el espárrago, el nabo, la verengena y otras, y á la tercera la uva, el higo, la granada, la cidra, la manzana, el pero, la lima, el melocoton, el albaricoque y otras.

Producciones minerales.—El Perú produce fierro, cobre, plomo, zinch, mercurio, oro y plata. El principal de los minerales de azogue es el de Huancavelica, en el departamento de su nombre, que produce bastante cantidad para beneficiar todos los de plata. El principal de los de oro el de Chuquibamba en el departamento de la Libertad; y el principal de plata el del Cerro de Pasco ó de Yauricocha en el departamento de Junin; aunque tambien son muy ricos el de Huarochirí en el departamento de Lima, el de Huantajaya en el de Arequipa, y el Gualgayoc en el de la Libertad.

Las minas de oro del Perú produjeron desde el 1º de Enero de 1780 hasta el último de Diciembre de 1789; es decir, en el espacio de diez años 35,359 marcos de á veintidos quilates, y las de plata 3.739,763 marcos. Solo el Cerro de Pasco ó Yauricocha produjo en 1820 cuatrocientos mil marcos de plata, calculando prudentemente los que se sacarian por alto, pues llegaron á 312,931 los que se fundieron en aquella callana. Y el año 28 hubo una pequeña rebaja á pesar de estar aguadas casi todas sus minas y enteramente arruinadas las cuatro má-

(1) Este se halla á la fecha en escombros.

quinas de vapor con que se desaguaban en los años pasados, y que plantearon allí D. Pedro Abadia y D. José Arizmendi en 1816, por contrata que hicieron con el gremio de mineros. Es de esperar que muy pronto producirá mucho mas, pues se trata de remitir allá dos máquinas de vapor que existen en Lima; y ademas, está al concluirse el célebre é importante socabon de Quiulacocha, asi llamado por la laguna de este nombre en que tiene su oríjen, cuya obra, comenzada en 1806 por dos diputados del ramo, Leaño y Maiz, y despues interrumpida por las disputas de los mineros, ha recibido un grande impulso de la actividad del director actual de Minería D. Mariano Rivero. Este hábil naturalista en el número primero de su periódico titulado "Memoria de ciencias naturales" hace una descripcion circunstanciada de este Cerro tan famoso en todo el orbe, no por su elevacion quesolo es de 5,618 piés sobre el nivel del mar, sino por los grandes tesoros que produce despues de estarse trabajando hacen dos siglos.

En el año pasado de 835 se amonedaron en la casa de Moneda de Lima 306,300 marcos; y en el de 847 entre amonedados y registrados para el exterior 303,187 marcos 4 onzas, todos con muy poca exepcion extraidos del cerro de Pasco.

El estado actual del mineral es bastante atrasado, pero se trata de proporcionarle un establecimiento de máquinas de vapor por cuenta del gremio de mineros; proyecto iniciado por el señor general Prefecto D. Pedro Bermudez y aprobado segun se asegura por el Supremo Gobierno.

El nuevo sistema de beneficiar metales por medio de solucion basada en principios químicos avanza en virtud de la competencia de varios pretendientes, y sea cual fuere la persona ó compañia que alcançen su perfeccion, la ventaja del plan estará patente dentro de un corto tiempo. La facilidad de beneficiar por este medio unida á la proporcion de obtener el establecimiento de máquinas para desaguar las minas, volverán al rico mineral de Pasco los capitalistas que separádose habian de él á mérito de lo lamentable de su situación.

GEOGRAFIA POLITICA.

Habitantes.—El Perú está habitado por indíjenas puros, por blancos venidos de Europa y sus descendientes puros, por negros venidos de Africa y sus descendientes puros, y por zambos, mulatos, mestizos y demás castas que nacen de las diversas mezclas de las tres razas primitivas. Los indijenas se dividen en dos clases, una de salvajes que viven en las montañas ó en las orillas de los rios caudalosos; y otras de indios civilizados que viven en los pueblos y ciudades. Muchos ingleses, franceses é italianos se han avecindado en el Perú desde que se proclamó su independencia.

Carácter, usos y costumbres.—Los hijos puros de los españoles son valerosos, dóciles, de jénio suave, de excelente penetracion, de gran memoria, de admirable injenio, y de mucha vivacidad de espíritu. Comen y beben puramente y visten serio al modo de los ingleses. Los indígenas civilizados son bondadosos, hospitalarios y hábiles, para imitar cuanto ven; pero perezosos, amigos de la bebida, tímidos y desconfiados. Su vestido es un calzon corto, una chaqueta, una camisa y un poncho. Los indíjenas salvajes que viven en las selvas conservan el carácter, los usos y las costumbres de sus padres. Los zambos, los mulatos y los mestizos son injeniosos, valientes, activos y en todo imitan á los hijos de los españoles. Las diversiones favoritas de los peruanos son la música, el baile y los espectáculos públicos, principalmente la corrida de toros.

Poblacion.—Segun el censo de 1790 tenia todo el Perú 1.249,723 almas; y por los catastros ultimamente formados y otros datos mas, se pueden calcular muy aproximadamente en la actualidad 1.500,000 habitantes.

Relijion.—La República del Perú profesa la católica. Los indios salvajes profesan la pagana.

Lengua.—Además de la lengua española, se habla en el Perú la quechua ó lengua jeneral.

Instruccion primaria.—Los hijos del Perú nacen por lo jeneral con todas las disposiciones necesarias para ser grandes hombres en las artes y ciencias. Y si no han hecho hasta ahora progresos admirables en las unas y en las otras, ha sido por haberles faltado los libros, los maestros, las máquinas, los instrumentos y los estímulos, y sobre todo, porque les tenia en prisiones el espíritu, la imajinacion y el jénio, el bárbaro tribunal llamado con tanta imperiosidad el "Santo Oficio," que deshonraba la relijion de Jesu-Cristo con el pretesto especioso de conservarla en su pureza. No han podido ser insuperables para otros estos obstáculos; pero habrian dado mayor gloria con sus luces á cualquiera de los lugares de Europa en que hubieran nacido y recibido educacion. Tales fueron entre otros, en los tiempos pasados un Peralta, y un Menacho; tales han sido en los modernos un Baquijano y un Arriz. Todas las provincias de la República tienen escuelas de primeras letras: todos los departamentos tienen colejios de ciencias y artes; y todas sus capitales, á excepcion de Puno, tienen universidades. La guerra contínua en que hemos estado empeñados, sin haber aun convalecido de los males que nos causó la pasada de la independencia, no ha dejado florecer como debieran estos establecimientos literarios; pero la paz que tres años há disfrutamos, hará brotar en ellos esos almácigos preciosos de que deben salir los lejisladores, los jefes y los majistrados de la República.

Gobierno.—La forma de gobierno de la República Peruana conforme á su Contitucion política, es popular, representativa, consolidada en la unidad. El Poder Legislativo debe ser ejercido por dos Cámaras, la de los Diputados y la de los Senadores; el Judicial por una Corte Suprema de Justicia establecida en la capital de la República, cinco Cortes Superiores establecidas en la capital y en las de los departamentos de la Libertad, Ayacucho, Cuzco y Arequipa y por sesenta y cuatro juzgados de 1ª instancia, llamados de derecho, establecidos en todas las provincias; y el Ejecutivo por un solo ciudadano que debe elegirse cada secsenio con el título de Presidente de la República, eligiéndose al mismo tiempo un cuerpo consultivo y encargado de velar sobre la fiel observancia de la Constitucion, denominado Consejo de Estado, cuyo Presidente se renueva cada bienio, y que lo es hoy el Sr. general D. José Rufino Echenique, hará las veces de Presidente de la República en los casos de enfermedad, ausencia ú otro cualquiera impedimento físico ó moral. Los departamentos son regidos inmediatamente por Prefectos que reciben sus órdenes del Presidente de la República, y las provincias por Subprefectos subordinados á los Prefectos. El Excmo. Sr. Gran Mariscal D. Ramon Castilla manda en la actualidad.

Manufacturas.—Hay en el Perú fábricas de bayetones, cordellates, tocuyos y otros tejidos ordinarios de algodon y lana de carnero de Castilla. Tambien las hay de telas muy finas de lana de vicuña de que solo podian vestirse, en tiempos antiguos, los Incas ó emperadores. Las sobrecamas de lana de alpaca que se hacen en el Cuzco, y las de algodon que se hacen en la Libertad son muy apreciables en Europa. Se fabrican además en el Perú cristales y losa de calidad ordinaria, sombreros muy finos, azucar, pólvora y cañones.

Ademas de estas antiguas fábricas, está concluyéndose una magnífica en la Capitai de la República para tejer tocuyos finos, y otra acabada ya para hacer papel, cuyos empresarios los señores Cajigao, Herce, Villate &. de la primera, y los señores Amunátegui y Villota de la sègunda, han alcanzado de la Representacion Nacional la proteccion de la alza de derechos sobre los dichos efectos que se importen del extranjero.

Comercio.—Tenia ántes el Perú un comercio muy vasto. Los principales renglones de importacion eran el trigo y cobre de Chile: las mulas de Buenos-Ayres: las maderas y el cacao de Guayaquil: el añil de Guatemala: el té de las Islas Filipinas y las sederias, los paños: superfinos, los encajes, los batistas, la quincallería y otras producciones industriales de Europa; y los de exportacion eran vinos, aguardientes, cascarilla, azucar, aceite, lana de Vicuña, estofas groseras, oro y plata. Estos dos últimos renglones las lanas, algodones y el huano de nuestras islas, son en el dia los objetos de exportacion.

Fuerzas terrestres y marítimas.—El ejército de la República Peruana, consta de 3,300 hombres de todas armas, y su escuadra de un vapor de guerra el "Rimac:" dos bergantines "General Gamarra" y "Almirante Guisse:" una goleta "Libertad;" un paylebot "Vigilante;" y una balandra "Callao."

GEOGRAFIA HISTORICA.

Acababa de descubrir Juan Ponce de Leon la Península de la Florida en el año de 1512, cuando Vasco Nuñez de Balboa, nombrado por sus compañeros Gobernador de la colonia de Santa Maria, pequeña ciudad de la provincia del Darien, mandó á España un oficial, para que solicitase del rey la confirmacion de su empleo. Pero como no podia fundar las esperanzas de un éxito favorable, ni en la proteccion de los ministros de Fernando VI, con los cuales no tenia la menor relacion, ni en negociaciones con una Corte, de que no conocia las intrigas, trató de hacérse digno de la gracia que solicitaba por algun servicio señalado, que le diera la preferencia sobre todos sus competidores. Penetrado de esta idea, hizo frecuentes incursiones en los paises adyacentes; sujetó á muchos caciques, y recogió una cantidad muy considerable de oro, que en esa parte del continente era mas abundante que en las islas. Como en una de estas incursiones disputáran ágriamente los españoles sobre la division de un poco de oro que habian encontrado; un jóven cacique que los vió, sorprendido de que se diera tanto valor á una cosa, cuya utilidad no alcanzaba á adivinar, arrojó á tierra el oro que él llevaba, y dijo, dirigiéndose á ellos: "Si el amor del oro es el que os ha hecho abandonar vuestros paises, y venir á turbar la tranquilidad de pueblos tan remotos, yo os conduciré á un lugar, en donde se hacen los utensilios mas viles de este metal, que parece ser el objeto de vuestra admiracion y de vuestros deseos." Balboa y sus compañeros, arrebatados sobre manera de lo que acababan de oir, preguntaron con el mayor interes, en donde estaba ese lugar afortunado y como se podria llegar á él. El cacique les contestó que dirigiéndose al Sur, á la distancia de seis soles; es decir, de seis dias de camino, ellos descubririan otro Occéano cerca del cual estaba situado, pero que era un reino muy extendido y poderoso; y que si pensaban atacarle, era preciso que llevaran fuerzas muy superiores á las que entonces tenian. Tal fué la primera noticia que los españoles tuvieron del grande Occéano Pacífico, y del opulento pais que se conoció con el nombre de Perú.

Balboa conjeturó inmediatamente que aquel Occéano debia ser el mismo que Cristóbal Colon habia buscado en esa misma parte de la América, con el objeto de abrir una comunicacion mas directa con las indias orientales, y lisonjeado con la idea de llevar al cabo una empresa, que en vano habia tentado un hombre como Colon, se puso en marcha sin pérdida de tiempo con 490 españoles, 1,000 indios que llevaban las provisiones y muchos perros feroces que debian ser terribles para enemigos que estaban enteramente desnudos. Innumerables fueron los obstáculos, que en el camino les opusieron: la naturaleza del terreno, y la disposicion de sus habitantes que se empeñaban en estorvarles el paso por los desfiladeros. Pero él logró atravesar el Istmo, y cuando descubrió el mar Pacífico desde la cima de un monte, y con las manos levantadas al Cielo, se avanzó hácia las aguas con su escudo y con su espada; tomó posesion á nombre del rey de España, y juró defenderle contra todos sus enemigos. A la parte que descubrió primero, llamó "Golfo de San Miguel," y este nombre conserva hasta el dia.

Asegurado Balboa por todos los indios que habitaban la costa del Pacífico, de la existencia de un rico y opulento imperio que estaba al Este de este mar, y viendo que la tropa que tenia, no era bastante para tentar una empresa tan árdua, regresó con ella al establecimiento de Santa Maria, para volver en la estacion siguiente con mayor número de hombres. Entre los oficiales que le acompañaron, ninguno se distinguió cómo Francisco Pizarro, ninguno desplegó mas aliento para ayudar á Balboa á abrirse comunicación con estos paises, de lo que él vino despues á ser el conquistador. El primer cuidado de Balboa luego que llegó á Santa Maria, despues de cuatro meses de ausencia, fué mandar á España un detalle del importante descubrimiento que acababa de hacer, y pedir al rey mil hombres para emprender una conquista, que debia ser tan ventajosa á la corona de Castilla. Pero Fernando, desatendiendo á sus servicios, dió á Pedro Arias de Dávila el mando de 15 buques con 1,200 hombres de guerra, nombrándole al mismo tiempo gobernador del Darien. Las disenciones y disturbios se introdujeron luego entre el antiguo y nuevo gobernador. Sin embargo, Balboa á quien Fernando deseoso de reparar la falta cometida con un oficial tan benemérito, habia nombrado adelantado ó gobernador de los paises situados en la costa del mar del Sur, despues de vencer obstáculos sin número, iba á dar la vela para el Perú con 300 hombres de linea. Pero Dávila poseído del ódio, de la envidia y del temor, no dudó un punto en sofocar una empresa de tamaña importancia, y con pretestos falsos, obligó á Balboa á diferir su viaje y á marchar á la ciudad de Acla, para tener con él una entrevista. Balboa con aquella confianza tranquila, que inspira al hombre de bien la rectitud de su conciencia, fué al lugar que se habia señalado, y hubo llegado apenas cuando fué arrestado por órden de Pedro Arias, que impaciente por consumar la obra de su venganza, no le dejó descanzar mucho tiempo en la prision. Se nombran al punto jueces que instruyan el proceso; se le acusa de ser infiel á su rey, de haber querido sublevarse contra el gobernador; se pronuncia contra él la sentencia de muerte, y los españoles vieron con tanto dolor como escándalo, perecer en un cadalso al hombre extraordinario, que de todos aquellos que habian mandado á la América, era generalmente mirado como el mas capaz de concebir proyectos grandes, y tambien de ejecutarlos.

Despues de la muerte de Balboa, todos los aventureros españoles, que por él tuvieron noticia de las riquezas de estos vastos y desconocidos paises, tenian sus ojos fijos sobre ellos; asi es que se hicieron diversas expediciones para tomar posesion de los lugares situados al Este de Panamá, que confiados á jefes cuyos talentos eran inferiores á las dificultades, no pudieron tener un éxito favorable. Y como, por otra parte estas excursiones no pasaban de los límites de aquella provincia que los españoles llamaron *Tierra Firme* pais montuoso, poco poblado y muy mal sano; los aventureros á su vuelta, hicieron relaciones muy tristes de los males que habian sufrido y de la poca esperanza que ofrecían los lugares que habian visitado. Estas relaciones calmaron un poco el furor de los descubridores por esa direccion, y se estableció la opinion general de que Balboa se habia dejado seducir por algun indio que quiso engañarle ó que fué mal entendido.

Pero habia en Panamá tres hombres, sobre los cuales hacian tan poca impresion las circunstancias que á los demás desalentaban, que en el momento mismo en que todos miraban como quimérica la esperanza de descubrir al Oriente el rico pais que habia anunciado á Balboa, se determinaron á emprender la la ejecucion de su proyecto. Estos tres hombres eran Francisco Pizarro, Diego de Almagro y Fernando de Luque. El primero, hijo natural de un gentil-hombre y de una mujer de baja esfera, habia nacido con un cuerpo tan robusto como carácter emprendedor; y aunque ignorante hasta el extremo de no saber leer, habia desplegado grandes talentos militares en el estado de aventurero en que habia venido con Cortez á la conquista de Méjico. El segundo, acostumbrado desde jóven al manejo de las armas, tenia un valor intrépido, una actividad infatigable, y una constancia á prueba de todas las fatigas de la guerra. Y el tercero maestro de escuela en Panamá, era un sacerdote, que por unos medios que los historiadores no han sabido decirnos, habia acopiado considerables riquezas que le hicieron concebir la esperanza de alcanzar los empleos mas altos.

Tales eran los hombres destinados á trastornar uno de los imperios mas grandes de la tierra. Su asociacion fué autorizada por Pedro Arias Dávila, gobernador de Panamá. Almagro y Luque, pusieron toda su fortuna para formar el capital de la empresa; y Pizarro, el menos rico de los tres, no pudiendo suscribirse en un fondo igual al de los otros, tomó sobre sí la mayor parte de la fatiga y del peligro, encargándose de mandar en persona el armamento destinado al primer viaje y al primer descubrimiento. Convinieron en que Almagro condujese los refuerzos de que Pizarro podría necesitar; y que Luque quedara en Panamá para tratar con el gobernador y velar sobre los intereses comunes.

Dió Pizarro la vela, y despues de 70 dias de navegacion, tocó en muchos lugares de la Tierra Firme; encontró por todas partes ó terrenos bajos inundados por los rios, ó altos y cubiertos de bosques impenetrables. La fatiga, el hambre y los continuos combates con los habitantes del pais, debilitaron mucho su pequeño ejército, y se vió precisado á abandonar esa costa salvaje y á retirarse á Cahuama, isla inmediata al archipiélago de los Persas para esperar allí el refuerzo de Panamá.

Almagro que habia zarpado de este puerto con 70 soldados, llegó con ellos á la costa; y habiendo saltado en tierra, tuvo los mismos trabajos y los mismos riesgos que Pizarro. Las continuas acometidas de los bárbaros, le hicieron reembarcarse, y la casualidad le condujo á donde estaba su compañero. Despues de haberse consolado, contándose sus aventuras y comparando sus padecimientos, volvió Almagro á Panamá con el fin de reclutar alguna gente; pera ya tenían sus compatriotas una opinion tan mala de su empresa, por lo que él y Pizarro habian sufrido, que apenas pudo reunir 80 hombres. Con este débil refuerzo volvieron á la costa y desembarcaron al Sud del rio Esmeraldas; pero no se atrevieron á invadir un pais tan poblado con un puñado de hombres muy debilitados por las enfermedades y fatigas, y se retiraron á la isla de Gallo sobre la costa de Barbacoas, donde quedó Pizarro con parte de las tropas, mientras que Almagro tornó á Panamá con la esperanza de juntar un refuerzo bastante considerable. Pero como muchos aventureros, ménos valientes y ménos emprendédores que su jefes, escribieran á sus amigos lamentándose de sus padecimientos y sus pérdidas, Pedro de los Rios, que habia sucedido en el gobierno á Pedro Arias Davila, persuadido de que una expedicion en que se perdian tantos hombres, podia ser muy funesta á una colonia débil y naciente, prohibió el que se hicieran nuevas levas; y mandó á la isla de Gallo un buque que condujera á Pizarro y sus soldados.

Pizarro no quiso obedecer al gobernador de Panamá; y empleó toda su elocuencia y toda su sagacidad en obligar á sus compañeros á que no le abandonasen. Pero la muchedumbre de los males que habian sufrido, estaba tan presente en su memoria, y el pensamiento de volver al seno de su familia se presentaba á su espíritu de una manera tan seductora, que habiendo tirado Pizarro una línea con su espada y mandado que pasasen mas allá los que quisiesen volverse á Panamá, solo hubieron trece hombres que tuviesen bastante valor para quedarse con él. Estos hombres tan pocos como resueltos, fueron á establecerse en la Gorgona, isla pequeña y despoblada un poco mas afuera de la isla de Gallo. Las importunidades de Almagro y de Luque, y las quejas de la colonia entera que gritaba ser vergonzoso hacer perecer como unos criminales, á esos hombres esforzados que estaban trabajando en una obra tan gloriosa á la Nacion, y á quienes solo podia acusarse del exeso de su valor y su zelo, vencieron al gobernador de Panamá que consintió por fin en mandar un bajel á la Gorgona, pero únicamente con hombres de mar, para que no pareciese que alentaba á Pizarro á seguir en su empresa.

Este jefe, y sus valientes compañeros, á la llegada del buque sintieron tales transportes de alegria, que enteramente olvidaron cuanto habian sufrido en tres meses enteros, que habitaron el lugar mas enfermizo de la América del Sud. Sus esperanzas se reanimaron; y pasando rápidamente del exceso del abatimiento al exceso de la confianza, en lugar de dirigirse á Panamá, tomaron el rumbo del S. E.; y desembarcaron en Tumbes, ciudad grande, tres grados al S. del Ecuador donde habia un palacio de los Incas y un templo del Sol. Allí comenzaron á conocer los españoles la opulencia del imperio Peruano; pues vieron que no solamente los adornos de las casas, sino tambien los vasos y hasta utensilios mas movibles eran fabricados de oro y plata. Pero como Pizarro no podia reconocer el pais con la poca jente que tenia se volvió á Panamá al cabo de tres años; y no pudiendo conseguir el menor auxilio del gobernador, resolvió ir á pedirlo al mismo Soberano y se puso en camino para España, despues de haber convenido con sus dos compañeros, pedir para sí el título de gobernador, para Almagro el de teniente gobernador y para Luque el de obispo del territorio que se conquistase. Recibióle Cárlos V con todas aquellas consideraciones á que era acreedor un vasallo que tantas ventajas prometia á la corona; y le nombró gobernador, capitan general y adelantado mayor del lugar que habia descubierto y de todos los que descubriese al S. hasta la distancia de 200 leguas contadas desde Quito sobre la linea meridiana y tambien de todos los que descubriese al E. y al O. de esta linea. Pizarro solo pudo embarcarse con poco mas de cien soldados, á pesar de los auxilios pecuniarios que recibió de Hernan Cortez, quien vuelto ya á España, despues de su conquista, quiso tener parte en la fortuna de un compañero antiguo que acababa de entrar en una carrera de gloria semejante á aquella que acababa él de terminar.

A su vuelta á Panámá encontró Pizarro fuertemente irritado á D. Diego de Almagro por el modo con que se habia conducido en su negocio en Madrid. Pero ofreciéndole renunciar en él el título de Adelantado y conseguirle de S. M. C. otro gobierno independiente del suyo, le calmó enteramente y dio la vela para la costa del Perú con 480 soldados que fué cuanta gente pudieron reunir los talentos y esfuerzos de los tres compañeros. Con este puñado de hombres osó emprender la conquista de uno de los paises mas poblados del globo; empresa temeraria que él no lograra jamás llevar al cabo si no fuera auxiliado por la fuerza poderosa de unas circunstancias favorables que no podia prometerse. Los dos hermanos Atahualpa y Huscar, entre quienes habia dividido el imperio su padre Huaina-Capac, acababan de batirse en las inmediaciones del Cuzco; y aunque este último habia sido completamente derrotado y hecho prisionero, sus partidarios y amigos trabajaban por vengarle: los bandos y las facciones tenian divididos á los pueblos; las rivalidades y los ódios se aumentaban diariamente, todo el imperio estaba en combustion y amenazaba disolverse. Informado Francisco Pizarro de estas disenciones intestinas, deja una pequeña guarnicion en la ciudad de San Migüel, primera colonia española en el Perú, fundada por él mismo cerca de la boca de Piura, y aprovechando la bella oportunidad que le deparaba la suerte, se interna en el pais, seguro de no encontrar obstáculos á su marcha, porque ambos Incas habian implorado sus auxilios; el uno para recuperar su trono, y el otro para conservarse sobre él. Llega á Cajamarca donde Atahualpa estaba con mucha parte de sus tropas; y aunque fué recibido por este con presentes muy ricos, y otras señales de amistad, valiéndose de un pretesto el mas frívolo sorprende á su ejército y lo bate, se apodera de su persona con la mayor perfidia y le pone en prision. Atahualpa le ofrece por su libertad una porcion asombrosa de oro; y sabiendo que su hermano había ofrecido mas por la suya, le mandó matar secretamente. Pizarro erigiéndose juez de un Soberano, le siguió sumario por este asesinato, por la usurpacion del trono, y por otras causas que fingió; y despues de haberle condenado y echado en un cadalso, tomó el camino del Cuzco. En esta jornada fugó el hijo de Atahualpa á quien Pizarro dió la borla de su padre y fué generalmente reconocido del mismo Pizarro, Manco Inca hermano de Huascar á quien los indios habian elegido. Viendo este que solo tenia las insignias y el título de sus predecesores, pero no la autoridad, sitió la ciudad del Cuzco con un ejército de 300,000 hombres; pero Gonzalo Pizarro que era á la sazon gobernante de ella, le obligó á levantar el sitio y á retirarse á las montañas donde acabó sus dias.

Entre tanto Fernando Pizarro, que había sido enviado á la Peninsula para que informara á Carlos V. sobre los acontecimientos del Perú, volvió con reales patentes en que se añadian 70 leguas mas por la parte del S. al gobierno de su hermano, llamándole Nueva Castilla; y se concedía á Almagro un gobierno Independiente con el nombre de Nueva Toledo, que se extendía 200 leguas ácia el extrecho de Magallanes desde los límites meridionales de la gobernacion de Pizarro. Cada uno de estos jefes decian que estaban comprendidas en su territorio las dos ciudades del Cuzco y de los Reyes; y era el caso que Pizarro queria que sus leguas se midiesen desde el arco del meridiano terrestre, y Almagro pretendia que no se hiciera esta mensura sino sobre la línea de la costa siguiéndola siempre en todas las puntas y ensenadas que forman. Despues de muchos debates, se remitió á las armas la decision del negocio; y los indios vieron con asombro batirse unos con otros, los mismos conquistadores. En esta sangrienta batalla de las *Salinas*, por haberse dado en un llano próximo al Cuzco, donde había una fuente salobre que producía sal, fué derrotado Almagro, hecho prisionero, y ejecutado despues.

Inmediatamente Fernando Pizarro gobernador del Cuzco, mandó á los jefes del ejército á que hicieran sus conquistas en diferentes puntos del imperio. A Pedro de Valdivia le cupo el reino de Chile, á Gomez de Alvarado la provincia de Huánuco, á Francisco de Chavez los Conchucos; á Pedro de Vergara los Bracamoros, á Juan Vergara los Chachapoyas, á Alonso Mercadillo Moyobamba y á Pedro Candia el Collao. Ya por este tiempo Sebastian Benalcazar había conquistado el reino de Quito.

Muy sentida fué la muerte de D. Diego de Almagro por su

hijo y su amigos que, no pudiendo vengarla en la persona de Fernando Pizarro, por haberse este ido á la Península donde estuvo preso 23 años por acusaciones que le hizo D. Diego de Alvarado, se vinieron á la ciudad de los Reyes y asesinaron allí á su hermano D. Francisco de los Atabillos. D. Diego de Almagro, el mozo, se hizo proclamar entónces gobernador del Perú; pero los del Cuzco no le reconocieron por tal; y nombraron capitan general y justicia mayor del Perú á Pedro Alvarez Colquin, hasta que S. M. C. mandara otra cosa.

Estos dos gobernadores estaban preparándose para batirse el uno al otro, cuando llegó de España el Licenciado Vaca de Castro que venia de comisionado regio para tomar informaciones sobre la muerte de Almagro, y tambien de gobernador del Perú á falta de Pizarro. No quiso Almagro el mozo admitir el perdon y otras mercedes que le propuso á nombre de su Soberano, sino antes siguió haciendo sus aprestos militares, y el Licenciado que ya habia juntado alguna jente, marchó en busca suya; le encontró en Chupas cerca de Huamanga; le batió, le tomó prisionero y le mandó degollar en la plaza del Cuzco.

Con la muerte del segundo Almagro, de algunos de los suyos y el destierro de muchos, cesaron por algun tiempo los movimientos del imperio; y el Licenciado Vaca de Castro se ocupaba tranquilo en hacer ordenanzas y repartimiento de indios, cuando llegó Blasco Nuñez Vela, el primero que vino con título de Virey, acompañado de cuatro oidores para formar la audiencia de los Reyes, y encargado de hacer obedecer las leyes de Indias que se acababan de dictar en España para Méjico y el Perú. El carácter duro de este jefe que no quiso que los pueblos hicieran presente al Rey, las dificultades que habia para que algunas de las leyes se pudieran establecer, dió márgen á un descontento general, y á que la Real Audiencia le prendiera y le mandará á la Península; pero habiéndole dejado desembarcar en Tumbes el oidor que le conducia, juntó gente y marchó contra Gonzalo Pizarro á quien encontró en Arequipa donde se dió la batalla de este nombre en que fué vencido el Virey.

Informado de todo el gobierno español mandó al Licenciado Pedro de la Gasca, con el título de Presidente, para que con su prudencia y sus luces reconciliara los ánimos y calmara los alborotos. Gonzalo Pizarro que habia sido nombrado gobernador, despues de la prision del Virey por la Audiencia Real, no quiso dimitir su autoridad ni reconocer al Presidente; pero este le derrotó en Sacsahuaman, le tomó prisionero y le mandó decapitar en la plaza del Cuzco. No cesaron, sin embargo los alborotos y motines. A cada instante los había; pero eran de poca gente y se calmaban con facilidad.

Al licenciado Pedro de la Gasca sucedió D. Antonio de Mendoza que fundó la Universidad de San Marcos y á este D. Andres Hurtado de Mendoza, Marques de Cañete, en cuyo tiempo salió de la montaña de Viaca-pampa, y vino á la ciudad de los Reyes Sairi-Tupac hijo de Mancó Inca que habia sido hermano de Huascar; abrazó la religion católica, recibió el bautismo y reconoció á Felipe II todos sus derechos al trono; reservándose únicamente el gobierno de Yucay (Urubamba) con todos los honores y las insignias reales. Despues de D. Andres Hurtado de Mendoza siguió D. Diego López de Zúñiga á quien hallaron muerto en su palacio con todas las señales de haber tenido un fin violento; siguió á este el Licenciado Lope García de Castro, el que fué nombrado gobernador y capitan general del Perú y presidente de la Audiencia de los Reyes, para que averiguara la muerte de su antecesor, y en cuyo tiempo se estableció la Audiencia de Quito; y despues de este D. Francisco de Toledo, que hizo degollar en la plaza del Cuzco á Tupac-Amaru hijo de Sairi-Tupac, y único descendiente legítimo de la raza de los Incas, que salió de la montaña voluntariamente y se entregó á la tropa que fué en su solicitud.

Desde esa época hasta la invasion de España por Napoleon; es decir, en dos siglos y medio, no ofrece la historia del Perú otra cosa notable que la insurreccion del año 1780 formada por José Gabriel Condorcanqui que dijo ser descendiente de Tupac-amaru cuyo nombre tomó. El habia solicitado de la Corte de España la restitucion del marquesado de Oropesa concedido á Sairi-Tupac; pero viendo despreciada su solicitud, se retiró á la montaña donde se hizo proclamar Inca, y los indios, reuniéndose bajo sus estandartes, reconocieron sus derechos. Juntó bien pronto un ejército muy numeroso, é hizo resonar el grito de venganza contra los españoles europeos, ofreciendo indulgencias á los americanos, pero los indios no perdonaban á nadie. La insurreccion duró dos años. La fortuna favoreció al principio las operaciones de los insurgentes que se hicieron dueños de muchas provincias; pero al fin, Tupac-Amaru con su ejército deshecho, y tomado él con toda su familia, fué decapitado con ella en la ciudad del Cuzco.

Habian gobernado en el Perú cuarenta y tres jefes, uno con el título de "Adelantado" otro con el de "Gobernador" dos con el de "Presidente" y treinta y nueve con el de "Virrey," cuando Napoleon puso preso en Valencia al rey Fernando, y sus tropas ocuparon casi la Peninsula entera. De todas las posesiones españolas en América ninguna sufrió durante aquella guerra, ménos convulsiones políticas que el vireinato del Perú; no por que sus hijos dejaran de hacer esfuerzos para romper sus cademas, sino porque estaba el gobierno en las manos de un hombre activo, laborioso y amaestrado en las guerras, que sabia prevenir los lances, y hacer que abortasen en su jermen los proyectos formados contra él. Este fué D. José Fernando de Abascal, quien no solo embarazaba el que la revolucion estallara en su tiempo dentro del territorio del Perú, sino que tambien socorrió á los realistas de las provincias inmediatas. Cuando en 1809, Quitò y la Paz crearon sus juntas á imitacion de España, mandó contra ellas gente armada con lo que logró paralizar, aunque momentáneamente, las operaciones de los patriotas. Cuando en 1810 se proclamaron independientes los pueblos de Buenos Aires, envió contra ellos un ejército que, mandado primero por D. José Manuel Goyeneche, despues por D. Joaquin de la Pezuela, y luego por D. José La-Serna, aunque tuvo alternativamente ventajas y contrastes, mantuvo el Alto Perú bajo la dominacion española hasta la batalla de Ayacucho; cuando en 1811 se erijió Chile en República, comenzó á organizar otro ejército que despachó en 1813 á las órdenes del general D. Manuel de Osorio, quien triunfó en Rancagua de las tropas de la patria y restableció la autoridad real.

No fué tan feliz como Abascal su sucesor en el mando, D. Joaquin de la Pezuela; pues la expedicion que dirigió en 1817 contra la República de Chile, que acababa de volver á libertar el general San Martin con la victoria de Chacabuco, despues de haber obtenido en Cancha-Rayada un trinfo pasajero, fue completamente deshecha en el Maypú por el mismo general: y Osorio, que la mandaba, se vió precisado á evacuar con unos restos miserables aquel territorio.

La República Chilena se hizo entónces bastante poderosa para enviar contra el Perú fuerzas terrestres y marítimas. D. José de San Martin, nombrado general en jefe de este ejército auxiliar, zarpó de Valparaíso con 3,700 hombres el 20 de Agosto de 1820. El 8 de Setiembre desembarcò en Pisco y destacó 1,000 hombres mandados por Arenales, para que insurreccionaran contra los españoles los paises interiores, mientras él se reembarcaba; hizo presentar en el Callao la escuadra mandada por Cokrane para llamar por allí la atencion del enemigo y estorbarle que dirigiera fuerzas contra Arenales; y volvió otra vez á desembarcar en el puerto de Huacho, 23 leguas al setentrion de Lima. Al ruido de su desembarco casi todos los distritos populosos se sublevaron contra los españoles, y el batallon entero de Numancia abandonó las banderas del rey, y se pasó al partido de los independientes. Alarmados los jefes del ejército realista con esta especie de marcha triunfal, y descontentos con la administracion del virey Pezuela, depusieron á este del mando, y nombraron en su lugar á don José de La-Serna, cuya eleccion se confirmó despues por el gobierno de Madrid. Las operaciones militares se activaron mucho con el nuevo virey; pero viendo los españoles que tenian en contra la opinion, y que iban á ser sitiados por mar y por tierra, abandonaron á Lima, y se retiraron á Jauja. San Martin entró en la capital el 13 de Julio de 1821: el 28 se juró solemnemente la independencia política de la Nacion, y el 19 de Setiembre se rindió por capitulacion la plaza del Callao.

Despues de haber tomado San Martin en sus manos la direccion absoluta de los negocios públicos bajo el nombre de *Protector del Perú;* nombrando á D. Juan Garcia del Rio Ministro de Gobierno y Relaciones Exteriores, á D. Bernardo Monteagudo de Guerra, y a D. Hipólito Unanue de Hacienda, promulgado un estatuto provisorio que debia regir hasta la constitucion que formase el Congreso que prometió reunir; abolido los servicios personales de los naturales del pais; constituido cámaras de justicia; y establecido una escuela lancasteriana, y una biblioteca pública, delegó el mando en el marqués de Torre-Tagle con el título de *Supremo Delegado*, para ir á verse en Guayaquil con el general Bolivar. Fué en efecto, y despues de una conferencia en que logró que el Libertador de Colombia le diera 9,000 pesos en pago de los socorros que él habia recibido del Perú en la campaña de Quito, volvió á Lima, convocó, y reunió el Congreso; dimitió en sus manos el poder supremo y se embarcó para Chile. El Congreso creó una junta gubernativa compuesta de un presidente, el Gran Mariscal Lamar, D. Manuel Salazar y Baquíjano y D. Felipe Antonio Alvarado. Pero á los pocos meses, la suprimió y nombró Presidente de la República á D. José de la Riva-Agüero, invistiéndole en seguida de Gran Mariscal.

Entonces el general Canterac que mandaba las tropas españolas bajo el Virey La-Serna, sabiendo que á peticion del Supremo Delegado Marqués de Torre-Tagle, el Congreso colombiano habia mandado socorros al Perú á las órdenes de Sucre y de Bolivar, resolvió dar sus golpes decisivos; y se puso por un hábil movimiento á la inmediacion de las murallas de Lima. El Gobierno y el ejército abandonaron la ciudad y se fueron á encerrar en las fortalezas del Callao. Allí se decretó que la silla del gobierno se trasladara á Trujillo con la brevedad posible; y que se invistiera al general Sucre con facultades militares extraordinarias. Un segundo decreto puso bajo sus órdenes todas las fuerzas, tanto de mar como de tierra; y en fin un tercer decreto ordenó que el Presidente de la República D. José de la Riva-Agüero no tuviese intervencion en ninguno de los puntos ocupados por el ejército auxiliar. Riva-Agüero reusó obedecer este último decreto; y fué por esa razon suspendido de todas sus funciones y mandado salir del territorio peruano; pero él pronunció en Trujillo la disolucion del Congreso, y le reemplazó con un Senado compuesto de doce individuos del que se hizo Presidente. Los mas de los Diputados protestaron, abandonando á Trujillo; y se volvieron al Callao donde se constituyeron en Congreso Soberano, y nombraron por Presidente de la República al Marqués de Torre-Tagle que habia sido ya jefe político del Estado con el título de "Delegado Supremo" bajo el protectorado de San Martin.

Mientras que estas disenciones intestinas debilitaban las fuerzas de la patria, y ponian la independencia peruana al borde del precipicio, el general español D. José de Canterac tomó á Lima, pero á los pocos dias la evacuó y marchó para el Cuzco á reunirse con La-Serna por haber sabido á su llegada que el general Santa Cruz habia ido á desembarcar en Arica con una brillante expedicion. El Congreso vino entónces á establecerse en Lima con el nuevo Presidente Torre-Tagle, mientras que el antiguo Presidente, Riva-Aguero, á la cabeza de 3,000 hombres de su partido, ocupaba una parte del departamento de Trujillo.

Llega entónces el general Bolivar, y despues de investido del Poder Supremo político y militar con el título de *Dictador*, sabiendo que Riva-Aguero trataba de reunirse con los españoles, marchó á Trujillo contra él, pero lo halló en una prision en que ya le habia puesto el coronel de Huzares D. Antonio Gutierrez de La-Fuente y le desterró á Guayaquil. Mientras que Bolivar se ocupaba en contener á los españoles, y poner fin á las disenciones civiles, el Congreso peruano formaba la redaccion de una acta constitucional que, despues de meditada y discutida largo tiempo, fué generalmente adaptada y jurada por el Ejecutivo y por todas las corporaciones.

A principios del año de 1824 se sublevó la guarnicion del Callao y esta plaza volvió á entrar en manos de los españoles. Informado Bolivar de traicion semejante, hizo sus preparativos para perseguir por todas partes el ejército del rey; y despues de muy largas y muy penosas marchas, se encontró con él, el 6 de Agosto en la llanura de Junin donde se trabó un combate sangriento entre 1,200 caballos de los españoles, y 600 de la patria. De ambas partes se peleó con dénuedo; pero fué al fin vencido Canterac; y los restos de la caballeria, reunidos á los infantes que no entraron en accion, huyeron hasta el Cuzco, sin que las tropas vencedoras peruano-colombianas pudieran perseguirlos con su actividad ordinaria, por hallarse fatigados de la marcha tan larga que acababan de hacer desde Trujillo. Reforzados en el Cuzco el ejército realista, repasó el Apurimac al mando del Virrey y llego hasta Ayacucho, tres leguas distantes de Guamanga, donde los independientes mandados por Sucre que solo eran 5,800, se vieron precisados á aceptar el combate contra mas de 9,000. A pesar de una tan grande desigualdad de fuerzas, la victoria coronó las armas de la patria. El virey La-Serna recibió una herida; y el general Canterac tuvo que capitular en el campo de batalla. Todo su ejército con jefes y oficiales quedó prisionero; y Sucre se obligó á trasportar á la Península á todos los que quisiesen salir de América.

Despues de esta memorable batalla en que se afianzó para siempre la independencia peruana, una corta division mandada por el general D. Pedro Antonio de Olañeta, (quien se habia rebelado contra los españoles, no para unirse á los patriotas sino para formar su partido separado, como tan enemigo de unos como de otros) y la guarnicion del Callao que no quiso éntregarla su gobernador D. José Ramon Rodil, aunque fué uno de los artículos de la capitulacion firmada por Canterac, eran todas las fuerzas enemigas que quedaban en el Perú. Olañeta fué batido á los pocos dias y muerto en la accion; y Rodil despues de haber sufrido un sitio de catorce meses, se rindió por capitulacion y se embarcó para España el 22 de Enero de 1826.

Evacuado enteramente el Perú por los enemigos de su libertad, el general Bolivar depositó el mando provisoriamente en un consejo de gobierno compuesto de los tres ministros de estado y un Presidente que primero lo fué el general D. José de La-Mar y despues el de igual clase D. Andres Santa-Cruz: y habiéndole dado otra constitucion, se embarcó para Colombia adonde las circunstancias lo llamaban, dejando cuatro de sus batallones de guarnicion en Lima. Poco tiempo despues de su partida se mandó que á falta de Congreso, los colegios Electorales que habian nombrado el anterior; examinaran esta constitucion; aprobada que fué, se juró solemnemente el 9 de Diciembre de 1826; y se elijió á Bolivar, conforme á ella, Presidente vitalicio: pero el 26 de Enero del siguiente año de 1827 el comandante colombiano, general hoy, del Perú D. José de Bustamante, que ya tenia noticia de que el general Bolivar trataba de abolir la constitucion de su pais, para darle la misma que habia dado á Bolivia y al Perú, se puso á la cabeza de sus tropas y se pronunció con ellas contra tales pretensiones. Esta heróica determinacion de un jefe colombiano libró al Perú del poder de Bolivar, y dejó á su gobierno en aptitud de poder dictar la convocatoria á congreso constituyente publicada el 28 del mismo mes, para que diera la constitucion mas conveniente á la nacion.

La division colombiana marchó para su patria al mando de Bustamante, con el objeto de proteger alli tambien la instalacion de un congreso que deliberase sobre la suerte futura de aquel estado: y la Municipalidad de Guayaquil, en consonancia con estos principios, eligió al Gran Mariscal D. José de La-Mar jefe político y militar de ese departamento, separándose del gobierno del jeneral Bolívar el 18 de Abril. Pero el 29 de Mayo, las tropas que guarnecian dicha ciudad que, eran las mismas que en parte componían la division Bustamante, se sublevaron á favor del Libertador y se colocó á su frente el general Obando; sín embargo, el Gran Mariscal La-Mar continuaba en el mando político, mientras que la Municipalidad tentaba en vano un arreglo con el gobierno de Bogotá, hasta que por último se rompieron las hostilidades entre ambos gobiernos, y el general Flores se aproximó á Guayaquil al mando de una division. El pueblo fuertemente irritado, se preparaba con entusiasmo á la defensa, de tal modo, que el general Obando ofició á Flores anunciándole el mal resultado que tendria un ataque sobre Guayaquil; y le aconsejaba por lo tanto, se retirara con sus tropas. Para mas satisfaccion se hacia responsable de la seguridad y órden de aquella plaza, sometida al réjimen constitucional; pero que no se hacia cargo de la comandancia general, temeroso de que á la vista de sus procedimientos le negasen la obediencia el pueblo y las tropas. Convencido Flores por estas razones, inició una transaccion, la que en efecto se ajustó en la hacienda de la Candelaria; y entonces el general Obando proclamó al pueblo y guarnicion de Guayaquil, asegurándole que las tropas al mando del general Flores se retiraban, y anunciando al mismo tiempo que el general Torres venia á hacerse cargo del mando politico y militar del departamento.

Miéntras estos acontecimientos tenian lugar en el departamento de Guayaquil, se instaló el congreso constituyente del Perú el 4 de Junio, el 10 del mismo fué electo Presidente de la República el Gran Mariscal La-Mar, y Vice-presidente D. Manuel Salazar y Baquíjano, que se hizo cargo del mando durante la ausencia del Presidente. Toda la República gozaba de tranquilidad, excepto algunas provincias del departamento del Cuzco, en las que se extendieron actas de insubordinacion contra las deliberaciones del congreso; y la provincia de Huanta á donde existian aun caudillos realistas posesionados de las montañas de Iquicha, y que amenazaban de continuo hasta la ciudad de Huamanga; pero los autores de las actas fueron traidos al órden é indultados; y los refujiados en Iquicha que no quisieron acojerse á los ofrecimientos fraternales del gobierno, desaparecieron por sí mismos poco tiempo despues.

Tan luego como recibió el Gran Mariscal Presidente el aviso de su eleccion, se puso en marcha para Lima, y se hizo cargo del Gobierno el 25 de Agosto. El Congreso mientras tanto se habia ocupado de formar la Constitucion de la República; asi es que se promulgó y juró el 20 de Abril, la que dió la forma de gobierno que ha subsistido hasta ahora.

Todo anunciaba entonces una era de tranquilidad y felicidad interior; pero desgraciadamente los diferentes disturbios acaecidos en la República, habian desmoralizado de tal modo á algunos militares que, en medio de este cuadro imponente de legalidad que presentaba el pais, se sublevó el batallon número 9 en la noche del 23 del mismo mes, lo que sabido por su comandante D. Felipe Santiago Salaverry, se dirigió al cuartel y dió muerte al coronel Huavique que se habia escapado de la prision en que estaba y colocado al frente de la insurreccion, por cuyo medio fué restablecido el órden en dicho cuerpo. Esta fué la primera víctima que inmoló la anarquia en el Perú, sacrificio tan sin suceso para lo futuro, que su ejemplar no ha producido sino la repeticion de iguales crímenes con iguales resultados. El sosiego sin embargo se restableció por entonces, pero amenazaba una mas fuerte tempestad.

El general Bolivar hizo presentar al ministro Peruano en Bogotá condiciones inadmisibles para arribar á una paz honrosa, y el general Flores en seguida, proclamó amenazando al Perú con motivo de inculparle el pronunciamiento de la division Bustamante, y haber flameado su pabellon en el pueblo de Azuay; en cuya virtud, el general Plaza que mandaba una division peruana en Piura, reclamó del contenido de dicha proclama en 22 de Mayo, y su gobierno entre tanto convencido de lo inevitable que se hacia una campaña, se preparaba con eficacia á repeler la fuerza con la fuerza. No solo tenia que temer el Perú en esta vez por la parte del Norte, sino tambien por la del Sud; porque el ejército de Bolivia adonde mandaba el general Sucre se preparaba á atacarle, á fin de volver á conquistar el pais que se habia escapado á la dominacion de Bolivar; pero en estas circunstancias tuvo lugar un movimiento popular en la ciudad de Chuquisaca contra la constitucion dada por Bolivar, en el que fué preso el Presidente: y D. Agustin Gamarra, general en jefe del ejército peruano en el Sud, se dirijió á Bolivia con sus tropas. A este paso fué impelido el gobierno del Perú, no solo con el objeto de protejer los esfuerzos de una nacion vecina cuyas autoridades pedian se les ayudase á quebrantar el yugo que se les habia puesto, sino porque se les ofrecia tambien un medio seguro para lograr tranquilidad por esa parte, libertando á aquella República de la dominacion colombiana.

Los resultados correspondieron, como la justicia demandaba;

y logrado el objeto, se ajustó un tratado de paz en *Piquiza* el 8 de Julio entre D. J. M. Urdininea general en jefe del ejército boliviano y encargado del mando supremo, y el general D. Agustin Gamarra; en cuyo tratado se estipuló quedara libre la República Boliviana de toda fuerza militar extranjera: se convocara un congreso constituyente para que elijiera el Jeje del Estado y diera la forma de gobierno que le conviniera adoptar como pais independiente, renunciando por consiguiente el Gran Mariscal de Ayacucho Antonio José de Sucre la presidencia de la República con que habia sido investido, segun él mismo lo tenia protestado.

Concluida la campaña de Bolivia restaba aun al gobierno del Perú transigir con la República de Colombia, en donde se notaba entera decision por la guerra, como se comprobó despues desairando altamente á su ministro plenipotenciario, que se retiró por último el 8 de Junio. En seguida la Convencion colombiana fué disuelta y la guerra formalmente declarada al Perú. El Libertador proclamó á los pueblos del Sud; y el Vicepresidente de la Nacion Peruana, hecho cargo del mando por enfermedad del Presidente, contestó al grito de guerra anunciándola á los pueblos en 25 de Agosto.

El Presidente entónces, restablecida su salud, zarpó del puerto del Callao el 18 de Setiembre: desembarcó en Payta y se puso al frente del ejército situado en Tambo Grande.

El general Bolivar al emprender una guerra tan desnuda de causas que la legalizasen, buscó los pretestos mas especiosos para disfrazar ante el mundo el verdadero orígen de ella, pero los cargos que hacia al gobierno peruano fueron victoriosamente contestados por el Presidente del Congreso nacional, de este modo—"Ni la recaudacion de unos subsidios aun iliquidos: ni el reemplazo de bajas sufridas en una guerra de interes comun; jamas acordado entre naciones aliadas: ni la entrega de provincias pendientes de la decision de límites: ni la despedida de un ministro artero y enemigo declarado de nuestra libertad: ni el auxilio prestado á nuestros hermanos del Alto-Perú, (Bolivia:) ni el sacudimiento de un yugo extranjero y tiránico: ni la abolicion del código de 1826, ese padron de ignominia, podian ser motivos justos para alterar la paz de unos pueblos estrechamente unidos, por su oríjen, por su relijion, por su interés recíproco y por los pactos mas sagrados. Todo, todo ha sido un pretesto del general Bolivar para encubrir su ambicion frenética; y restaurando la constitucion *Boliviana* erijirse *Presidente Vitalicio*, y seguir despues las huellas del tirano de la República Francesa; que sin duda ha tomado por modelo."

Rotas pues las hostilidades entre Colombia y el Perú, las

fuerzas navales peruanas fueron á tomar la ciudad de Guayaquil, y el 25 de Noviembre se trabó un fuerte combate entre estas y las baterias que guarnecían esa ciudad. El Vice-Almirante Guisse fue muerto en el rigor del fuego: las baterias tomadas y la ciudad capituló.

Mientras por esa parte triunfaba el pabellon peruano, el ejército tambien pisaba el territorio colombiano; y llegado á Loja se le reunió la division Gamarra despues de haber concluido su mision en Bolivia, y cumplido lo pactado en el tratado de Piquiza. Las autoridades politícas de esa República fueron conservadas en el ejercicio de sus deberes con arreglo á su constitucion, y se tentaron los medios de un avenimiento que se creyeron animados por el general Sucre como hipócritamente lo habia prometido al separarse de Bolivia, y á su paso á la vela en la bahia del Callao.

Los dos ejércitos se avistaron al fin sin poder arribar á ninguna clase de tratado, y el 12 de Febrero de 1829 fué sorprendida una parte del ejército peruano, causando la dispersion de dos de sus batallones en el pueblo de Saraguro; pero entre tanto el coronel Raulet tomó la ciudad de Cuenca batiendo á 400 soldados y tomando prisionero á un general y treinta oficiales.

Vuelto á reunirse el ejército peruano el 27 del mismo mes, presentó la accion del Portete, en la que ambos ejércitos cantaron la victoria, sin que esta se decidiera por ninguno de los dos; y el 28 se inició por el general Sucre, que mandaba en jefe el ejército colombiano, el convenio que ajustó el mismo dia en el campo de Jiron.

Sancionadas sus bases, el ejército peruano vino replegándose sobre Macará, y el 30 de Marzo se hallaba acantonado entre Piura y haciendas inmediatas. El Gran Mariscal La-Mar, director de la guerra, esperaba que segun las sanas intenciones que se habian aparentado por parte del general Sucre en las negociaciones; cumpliera exactamente con lo estipulado en el convenio citado; pero habiéndose informado de lo contenido en el parte de la batalla, que este general dió al Ministro de la Guerra de la República de Colombia, altamente denigrante al ejército peruano: y, teniendo además noticias, de los crímenes perpetrados en los coroneles Raulet y Gonzalez, y con varios otros jefes y oficiales prisioneros despues de heridos, protestó solemnemente contra el cumplimiento de dicho tratado, y mandó retener la plaza de Guayaquil, que por el artículo 11 debió ser entregada al general colombiano. Para sostenerla, dispuso que el general Necochea marchase al mando de una division que, alistada con prontitud, zarpó del puerto de Payta y llegó á Guayaquil el 2 de Abril.

Ambos ejércitos se preparaban á nuevos ataques. El Gran Mariscal La-Mar esperaba refuerzos del Sud de la República con el objeto de destinarlos tambien á la defensa de Guayaquil, en circunstancias de que el general Bolivar se aproximaba á esa plaza con un ejército de mas de 4,000 hombres.

Tales noticias dieron mérito á que los jefes de la tercera division que, de tránsito se hallaba acantonada en el pueblo de Magdalena, una legua distante de la capital, representasen á su comandante general D. Antonio Gutierrez de La-Fuente en 5 de Junio, á efecto de que reasumiera el mando politico y militar de la República. Esto sabido por el Vice-presidente Salazar y Baquíjano reconoció la autoridad; y la municipalidad de Lima en su consecuencia, representó al mismo general La-Fuente el dia 6 de acuerdo con lo hecho el dia anterior. Estos movimientos tenian lugar en la capital, mientras que el gran mariscal Presidente renunció en Piura el dia 7 del mismo mes, la investidura de tal, y el 9 en la noche dejó las costas del Perú con direccion á la ciudad de Cartago, en la República central, adonde falleció el 11 de Octubre de 1830.

El general Gamarra quedó hecho cargo del mando del ejército; y en 10 de Julio se celebró un armisticio entre ambos ejércitos por el término de sesenta dias, é inmediatamente despues de ratificado por el Libertador, Presidente de Colombia, desocuparon las tropas peruanas la ciudad de Guayaquil.

Paralizadas ya las operaciones militares por la parte del N., volvió á llamar la atencion del gobierno peruano los manejos encubiertos del Presidente de Bolivia. El general Santa Cruz que habia logrado ser llamado á ocupar el primer destino de su patria, mediante la libertad en que la puso la intervencion peruana, trató de proteger la sision del Perú. Los departamentos de Arequipa, Cuzco y Puno estaban próximos á federarse apoyados por el gobierno boliviano; pero los jefes que leales á los deberes que impone la constitucion, existian en la ciudad de Arequipa, entre los que se enumeraba el teniente coronel D. Ramon Castilla, Presidente hoy del Perú, descubrieron el plan, y remitieron al Callao, en calidad de presos, al Prefecto de Arequipa y otros individuos mas, comprendidos en él. Con esta medida y otras que á precaucion tomó el gobierno del Perú, se logró tranquilizar aquellos pueblos, y los ánimos ya se ocupaban de la eleccion de Presidente y Vice-Presidente del Perú. El general Lafuente con la investidura de Jefe Supremo desde 5 de Junio, dió las mas activas órdenes para la pronta instalacion del Congreso; y en su consecuencia se instaló el 31 de Agosto y eligió Presidente provisorio al general D. Agustin Gamarra, y Vice-Presidente al de igual clase D. Antonio G. de Lafuente, quedando este último hecho cargo del mando durante la ausencia del Presidente, que despues de muy pocos dias de residencia en Lima regresó á ponerse al frente del ejército. A su llegada apuró la conclusion de un tratado de paz con la República de Colombia, el que se verificó y firmó en la ciudad de Guayaquil, el 22 de Setiembre, ratificándolo ambos gobiernos en 16 y 21 de Octubre. A consecuencia de él volvió el general Gamarra á Lima, y fué proclamado Presidente constitucional, y Vice-Presidente de igual modo el general Lafuente en 19 de Diciembre de 1829.

El General Gamarra concluyó de mandar su periodo constitucional qué constaba de cuatro años, sofocando varios motines militares, descubriendo revoluciones que no se realizaron, y ajustando un tratado de alianza y amistad sincera é inalterable con la República de Bolivia; por consiguiente entregó el mando de la nacion á la Convencion Nacional en 19 de Diciembre de 833, la que elijió provisoriamente al general D. Luis José Orbegoso para que rijiera los destinos de la patria en 20 del mismo mes.

Este general trató de efectuar algunos arreglos en el ejército, que por adhesion pertenecia al antiguo Presidente; pero como estaba á su frente el general Bermudez por quien el general Gamarra habia trabajado en la Convencion, presentándolo como candidato á la presidencia, sus determinaciones no tenian ningun vigor; y tuvo por último que separarse de la capital en la noche del 3 de Enero de 834 y asilarse en las fortalezas del Callao, á consecuencia de avisos que le dieron anunciándole una próxima revolucion en el ejército, con el objeto de quitarle la autoridad. Sabido esto en la mañana del 4, se pronunciaron todas las tropas que existían en la capital, proclamando al general Bermudez gefe Supremo Provisorio de la República; asaltando en seguida la casa de la Convencion dos compañías de infantería, que hiriendo al centinela que defendió su puesto con heroicidad, se introdujeron hasta la sala de sus sesiones. Este atentado apoyado solo en la fuerza, motivó la gran protesta de la Convencion, fecha del mismo dia, contra la violacion que se cometió con la fuerza armada, haciendo responsables ante la nacion y el mundo á sus jefes, y declarando que no volveria á reunirse interin no se restableciera el órden legal en la República. Pero habiéndose marchado la mayor parte de sus miembros á las fortalezas del Callao, se dió allí un decreto, fecha 3 de Febrero, firmado por el Presidente y Secretario de la Convencion, previniendo la continuacion de las sesiones en dichas fortalezas, mientras durasen aquellas circunstancias. En efecto el 6 abrieron sus sesiones, y el Presidente Orbegoso leyó un mensaje.

Mientras tanto los pueblos iban declarándose por el partido

liberal, y las tropas que obedecian al general Bermudez, se pusieron en marcha para el interior el 28 de Enero, lo que observado por el pueblo de Lima principió á acometer á la fuerza que conducia un pequeño contingente de dinero, al extremo que tuvo esta que defenderse, haciendo uso de sus armas; y se trabó un vivo choque animado por una compañía que parapetada en los balcones y techos del Palacio inferia grandes daños á los paisanos. A las siete de la noche entró á la capital todo el ejército que estaba sitiando las fortalezas, y defendiéndose del pueblo en su transíto por las calles, hizo cesar todo movimiento popular; y al amanecer del 29, cuando ya el ejército habia abandonado del todo la capital, se recojieron las víctimas de esta escena sangrienta, tanto paisanos como militares

El general Orbegoso vuelto á Lima, creyó necesaria su presencia al frente del ejército que le obedecia, delegó el mando en la persona del señor Salazar y Baquíjano, y se ausentó de la capital. La campaña duró hasta principios de Junio, época en que se vió el pais enteramente libre de la guerra, á mérito de que el ejército de los generales Gamarra y Bermudez se declaró sucesivamente por el órden, y muchos de sus jefes tuvieron que fugar á la República de Bolivia.

Vuelto Orbegoso á Lima, renunció la presidencia ante la Convencion Nacional; pero no habiéndosele admitido prestó el juramento á la nueva Constitucion, que se promulgó en la capital en los dias 19 y 20 de Junio, y en seguida en toda la República.

Quedó el pais por entonces tranquilo del bullicio de las armas, pero un poder quizá mas temible, comenzó á abatir la administracion del general Orbegoso, este era el poder de la prensa, movido por la pluma del malogrado jóven D. Bonifacio Lasarte (1).

En Lima se escribia con entera libertad, y en el Sud de la República se dejaban notar síntomas funestos á la tranquilidad pública, de tal modo, que el Presidente volvió á ausentarse de la capital y se dirijió á Arequipa, quedando en el mando supremo el mismo señor Salazar; pero ya como Presidente que era del Consejo de Estado.

En estas circunstancias apareció en la bahia del Callao el general La-Fuente procedente de Valparaiso, á donde habia permanecido desde el año 831 que fugó de la capital, cuando hecho cargo del mando supremo como Vice-Presidente se le acusó de planes subversivos y se le intentó prender. A su aparicion tuvo lugar un motin militar en las fortalezas, en 1º

(1) Falleció en la campaña de la Restauracion en 1839.

de Enero de 835, capitaneado por unos sargentos; pero habiendo sido inmediatamente sofocado, y ejecutados los principales autores, el general La-Fuente tuvo que volverse á Valparaiso por no haberle permitido el gobierno desembarcar.

Pocos dias despues, el 23 de Febrero, estalló otra revolucion en las mismas fortalezas; pero esta fué de un carácter mucho mas serio. Por ella reasumió el general Salaverry en su persona el mando político y militar de la República. Tal circunstancia obligó al gobierno de Lima á ponerse en marcha para Jauja, y el generrl Salaverry fué reconocido por todas las autoridades de la capital, el dia 4 de Marzo, como Jefe Supremo de la Nacion.

En este estado aparece el general Valle-Riestra, al frente de una division remitida de Arequipa por Orbegoso, y proclama desde Pisco contra el titulado Jefe Supremo; pero la division se pronunció el 28 del mismo mes entregando preso á su jefe, que fué conducido á las fortalezas del Callao y ejecutado el 1º de Abril. En este mismo dia se efectuó un movimiento militar en la division estacionada en Jauja, y el Presidente del Consejo de Estado, desnudo ya de toda proteccion, reconoce al gobierno de Lima y le pide garantias que le fueron otorgadas.

Mientras tanto el general D. Domingo Nieto, estaba en el Departamento de la Libertad al mando de una division, con el objeto tambien de destruir el gobierno de Salaverry; pero este salió inmediatamente á su encuentro, y ántes de avistarse ambas divisiones se pronunció la que obedecia al general Nieto, y lo entregó preso. Entónces Salaverry ordenó la instalacion de una asamblea legislativa, que no llegó á verificarse, por que los acontecimientos de la guerra se sucedieron con mucha rapidez. El general Gamarra apareció en el Cuzco, protejido por el Presidente de Bolivia, que no cesaba de aspirar al mando, si nó de todo el Perú, al menos de los departamentos del Sud, y una division que al mando del coronel Larenas ordenó Salaverry fuese á batir á las tropas que obedecían á Orbegoso, se le unió y formó en breve un pequeño ejército. Pero los consejeros de Orbegoso le hicieron determinar á pedir auxilio al general Santa-Cruz él que, sin esperar la ratificacion del convenio que se ajustó, no de acuerdo con las instrucciones que dió Orbegoso á sus comisionados, pasó el Desaguadero al frente de su ejército : bate al general Gamarra que no se conducia como él esperaba, y lo vence en Yanacocha el 13 de Agosto. Sale entónces de Lima el jefe Supremo al frente de un brillante aunque reducido ejército, despues de haber hecho conducir á Gamarra y comitiva para el Ecuador; y tambien es vencido en Socabaya el 7 de Febrero de 836, despues de nueve dias de constante choque donde la victoria quiso premiar varias veces los esfuerzos de unos guerreros tan pocos como esforzados: pero cedió el valor al número, y fueron tomados prisioneros y ejecutados en seguida en la plaza de Arequipa, en medio del regocijo público, Salaverry, el general Fernandini, y siete mas de sus mejores jefes.

Entre tanto las tropas de Orbegoso al mando del general Vidal tomaron la capital el 31 de Diciembre de 1835 y el 7 de Enero siguiente de 1836, Solar que defendia las fortalezas del Callao, se aproximó á la capital con la poca tropa que le obedecía; mas fué rechazado por el pueblo y tropa de Vidal, y capituló el 18 de Febrero.

Orbegoso entró á Lima el 9 de Enero, y despues de haber sabido la victoria de Socabaya, convocó una asamblea de Diputados de los departamentos de Arequipa, Puno, Cuzco y Ayacucho, para el 26 de Octubre en el pueblo de Sicuani; y otra de los departamentos de Junin, Lima, Libertad y Amazonas en la villa de Huaura, para el 15 de Julio, con el objeto de que fijasen las bases de una nueva organizacion política. La primera se instaló por el general Santa Cruz, el 16 de Marzo, y el 17 declaró la Asamblea á los departamentos del Sud en un estado libre é independiente bajo la denominacion de Estado Sud-Peruano, adoptando para su gobierno la forma popular representotiva, comprometiéndose á celebrar con el estado que se formase de los departamentos del Norte, y con Bolivia, vínculos de federacion, cuyas bases se acordarian por un Congreso de plenipotenciarios nombrados por cada uno de los tres estados, que habian de concurrir á la gran confederacion; y confiando la suma del poder público del estado, al Presidente de Bolivia, bajo el título de Supremo Protector del Estado Sud-Peruano. Pero como todos estos actos adolecian de gran nulidad por no haber sido aprobado aun el tratado que dió mérito á la internacion del ejército Boliviano en el Perú, se declaró aprobado el 22 de Marzo por el general Orbegoso.

En seguida se instaló igualmente la asamblea de Huaura que procedió en todo de acuerdo con la de Sicuani. El general Santa Cruz estaba investido por ellas, de la plenitud del poder público con la restriccion de que en su ausencia, delegando el mando en alguna persona ó personas de su confianza, la asamblea que deberia ser convocada dentro de 24 horas en el mismo lugar, detallaria las atribuciones que deberia ejercer el delegado, sin conferirle la suma del poder público que en él solo habian depositado.

En estas circunstancias el gobierno de Chile pidió satisfacciones al de la confederacion, por la proteccion que decia habia prestado este á la expedicion que zarpó del Callào al mando del general Freyre, antiguo Director Supremo de esa República, en buques del estado, y despues de haber asaltado, el bergantin Chileno "Aquiles" y conducido á Valparaiso los buques peruanos fondeados en el puerto del Callao, apareció toda la escuadra chilena, teniendo á su bordo al señor Egaña comisionado diplomático para arreglar las diferencias pendientes entre ambos gobiernos. Despues de algunas comunicaciones de una y otra parte el señor Egaña, declaró en su última nota rotas las hostilidades en 12 de Noviembre de 1836.

El general Santa Cruz se dirigió entonces á Bolivia despues de haber fundado una Legion de Honor: dado códigos á los estados confederados; y delegado el mando provisoriamente en un Consejo de gobierno compuesto de los ministros de estado y luego en un Presidente que lo fué el general Orbegoso.

En el Estado Sud-Peruano tambien fué encargado el mando á un Consejo, y al Presidente general D. Ramon Herrera; y en medio de estos grandes preparativos de guerra, una compañia de artilleros de Islay dió el primer grito de libertad; pero fueron tomados y ejecutados el 30 de Julio de 1837, diez de ellos.

Ya para entonces en Chile se habia preparado una expedicion en la que venian todos los emigrados peruanos; la que desembarcó por último en Quilca, al mando del general Blanco, y se posesionó de la ciudad de Arequipa: pero á la aproximacion del ejército confederado, se celebró un tratado de paz en el pueblo de Paucarpata el 17 de Noviembre, y regresó la expedicion, dejando á los amigos de la libertad en el desconsuelo de ver frustradas, por entonces, todas sus esperanzas.

El gobierno de Chile no aprobó el tratado, é hizo causar al general Blanco amenazando nuevamente con otra expedicion.

Las hostilidades comenzaron, tomando la escuadra chilena á corbeta "Confederacion", que conducia del Callao con direccion al Sud al general Ballivian, y lo llevó á Valparaiso en calidad de prisionero.

El general Santa Cruz que veía armarse sobre sí, otra mas fuerte tempestad, y convencido al fin, de la poca simpatia que merecia su sistema de gobierno, convocó un Congreso de plenipotenciarios en la ciudad de Arequipa, nombrados por los Esdos confederados, con el objeto de que determinasen los límites del poder Supremo, deslindaran las atribuciones de los demás cuerpos sociales, y fijasen el destino de los pueblos que componian la gran Confederacion.

Tarde era ya esta medida. Los departamentos del Norte de la República apoyados en la division que mandaba el general Nieto, celebraron actas proclamando su separacion del gobierno establecido, bajo la denominacion del general Santa Cruz, elijiendo por Presidente provisorio, en 30 de Julio de 1838, al general Orbegoso, con la condicion expresa de sostener la independencia, restituir el gobierno popular representativo, la Constitucion del año 34 y todas las leyes, corporaciones y réjimen establecido por ella; hacer la paz con la República de Chile, reunir un Congreso, é invitar á los Departamentos del Sud á la union antigua, bajo el título de República Peruana. Con efecto; el general Orbegoso de acuerdo con estos principios, convocó un Congreso deliberante para el 24 de Setiembre, de Diputados electos por los Departamentos libres.

En estas circunstancias, apareció frente al puerto del Callao la escuadra que conducia la segunda expedicion, al mando del general chileno D. Manuel Bulnes: de los generales peruanos Gamarra, La-Fuente, y demás jefes que habian permanecido emigrados en Chile. El Presidente Orbegoso anunció entonces al general Bulnes, la independencia de los departamentos del Norte; y que por consiguiente, el ejército que le obedecia no lo debia reputar como enemigo. El general chileno contestó en este mismo sentido enviando un comisionado cerca del gobierno y anunciando que se dirijia á desembarcar su ejército en el puerto de Ancon. El gobierno manifestó inmediatamente que era indispensable precediese una estipulacion al desembarco, lo que se hizo mas urjente, desde el momento en que no pudo practicarse el convenio por haber venido el comisionado sin los poderes necesarios en tales casos: pero cuando llegó la prevencion del gobierno al general Bulnes, ya habia desembarcado una gran parte del ejército, y lejos de hacer suspender el acto, lo continuó del todo; tomó luego posesion y aun ocupó parte del valle vecino. En esta actitud, y puesto el general Orbegoso al frente de sus tropas, situó su cuartel general en Chacra de Cerro, tres leguas de la capital. Despues de inútiles medios empleados á efecto de evitar la efusion de sangre, el ejército chileno avanzó hácia la capital, batió al ejército peruano mandado por Orbegoso y Nieto, y entró en ella el 21 de Agosto, salvando los generales vencidos en las fortalezas del Callao donde se asilaron.

Dueños ya de la capital los jefes peruanos, á la sombra del ejército restaurador, la extinguida Municipalidad, se reunió el dia 23 en union del Gobernador Eclesiastico y Venerable Cabildo, los que de acuerdo con el pueblo proclamaron el réjimen constitucional en toda su extension; y por el estado de acefalía en que se encontraba la capital, llamaron al último Presidente del Consejo de Estado D. Manuel Salazar y Baquíjano á que rijiera la República. En su virtud, se dirijió á su casa una comision para hacerle saber que con arreglo á la Constitucion debia presentarse á admitir el Poder Ejecutivo, por ausencia del Presidente; pero el señor Salazar se excusó, dando para ello razones que se creyeron fundadas.

Vueltas á reunir las mismas autoridades el dia siguiente, en el local de la Universidad; y atendiendo á que el Presidente Orbegoso se habia ausentado dejando la capital en acefalía y haberse excusado el Presidente del Consejo de Estado, único llamado por la Constitucion reformada en 834, acordaron que el Gran Mariscal D. Agustin Gamarra se encargase en el dia provisionalmente del mando de la República: efectuado esto, convocó al mismo Consejo de Estado establecido por la Convencion Nacional; y nombró general en jefe del ejército del Perú al general D. Antonio Gutierrez de La-Fuente, que marchó inmediatamente con direccion á los Departamentos del Norte que sucesivamente fueron declarándose por el nuevo gobierno.

Mientras tanto el general D. Manuel de la Guarda, gobernador del Callao, habia abierto comunicacion con los jefes del ejército de la Confederacion, que por divisiones venia acercándose á la capital, y el general Orbegoro delegó el mando en el general Nieto, que desembarcó por el Norte sin ningun suceso en sus operaciones.

El ejército restaurador abandonó entonces la capital el 8 de Noviembre, y el 10 entró el general Santa Cruz al frente de sus tropas. La plaza del Callao le fué entregada por su gobernador, y Orbegoso se embarcó para Guayaquil. Se declaró nulo lo hecho desde el 30 de Julio: se restableció el Estado Nor-Peruano, nombrandole de Presidente al Gran Mariscal Riva-Agüero y se suspendió el ejercicio de los Códigos.

Entre tanto el ejército restaurador se retiraba por el Norte, y el de la Confederacion le perseguia: encuentros de muy poca consideracion precedieron á la victoria adquirida por el primero el dia 20 de Enero de 1839 en el campo de Yungay, Departamento de Ancachs. El general Santa Cruz dió la primera noticia de su derrota entrando á Lima el 24 en la noche, y se dirijió al Sud á preparar el ejército de reserva; pero el general Velasco habia sido ya proclamado Presidente de Bolivia, y Vice-presidente el general Ballivian que residia en el Perú, por haberse escapado de Chile. Llegó por último el Protector á Arequipa, é informado de los sucesos de Bolivia y los pronunciamientos que tambien se hicieron en el Cuzco, y en Puno contra la titulada Confederacion, renunció el Protectorado y la Presidencia de Bolivia el 20 de Febrero, y el mismo dia se armó contra su persona el pueblo de Arequipa, de tal modo, que tuvo necesidad de fugar precipitadamente al puerto de Islay; ocultarse en la casa del Vice-Consul Ingles, y embarcarse despues con direccion á Guayaquil.

El general Gamarra llegó á Lima el 24 de Febrero, y la plaza del Callao al mando de su gobernador general D. Trinidad Moran, capituló el 7 de Marzo. En seguida se decretó la convocatoria á Congreso constituyente para el 28 de Julio, en la ciudad de Huancayo, provincia de Jauja, y el Presidente se dirijió al Sud de la República, dejando al general La-Fuente en clase de jefe político y militar de los Departamentos del Norte.

Durante esto, el general Ballivian depuso al general Velasco de la Presidencia, y se habia él investido de la autoridad suprema; mas fué vencido por el antiguo Presidente, y se refujió otra vez en el Perú. En esa época se estipuló un tratado preliminar de paz entre los plenipotenciarios de Bolivia y el Perú en la ciudad del Cuzco, el que no fué aprobado por aquel gobierno, y quedaron aun por arreglarse las diferiencias pendientes entre ambas Repúblicas.

Aproximándose entonces la reunion del Congreso, regresó el general Gamarra y entró á Huancayo el 19 de Julio. El Congreso se instaló el 29 de Agosto, y declaró inmediatamente insubsistente la Constitucion del año de 1834. En este estado marchaba el Perú bajo un órden regular. El ejército chileno se alistó para marchar á su petria: la primera division habia marchado ya cuando el general Bulnes se despidió del Perú el 18 Octubre, y se embarcó en seguida con el resto de sus tropas.

Entre tanto el Congreso formó la nueva Constitucion á la que prestó juramento el Presidente el dia 1I de Noviembre, y en seguida le fué dada por la Representacion Nacional una medalla, igualmente que el título de Restaurador del Perú y generalísimo de mar y tierra, con los honores y sueldo de Presidente de la República durante su vida. Hecho esto volvió el general Gamarra á la capital, y entró en ella el 6 de Diciembre en la que se promulgó la Constitucion el 9 del mismo mes.

En seguida fueron elejidos los miembros que debian componer el Consejo de Estado, que se instaló en Febrero de 1840, siendo Presidente D. Manuel Menendez, primer vice-presidente Dr. D. Justo Figuerola, y segundo vice-Presidente general D. Francisco Vidal.

El gobierno de Bolivia remitió entonces un Plenipotenciario con el objeto de procurar un arreglo de las diferencias pendientes. En efecto se volvió á formar en Lima una convencion de paz en 15 de Abril, que fué ratificada en Bolivia el 8 de Mayo, y en el Perú el 26 de Julio.

El 11 de este mismo mes, fué elejido y proclamado por el Congreso el Gran Mariscal D. Agustin Gamarra, Presidente de la República por el periodo constitucional de seis años.

Ya los amigos de la paz, volvieron á ver aparecer otra era de tranquilidad y felicidad pública; pero el 23 de Diciembre del mismo año estalló un motin militar en la ciudad de Ayacucho, en la que se proclamó sucesivamente al general D. Juan Crisostomo Torrico, y al coronel D. Manuel Ignacio de Vivanco; sin embargo huyeron de ese lugar los amotinados, y se retiraron hacia el Cuzco, á donde el coronel D. Valentin Boza, comandante general de la primera division del Sud, proclamó el 31 del mismo mes, al coronel Vivanco jefe Supremo de la República. El pueblo de Arequipa en seguida se declaro tambien de acuerdo con el del Cuzco, y el Prefecto de ese Departamento, que lo era el mismo coronel Vivanco, aceptó el mando supremo.

Sabido que fué en la capital este suceso, sobrecojió al mismo gobierno, pero el general San Roman que aparentemente habia cooperado á la revolucion, aprovechó la oportunidad de efectuar una reaccion en el Cuzco el 17 de Enero de 1841; de modo que volvió al órden la mayor parte de las tropas insurreccionadas.

El gobierno dirijió al Sud todo su ejército al mando del general Castilla; y aun el mismo Presidente se ausentó de la capital el 16 de Marzo y se dirijió hacia él.

El 27 del mismo mes alcanzó el ejército rejenerador (que así se titulaba el de Vivanco) un pequeño triufo en la altura de Cachamarca; pero fué enteramte deshecho en Cuevillas el 30 del mismo por el general Castilla; el coronel Vivanco se refujió en Bolivia, y el coronel Boza fué juzgado y ejecutado en Arequipa.

El Presidente regresó á Lima el 18 de Junio: pero con motivo de haber ocurrido un cambio de gobierno en Bolivia; el Consejo de Estado, en atencion á que en esa República se podria proclamar al general Santa Cruz, enemigo capital del Perú declarado por el Congreso, invistió al Ejecutivo de facultades extraordinarias, declarando la patria en peligro el 6 de Julio, y el general Gamarra volvió á ausentarse de la capital el 13 del mismo, encargándose del mando supremo el Presidente del Consejo, como anteriormente lo habia estado conforme á la Constitucion.

Llegado el Presidente á Puno, comenzaron las operaciones militares sobre Bolivia, entónces el 20 de Setiembre, fué proclamado en esa República jefe supremo el general D. José Ballivian que á la sazon se hallaba en Tacna.

No era esta proclamacion hecha por el club confederal, suficiente garantia para la tranquilidad del Perú; y negándose el general Ballivian á entrar en tratados mientras el ejército peruano pisara el territorio de Bolivia, se declaró enemigo de él, y principió la guerra.

Sabido esto por el general Velasco, antiguo presidente, que

conservaba restos de su ejército para disputar el mando, se lo remitió á Ballivian con el objeto de que concluyera con mejor suceso la guerra en que estaba empeñado.

Al fin se nombraron plenipotenciarios por ambas partes, los que tuvieron algunas conferencias, sin ningun resultado; y por último el ejército peruano fué derrotado el 18 de Noviembre en el campo de Ingavi: muerto en la accion el Gran Mariscal D. Agustin Gamarra, y prisionero el general en jefe D. Ramon Castilla.

El ejército Boliviano pisó entónces el territorio del Perú, y el general La-Fuente fué nombrado por el gobierno de Lima general en jefe del ejército del Sud, que marchó en seguida en busca del enemigo que ocupaba ya el Departamento de Puno, y se dirijia al Cuzco y á Arequipa.

En estas circunstancias, el general Santa-Cruz, que creia oportuna la posicion del Perú para volver á mandar en él, aunque habia fracasado la primera cruzada que dirijió á Piura al mando de Angulo, que fué tomado y ejecutado, decidió al Presidente del Ecuador á que cooperase en su proyecto; y por consiguiente, el Perú se vió amenazado de una guerra con esa República. Supuestos agravios, y la demarcacion de límites, eran los pretestos de que se valia el general Flores para presentar una guerra, que prometia segun su concepto, los mejores resultados, en mérito de la situacion del Perú: guerra que tenia por objeto engrandecer su patria con las provincias de Jaen y de Mainas. El gobierno Peruano remitió entonces al Dr. D. Matias Leon con el carácter de Ministro Plenipotenciario; pero tuvo que volverse sin haber arribado á ningun convenio, y ántes por el contrario, se armó durante su permanencia en el Ecuador, otra cruzada contra el Perú al mando de D. Justo Hercelles, que tambien fué batido y derrotado.

Esta situacion demandaba del gobierno del Perú sérias medidas de defensa; y por tanto, se formó otro ejército titulado del Norte al mando del general D. Juan Crisóstomo Torrico, que habia regresado de Chile despues de una voluntaria ausencia causada por el pronunciamiento militar de Ayacucho.

Entónces el gobierno de Chile ofreció su mediacion entre el Perú y Bolivia; y admitida, salió de Lima el señor D. Ventura Lavalle, Encargado de Negocios de aquella República, en union del Ministro Plenipotenciario del Perú Dr. D. Francisco Javier Mariátegui.

Entre tanto el gobierno del Ecuador esperando el resultado de los sucesos del Sud, remitió al general Daste de Ministro cerca del Gobierno Peruano, y despues de cortas conferencias con el señor Ministro de Relaciones Exteriores Dr. D. Agustin Charun, se despidió sin haber convenido en nada.

El tratado preliminar de paz con Bolivia, fué celebrado en Puno el 7 de Junio de 1842, y ratificado por ambos gobiernos en 16 y 17 del mismo mes. Las tropas Bolivianas, por consiguiente, desocuparon el territorio del Perú, y el Presidente del Consejo de Estado encargado del Poder Ejecutivo convocó á los colejios de provincia para la eleccion de Presidente de la República, y de Diputados y Senadores para la próxima lejislacion, en 16 del mismo.

Concluida la guerra en Bolivia, ocurrió una desavenencia entre D. Antonio Gutierrez de La-Fuente, general en jefe del ejército del Sud, y el general D. Miguel San Roman que mandaba la primera division del mismo ejército. Ambos se acusaron ante el gobierno de abrigar planes revolucionarios: el general San Roman se dirijia hacia el Norte con su division; y cuando el gobierno habia ordenado á ambos se presentasen en la Capital, suspendiendo toda hostilidad, á efecto de comprobar su conducta, y descubrir cual de los dos proclamaba con falsedad y engaño, sumision al gobierno y sus instituciones, las tropas de La-Fuente alcanzaron á una pequeña partida de las de San Roman, y la batieron.

El general Torrico testigo de estos sucesos, y en atencion al estado crítico del pais, se encargó del mando Supremo de la Nacion en 16 de Agosto bajo el título de *Jefe de la Nacion*, mientras terminase la guerra civil, sucitada por el general La-Fuente, y se convocara la Representacion Nacional. El Presidente del Consejo de Estado fué depuesto, por consiguiente, y se marchó á la República de Chile.

Mientras tanto el general Vidal se habia encargado tambien del mando Supremo, como segundo Vice-Presidente del Consejo de Estado, el 28 de Julio en el Cuzco: las tropas del general San Roman engrosaron el ejército del Norte, y el del Sud se acercaban á la capital, hasta que avistados en el campo de la Yesera de Caucato, provincia de Cañete, fué derrotado el general Torrico el 17 de Octubre.

El Consejo de Estado se reunió el 19 y confirmó el nombramiento de Prefecto y Comandante general del Departamento, que habia hecho el pueblo, horas ántes en la persona del señor general D. José Jaramillo, y acordó se restituyeran las cosas á como estaban el 15 de Agosto.

El general La-Fuente entró en Lima el 22 de Octubre, y en seguida el general Vidal con el resto de su ejército, quien expidió en 4 de Noviembre la segunda convocatoria para la eleccion de Presidente de la República, y de Diputados y Senadores en los departamentos que no lo hubieran hecho.

El coronel Vivanco que, despues de la derrota de Cuevillas se dirijió á Bolivia, regresó al Perú cuando sucedió la pérdida de Ingavi y se agregó al ejército que marchó al mando del general La-Fuente. En él se le hizo general, y se le nombró despues de la batalla de la Yesera Comandante general de la division del Sud.

En estas circunstancias el coronel D. Justo Hercelles que primero vino á Piura al mando de una cruzada armada en Guayaquil; que tuvo mal suceso, y despues regresó al mismo lugar en virtud de habérsele descubierto una conspiracion que tramaba en la capital, apareció de nuevo en Huaráz titulándose general, y reasumiendo el mando político y militar del Departamento de Ancachs, el 18 de Diciembre; pero el gobierno de Lima mandó inmediatamente fuerzas militares y lo batieron, hicieron prisionero, y ejecutado en la plaza de Huaráz, en union de D. Pedro Castañeda su secretario, el 22 de Enero de 1843.

Tranquilo el gobierno por esta parte, vuelve su vista hacia el Sud de la República, é inspiradole recelos la persona del general Vivanco, para traerlo cerca de sí, le nombra Ministro de Guerra, y ordena la disolucion de los cuerpos del ejército que existian cerca de él. El general Vivanco admite el ministerio, y los cuerpos fueron licenciados; pero la division que á las órdenes de los generales Nieto y Deustua zarpó del Callao y llegó á Arequipa, sorprendió á sus jefes, y proclamó al general Vivanco gefe Supremo de la Nacion el 28 de Enero. El 2 de Febrero siguiente fué tambien proclamado en el Cuzco y sucesivamente en todos los departamentos del Sud; de modo que, fué reconocido en ellos como Supremo Director de la República.

El general D. Juan Antonio Pezét, que mandaba la division acantonada en Ayacucho á órdenes del gobierno, regreso hasta Jauja, y las tropas de Vivanco avanzaban tambien hacia el Norte.

El Consejo de Estado en 18 de Febrero, autorizó al gobierno extraordinariamente para hacer la guerra: éste apuró la reunion del Congreso, y los Diputados existentes en Lima protestaron contra cualquiera autoridad que impidiese su instalacion.

Pero el general Vivanco avanzaba, y el gobierno se vió en la necesidad de convocar á una reunion en el Palacio, de las autoridades civiles y militares, á efecto de que le alumbrasen el partido que seria mas acertado tomar. De ella resultó el acuerdo de mandar al Dr. Mariátegui, conduciendo una comunicacion del gobierno, al general Vivanco, con el fin de evitar la guerra; fué en efecto el 10 de Marzo, pero ya los sucesos estaban muy avanzados, y no tuvo por consiguiente ningun resultado.

Entre tanto el general Nieto que habia regresado de Arequipa, se hizo cargo de la division que existia en Lima, y al frente de ella salió con direccion á Jauja, para reunirse allí con la que obedecia al general Pezet; pero esta se decidió por el gobierno Dictatorial el 12 del mismo mes, y el general Vidal entonces dimitió el mando en el primer Vice-Presidente del Consejo de Estado Dr. D. Justo Figuerola, en 15 del mismo. Todo el Perú casi reconocia la autoridad Dictatorial; y por tanto, los jefes y oficiales que estaban al frente de la division que guarnecia la capital, siguieron la misma opinion decidiéndose por el general Vivanco el dia 20. En seguida las corporaciones, los funcionarios públicos, y algunas notabilidades de la capital, reunidos en el Palacio del gobierno el mismo dia, á las tres de la tarde, con el objeto de elegir la autoridad civil superior del departamento que, á consecuencia de la adhesion proclamada por las tropas de la guarnicion, á la causa del general Vivanco habia resultado vacante, nombraron al Sr. D. José Rufino Echenique.

La vanguardia de la division Pezet, llegó á Lima el 21 al mando del coronel Alvarado Ortiz, y el resto de ella con su general, entró tambien el 27; habiendo ya sido, dicho general, nombrado por el Director comandante general de los departamentos del Norte.

A los pocos dias, el 8 de Abril, hizo el general Vivanco su entrada en Lima, y decretó al dia siguiente prestasen todas las autoridades y funcionarios civiles, eclesiásticos, y militares, el juramento de reconocer y obedecer al gobierno Dictatorial: licenció la mayor parte del ejército, y creó un Consejo de Estado compuesto de Consejeros nombrados por él, que se instaló el 14 de Junio, presidido por el Iltmo. Sr. Luna Pizarro, y decretó la reforma militar.

En seguida convocó una asamblea legislativa para el 1º de Abril de 1844: restableció el Tribunal de Seguridad pública, cuyos procedimientos llevaron los trámites que establece la ordenanza para los juicios militares.

Entre tanto desembarcaron por Arica el general Nieto y compañeros de infortunio el 16 de Mayo, y el 17 proclamaron la Constitucion de Huancayo. Una columna de tropa fué remitida inmediatamente para subyugarlos; pero se declaró por los mismos principios el 1º de Junio, y en seguida la provincia de Tarapacá á donde existia el general Castilla, que fué nombrado comandante militar, hizo la misma proclamacion. Tacna y Moquegua dieron el mismo grito, en los dias 9 y 15 del mismo mes, de tal modo, que ya todo ese departamento profesaba los principios constitucionales.

Para dar direccion á esta obra tan grande como arriesgada,

encargaron al general Torrico el mando militar, con el título de general en jefe, y el 14 de Junio salió de Tacna sobre Puno para reunirse con el general San Roman que por la parte del Desaguadero se dirigia á ese departamento; pero fueron destruidos por las tropas Directoriales que mandaba el general D. Fermin Castillo, y abandonaron el territorio peruano.

Sin embargo de esta primera desgracia, sufrida por las tropas constitucionales, el departamento de Moquegua, entusiasta por los principios que habia jurado sostener, se preparaba á batir al bizarro coronel D. Juan Francisco Balta, que al mando de un cuerpo de caballería se acercaba á subyugarlos. Llegó en efecto, y fué vencido en el campo de Pachía el 29 de Agosto por los generales Castilla y Nieto al frente del paisanaje.

Entonces consideraron ya necesario el crear un gobierno provisional mientras la capital de la República fuera libertada, y el llamado por la Constitucion estuviera en actitud de poder desempeñar el supremo mando. En efecto, el 3 de Setiembre siguiente se instaló la Suprema Junta de Gobierno provisorio, compuesta de tres diputados elegidos por las tres provincias libres, el general Nieto como Presidente de ella, y los de igual clase Castilla y San Roman como Vocales.

Comunicada á Lima la noticia de todos estos acontecimientos, el Supremo Director mandó inmediatamente al general D. Manuel de la Guarda, con una division para que reuniéndose con el de igual clase D. Fermin Castillo, destruyeran el naciente gobierno constitucional; pero estas fuerzas tambien fueron destrozadas y rendidas el 28 de Octubre en el campo de *San Antonio*, quedando prisioneros los dos generales, y el valiente coronel Balta gravemente herido en el brazo derecho.

En esas circunstancias el general Santa Cruz separándose del Ecuador, desembarcó por la caleta de Camarones, con el objeto de dirigirse á las fronteras de Bolivia; pero fué aprehendido por fuerzas constitucionales en Chapiquiña, distrito de Arica, y permanecia á disposicion de la Suprema Junta. Sabido esto por los gobiernos de Chile y de Bolivia, lo reclamaron inmediatamente como perturbador de la tranquilidad de sus Estados, y el Gobierno Constitucional considerándolo tambien como enemigo capital del Perú, declarado por el Congreso, lo entregó al de Chile, en cuya República permaneció algun tiempo hasta que al fin se dirigió á Europa donde reside en la actualidad.

Destruido el ejército de Guarda, se puso en campaña el mismo general Vivanco, que salió de la capital el 1º de Diciembre, dejando al coronel Echenique de comandante general del departamento y de Prefecto á D. Domingo Elias. Las fuerzas directoriales se reunieron en el departamento de Junín, y marcharon al de Ayacucho, hácia donde se dirigía tambien el general Castilla, al mando del ejército constitucional.

La campaña duró cerca de siete meses, durante los cuales, el Director hizo ejecutar á sus tropas una retirada hácia la costa, para reunirse con la division que le venia del Sud al mando del general Vigil, y de allí tomando la retaguardia de sus contrarios se dirigió á la ciudad de Arequipa, á donde llegó el 2 de Junio de 1844.

Entre tanto el general Nieto habia fallecido en el Cuzco, el 17 de Febrero, y el general Castilla, en su virtud, asumió la presidencia de la Suprema Junta por decreto expedido en Ayacucho el 21 del mismo mes. De allí emprendió su marcha, luego que supo la direccion que habia tomado el ejército enemigo, dejando una pequeña fuerza en el departamento de Junin.

El coronel Echenique recibió entonces órdenes del Director para salir de la capital, y marchar tambien con direccion al Sud, al frente de la division que habia formado; pero lo difícil que se hacía ya esta marcha y la inoportunidad con que llegarian sus tropas, fueron consideraciones que lo decidieron á acantonarse en el departamento de Junin.

Aquí principia una nueva serie de acontecimientos tan extraordinarios que, pueden considerarse como los mas notables en la historia del Perú, y sus circunstancias, las mas difíciles para una nacion.

El Prefecto del departamento de Lima D. Domingo Elías, considerando la penosa situacion de los pueblos, abrumados con la guerra civil, y la desaparicion de todo principio legal, se invistió del mando supremo de la República el 17 de Junio, mientras se instalase el Congreso, que se encargaba de convocar cuando cesacen las hostilidades: con tal objeto remitió dos comisionados cerca de los generales Vivanco y Castilla, y uno cerca del coronel Echenique; pero todos ellos regresaron sin haber conseguido la cesacion de sus respectivas operaciones militares. Lejos de eso el coronel Echenique se aproximó á la capital con todas sus fuerzas; mas luego que se le informó del espíritu hostil con que el pueblo de Lima se preparaba á recibirlo, se retiró al mismo departamento que antes ocupaba.

Mientras tanto el general Vivanco habia sido derrotado el 22 de Julio en el campo de *Yanaguara*, á las inmediaciones de Arequipa: y se dirigió con gran número de sus jefes al puerto de Islay, con ánimo de asilarse en los buques de su escuadra; pero los jefes particulares de ella, aprovechando la oportunidad de hallarse en tierra el comodoro Panizo, se negaron á admitirlo revelándose contra su autoridad. Entonces esperaron la pasada del vapor y en él se embarcaron y llegaron á Pisco, en cuyo puerto se embarcó tambien una pequeña fuerza perteneciente al gobierno de Lima, que venia para el Callao, la que antes de desembarcar en éste, arrestaron en el mismo buque, al general Vivanco y comitiva. Poco despues se permitió el desembarque de algunos jefes; pero el general Vivanco y sus mas adictos fueron trasbordados á otro buque, y conducidos á Realejo.

El Consejo de Estado se reunió dias posteriores, y el Sr. Menendez, Presidente de él, que habia vuelto de Chile en estas últimas circunstancias, fué llamado á ejercer el supremo mando, pero atendiendo al mal estado de su salud, lo delegó al Vice-Presidente Dr. D. Justo Figuerola el 10 de Agosto, y el 13 se publicó la convocatoria á Congreso para el 9 de Diciembre.

La Junta Suprema por su parte habia tambien dictado convocatoria á Congreso extraordinaaio, compuesto solo de una Cámara; de tal modo que, dos gobiernos que profesaban unos mismos principios, mandaban á la vez en la República. Esta consideracion determinó al Consejo de Estado á remitir nuevos comisionados cerca del general Castilla, los que regresaron poco tiempo despues trayendo un convenio ajustado en Arequipa el 28 de Agosto. Este tratado fijó extraordinariamente la atencion del Consejo: pues por él se establecia la inconcebible coexistencia de dos ejecutivos en la República, y la contradiccion recíproca de dos convocatorias á Congreso dictadas en 6 y 13 de Agosto. Tampoco se reconocía por la Suprema Junta de un modo explícito, llano y absoluto, el supremo mandó provisorio que ejercia el Dr. Figuerola; por consiguiente, el Consejo opinó se solicitase por una nueva negociacion el debido reconocimiento del Vice-Presidente del Consejo de Estado, y el arreglo sobre la legal convocatoria de un Congreso constitucional, para cuyo efecto marchó el general D. Pedro Bermudez.

Pero ya el general Castilla se había puesto en marcha para la capital: la division Echenique reconoció la autoridad de la Junta de gobierno; y el señor Figuerola resignó el mando en la persona del Sr. Menendez el 7 de Octubre.

El 10 de Diciembre siguiente, decretó el Presidente de la Suprema Junta, en la chacra de San Borja, una legua de la capital, la disolucian de ella, y resignó tambien el mando en el Presidente del Consejo de Estado. Entró á Lima el 11 del mismo, y el Consejo acordó que el Congreso Constitucional convocado en la capital el 13 de Agosto se reuniese extraordinariamente para proclamar al Presidente de la República, elegido durante estos últimos meses por los colegios de provincia, y la renovacion del Consejo de Estado; dictando por consiguiente, el 14 de Marzo de 1845, el decreto de convocatoria para la eleccion de Senadores en los departamentos del Sud.

El 16 de Abril se instaló por último el Congreso, y el 19 fué proclamado Presidente de la República el general D. Ramon Castilla. En seguida el 6 de Mayo fueron electos para el Consejo de Estado el general San Roman de Presidente: el general Echenique primer Vice-Presidente, y segundo D. Manuel Ferreyros. Despues de esto, el 21 de Junio, habiendo concluido el Congreso los primeros objetos para que fué convocado extraordinariamente, se declaró en legislatura ordinaria, hasta el 22 de Octubre dia en que cerró sus sesiones.

Asi marchaba la nacion peruana á la sombra de sus instituciones, cuando el general D. Juan José Flores, que habia sido lanzado de la presidencia de la República del Ecuador, trabajaba en España contra la independencia política de Sud-América. Sabido esto acertivamente por el Gobierno peruano, creyó necesario dictar una circular que dirigió en 10 de Noviembre de 1846 á los gobiernos americanos, adjuntándoles un periódico oficial que contenía los datos convincentes de la realidad de los preparativos que dicho general Flores hacia en Europa para turbar el reposo de estos Estados. Todos ellos por consiguiente se pusieron en justa alarma, hasta que el Gobierno Británico en cuyos dominios se estaban reuniendo los aprestos para la expedicion proyectada, contraviniendo al tenor de sus leyes, que prohiben el enganche de tropas para el extranjero, recibió la denuncia respectiva, y confiscó inmediatamente los buques que debían conducir la cruzada: hizo dar libertad á los individuos que existían en ellos como enganchados, y subastó aquellos con todos los útiles que contenían, en Diciembre de 1846.

Terminó, pues, de esta manera aquella empresa fomentada por la España; y el Gobierno del Perú volvió á ocuparse de la tranquilidad interior de la República; pero el Presidente de Bolivia que habia levantado un regular ejército con doble objeto, como lo confirmaron hechos posteriores, se creyó bastante fuerte para reclamar de la alza de derechos impuestos en el Perú á los frutos de su nacion. Mas como el decreto que lo ordenaba fué dictado á consecuencia de otro de igual naturaleza, que se habia expedido en Bolivia, respecto á los frutos peruanos, dió mérito esta cuestion, al cambio de algunas comunicaciones, y al fin el cónsul peruano residente en aquella República, fué bruscamente despedido, y su nacion agraviada é invadida con fuerza armada, disparando artillería sobre uno de sus pueblos.

En estas circunstancias se reunió la segunda legislatura, el 6 de Agosto de 1847, y el Ejecutivo nombró un Ministro Plenipotenciario que marchó á la ciudad de Arequipa, á donde de comun acuerdo deberian arreglarse las diferencias pendientes por los comisionados de ambos Gobiernos.

En seguida sometió el Ejecutivo al exámen del Congreso, el presupuesto general de los gastos nacionales, obra que si nó del todo perfecta, manifiesta bastantemente los esfuerzos que se hicieron para su formacion.

Los noventa dias que por la Constitucion debe durar el Congreso ordinario, se concluyeron sin haberse ajustado los tratados de Arequipa, ni dictado la ley del presupuesto; por consiguiente se prolongaron las sesiones los treinta dias mas que previene la ley; pero aun no fueron suficientes, y el Gobierno convocó á Congreso extraordinario, en cuya época llegaron y se aprobaron los tratados de Arequipa con algunas modificaciones por el Ministerio, y por último se dió la ley de presupuesto el 10 de Marzo de 1848, y las Cámaras cerraron sus sesiones. (1)

TOPOGRAFIA.

LIMA, capital de la República Peruana y emporio de la América del Sud, situada á los 12° 2′ 51″ de latitud S; y á los 70° 50′ 51″ de longitud O. del meridiano de Cadiz, fué fundada el 18 de Enero de 1535 por D. Francisco Pizarro. Sus edificios ocupan en el dia una área, cuya circunferencia es de diez millas, que divide el Rimac, atravesándola en toda su longitud de E. á O: la parte principal situada al S. y la conocida por arrabal de San Lázaro al N. unidas ambas por un magnífico puente de 530 piés castellanos de largo, y 30 de ancho sobre seis arcos de 36 piés de elevacion.

(1) Las faltas y errores, que note el lector en la parte histórica de esta geografía, serán rectificadas y corregidos, con los documentos oficiales y auténticos, que el editor de esta obra publicará en el lugar correspondiente y en su oportunidad, pues siendo como desde luego es, el primer peruano que se enroló en Pisco en Setiembre de 1820 en el Ejército Libertador, que en ese mes desembarcó en ese puerto, mandado por el ilustre general San Martin, y haber presenciado y tenido parte en los triunfos y contrastes, experimentados en la guerra de nuestra emancipacion, ha cuidado desde esa época, de compilar los materiales circunstanciados que sirvan al que se proponga escribir con pureza é imparcialidad, la historia de nuestra independencia hasta el dia.—M. DE O.

Toda la ciudad consta de 5 cuarteles divididos en 10 distritos, que comprenden 46 barrios, 211 manzanas, y 419 calles; la mayor parte de ellas rectas y cortadas unas por otras. Su poblacion á falta de censo que la determine, puede calcularse en 75,000 habitantes. (1)

(1) En este estado se encontraban los trabajos del Dr. Larriva de esta óbrita, cuando le acometió la muerte, por cuya desgracia la dejó sin concluirla ni corregirla.—M. DE O.

ORACION FUNEBRE

DE

MARIA ANTONIA DE BORBON

PRINCESA DE ASTURIAS.

PRONUNCIADO EN LA CATEDRAL DE LIMA

EN JUNIO DE 1807.

POR EL DR. D. JOSE J. DE LARRIVA Y RUIZ,

COLEGIAL, MAESTRO DE SAN CARLOS.

[illegible]

[illegible]

[illegible]

[illegible]

[illegible]

[illegible]

GUSTANS GUSTAVI::: PAULULUM MELLIS, ET ECCE EGO MORIR.

Yo he tomado un poco de miel, apenas la he probado, y ya muero. Lib. I. de los Reyes. Cap. 14.

EXORDIO.

Así hablaba en otro tiempo, señor Excmo, el piadoso y valiente Jonatás. Este Príncipe, que siguió dichosamente los designios del Señor; que tanto señaló con sus victorias sus talentos militares; y que hizo su nombre tan terrible en Geth y en Ascalón. Este Príncipe, cuyo valor llevó tan lejos la gloria de de su nacion; cuyo escudo la libró de los tiros de su enemigo el Filisteo; *y cuya flecha*, segun la expresion de David (1), *jamás se volvió hácia atras, y siempre fué bañada de la sangre de los maestros*. Este Príncipe jóven heredero del trono de Israel, en quien estaban fundadas las esperanzas de su pueblo, oye como Ezequias (2) en la mitad de su vida la sentencia terrible de su muerte.

[1] A sanguine interfectorum, ab adipe fortium, sagitta Jonathae nunquam rediit retrorsum, II. Reg. Cap. I. v. 22.

[2] Haec dicit Dominus Deus::: morieris enim tu, et non vives. IV. Reg. Cap. 20. v. 1.

¡O gloria de la tierra! ¡Gloria tan frívola como el humo, que se esparce por los aires, y tan pasajera como él! Los beneficios de la naturaleza, los dones de la fortuna, el triunfo mismo que acaba de alcanzar, y cuyas fatigas le obligaron á comer de ese panal, que encontró en el camino por donde iba persiguiendo á sus enemigos fugitivos, todo ha pasado lo mismo que una sombra. Todo lo ha disipado el golpe funesto que amenaza su cabeza. ¡Qué cortos son ahora para él los años de su vida! Solo le presenta grande el momento de perderla. Yo he tomado, exclama, un poco de miel, apenas la he probado, y ya muero: *gustans gustavi::: paululùm mellis, et ecce ego morior.*

Al oir estas palabras ¿no os parece, señores, que está hablando esa Princesa, á quien venimos á pagar los últimos deberes? ¿Nó os parece que dice con una voz moribunda: mis dias no han sido sino una aurora: yo no he hecho sino probar la vida: apénas supe ayer que debia subir algun dia al explendor del trono, y ya sé hoy que debo descender bièn presto á las sombras del sepulcro: *gustans gustavi::: paululùm mellis, et ecce ego morior?*

No espereis, señores, que yo entretenga vuestra imaginacion con brillantes pinturas de las tristes revoluciones, que sin cesar agitan nuestro globo: no espereis que os ponga á la vista reynos trastornados, imperios divididos, reyes destronados, ni vasayos elevados al trono: no espereis que os hable de las grandes variaciones, que ha sufrido desgraciadamente en nuestros dias la máquina del mundo politico, ni los héroes que mueven sus resortes. Yo no vengo á llorar la muerte de una Princesa, que mezclada en los intereses y en las intrigas de las cortes, ha causado ó terminado las diferencias de los pueblos. Nuestra Princesa no se ha ocupado en los negocios del siglo; ella no ha tenido parte alguna en la guerra, ni en la paz; sus acciones no tienen otra excelencia que la excelencia de la virtud que las dirige; su mérito sin ese brillo exterior que deslumbra y que seduce, no ha podido adquirir una reputacion igual á su grandeza: toda su gloria está encerrada en su interior: *omnis gloria filiae regis ab intus.* (1)

Así encontrareis en mi discurso, en lugar de la sabiduría del mundo, la sabiduría de los Cielos: en lugar de máximas políticas, maximas evangélicas: en lugar de los triunfos de las naciones, los triunfos de la gracia: en lugar de la pompa de las grandezas humanas, las humillaciones de la cruz de Jesucristo: en lugar de glorias, sufrimientos: y en lugar de placeres terrenos, consuelos celestiales. En una palabra: una vida corta por el número de los años que dura, pero larga por el

(1) Psalm. 44. v. 14.

número de los frutos de justicia que produce: una muerte larga por la extension de los padecimientos que la preceden, pèro corta por la grandeza de la santa resignacion con que se sufren: ved aquí, señores, los dos puntos que van á servir á la edificacion de vuestras almas, y á formar el elogio de la SERENÍSÍMA SEÑORA DOÑA MARÍA ANTONIA DE BORBON, PRINCESA DE ASTURIAS.

DISCURSO.

PARTE PRIMERA.

Yo no tengo necesidad de deciros lo rara que es la justicia, en medio de el esplendor lleno de tentacion de las grandezas humanas. El Apóstol San Juan os dice, que ella se encuentra entre las miserias y trabajos: *hi sunt, qui venerunt de tribulatione magna, et lavérunt stolas suas, et dealbaverunt eas in sanguine agni* (1). Reparad las historias de todas las naciones; todas ellas os instruirán de esta verdad. ¿Cuántos hombres encontrareis, que puedan confesar como David desde el seno de las prosperidades, que han caminado siempre en la inocencia de su corazon (2)? ¿Cuántos que puedan desde el trono asegurar como Ezequias, que se han conducido siempre por los senderos de la verdad, y que siempre han hecho lo agradable á los ojos del Señor (3)? ¿Cuántas mugeres hallareis, que llenas como Judit de posesiones y riquezas, se hayan hecho en sus casas aposentos secretos para vivir entregadas á los exercicios de la penitencia (4)? ¿Cuántas, que elevadas hasta ser espo-

(1) Apoc. Cap. 7. v. 14.

(2) Perambulabam in innocentia cordis mei. Psal. 100. v. 2.

(3) Obsecro, Domine, memento quaeso quomodo ambulaverin coram te in veritate, et in corde perfecto, et quod placitum est coram te fecerim. IV. Reg. Ca. 20. v. 3.

(4) In superioribus domus suae fecit sibi secretum cubiculum, in quo cum puellis suis clausa morabatur, et habens super lumbos suos cilicium, jejunabat omnibus diebus vitae suae. Judith. Cap. 8. v. 5. et. 6.

sas de unos Príncipes tan grandes como Asuero, puedan decir como Estér, desde el dia én que fuí traida aquí hasta el presente, solo en voz, Dios mio, se ha regocijado vuestra sierva: *nunquam laetata sit ancilla tua ex quo huc translata sum, usque in praesentem diem, nisi in te, Domine Deus* (1)? ¿Es la Reyna de Persia la que habla, ó es la Princesa de Asturias? ¿La conoceis, señores? Es Estér: pero María Antonia tiene los mismos sentimientos.

Nacida de esa casa augusta, que ha llenado al mismo tiempo los tronos de España, de Francia y de las dos Sicilias, es hija de esos Reyes, que se han heredado con el cetro la gloria y la piedad; que han sabido conservar las provincias adquiridas por el derecho de succesion, y adquirir otras nuevas por el derecho de las armas; y que han tenido bastante autoridad para hacerse obedecer en ambos mundos. Pero lo que ensalza mas su nacimiento, es que ella lo debe á Maria Carlota de Lorena, y la sangre de Borbon se mezcla con la de Austria.

No podía la Princesa mirar con indiferencia tanta gloria. No penseís por esto que la deslumbra el esplendor de su brillante cuna, ni que la envanecen los títulos pomposos de una familia tan ilustre. Ella sabe que Dios es quien da los grandes nacimientos; que escoge ciertos hombres del mismo modo que á Abrahán (2), y hacer salir de ellos los reyes y los príncipes; pero que todo el género humano formado de solo Adan trae su orígen del lodo de la tierra. Así la misma elevacion es un motivo de humillarse para esta Princesa religiosa, que adora en su fortuna los designios secretos de la divina providencia. Ella no funda su grandeza en los blazones de su casa, sino en los exemplos de virtud, que le dejaron sus mayores. Mira con un desprecio santo los leones y las lises; pero se llena de satisfaccion, al pensar que por sus venas circula la sangre de San Fernando y de San Luis. No vé en su abuelo Cárlos al monarca guerrero, que con la espada extiende sus dominios, sino al monarca piadoso, que con la pluma extiende la devocion á la pureza de Maria. Y su bisabuelo Felipe le parece mas grande cuando entra en la granja de San Ildefonso victorioso del mundo, que cuando entra en Zaragoza triunfante del Austriaco.

No temais, católicos, que yo arrastrado por los respetos humanos profane la santidad de este lugar con la vil y abominable adulacion. Yo hablo en el templo de ese Dios terrible, en cuya presencia desaparecen las grandezas del mundo, y se con-

[1] Esthér. Cap. 13. v. 18.
[2] Faciamque te crescere vehementissimé, et ponam te in gentibus, Regesque ex te egredíentur. Gen. Cap. 17. v. 6.

funden con el polvo los Reyes y sus tronos. Sí, Dios mio: yo sé, que estás pesando la menor de mis palabras en la balanza del santuario: pero yo no abuso de mi sagrado ministerio. Yo no pretendo canonizar brillantes vicios: yo no rindo homenage á los ídolos de la ambicion y del poder: yo alabo á una Princesa virtuosa: y tú te complaces en ver elevarse de la tierra el humo del incienso quemado á la virtud.

Va creciendo en Nápoles esta planta preciosa; y el esmero de Fernando y de Carlota en cuidar de su cultivo la va llenando de flores y de frutos. Ya empiezan á aparecer en ella rasgos mezclados de magestad y de dulzura, que manifiestan á un tiempo la grandeza de su orígen, y el fondo de su humildad. Ya empiezan á brillar las cualidades mas bellas de el corazon y de el espíritu. Dotada de una noble propension á hacer felices á todos sus semejantes, cuenta el bien de la humanidad por suyo propio. Socorrer las miserias, y aliviar los dolores, son los placeres, que interesan mas á su alma generosa. Profunda en sus reflexiones, y sólida en sus juicios, tiene bastante sabiduría para pesar sus pensamientos: y hace que en su tierna edad se admire la prudencia de una edad avanzada. Todo se ha juntado para enriquecer á la Princesa; nobleza, gracias, talentos y virtudes. ¡Qué mas tiene que apetecer la España en la muger, que parece destinada por el Cielo á dar sucesor al sucesor de Cárlos! María Antonia es digna del Príncipe Fernando, y Fernando es digno de la Princesa María Antonia.

Habitantes, felices habitantes de Barcelona, vosotros sois testigos de su llegada á nuestro reyno; vosotros descubrís en el ayre gracioso de su rostro la dignidad de su alma: admirais su compostura mayor que su belleza: presenciais las miradas alagüeñas, que Cárlos y María Luisa arrojan sobre ella, y la modesta sonrisa con que ella las recibe: disfrutais de la afabilidad y de la dulzura de su trato: y teneis la dicha de llevar vuestras aclamaciones y homenajes hasta el pie de los altares, donde arden los fuegos de tan casto matrimonio. Pero ah! que breve exclamareis con el Profeta Jeremias: ha faltado el gozo de nuestro corazon, se ha convertido en llanto uuestra música: *defecit gaudium cordis nostri: versus est in luctum chorus noster* (1). Y vosotros, esposos dignos de una union eterna, ¡cómo mudaríais en lúgubres ceremonias las alegres solemnidades de este dia, si supierais cuan efímeros son esos lazos sagrados, con que el ministro del Señor os acaba de estrechar! Ya la muerte está preparando para cortarlos su guadaña horrible.

Entretanto España va descubriendo poco á poco las pren-

[1] Thren. Cap. 5. v. 15.

das recomendables de la jóven Princesa, y cada dia se complace mas en tan preciosa adquisicion. Su nobleza en los pensamientos, su pureza en las palabras, y su decoro en las acciones; su fidelidad en imitar la prudencia de Abigail (1), y su empeño en igualar la sumision de Sara (2), y su atencion infatigable á seguir en todo la conducta de esa muger sabia, que Salomon describe en sus proverbios (3), le concilian muy breve toda la confianza y el amor del Príncipe su esposo. Ella gana despues los corazones de Cárlos y de Luisa; no por una simulacion artificiosa, de que la hacén incapaz su veracidad y sencillez, sino por el atractivo poderoso de sus dotes singulares. Todos son atraídos por su suavidad y por sus luces, y todos miran en ella la mujer mas proporcionada para aliviar algun dia el peso de la corona sobre la cabeza de Fernando. Jamas hubo una Princesa mas amada. ¿Quién puede resistirse á la belleza encantadora de una verdadera y sólida virtud?

Activa sin precipitacion, justa sin rigidéz, firme sin capricho, prudente sin baxeza::: ¡ah Españoles, como la hubierais admirado sobre el sólio! ¡Cuánto hubiera llegado á esclarecer vuestro horizonte este astro resplandeciente, si no se hubiera eclipsado antes de llegar al medio dia! ¡Qué no pueda yo dar un paso en la gloria de esta Princesa, sin encontrarme con su muerte! ¡O muerte! no vengas á importunar mi pensamiento. Déjame engañar el justo sentimiento de su irreparable memoria de su dulce posesion. Pero no: yo no puedo olvidarte; yo estoy hablando de su vida, y toda su vida no fué sino una preparacion para arrostrarte con firmeza.

¡Qué exactitud en observar los consejos de San Pablo (4) para llenar los deberes de su estado! ¡Qué recogimiento, qué fervor en los lugares santos donde asiste con frecuencia á la celebracion de los misterios! ¡Qué fé, que devocion cuando ofrece al Cordero sin mancha el grato sacrificio de sus pasiones humilladas! ¡Qué veneracion, que respeto para con los ministros del santuario, en quienes vé los depositarios de la ley de Jesuristo, y los dispensadores de su sangre! ¡Qué moderacion en usar de los favores de la fortuna! ¡Qué cons-

---

[1] Et nomen uxoris ejus Abigail, eratque mulier illa prudentissima. I. reg. Cap. 25. v. 3.

[2] Sicut Sara obediebat Abrahae, dominum eum vocans: cujus estis filiae benefacientes, et non pertimentes ullam perturbationem. I. Pet. Cap. 3. v. 6.

[3] Sapiens mulier aedificat domun suam::: Ambulans recto itinere, et timens Deum. Prov. Cap. 19. v. 1. 2.

[4] Ut viros suos ament:::prudentes, castas, sobrias, domus curam habentes, benignas, subditas viris suis, ut non blasphemetur verbum Dei. Ad Tit. Cap. 2. v. 9. 5.

tancia en presentar á sus reveses un semblante sereno! Aquí recuerdo sin pensarlo la desgraciada suerte de su casa. ¿Quién no se hubiera abatido al ver á sus padres arrojados de el sólio, salir con su familia fugitivos á refugiarse fuera de su corte? Pero ella entra con David en las potencias del Señor (1): en nada de esto advierte las disposiciones de los hombres: solo conoce el dedo de ese Dios que ha dicho por boca del Profeta Jeremias: yo he formado la tierra con los hombres y los animales que la habitan, y yo la pongo en las manos que quiero: *ego feci terram, et homines, et jumenta, quae sunt super faciem terrae ::: et dedi eam ei, qui placuit in oculis meis* (2).

¿Me olvido yo de hablar de su sensibilidad y compasion? La caridad, ese fuego celestial que enciende el corazon, y hace que su luz disipe las sombras de la miseria; ese precioso don, superior, como dice el Apóstol (3), á todos los dones del Señor; y que segun se explica el Nacianzeno (4), es lo mas divino que tienen los notables, y los constituye en cierto modo dioses sobre le tierra; parece haber nacido con esta Princesa tan liberal y tan piadosa. Jamás llegaron inutilmente á sus puertas el huérfano y la viuda: jamás dejó de hacer todo el bien que podia, ni de sentir el mal que no podia remediar. ¡Qué la distancia no me permita distinguir toda la abundancia de limosnas que derramaba en el seno de la necesidad y la indigencia!

Pobres de Jesucristo, imágenes vivas de un Dios hombre humillado y abatido, vosotros que encontrasteis su mano pronta siempre á aliviar el peso de la tribulacion que os abrumaba, hablad y descubridnos toda la extension de su ternura. Pero no: callad vosotros, que ella misma habla al mayordomo que le acaba de avisar, que ha aumentado á su renta treinta mil reales cada mes, la generosidad del Soberano. *Yo me alegro,* le dice, *ya tienen eso mas los pobres de Madrid.* ¡O liberalidad extraordinaria! ¡O riqueza de misericordias! ¡O Princesa! siempre alabarán tu nombre los desvalidos y los pobres. *Pauper, et inops laudabunt nomen tuum* (5). Ellos no cesarán de publicar tus beneficios, y jamas podrán consolarse de haberte perdido tan breve, cuando tu edad les prometia que les serias muy durable.

Veinte y un años tenia cuando la muerte la arrebata. ¿Y os parece acaso que ha vivido poco? No, señores: los dias del

---

[1] Introibo in potentias Domini. Psal. 70. v. 15.
[2] Jerem. Cap. 27. v. 5.
[3] Nunc autem manent, fides, spes, charitas: tria haec: major autem horum est charitas. I. Cor. Cap. 13. v. 13.
[4] Fac calamitoso sis Deus, Dei misericordiam imitando. Nacian. Orat. de pauper. amore.
[5] Psal. 73. v. 21.

impío, dice el Profeta, se desvanecen lo mismo que la sombra, y sus años corren con mucha prontitud: *defecerunt in vanitate dies eorum: et anni eorum cum festinatione* (1). Pero el justo, aunque muera temprano, ha vivido muchos tiempos, dice el sabio: *consummatus in brevi, explevit tempora multa* (2). Los dias de la Princesa han sido pocos; pero todos ocupados, como os acabo de mostrar, no han podido caminar con la misma rapidez con que caminan los ociosos. Todos llenos de la solidez y la grandeza de las cosas del Cielo, no han podido disiparse como se disipan los vacíos, que encierran solamente la ligereza y la nada de las cosas de la tierra. El mundo ha visto á la Princesa morir en su juventud; y Dios la ha visto morir en su vejez: *aetas senectutis vita immaculata* (3).

¿Y cuál es el fin de una vida tan preciosa, que aunque corta por el número de los años que dura, se hace larga por el número de los frutos de justicia que produce? Es una muerte, señores, tan preciosa como ella: una muerte larga por la extension de los padecimientos que la preceden, pero corta por la grandeza de la santa resignacion con que se sufren.

---

[1] Psal. 77. v. 33.
[2] Sap. Cap. 4. v. 13.
[3] Sap. Cap. 4. v. 9.

PARTE SEGUNDA.

Es claro, decia San Bernardo, que mientras permanecemos en este cuerpo frágil estamos alejados del Señor, y fuera de nuestra patria (1). Todos hemos nacido para vivir con Jesu-Christo eternamente en la celestial Jerusalen despues de haber sido sacrificados con él en esta tierra miserable. Es preciso que seamos ofrecidos y sacrificados en el bautismo, como él en su Encarnacion; que sufriendo con una resignacion como la suya las penalidades y trabajos, continuemos el sacrificio en toda nuestra vida; y que la muerte venga á consumarlo. Entonces la alma inmortal rompiendo los lazos que la unian á lo mortal y á lo caduco, y descargándose del peso insoportable, que abrumándola siempre no cesaba jamas de inclinarla hácia abajo, acaba su inmolacion; dirige sus fuerzas con libertad hácia arriba; vuela hasta los Cielos, y es recibida en el seno de su Dios. Así la muerte del justo es el principio de su vida, es el fin de sus trabajos, y la consumacion de su victoria.

Tales eran las ideas que tenia la Princesa profundamente gravadas en su espíritu; y tal la disposicion en que se hallaba, cuando ve acercarse el dia del Señor. Almas débiles que temblais al nombre solo de la muerte, venid á perderle el miedo en el lecho de la Princesa. Allí no encontrareis esa fantasma enorme que vuestra imaginacion os representa rodeada

[1] Liquet, dilectissimi, quod dum corpore retinemur, peregrinamur á Domino, et sic luctum magis, quam gaudium miserandum nobis inducit exilium. Bern. in serm. S. Malach.

del melancólico aparato de horrores y de sombras. Allí veréis sin nada de terrible el tranquilo sueño que da el Señor á sus amados, para que entren á gozar de la herencia de su hijo (1). Pero no os engañeis: las obras de la vida son los rasgos con que aparece trazado el semblante de la muerte. Las virtudes lo forman apacible; pero los crímenes horrendo y espantoso. Para morir como la Princesa, es preciso, cristianos, haber vivido como ella.

Acaso un feliz pensamiento de la proximidad de su fin, ó mas bien un rayo desprendido del seno del padre de la luz corre á sus ojos el velo que impide á los mortales mirar como son en sí las corrupciones de la tierra. Va perdiendo el gusto á todos los placeres, y solo se regocija como Estér en su Señor y en su Dios (2). Encerrada como Judít (3) en una secreta habitacion, vive retirada en medio de su palacio, y goza de una tranquilidad profunda entre la bulliciosa agitacion de una corte tumultuosa. Renuncia al mundo con sus vanidades y sus pompas; se renuncia á si misma; ya no vive para sí; vive, como ordena San Pablo, para aquel que por todos murió y resusitó: *ut et qui vivunt, jam non sibi, vivan, sed ei qui pro ipsis mortuus est, et resurrexit* (4). Paseos, juegos, espectáculos que ocupais á tantas almas frívolas, que viviendo segun la carne, gustan de las cosas de la carne, vosotros no sois capaces de interesar á la Princesa; ella vive segun el espíritu, y solo gusta de las cosas del espíritu (5).

Así, Dios mio, vas preparando la víctima para recibir el sacrificio en olor de suavidad. Ya la has adornado con los dones de tu misericordia: descarga ahora sobre ella el rigor de tu justicia. Ella está, como el Profeta, dispuesta á que la pruebes: *proba me Domine, et tenta me* (6): ella tiene presentes los beneficios que le has hecho: ella ha caminado siempre en la observancia de tu ley: no volverá las espaldas como los hijos de Efraín, el dia del combate (7).

¿Y dónde os parece, cristianos, que hace sus pruebas el Señor? El horno prueba las vasijas del ollero, dice el Eclesiástico, y á los hombres justos, la tentacion de tribulacion: *vasa*

[1] Cum dederit dilectis suis somnum: ecce hacreditas Domini filii. Psal. v. 2. 3.
[2] Esther. Cap. 14. v, 18.
[3] Judith. Cap. 8. v, 5.
[4] Cor. Cap. 5. v. 15.
[5] Qui enim secumdum carnem sunt: quae carnis sunt, sapiunt. Qui veró secundum spiritum sunt: quae sunt spiritus, sentiunt. Paul. Rom. Cap. 8. v. 5.
[6] Psal. 25. v. 2.
[7] Filii Ephrem intendentes et mittentes arcum: conversi sunt in die belli. Non custodierun testamentum Dei: et in lege ejus soluerunt ambulare. Et obliti sunt benefactorum ejus. Psal. 77. v. 9. 10. 11.

figuli probat fornax, et homines justos tentatio tribulationis (1). Allí fueron probados Abrahan, Isaac y Jacob: allí fueron probados Moyses (2) David (3) y Tobias (4): allí fué probado el Santo Job (5): y allí es probada tambien nuestra Princesa. Calamidades de España que os habeis aumentado con la desgracia de su muerte, vosotros aumentais la desgracia de su vida. A manera de las melancólicas horas de la noche agravasteis el peso de sus males. ¿Sus males? ¡ah! ¡cuántos objetos tristes se ofrecen de tropel al pensamiento! Una incónmoda debilidad padecida desde Nápoles; una opresion de pecho, que se deja quejar menos, cuanto se deja sentir mas; unas palpitaciones de corazon acompañadas casi siempre de fiebres violentísimas; dos abortos desgraciados; una tos continua y fatigante; una expulsion frecuente de copiosa sangre mezclada muchas veces de otras materias que acreditan un vicio incorregible en el pulmon; las fuerzas de la naturaleza agotándose por grados; las congoxas del espíritu unidas á las del cuerpo; todos los recursos del arte hallados impotentes; todos los medicamentos inútiles; todas las esperanzas perdidas; y todo el resultado de las largas y repetidas conferencias de los siete profesores de cámara, reducido á pronosticar la muerte de la Princesa.

¿Por qué me conmuevo yo al hacer la relacion de unas penas que ella sufre con tanta fortaleza? Feliz el hombre, Católicos, que extiende su mano sobre el indigente y el pobre: Dios extenderá la suya sobre su lecho de dolor: *Beatus, qui intelligit super egenum et pauperem::: Dominus opem ferat illi super lectum doloris* (6). Feliz nuestra Princesa que ha hecho sentir tanto la grandeza de su misericordia. Ella siente la grandeza de la misericordia del Señor; vé en medio de sus tribulaciones, al Dios de consolacion; y no cesa de oir desde su lecho de muerte estas palabras de vida: no desprecies, hija mia, la correccion del señor, ni desmayes cuando él te reprende; porque el señor castiga al que ama, y azota á todo el que recibe por hijo: *quem enim diligit Dominus castigat: flagellat autem omnem filium, quem recipit* (7).

(1) Eccii. Cap. 27. v. 6.

(2) Memores esse debent, quomodo pater noster Abraham tentatus est, et per multas tribulationes probatus, Dei amicus effectus est. Sic Isaac, sic Jacob, sic Moyses::: per multas tribulationes transierunt fideles. Judith Cap. 8. v. 22. 23.

(3) Probasti cor meum, et visitasti nocte: igne me examinasti. Psal 16. v. 3.

(4) Et quia acceptus eras Deo, necesse fuit ut tentatio probarette. Tobiae cap. 12. v. 13.

(5) Probavit me quasi aurum, quod per ignem transit. Job. cap. 23. v. 10.

(6) Psal. 40. v. 1. 4.

(7) Pau. Heb. Cap. 12, v. 6.

Preparada de esre modo, y bañada muchas veces en la sangre del Cordero, llama á Jesucristo á padecer con ella, para que continúe esa pasion sagrada que ha de consumar con los sufrimientos del último de sus miembros: de los males que Dios le ha enviado, hace un obsequio al mismo Dios: hace de la muerte la penitencia de la vida: y de un suplicio necesario, un voluntario sacrificio. Cuantas veces pregunta con un Rey humillado: ¿hasta cuándo duran, Señor, los padecimientos de tu sierva? *¿ Quot sunt dies servi tui* (1)? Pero cuantas veces tambien adorando la mano que la hiere, repite llena de sumicion estas palabras de Judít: nosotros no debemos impacientarnos por los trabajos que sufrimos, considerando que son menores que nuestras culpas los castigos del Señor: *non ulciscamur non pro his, quae patimur, reputantes peccatis nostris haec ipsa suplicia minora esse* (2). Así se hace superior á si misma; así se eleva sobre las fuerzas de la naturaleza, sobre las aflicciones y la muerte.

Léjos de quejarse de que estando aun á medio texer, se le corte el hilo de una vida á que tiene destinadas tantas prosperidades la fortuna, ella dice con frecuencia al Señor: un dia pasado en vuestros tabernáculos vale mas que mil pasados en la tierra: *melior est dies una in atriis suis super millia* (3). Léjos de lisongearse con la esperanza vana de sanar de sus dolencias, ella siente que el esposo se aproxima, y solo piensa en prevenirse del aceyte necesario para salirle al camino con su lámpara encendida (4).

Profesores, que habeis trabajado tanto en la salud de su cuerpo, nada teneis que trabajar en la salud de su alma. No os fatigueis en estudiar ese lenguaje de consideracion y miramiento con que se habla á la Princesa en semejantes ocasiones. La de Asturias no necesita que se le anuncie que debe á la religion el homenage público de su fé. Ella misma pide con instancia esos socorros divinos que elevan el espíritu, y lo aproximan á su orígen. Dos veces recibe á su Criador. Desde entonces mil torrentes de alegria inundan su corazon: ella se hace inaccesible á la crueldad de sus dolores; y aunque el hombre exterior está muy débil, segun la expresion del Apóstol (5), el interior se fortalece y renueva. ¡Con qué tranquili-

(1) Psal. 118. v. 84.
(2) Judith. Cap. 8. v. 26. 27.
(3) Psal. 83. v. 11.
(4) Prudentes veró ecceperunt oleum in vasis suis cum lampadibus::: Ecce sponsus venit, exite obviam ei. Matth. Cap. 25. v. 4. 6.
(5) Licét is, qui foris est, noster homo corrumpatur; tamen is, qui intus est, renovatur de die in diem. 2. Cor. Cap. 4. v. 16.

dad inalterable se siente balancéar en las orillas de la tnmba! ¡Cómo posee toda su majestad y su grandeza en el momento que va á confundir para ella el tiempo con la eternidad! Vé acercarse á la muerte, y no la teme. Es que ella sabe que sus tiros no alcanzan al tesoro precioso de su espíritu, sino al vaso de barro que los encierra (1). Está próxima á comparecer en el tribunal terrible donde se juzgan las justicias (2): ella lo conoce, y no se espanta. Es que ella sabe que Jesucisto juzga segun su evangelio (3), y siempre ha seguido el evangelio de Jesucristo. Opulento reyno de España, tú no eres capaz de exitar en su alma el mas ligero sentimiento. La herencia del reyno de los Cielos (4) es la que la inflama, y la arrebata. Todo ha desaparecido á sus ojos; ella no vé sino á Dios; y su último suspiro es un suspiro de amor.

¿Muerte cruel é inexorable, por qué hieres con tanta indiscrecion? ¿Por qué te apresuras á teñir con sangre pura tu bárbara guadaña, y dejas al vicio crecer, y envejecerse? ¿Por qué no sigues á lo ménos el curso de la naturaleza, y aguardas que todo sea consumido del tiempo? ¿Pero quién eres tú, para que puedas responderme? ¿Dónde está tu poder, despues que Jesucristo levantándose triunfante del sepulcro, rompe al salir, tu cetro contra la losa que lo cubre?

Arbitro soberano de los destinos de los hombres, es á vos á quien debo preguntar. Sabiduría infinita, que dictais desde el santuario los adorables decretos que reglan el universo, dignaos instrüirme de un ministerio tan impenetrable para mi. Vos sois justo, Señor; pero yo os pregunto cosas justas (5). ¿Por qué el impío permanece un siglo sobre la tierra quebrantándo vuestras leyes; y esta princesa incomparable que ha caminado siempre en la santidad y en la justicia, y que haciendo, con el tiempo, la felicidad de nuestro reyno, os hubiera formado un pueblo de adoradores con su exemplo, ha sido arrebatada en la mitad de su carrera? Permitid, gran Dios, que yo os pregunte aun. Si vuestras palabras permanecen siempre aunque falten los Cielos y la tierra (6), y si jamás os arrepen-

(1) Corpus quidem mortuum est propter peccatum; spiritus veró vivit propter justificationem. Pau. Rom. Cap. 8. v. 10.
(2) Ego justitias judicabo. Psal.74. v. 3.
(3) Cum judicabit Deus occulta hominum secundum Evangelium meum per Jesum Christum. Pau. Rom. Cap. 2. v. 16,
(4) Haeredes regni, quod repromissit Deus diligentibus se. Jacob i cap. 2. v. 5.
(5) Justus quiden tu es Domine, si disputen tecum; Verumtamen justa loquar ad te. Jerem. Cap. 12 v. 1.
(6) Coelum et terra transibunt, verba autem me non tiansibunt. Maic. Cap. 13. v. 31.

tis de las promesas que haceis (1), ¿cómo habeis arrancado á MARIA ANTONIA de los brazos de Fernando? ¿Vos mismo no habeis dicho, que una muger buena es una porcion, que pertenece por herencia á los hombres que os temen (2)? ¿Vos no habeis prometido que ella hará las delicias de su esposo, y coronará en paz los años de su vida (3)? ¡O abismo de vuestra sabiduria! ¡O profundidad de vuestros juicios! ¡O Dios incomprensible! ¿Quién sabe si os habeis apresurado en llevar á la Princesa en estos dias calamitosos á que reyne con vos, para que pueda como Estér libertar á su pueblo (4)? ¿Quién sabe si la habeis separado de un Príncipe tan digno, para que pueda proporcionarle desde léjos mayores prosperidades, que las que podia proporcionarle estando cerca? ¿Quien sabe...... ¿Pero por qué no ha de saberse, si todos vuestros caminos son la misericordia y la verdad (5)? ¿Yo oso pensar, Dios mio, que habeis abreviado sus dias, para alargar por ella los dias de Fernando; que la habeis acercado al trono de los Cielos, para afirmar por su influjo el trono de la España; que habeis confundido á su nacion por el dolor de su pérdida, para confundir por sus ruegos á las naciones enemigas; y que habeis hecho suba de la tierra á habitar tan temprano en la mansion eterna de la paz, para que por medio de ella baxe la paz á habitar en la tierra. AMEN.

(1) Juravit Dominus, et non poenitebit eum. Psal. 109. v. 4.
(2) Pars bona, mulier bona, in parte timentium Deum. Eccli. Ca. 26 v. 3.
(3) Mulier fortis oblectat virum suum, et annos vitae illius in pace implevit. Eccli. Cap. 26. v. 2.
(4) ¿Quis novit utrum idcircó ad regnum veneris, ut in tali tempore parareris? Esth. Cap. 4. v. 14.
(5) Universae viae Domini, misericordia et veritas, Psal. 24 v. 10.

que tiene con vos, para que pueda como Esther librar á su pueblo (1). ¿Quién sabe si la habeis separado de su Compañía tan digna, para que pueda proporcionarle desde Jesús mayores prosperidades, que las que podia proporcionarle estando con ella? ¿Quién sabe...? Pero sea que no lo sepamos, si todos vuestros caminos son la misericordia y la verdad (5) [illegible] Dios mio, que [illegible] por ella los dias de Fernando, que la [illegible] del trono de los [illegible] que habeis confundido á su [illegible] para confundir por [illegible] y que habeis [illegible] la [illegible] de la paz [illegible] la paz y [illegible] en la tierra. Amen.

---

(1) [illegible] Dominus et non pœnitebit eum. Psal. 109, v. 4.
(2) [illegible]
(3) [illegible]
placuit. Eccli. Cap. 26, v. 4.
(4) ¿Quis novit utrum [illegible] ad regnum veneris, ut in tali tempore pararetur? Esth. Cap. 4, v. 14.
(5) Universæ viæ Domini, misericordia et veritas. Psal. 24, v. 10.

ORATORIA SAGRADA.

RELACION DE LAS EXEQUIAS

Que de órden del Excmo. señor D. Joaquin de la Pezuela y Sanchez, virey del Perú, se celebraron en esta Santa Iglesia Catedral de los Reyes; el dia 30 de Abril de 1819, por los jefes y subalternos, que por sostener la causa de S. M. perecieron en la Punta de San Luis el 8 de Febrero del mismo año.

Opus aggredior opimum casibus, atrox præliis, discors ssditionibus, ipso etiam pace sævum. Tac. Hist. Lib. I Cap I.

Hay sucesos tan tristes, y desgracias de tal naturaleza, que no ocurren voces propias para pasarlas á la posteridad con la energia que demandan; pues enlutados el corazon y el espíritu, y oprimidos del peso de los males públicos, la pluma tropieza á cada línea, y los gemidos son las únicas significantes razones. Mas como el idioma de las lágrimas solo es entendido por los que saben sentir, y hacer suyas las desgracias agenas, para ellos principalmente es la breve noticia de las exéquias, que el 30 de Abril del presente año se hicieron en esta capital por las ilustres víctimas sacrificadas en la Punta de San Luis el 8 de Febrero: dia aciago! y que deberia arrancarse de la cadena del tiempo. Los hombres que infelizmente no han calculado los resultados funestos de la guerra civil, y los desastres que necesariamente trae consigo la subversion del órden, contemplen en bosquejo este fatal dia, y á vista de la apreciable sangre que en él se ha vertido, detesten los sistemas, que prometiendo una felicidad quimérica, se abren paso hácia ella á costa de sangre, sacrificando al ídolo de su ilusoria independencia los primeros sentimientos de la humanidad, y despojándose aun de aquellas virtudes, que mas parecen de instinto que de estudio y de ilustracion. No, no hay lágrimas bastantes para llorar la desgracia, objeto del dolor público de esta capital. *Ordoñes*, *Primo*, *Guicolea*, *Morgado*, *La Madrid*, y todos los preclaros varones que en ese dia nefando pagaron á la muerte un anticipado tributo: ¿por qué fatalidad no terminaron su preciosa existencia en los campos de batalla, para que en algun modo se hubiese consolado nuestro dolor en tal pérdida? Acogidos despues del infeliz éxito de la campaña de Maypú, baxo la salvaguardia del derecho de gentes; ¿cuál fué su culpa. para que del modo mas cruénto se inmolasen vidas tan preciosas? ¿Acaso su fidelidad al Soberano, y adherencia á los principios civiles y políticos que heredaron de sus padres, y que les recomendaron como orígen de las virtudes que en todo tiempo han ilustrado la monarquía? No fué otro su crímen, al que siempre acompañará la gloria, que solo es auxiliar de la virtud. Pero aunque salieron de la vida, no murieron porque jamas mueren los grandes exemplos, ni menos los que con ellos edifican al resto de los hombres. Si, como se asienta en los papeles públicos de Chile, emprendieron quebrar las cadenas que arrastraban, no seria para alcanzar su libertad, sino como único medio de salvar el estado y la religion de las calamidades, en que veian sumergirse el trono y el altar, por apagar con su sangre de un modo propio de los héroes ese fuego consumidor del órden y de las virtudes. O salvemos, dirian en tal caso, la monarquia de tempestad tan destructora; ó si no ceñimos nuestras sienes de este laurel de gloria, gozemos la dulce satisfaccion de haberla procurado: y ya que nuestra sangre no restablezca la tranquilidad, y el imperio de las leyes, salgamos del mundo, acreditándole que empleados para sostener la monarquia y el órden, no pudimos ser espectadores pacíficos de los males públicos, y calculadores quietos de las consecuencias de principios tan ominosos. No hay medio: seamos ó los libertadores, ó las víctimas del estado. Ah! Trasíbulo, y Aristómenes no fueron animados de mas nobles y altos sentimientos, aunque mas felices. Pero vuestra sangre derramada en ese pavimento indigno de ella, arde y circula en nuestros corazones, y no dejará de animar los de nuestros hijos. Moristeis Campeones ilustres, pero no para nosotros, pues á la infausta nueva de vuestra desgracia, no hubo quien no se sintiese en esta ciudad herido casi con el mismo golpe, llorando, ya que no sobre vuestros cadáveres, sobre vuestras imágenes, que permanecen y permanecerán perpetuamente grabadas en nuestros corazones. Y desques de los primeros desahogos del dolor, se trató de honrar vuestra memoria con el público testimonio del duelo militar, implorando del Dios de los exércitos, por quien reynan los Soberanos, la misericordia y el descanso de vuestras almas, porque nada hay puro ante sus ojos, si no se lava con la sangre de Jesucristo. Cuando pues las generaciones sucesivas se instruyan del cruento modo de tales muertes, detestando á los que las perpetraron en el delirio de la razon, y en el trastorno de los mas sanos principios, se instruirán tambien de que se honró esa sangre apreciable con las lágrimas de los justos, supliendo los mas sinceros sentimientos desde esta distancia los funerales, que les negó el rencor de unos hombres, que reputaron por delito no seguir las ideas, que han devastado y continuan devastando el nuevo mundo. ¡O si la elocuencia del corazon pudiese transmitirse á los labios! Mas quede á los Lucanos y Eurípides del Perú pintar con el pincel del sentimiento los destrozos y sacrificios de la guerra civil, y el furor y embriaguez del odio fraterno. ¡Qué campo tan de sangre, y que escenas tan de horror ofrece ya el lienzo de la historia á sus sublimes genios! Las armas que por cerca de tres siglos han permanecido en reposo, baxo la benéfica sombra del árbol de la obediencia, se han afilado para herir á los conciudadanos, amigos y deudos, y confundidas las primeras ideas, la discordia solo anima el brazo de los hijos de un padre comun. ¡O y quiera el cielo entren los hombres en sí mismos, y reconciliados con la sociedad, nos restituyan esos tiempos bien hadados, en que unidos los pueblos al trono respiraba la América tranquila y sin zozobra la paz y la abundancia! Vuelvan, vuelvan esos perdidos dias y un velo denso cubra los errores de los actuales tiempos, y solo hagamos recuerdo de ellos, para instruir á nuestros hijos de los males que se cometen bajo el nombre de la libertad, tan ansiada y tan desconocida, y de la que no puede gozar el hombre sin sumision á las leyes. ¡Pueblos! presas incautas de la seduccion de los que prometen felicidades teóricas con males positivos, instruios en que no hay desgracia comparable á la guerra civil, en que la dorada manzana de la libertad que se os brinda, es parecida al fruto vedado del árbol del paraiso, que sin embargo de la hermosura de sus colores, y del placer que se siente al gustarlo, produce la muerte al digerirse. Detestad una guerra sacrílega, que pone las leyes á los pies del crímen, en la que se ve infelizmente á los hijos de unos mismos padres dirigir sus manos para despedazar las entrañas de su patria. Si en los campos de Farsalia se vió al Aguila contra el Aguila destrozar á la Señora del mundo, en los nuestros se mira al Leon contra Leon, y á dos campos unidos por los vínculos de la sangre derramar la que debia conservarse, pues toda es nuestra. ¡Qué furor, qué exceso de demencia y de rabia anima vuestras diestras! Buscais combates sin tener jamás triunfos. Porque ¿cómo puede darse tal nombre á los que se consigan siempre al precio de nuestra sangre? Contemplad, contemplad las llagas que habeis hecho en el cuerpo político. Vuestras ciudades se han convertido en desiertos, y sus soberbios techos yacen de escombros por los suelos. Errantes en la soledad las semivíctimas de la subversion aumentan sus desgracias, contemplando marchita la pompa de los campos, y los abrojos en el lugar de las flores, porque el labrador ha cambiado el azadon por la espada. Los enemigos extraños no nos han herido con tales plagas, y las presentes nos vienen de unas manos domésticas. Oh! sea esta última sangre que se vierta, y aplaquese el cielo irritado, mandándonos despues de este diluvio civil el iris de paz, que encierre en su arco celestial la España y las Américas, de modo que solo formen un corazon y un espíritu, y caigan los anatemas de la humanidad sobre los que ofrecen una felicidad ideal comprada con lágrimas y sangre.

Si en todas circunstancias ha aborrecido esta ciudad fidelísima la insurreccion y el trastorno, dando pruebas constantes de su indeleble lealtad, nunca mas que al cerciorarse de la triste nueva de la decapitacion de oficiales tan beneméritos. Todos los cuerpos militares juraron ante sus respectivos jefes, abandonarian antes la vida, que tan justa venganza; y el Excmo. Sr. Vircy, asi por sus generosos y nobles sentimientos, como por los de la tropa, y de toda la ciudad, resolvió se hiciesen á la brevedad posible las exéquias merecidas á los mártires, que sostuvieron hasta el último aliento los derechos de la corona, destinando para ellas el 30 de Abril. En la víspera á las cuatro de la tarde el doble general en la Iglesia Catedral, á que correspondieron todas las demas, parecia renovar con aumento el dolor causado por la primera noticia, anunciando el lúgubre sonido de la campanas la importancia del motivo, y el mayor duelo de los corazones. Amaneció el dia 30 con una luz sombria, porque el cielo quiso en cierto modo acompañar el luto de la tierra. El triste sonido de las campanas, que no se interrumpía; el de los cañones que con las descargas correspondia al de aquellas: mil doscientos hombres de los cuerpos militares sacados de las compañias de Granaderos y Cazadores del Infante D. Cárlos, Burgos, Cantabria, Concordia, Arequipa, Milicias Españolas, Artillería, Escuadron de la guardia de honor de S. E. con las insignias de duelo: las caxas y banderas enlutadas: los oficiales manifestando en sus rostros pintados el dolor y la justa venganza por sus compañeros de armas, dignos de otra suerte: el silencio de la ira y de la congoja, mas elocuente que los fogosos discursos de los oradores, daban á la lúgubre ceremonia un aire de magestad, que aunque pudo sentirse y palparse, no es dado á la pluma el explicarlo.

Por enmedio de la tropa formada en la plaza mayor pasó S. E. con la comitiva de los Tribunales de la Real Audiencia, del de Cuentas, Excmo. Ayuntamiento, Consulado, Mineria, y oficialidad de los cuerpos ya nombrados, dirigíendose á la iglesia catedral, en donde el Excmo. é Illmo. señor Arzobispo, y el venerable Dean y Cabildo ocupaban en el coro con duelo, segun rito, los lugares correspondientes. El luto de la iglesia, y de las armas precedidos por los gefes de la religion y el estado, el silencioso bullicio del concurso, la patética música militar y religiosa; todo anunciaba ser mas el sentimiento, que las muestras externas de tan justo dolor

En el presbiterio sobre un cuadrilongo de ocho varas de frente se elevó un zócalo de dos de alto, y en sus extremos se colocaron dos estátuas representantes de la religion y fortaleza de los finados: en su medio sobresalía la mesa del altar con el mayor decoro, sencillez y gracia. Tres gradas ó estancias sobre el zócalo formaban la elevacion y retiro en busca del centro del cuadro, y sobre la última se elevaba la urna ó depósito figurado de las cenizas de las víctimas, cuyo frente cubría un paño de terciopelo con fleco de oro, con el escudo Real bordado en la parte superior, y cayendo sus lados, eran sostenidos por dos Genios, que llorando guardaban en la falda del manto las insignias de los gefes y oficiales sacrificados; con esta inscripcion:

Murieron por la gloria, y mas vivieron
Cuando el golpe de muerte recibieron.

Cerraba la urna una pirámide cortada la cúspide, terminando con una gran copa dorada, en que ardia el fuego de la lealtad de las víctimas, elevando hácia el cielo su clamor. El fondo de este aparato, bajo del mismo frente de ocho varas, era cerrado por cuatro columnas dóricas de jaspe negro, dos en cada lado sobre la primera grada, y ligadas por un sólido, que las unían sobre el capitel, cargaban en su medio un vaso etrusco lleno del mismo fuego: por la espalda de las columnas salian enlutadas las puntas de las banderas de los Regimientos. En la mayor elevacion del arco toral se miraba volando el Aguila del tutelar de la Iglesia con su escudo, y de sus garras pendia lánguidamente un catafalco de tafetan morado con flecos blancos, cuyas dos caidas baxaban sobre el sólido de las columnas, y cerraban el fondo con dignidad y armonia. Otras dos estátuas colocadas en la primera grada del fondo, representaban la fidelidad y constancia de nuestros campeones: y multitud de acheros y candeleros de plata simétricamente situados, formaban un todo digno del objeto. El claro de las gradas del Prebisterio daba tránsito, y dejaba aislado el túmulo, para que en sus cuatro ángulos hiciesen la guardia cuatro alabarderos: y los gruesos del arco toral ocupados en su pié por los ambones, se cubrieron formando un pedestal enlutado, sobre el cual en figura de pavellon de armas con cajas de guerra se colocaron las banderas de los regimientos concurrentes á la funcion.

Despues de la solemne vigilia se cantó la misa por Sr. Arcediano Dr. D. Ignacio Mier: en el tiempo de los oficios se hicieron tres descargas por la tropa formada en la plaza, mandada por el teniente coronel D. Agustin de Otermin, jefe de dia. Y acabado el santo sacrificio, pronunció la oracion fúnebre el Dr. D. José Joaquin de Larriva, cuyos talentos y luces están notoriamente acreditados, y es por demas detenernos en ponderar el mérito de este recomendable literato, y de la obra, cuando impresa á continuacion, hará en todo tiempo el panegírico de sí misma, y de su autor.

Acabados los religiosos oficios se dirigió al Palacio el Excelentísimo Sr. Virey con el mismo acompañamiento, y todos los jefes militares arengaron á S. E., con aquella elocuencia propia del dolor, reiterando los votos de sacrificarse en las aras de la corona, y de vengar la sangre de víctimas tan ilustres hasta el último aliento; y habiendo contestado S. E. con la dignidad de su empleo y carácter, se despidió la comitiva y la tropa en un silencio profundo, el rostro fixo en la tierra, los oidos cerrados á todo consuelo, y desdeñando la vista de la luz, denotando la ira terrible que despedazaba sus corazones, y el huracan que se formaba. O yo no conozco á los Romanos, dixo Ofilio Calavio, despues del suceso infeliz del tratado de *Caudium*, ó su silencio va á causar grandes gritos y sollozos á los Samnitas. *Silentium illud obstinatum, fixosque in terram oculos, et surdas ad omnia solatia aures, et pudorem intuendæ lu-*

cis, ingentem molem irarum ex alto animo cientis indicia esse: aut se Romana ignorare ingenia; aut silentium illud Samnitibus flebiles brevi clamores (1) gemitusque excitaturum. Mas la sacrosanta víctima ofrecida en el altar por el descanso de los héroes inmolados, reconcilie á los hermanos enemigos, y nos conceda la paz, por la que ánsían la religion y la naturaleza (2).

---

[1] Tit. Liv. Lib. 9. Cap. 6.
[2] La anterior relacion la escribió don Justo Figuerola.

CENOTAPHIVM

D· O· M·

NE. TAM. CITO. PERGAS MOESTVS. ADSTA VIATOR. IN TE. SIQVID HVMANITATIS. ADHVC MOEROR. LONGE. IVSTISSIMVS XLI INSIGNES. DVCES. ARMIS ET. BELLICA. VIRTVTE TOT. LAVRIS IN. IBERIA. RANCAGVA. TALCAHVANO ET. CANCHA-RALLADA PARTIS HOSCE. IN MAIPV. DESERVIT. FORTVNA. NON VIRTVS LAMQVE. HOSTE SVPERATO VICTORIAM. INCLAMANTES INFENSO. ET. FREQVENTISSIMO. CIRCVMVENTI. EQVITATV TAN-DEM. CAPTI. DVCVNTVR PER. ANDIVM. NIVES ET. PRAERVPTA IVGA QVASI. GREGARII PEDIBVS. IRE. IVSSI IN. SANCTI. ALOYSSI OPPIDO RECLVSI OMNIA. QVAEQVE. DVRISSIMA PATIVNTVR DE-CIMO. TANDEM. MENSE PERHORRESCE CAVSIS. NEQVITIA. FIC-TIS IMMANITATE. ESCCLERE CAEDVNTVR HEV. CONTRA. IVS. OMNE. FERRO. CADVNT. VEL IGNITA. GLANDE. HIS. FRATRES PIENTISSIMI PARENTANT TV. PACEM. APPRECANDO. NI FERREUS DEFLE. ET. ABI.

CENOTAFIO

A HONRA Y GLORIA DE DIOS TODOPODEROSO.

No apresures el paso, caminante: abre tu pecho á la tristeza. si es que en él conservas algunos restos de humanidad. Jamas ha habido causa que excite con mas justicia nuestro sentimiento. Cuarenta y un jefes de alta graduacion, ilustres por sus hazañas y pericia militar, despues que tantas veces los coronó la victoria en España, Rancagua, Talcahuano y Cancha-Rayada, los abandonó en el Maypú la fortuna, mas no el valor. Ya sus filas vencedoras aclamaban la victoria, cuando cercados por todas partes de la numerosa enemiga caballería, se ven precisados á entregarse prisioneros. A la par del mas infeliz soldado se les obliga á marchar á pié sobre la nieve y mas escabrosos pasos de los Andes, y á permanecer al fin reclusos en el pueblo de San Luis. Allí se les hace padecer las mayores privaciones y angustias, Por último á los diez meses, (¡ha! ¡me lleno de horror al repetirlo!) con maquinaciones inventadas por la malicia, y crueldad mas perversa son bárbaramente asesinados. Sí: contra todo derecho divino y humano acaban miserablemente sus dias á los reiterados golpes del acero ó del plomo. Sus sompañeros de armas penetrados de un exceso de sentimiento y amor, celebran en su memoria estas exéquias. ¡O caminante! si no tienes un alma insensible, acompaña con dolor nuestras lágrimas; implórales del cielo un eterno descanso, y sigue tu camino.

POESIAS.

ELEGIA.

Luctibus omne solum reboet, testentur amorem
Luctus; ah! mimii causa doloris inest;
Fors erit ut lachrymae lacrymis tollantur ab ipsis,
Fors erit ut lochrymas mulceat ipse dolor;
Non haec sunt dubiis non haec sunt abdita signis,
Sunt imo e certis cognita vera malis.
Illustres clarique duces virtute vel armis
Recitibus invidiae iam cecidere solo;
Vt quibus in Maypu Bellona pepercerit, armis
Postea depositis auferat atra dies;
It cruor, hostilis tellus madefacta cruore est,
Tisiphoneque suas vibrat iniqua faces;
Effuguiique locus, locus idem caedis, ibique
Vulneribus quisquis truncus inanis erat:
Pars agitur misere manibus post terga revinctis,
Ictaque flammanti grande vel ense cadit.
Proh Deus id pateris, neque tantis terra dehiscit
Criminibus, dirum quae tegat acta scelus?
Non poenus leo dente perit, non ungae leonis,
Vrsus non ursi viscera dilacerat;
Invehit in victos victrix fera nulla, subinde
Pugna suum finem quum iacet hostis habet;
Vrsum solus homo excellit, feritate leonem,
Isque suum gaudet sternere caede genus.

Sustinet innocui fratris divellere frater
Membra sui quoties impulit ira manus.
Bella ciens bellum civile excandet utrinque,
Alterum ut alterius tota ruina premat.
Vltio solus amor, Ianus sua templa reclusit,
Et fraeni impatiens porrigiat arma furor ;
Sed tandem sese nobis victoria prodet,
Palmasque incipiet continuare suas ;
Pax et ab occiduis Americae Solis ad oras
Restituet terris quae periere bona ;
Haec Pater haec Princeps recte qui flectit habenas
Imperii nobis aurea dona parat.
Perpetui interea vobis statuantur honores,
Vobis, caesa modo pars memoranda ducum,
Quos nec tempus edax poteritve abolere vetustas,
Idque opus, id studium posteritatis erit.

VERSION.

Voces de llanto y de tristeza
Sed los testigos que al mundo prueben
El dolor nuestro, nuestra terneza;
Mas ha! que á veces un excesivo
Dolor intenso llorar prohibe,
Pues son los llantos un lenitivo.
Funesta causa, cierta, evidente
Todos excita los movimientos
Que en nuestros pechos el alma siente,
Oh! cuantos xefes, los mas nombrados
Cuyas proezas el orbe admira,
Son por la envidia sacrificados!
Un solo dia siega y termina
Tantas preciosas vidas que Marte
Salvó en el Maypu de la ruina,
¿La tierra inundan roxos torrentes?....
¿La infernal tea Megera enciende?....
¡Ah! son su presa los inocentes.
¡Ah! donde esperan hallar su amparo
La muerte encuentran, que el enemigo

Les da con negro fiero descaro;
Vedlos que espiran baxo el horrible
Puñal; ah! vedlos puestos por blanco
Del encendido plomo terrible,
¡Dios de justicia! como toleras
El grande colmo de tantos males,
Atrocidades tan lastimeras!
No asi á la tigre la tigre hircana,
No asi al numida leon devora
La mas sangrienta fiera africana;
Su fatal rabia, y sus rugidos
Luego terminan con la victoria,
Ni se encrulece con los vencidos.
¿Y el hombre? ¿El hombre mas cruel que fiera
Osa en su especie tan atrozmente
Cebar su saña vil y altanera?
¿No se horroriza al ver sus manos
Teñirse ímpias con la inocente
Sangre de padres, hijos, hermanos?
¡A! que la guerra civil sangrienta
De muerte, estragos, asesinatos
El mas horrible cuadro presenta!
De paz remota toda esperanza,
Por todas partes suenan los tristes
Gritos de encono, odio, venganza.
Mas Oh! ya cerca veo la victoria
Tejer guirnaldas de sus laureles,
Y darnos nuevos timbres de gloria.
La paz desde estas bellas regiones
Al Perú todo triste asolado
Brindar con ricos preciosos dones.
Sí, el Xefe ilustre que nos gobierna,
Cual tierno padre, siempre invencible
Nos la prepara firme y eterna.
El os consagra, bravos guerreros,
Inclitos xefes, estos solemnes
Justos honores y postrimeros.
Viva su nombre, viva su gloria
Grabada en bronces indestructibles
Y en nuestros pechos vuestra memoria.

Lóbrega tumba, que á la espesa sombra
Del fúnebre cipres en pavoroso
Cóncavo seno encierras las cenizas
De tantos héroes, sus preciosos restos
Sacrificados al furor conserva.
Consagrada mansion al sueño eterno
Recuerda en San Luís al caminante
Unos nombres, y hazañas tan famosas
Que el tiempo mismo á respetar se obliga.
No el furioso Aquilon; no el Austro, ó Noto
Ni el estruendo del trueno, ó la centella
Perturben la pacífica morada
De manes tan gloriosos y tan caros.
Huid de ese lugar, aves nocturnas,
No altere vuestro canto aquel silencio
Que en el sepulcro encuentran los mortales.
¿Mas donde está la tumba, el monumento
Deposito final de tantas glorias?
Solo diviso escombros y cabañas,
Torbellinos de polvo que los vientos
Levantan al marchar la soldadesca;
Oygo voces confusas y gemidos
Del angustiado y triste ciudadano
Que llora desnudez, hambre y miséria.
Mas allá se percibe el sonoroso
Retumbar de las trompas y tambores
Y el relinchar de indómitos caballos.
Acá los tiros de fusil de aquellos
Que en el arte se ensayan de la guerra.
¿Entre estos aparatos ominosos,
Y escenas de terror, vagais errantes
Sombras de tantos béroes de la Iberia
Que en el aciago y mas sangriento dia
En que el Maipú tembló de horror y espanto
Caísteis en poder del enemigo?
¿Dónde estais? ¿No os encuentro? ¿Os busco envano?
¿Despues de un atentado el mas horrible,
Despues del inhumano sacrificio
Vuestros miembros tal vez despedazados
Fueron pasto de fieras, ó de buitres,
O insepultos aun sirven de mofa
Al habitante, al bárbaro asesino?

¿Qué leyes qué costumbres autorizan
La muerte del rendido, que se acoge
Al fuero mas sagrado, é imprescindible
Derecho que la vida le asegura?
¿Qué principios, qué orígen es el vuestro,
Terroristas del Plata? ¿Descendeis
De la sangre española, ó de la infame
Raza de los caribes, que de estragos,
Muertes, y asesinatos, se alimentan?
¿El siglo de las luces, siglo culto
Podrá llamarse el nuestro, si en las gentes
Que pueblan vuestros campos y ciudades
Sentimientos tan bárbaros se anidan?
Ah! Detestad al fin tantos delitos,
Implorad el perdon ¿Nó veis cubierto
El oceano de naves, que surcando
El undoso elemento, ya se acercan
A inundar de guerreros vuestras playas?
Miradlos y temblad, ya se apresuran
A vengar sus ofensas y la sangre
Que con tanta ignominia habeis vertido
Para oprobio del hombre é infamia vuestra.
Ha! vuelva la razon á vuestras mentes
Ilusas y engañadas; al fin sea
Vuestro bien el que os venza, y no el castigo.

J. P. V.

ORACION FUNEBRE

Que en las solemnes exequias celebradas, de órden del Excmo. Sr. D. Joaquin de la Pezuela, Virey del Perú, en esta Santa Iglesia Catedral, el dia 30 de Abril de 1819, por los ilustres jefes y oficiales del ejército real asesinados por los enemigos en la Punta de San Luis, pronunció el Dr. D. José Joaquin de Larriva y Ruiz, Maestro en artes, Dr. en Sagrada Teología y en ambos derechos, etc., etc.

A la excelentísima señora Vireyna del Perú, doña Maria Angela Ceballos y Olarria.

Excma. Señora.

La benigna acogida que mereció á V. E. el sermon panegírico que tuve la honra de decir en el recibimiento que hizo á su Excmo. esposo la Universidad de San Márcos, me alienta á consagrarle el elogio fúnebre de los ilustres militares sacrificados en San Luis. Conozco la diferencia Excma. señora. Entónces proporcioné á

V. E. placer y rogocijo, pintándole proezas, hazañas y virtudes: y hoy le proporciono solamente angustia y sentimiento, pintándole homicidios, horrores y delitos. Mas no desisto por eso de mi glorioso empeño. Aflíjase en buenhora V. E. con la obra que le presento, y derrame sobre ella algunas lágrimas; que yo le empeño mi palabra de enxugárselas muy breve, poniendo en sus manos la oracion que pienso pronuneiar en el gran dia que se tributen gracias al Dios de las victorias, por haber protegido nuestras armas en la campaña inmortal que humille de una vez á los enemigos del rey, y pacifique las Américas.

Dios guarde á V. E. muchos años.—Lima y Mayo 10 *de* 1819.

Excma. Señora.

José Joaquin de Larriva.

AL LECTOR.

La oracion fúnebre que tienes en las manos, y que se ha dado á la prensa sin reformarla en lo menor, fué trabajada en ocho dias por un hombre que ademas de la escasez de sus luces y de la cortedad de sus talentos, estaba enfermo y lleno de atenciones. No tiene por objeto esta advertencia encarecer la obra; sino hacerte presente los motivos que deben obligarte á perdonar los defectos que le encuentres, mirándola con un ojo, no crítico y severo, sino indulgente y benigno. *Vale.*

José Joaquin de Larriva.

ECCE IRATUS DOMINUS DEUS PATRUM VESTRORUM CONTRA JUDA, TRADIDIT EOS IN MANIBUS VESTRIS, ET OCCIDISTIS EOS ATROCITER; ITA UT AD CŒLUM PERTINGERET VESTRA CRUDELITAS. SED AUDITE CONSILIUM MEUM, ET REDUCITE CAPTIVOS QUOS ADDUXISTIS DE FRATRIBUS VESTRIS, QUIA MAGNUS FUROR DOMINI IMMINET VOBIS.

VOSOTROS HABEIS VISTO QUE IRRITADO EL SEÑOR, EL DIOS DE VUESTROS PADRES CONTRA LOS HIJOS DE JUDA, LOS ENTREGÓ EN VUESTRAS MANOS, Y LOS MATASTEIS VOSOTROS CON TANTA ATROCIDAD; DE MANERA QUE VUESTRA CREDULIDAD HA LLEGADO HASTA EL CIELO. MAS OID MI CONSEJO Y VOLVED Á ENVIAR LOS PRISIONEROS QUE HABEIS TOMADO DE VUESTROS MISMOS HERMANOS, PORQUE EL GRAN DIOS ESTÁ PRONTO Á DESCARGAR SOBRE VOSOTROS TODO EL PESO DE SU SANTA INDIGNACION.

Libro segundo de los Paralipómenos, capítulo veintiocho, versos nono y undécimo.

EXCMO. SEÑOR.

¡Qué grandes son las clemencias y las misericordias del Señor, y qué terribles sus juicios y justicias! Si derrama sin medida sus bendiciones y sus gracias sobre los pueblos fieles que siguen sus caminos, tambien castiga sin medida á los perversos que insultan su nombre sacrosanto. El saca milagrosamente del Egypto á los hijos de Israel: hace que atraviesen el desierto, á fuerza de prodigios: los pone en posesion, con el influxo de su brazo, de la tierra de Canaan tan prometida á sus padres: les da príncipes justos que los gobiernen en su nombre: marcha él mismo en persona á la cabeza de sus tropas:

combate por su causa: y extermina de una vez, con su espada vengadora, á tantas gentes belicosas que se levantan contra ellos. Mil veces le vuelve las espaldas ese pueblo desconocido y revelde; y él les manda mil veces ministros llenos de celo y uncion y caridad, que le echen en cara su ingratitud y su perfidia; le manifiesten sus desvíos; y le enseñen á templar la cólera terrible del Dios de las venganzas. Pero viendo que desprecia los oráculos sagrados que él se digna pronunciar por boca de sus profetas; y cansado, por decirlo así, de tanto sufrimiento; resuelve dividirle, y hacer dos pueblos enemigos, de una grande familia que reconociendo en Jacob un orígen comun, habia vivido mas de cinco siglos bajo las mismas leyes, las mismas costumbres, el mismo soberano. *Ecce ego scindam regnum de manu Salomonis* (1).

Esta sentencia formidable que habia sido pronunciada reinando Salomon, tuvo su cumplimiento en los dias de su hijo Roboam. Apenas asciende este rey desgraciado al trono de su padre, cuando el fuego abrazador de la sedicion y la discordia, encendida y atizado por el perverso Jeroboam, se extiende en un momento, envuelve á once de las tribus en su llama voraz y destructora. Todo el pueblo se pone en convulsion. Se rebela Israel contra Judá; y se separa enteramente de la casa de David: *Recessitque Israel á domo David usque in præsentem diem* (2).

Desde entónces las desgracias y calamidades y desastres comienzan á caer sobre ámbos reynos. Trata cada uno de acometer al otro, y conquistarle. Y solo consiguen destrozarse y debilitarse mutuamente, hasta ponerse en estado de ser á cacada paso la presa miserable de las naciones extrangeras: de esas mismas naciones á quienes ellos, en los tiempos felices de su union y su concordia, habian vencido tantas veces. Allí se miran pelear amigos contra amigos, hermanos cóntra hermanos, hijos contra padres, y padres contra hijos. Rios de sangre inundan la Judea: y no se ven por todas partes, sino escombros y ruinas y cadáveres. El Dios de los ejércitos, por uno de aquellos insondables misterios de su infinita sabiduria, se vale alternativamente de cada uno de los reynos, para castigar los crímenes del otro. Crecen de dia en dia la confusion y el desorden. Y en la época funesta del reinado de Achaz, parecen llegar hasta su colmo la ambicion y la maldad. Se renuevan los sangrientos ritos de las naciones idólatras: se ofrecen sacrificios é inciensos sobre los altos y collados, y bajo los árbo-

[1] Libro tercero de los reyes, capítulo undécimo, verso trigésimo primero.

[2] Libro tercero de los reyes, capítulo duodécimo, verso décimo nono.

les frondosos; y las infames estátuas de los ídolos ocupan los altares levantados en honor de la Divinidad (1). Profanaciones, sacrilegios, robos, homicidios....todos los crímenes, todos los exesos se hacen familiares á unos hombres que enteramente olvidados del Dios de sus mayores, y sordos á los gritos de la religion y humanidad, solo escuchan la voz de sus pasiones.

Pero nada irrita mas al Todopoderoso que la atrocidad que cometen los hijos de Israel con sus hermanos de Judá que logran aprisionar en un combate en que, por altos designios de la divina providencia, salen vencedores. Hacen perecer los mas valientes al filo del cuchillo; y reservan los demas para hacerlos sus esclavos. Entónces es, cuando el Profeta del Señor, (2) lleno de su furor y de su espíritu, se presenta delante del exército que marchaba victorioso á la ciudad de Samária; y le reprende y le amenaza de parte del Altísimo. *Vosotros habeis visto*, les dice él, *que irritado el Señor, el Dios de vuestros padres contra los hijos de Judá, los entregó en vuestras manos, y los matasteis vosotros con tanta atrocidad; de manera que vuestra crueldad ha llegado hasta el Cielo. Mas oid mi consejo, y volved á enviar los prisioneros que habeis tomado de vuestros mismos hermanos, porque el Gran Dios está pronto á descargar sobre vosotros todo el peso de su santa indignacion: Ecce iratus dominus deus patrum vestrorum contra Juda, tradidit eos in manibus vestris, et occidistis eos atrociter; ita ut ad cœlum pertingeret vestra crudelitas. Sed audite consilium meum, et reducite captivos quos adduxistis de fratribus vestris, quia magnus furor domini imminet vobis.*

Señores. ¿Este santo profeta hablaba con Israel, ó hablaba con Buenos-Ayres? ¿Es esta la historia de los Judios, ó es por ventura nuestra historia? La nacion española, esa nacion tan grande y tan virtuosa hasta el tiempo de Cárlos III, se vió enervada y prostituida, en el reinado de su hijo, por un infame privado que, despues de haber logrado cargarla de cadenas, desmoralizó con su ejemplo el espíritu público, y corrompió las costumbres. Los destrozos que hicieron en sus provincias los ejércitos franceses, son otros tantos testimonios de que ella habia provocado, con sus enormes crímenes, la cólera del cielo. Y ¡ quién sabe si el Dios de los cristianos resolvió desde entónces la division del reino! *Ecce ego scidam regnum de manu Salomonis*, Lo cierto es que Fernando ve conmoverse sus dominios casi al momento que empuña el cetro de

(1) Libro cuarto de los Reyes, capítulo décimo sexto, versos tercero y cuarto.

(2) El profeta Oded.

sus mayores. La insolencia con que de mano armada se entra en la Península, y pretende subir al trono de San Fernando, el vil usurpador del San Luis (1), excita en un principio la indignacion de la América; y la empeña en hacer, como en efecto hace, grandiosos sacrificios para frustrar el logro de sus perfidias é infames maquinaciones. Sacrificios que confiesa y que piensa en recompensar la misma España (2). Pero yo no sé por que fatal influencia, esta hija desnaturalizada y cruel se torna derepente contra una madre angustiada y oprimida; y trata de aprovecharse de esa misma angustia y opresion, para separarse de ella y hacerse independiente. Millares de templos se levantan en estas pacíficas regiones al ídolo encantador que llaman *libertad:* y doblan la rodilla, en su presencia, los pueblos embriagados por aquel impetuoso y ciego amor que habia inflamado sus espíritus, y exaltado su orgullo. Por todas partes fermentan las disensiones y partidos: y arde en discordias el continente entero. La familia americana, despues de trescientos años de union y de hermandad, se divide por fin; y una mitad se arma contra la otra mitad. Enarbola Buenos-Aires su sangriento estandarte, y se separa enteramente de la casa de Borbon: *Recessitque Israel á domo David usque in præsentem diem.*

¡Cuántos males han seguido á esta funesta division! ¡Males que sufrimos aun; y que siglos enteros no bastarán tal vez á reparar! Cada dia se hace más triste la situacion de la América. Sus injustos opresores han pasado ya del fanatismo y el furor á la ferocidad y la barbarie. Han perdido enteramente el horror á los delitos, á fuerza de cometerlos. A fuerza de hacer asesinatos, se han familiarizado con la sangre y con la muerte. Ya no se contentan con matarnos armados en los campos de batalla. Ya nos matan indefensos en los oscuros calabozos. Cuarenta y un valientes de los que tuvieron la desgracia de caer en su poder en la batalla del Maypú.... ¡Ah! Al hablar de las víctimas ilustres que honra hoy la iglesia santa, sacrificadas tan inhumanamente en la Punta de San Luis; yo me revisto, señor excelentísimo, de la ira del Señor, como el profeta Jeremías (3): y quisiera volar hasta las márgenes del Pla-

---

(1) Napoleon.

(2) El Sr. D. Francisco Savedra, individuo del consejo de regencia, en su representacion hecha en Sevilla á la junta central, á veintisiete de Noviembre de ochocientos nueve, sobre la pretension de que se restableciese el ministerio universal de Indias, hablando de los americanos, dice así: *Es necesario condescender con sus deseos, y darles este auténtico testimonio del interes que toma V. M. en su felicidad, ya que hasta ahora no se les ha dado ninguno, despues de los sacrificios que han hecho en apoyo de nuestra causa sagrada.*

(3) Jeremías capítulo sexto. verso undécimo.

ta; presentarme á los autores de tan horrendo atentado; y decirles, como Oded (1), con todo el fuego que me inspira mi santo ministerio: *Vosotros habeis visto que irritado el Señor, el Dios de vuestros padres contra los hijos del Perú, entregó en vuestras manos á sus bravos defensores, y los matasteis vosotros con tanta atrocidad; de manera que vuestra crueldad ha llegado hasta el Cielo. Mas escuchad mi consejo. y volved á enviar los prisioneros que habeis tomado de vuestros mismos hermanos, porque el Gran Dios está pronto á descargar sobre vosotros todo el peso de su santa indignacion: Ecce iratus dominus deus patrum vestrorum contra Judá, tradidit eos in manibus vestris et occidistis eos atrociter; ita ut ad cœlum pertingeret vestra crudelitas. Sed audite consilium meum, et reducite captivos quos adduxistis dé fratribus vestris, quia mugnus furor domini inminet vobis.*

¿Quién dará agua á mi cabeza, y á mis ojos una fuente de lágrimas, para llorar noche y dia á los muertos de la hija de mi pueblo (2)? ¡Ordoñes! ¡Primo! ¡Morgado! ¡La-Madrid! Sierra!....¡Ah! ¡Qué me vea precisado á interrumpir aquí la relacion de unos nombres que tengo tan grabados en el fondo de mi corazon! Pero yo me siento, al pronunciarlos, demasiado enternecido; y temo que los sollozos ahoguen mi lánguida voz, y me embarazen continuar (3). O Lima, amada patria mia: ¡Jamás lamentarás bastantemente el trágico suceso del ocho de Febrero! El lúgubre clamor de las campanas, los patéticos cantos que hacen resonar hoy dia las bóvedas del templo, el fúnebre aparato que le oscurecen y enluta, la compostura melancólica de los ministros del santuario, el profundo silencio de un concurso tan respetable y numeroso....Todo, todo anuncia tristeza y duelo y sentimiento. Pero me parece poco todavía, para explicar un dolor que debe ser tan agudo y tan acerbo.

Basta repasar la historia de las últimas guerras que ha sostenido la España tan gloriosamente en ambos mundos, para conocer lo irreparable y grande de nuestra pérdida. Acaso no hay en toda ella una sola campaña, en que no se vean distinguirse algunos de los guerreros á quienes venimos á rendir los últimos obsequios. Y ¡cuantas de las victorias que han alcanzado nuestras armas, se habrán debido á los esfuerzos de su

(1) Este fué el profeta que reprendió á los Israelitas con las palabras de mi texto.

(2) Jeremías capítulo nono, verso primero.

(3) Los nombres de los demas son los que siguen: Berganza, Morla, Aras, Carretero, Coba, Butron, Salvador, Fontealba, Gonzalez, Arriola, Burguillos, Peynado, Belbecé, Elgueta, Romero, Zea, Barcárcel, Bendrell, Riesco. Vidaurrazaga, Caballo, Berroeta, Mesa, Blasco, Moya, Perez, Goycolea, Roca, Arana, Calle, Aregui, Llorens, Morel, Furriol, Utreras.

heroico ardimiento! Zeuta, Zaragoza, Baylen, Tarragona, Chiclana, Talavera, Esparragueda, Villa-franca, Manresa, Campillos, Nabda Arola, Rancagua, Talcahuano, Cancha-Rayada, Maypú....¡Son innumerables los puntos que han servido de teatros á sus glorias! Son incalculables las gentes que los vieron pelear con corage y con denuedo. Y V. E. mismo, señor excelentísimo, vió á alguno de ellos ayudarle á cortar, en los campos de Vilcapugio, de Ayouma y de Wiluma, esos preciosos laureles que forman hoy la corona que ciñe tan justamente sus sienes vencedoras (1).

Yo no pienso, señores, en describir por separado las inmortales acciones de los héroes que lloramos. No creais por esto, que temo profanar las eternas palabras del Señor. Yo bien sé que la iglesia permite alabar á los difuntos en la cátedra evangélica: que esta alabanza toma un carácter augusto y magestuoso, cuando se dirije á hombres que dejan en sus vidas modelos de virtud: y á Gedeon, á Sanson, á Jephté y á muchos otros generales que mandaron los ejércitos del pueblo de Israel, y combatieron por su causa (2). Pero en la precision de hablar, en un solo discurso, de tantos claros varones de los cuales cada uno pide para su elogio volúmenes enteros; yo prefiero lamentarme á imitacion de Jeremías: y mas bien que arrojar unas flores escasas sobre las tumbas frias que cubren sus cenizas, quiero regarlas con lágrimas copiosas que hagan visible el luto de mi alma.

¿Hasta cuándo no te apiadas de Lima, Señor de los Exércitos? ¿Hasta cuándo estarás irritado contra las ciudades del Perú? La general desolacion que sufren nuestros pueblos ¿no basta á apagar, gran Dios, el fuego de tu ira? La soledad y desamparo en que se hallan los camínos, la consternacion y las plegarias de las vírgenes sagradas, las oraciones y el llanto de los ministros del altar, los gritos de los niños, el temblor de los ancianos, y la cruel amargura que nos oprime á todos ¿no conmueven, Señor, esas entrañas llenas de misericordia y de piedad? ¿No es bastante por ventura ese monton de escombros y de ruinas que estamos mirando con horror, y que se aumenta cada dia en el magnífico edificio que fabricó tu diestra omnipotente; sino que hemos de estar temblando siempre, recelosos de que todo se desplome derepente, y caiga sobre nuestras cabezas consternadas y atónitas? ¡Los pastores se hallan perseguidos, dispersos los rebaños, encarnizados los lobos, y

(1) Don Manuel Sierra, capitan de la primera compañia del batallon de Arequipa.

(2) El apóstol San Pablo en el capítulo undécimo, verso trigésimo segundo de su carta á los hebreos.

por todas partes se ven despojos ensangrentados de su voraz rapacidad, y horrorosos anuncios de una total desolacion! Y ¡cuándo pondras, Dios mio, un término á tantas desventuras!

La ira del cielo se ha extendido, católicos, sobre toda la América: y el Dios omnipotente la ha herido con su tremenda maldicion. El habia dicho por boca de Isaias: *Yo quité de Jerusalen al varon fuerte y al valiente; toda la fuerza del pan y toda la fuerza del agua. No dejaré en medio de ella, ni guerreros, ni jueces, ni profetas, ni hombre alguno prudente ni de experiencia, que sea capaz de aconsejar y persuadir. Yo le daré por jefes hombres viciosos sin juicio y sin cabeza. Yo pondré á todo el pueblo en en confusion y en tumulto. Haré que cada hombre se arroje con violencia sobre otro hombre, que cada vecino oprima á su vecino, que se levante el jóven contra el viejo, y el plebello contra el noble. Sus mas gallardos varones caerán tambien á cuchillo, y sus valientes en batalla. Y se entristecerán y enlutarán las puertas de ella: y desolada, se asentará en tierra (1).* ¡Con qué precision y exactitud estamos viendo cumplirse estos anuncios espantosos! No permita el Señor que lleguemos á ver el cumplimiento de todos; y que tengamos que apurar hasta las heces, como en otro tiempo la infeliz Jerusalen, el cáliz amargo de su furor divino.

Para llamar vuestra atencion al hecho memorable de mi asunto; yo paso en silencio, oyentes mios, todos los acontecimientos anteriores á la batalla del Maypú. ¡Batalla desgraciada, en que fué deshecha enteramente aquella famosa expedicion que vimos salir de nuestro puerto con tanta brillantez; y que todos presagiamos iba á ser la conquistadora de la América! Mas ¿Cómo fueron vencidos los fuertes de Israel? ¿Cómo pudieron caer en manos del enemigo? Católicos: ¿Nó lo entendeis por ventura? Nuestras culpas, sí, nuestras culpas han sido las que destrozaron nuestro exército: y las legiones rebeldes no fueron mas que instrumentos de que el gran Dios se valió para castigarnos á nosotros; asi como ántes se valia de los asirios y caldeos para castigar á los judios. Toda la gloria y fortaleza de la guerra viene de los cielos (2). No pongais vosotros toda la confianza vuestra en las bayonetas y cañones. Invocad primero el nombre santo y terrible del Dios de las batallas; y entónces triunfareis. El suele abandonar á veces á los pueblos que escoge: pero nunca jamas los abandona para siempre (3). Las once tribus de Israel acometen dos veces á su hermano Benjamin por órden del Señor; y son en las dos

(1) Isaías en el capítulo tercero de sus profecías, versos primero, segundo, cuarto, quinto, vigésimo quinto y vigésimo sexto.

(2) Libro primero de los Macabeos, capítulo tercero, verso décimo nono.

(3) Libro tercero de los Reyes, capítulo undécimo, verso trigésimo nono.

veces rechazadas y destruidas. Claman al Señor en la tercera; y alcanzan la victoria (1).

Bien me acuerdo, señor excelentísimo, de haber visto á V. E. postrado humildemente al pié de los altares, pidiendo al Dios de las victorias dexase caer su bendicion sobre las armas del monarca, y prosperase una jornada que se iba á emprender por una causa tan justa y tan sagrada (2). Pero no bastaban los votos de V. E. por fervorosos que fuesen. Era preciso que subiesen al cielo acompañados de los nuestros: y que asistiésemos todos, con la misma religion y el mismo espíritu, á un acto tan devoto, tan grande y tan augusto. No he dudado un momento que los pecados del pueblo frustraron el efecto de la piedad de V. E. Y talvez la misma ceremonia que se hizo con el objeto de aplacar al Todopoderoso, atraxo sobre nosotros su indignacion y su cólera (3). No fueron suficientes las oraciones de Josué, para que triunfasen en Hai los hijos de Jacob (4): y son completamente derrotados en las inmediaciones del Azoto, á pesar de las plegarias de Júdas Macabeo (5).

Entre tanto los vencedores del Maipú, engreídos con un triunfo que mas bien que sus armas, les dieron nuestros crímenes; se valen de frívolos pretestos para negarse á efectuar el cange de prisioneros que acababan de proponernos ellos mismos (6). Sin duda medítaban desde entónces el plan de iniquidad qne realizaran despues. Trasladan esos bárbaros á nuestros jefes y oficiales al otro lado de los Andes en el rigor de la estacion, y lós hacen gemir diez meses en la Punta de San Luis, entre la hambre y desnudez y todas las misérias; mientras que ellos, que se han erigido á sí mismos en jueces y verdugos de sus propios hermanos, deliberan de su suerte. Despues de un proceso oscuro, lleno de inconsecuencias y de absurdos, y en que se ve á todas luces la falcedad, la intriga y la calumnia (7), se congrega por fin ese inicuo y tumultuoso

(1) Léase todo el capítulo vigésimo del libro de los jueces.

(2) Pocos dias antes de salir la expedicion imploró S. E. la proteccion del cielo por medio de una solemne rogativa que mandó celebrar en la iglesia de Santo Domingo, y á que asistió él mismo con todos los tribuuales y cuerpos de la ciudad.

(3) Alude á la poca devocion con que de ordinario se asiste á estas funciones religiosas, y á los escándalos que se advierten en ellas.

[4] Capítulo séptımo, versos cuarto y quinto del libro de Josué.

[5] Libro primero de los Macabeos, capítulo nono, versos décimo séptimo y décimo octavo.

[6] Véase el número cuadragésimo cuarto de la Gaceta ministerial de Chile, y el número cuadragésimo octavo de la nuestra en que se inserta y se contesta.

[7] Véase la Gaceta ministerial extraordinaria del Gobierno de Chile, del Viérnes cinco de Marzo de ochocientos diez y nueve, inserta en la nuestra del Sábado diez y siete de Abril.

tribunal, y se oyen repentinamente resonar en él estas palabras horrorosas: LA MUERTE, LA MUERTE. Esta sentencia abominable que, mas bien que por los hombres, parece dictada por las potestades del infierno, vuela en un momento por toda la ciudad. Y el insolente populacho.... Mas.... corramos un velo sobre esa escena tan horrible y tan atroz. Sin duda que vosotros no gustariais de verla. Y yo no quiero presentarla en la casa del Señor.

Yà iba á concluir mi discurso, oyentes mios. Pero los últimos ecos de nuestros generosos defensores han penetrado mi alma en este instante. Yo me creo trasladado á la Punta de San Luis; y me parece que se renueva delante de mis ojos el patético espectáculo de los siete hermanos sacrificados por Antioco. Yo veo á unos varones esforzados llenos de valor y fortaleza que van á rendir sus vidas al filo del cuchillo, sin haber cometido mas delito que defender su religion, sus leyes y su patria. Veo que cada uno alienta á los demas con sus palabras y su exemplo: y que todos desprecian á su tirano y sus verdugos. Veo que miran á la muerte con la mayor indiferencia; y que aun parecen desafiarla. Y veo en fin que de en medio de ellos se levanta derepente una voz magestuosa que habla así al autor de su martirio. *Nósotros padecemos esto por nuestras culpas y pecados. El Señor nuestro Dios se ha airado un poco con nosotros para corregirnos y enmendarnos; mas él volverá de nuevo á reconciliarse con sus siervos. Pero tú, ó malvado y el mas perverso de todos los hombres: no te ensoberbezcas inútilmente con vanas esperanzas; porque aun no has escapado del juicio del Todopoderoso que todo lo ve, y todo lo conoce. Mis hermanos, habiendo tolerado ahora un dolor pasagero, están ya baxo la alianza de la vida eterna. Mas tú por el juicio de Dios, pagarás las penas debidas á tu soberbia. Por lo que á mi toca, asi como mis hermanos, entrego mi alma y mi cuerpo por las leyes de mi padres: rogando al Todopoderoso que se muestre cuanto ántes propicio á mi nacion. Mas en mí y en mis hermanos cesará la ira del Dios de los exércitos que se derramó tan justamente por toda nuestra patria* (1).

Aqui cesan de hablar nuestros valientes. Un profundo silencio reina ya. Y yo veo cerrarse sus sepulcros, para no volverse á abrir hasta que el séptimo ángel toque su trompeta; y

[1] Capítulo séptimo del libro segundo de los Macabeos, desde el verso trigésimo segundo hasta el trigésimo octavo. Debe leerse el capítulo entero.

baxando el Dios vivo entre relámpagos y truenos, haga que se levanten del polvo los vivos y los muertos (1).

¡Sangre preciosa, que circulaste por las venas de tantos es- [illegible]s españoles, y que fuiste derramada para saciar la sed [illegible]os caníbales de la América; tú clamas tan elocuentemente como la sangre de Abel, y tus clamores suben á los cielos, y van á pedir venganza hasta el excelso trono del Dios de las justicias! Y ¿te haces sordo, Señor? ¿Nó te dignas de escucharlos? ¿Para cuándo son los rayos de tu ira? ¡Qué! ¿Se han acabado las saetas que antiguamente disparabas contra los enemigos de tu pueblo? ¿Nó hay abismos en la tierra para undir á esos malvados? ¿Por qué no haces que se despeñe sobre esa tierra bárbara todo el torrente de tu cólera infinita?

Y vosotros, compañeros de armas de los ilustres muertos, valientes jefes y oficiales del exército del rey: ¿Cómo os estais tan quiètos, y no correis á vengarlos con la punta de la espada; de esa espada que tantas veces derramó....

Pero ¡Señor! ¡Yo me habia olvidado del lugar en que hablaba, y del ministerio que exercia! Perdonadme, Dios mio, si he profanado el santuario de vuestra eterna magestad. Olvidad los imprudentes votos que os acabo de hacer; y escuchad otros nuevos. Haced caer, Dios bondadoso, sobre los enemigos del Perú el torrente de vuestras gracias: heridlos con los rayos de vuestras luces divinas: reconciliadlos con nosotros; para que cesen ya tantos horrores, y tantas desventuras. Y mientras tanto, Señor, vos que descubrís manchas en los astros y hasta en los ángeles mismos, mirad con un ojo compasivo á los guerreros difuntos en cuyo favor venimos á implorar vuestras piedades. Si no se han purificado bastantemente sus almas todavia; si tienen aun defectos que expiar; oid los ruegos y las oraciones de este pueblo; sed sensible á su llanto y á sus lágrimas: pensad en la víctima sagrada que, por su eterna salud, acaba de inmolarse en esas aras: acordaos en fin de la extension inmensurable de vuestras misericordias infinitas: y dad cuanto ántes el reposo de vuestra paz en el cielo, á los nuevos Macabeos que acaban de perecer por darnos á nosotros la paz sobre la tierra. Amen.

---

[1] El apóstol San Juan en su Apocalípsis, capítulo undécimo, verso décimo quinto y siguientes.

PANEGIRICO

De la Concepcion de María, pronunciado en esta Santa Iglesia Catedral, á nombre del Excmo. Señor Marqués de la Concordia, Virey del Perú, el segundo dia de la octava, en 1815, por el Dr. D. José Joaquin de La-Riva, Catedrático de Prima de Psicología en la real Universidad de San Marcos, dáse á luz de órden y á expensas de S.E.

AL EXCELENTÍSIMO SEÑOR DON JOSÉ FERNANDO DE ABASCAL Y SOUSA, MARQUÉS DE LA CONCORDIA ESPAÑOLA DEL PERÚ, CABALLERO GRAN-CRUZ DE LA REAL Y DISTINGUIDA ÓRDEN ESPAÑOLA DE CARLOS III. Y DE LA MILITAR DE SANTIAGO, TENIENTE GENERAL DE LOS REALES EJÉRCITOS, VIREY GOBERNADOR Y CAPITAN GENERAL DEL PERÚ, SUPERINTENDENTE SUBDELEGADO DE LA REAL HACIENDA, PRESIDENTE DE LA REAL AUDIENCIA DE LIMA &.

EXCMO. SEÑOR:

Llegó por fin el dia en que pudiese desahogar los sentimientos de gratitud que tienen mi corazon oprimido tiempa hace. Bien sabia yo que la consagracion de las obras literarias es el recurso de los escritores para desquitarse en parte de la inmensa deuda que contraen con los príncipes benéficos que los distinguen y protegen. Pero tambien sabia que si los bellos rasgos de plumas delicadas honran á los claros varones bajo cuyos auspicios se publican; los toscos y groseros ultrajan en cierto modo é insultan su grandeza. Este es el temor que me ha contenido hasta ahora para ofrecer á V. E. las producciones de mi ingenio: producciones que he juzgado demasiado mediocres, y que si han visto la luz pública, ha sido las mas veces con disgusto mio, y siempre con desconfianza. Pero V. E. me llena hoy de orgullo, y hace que me crea digno de quemar mis inciensos en sus aras. Publicando á expensas suyas este panegírico de la Concepcion de María, le presta su aprobacion del modo mas solemne, y como que me fuerza á consagrarsele. Sí, Señor excelentísimo: yo no creo mayor la dignidad de V. E, que su alto disernimiento. Y así una obra que ha llegado á merecer su aprobaciou, debe llevar á su frente su respetable nombre. Recíbala pues V. E. no como un tributo de temor ó de interés pagado á su grandeza, sino como un homenage de gloria ofrecido á sus talentos. Y mientras que sale al público, mas honrada mil veces con el esclarecido voto de V. E. que con su excelso patrocinio, yo seguiré escribiendo, seguro ya de que mis obras correrán con aprecio entre los hombres cultos.

Dios guarde á V. E. muchos años.

Lima y Enero 29 de 1816.

Excmo. señor.

JOSÉ JOAQUIN DE LARRIVA.

EVANGELIZO VOBIS CAUDIUM MAGNUM, QUOD ERIT OMNI POPULO. S. LUC. CAP. 2. v. 10.

EXORDIO.

Ya habia nacido el Redentor del mundo, y el mundo lo ignoraba, hasta que un mensagero celestial se aparece á los pastores que apacentaban sus rebaños en los contornos de Belen, los que rodeados de la luz de su presencia, se llenan de terror. No temais, les dice· Yo vengo á anunciaros una nueva feliz que ha de ser para todo el pueblo un grande motivo de alegría: *Evangelizo vobis gaudium, quod erit omni populo.*

¡Angel del Señor! ¿por qué no te apresuras á traernos la mas importante embajada que han enviado los cielos á la tierra? Si estás encargado de avisarnos el tiempo en que comienza á brillar esa luz divina que debe disipar las tinieblas que han envuelto los siglos desgraciados que corrieron desde la creacion del universo ¿por qué guardas el nacimiento del sol, y no vienes á decirnos hoy que la aurora de la gracia va elevándose ya sobre el negro horizonte de la culpa? Pero yo me engaño, señores. Este divino embajador no hace sino cumplir las órdenes que le comunica la corte celestial; y si retarda su venida, es por los fines adorables de la política sagrada.

Perdonadme, Dios mio, si he intentado penetrar en el santuario de vuestros secretos: y permitidme que dirigiendo á mis oyentes las dulces palabras de vuestro ángel, prevenga su venida.

Evangelizo vobis gaudium magnum, quod erit omni populo: Yo vengo á anunciaros una nueva feliz que ha de ser para todo el mundo un grande motivo de alegria. Ya llegó el dichoso fin de la antigua noche que ha tenido sepultado al universo mas de cuarenta siglos en su lóbrego seno. Ya se aproxima el dia sereno de vuestra suspirada libertad. Ese pequeño feto que acaba de concebir la esposa de Joaquin, es la aurora feliz que los separa. Sus primeros resplandores débiles todavía, se mezclan y confunden con la espesura de las sombras. Pero vosotros la vereis exceder bien presto á la hermosura de esas noches en que la luna y las estrellas parecen empeñarse en despojarse de su luz por enviarsela á la tierra. ¡Hombres! ¿os espantais de ver á una criatura salir tan resplandeciente de entre las obscuridades de un linage de crímen y de muerte? Yo voy á hacer que vuestro espanto se convierta en júbilo, publicándo los motivos que ha tenido el Todopoderoso para obrar en su favor este prodigio tan grande: *Evangelizo vobis gaudium magnum, quod erit omni populo.*

Pero, señora: ¡como yo tan ignorante y tan impuro, oso hablar de vuestra inefable pureza! Haced que vuestro esposo lanze hasta mi alma un rayo de luz: y que ese serafin que purificó los labios del profeta Isaias con el carbon del altar, venga otra vez del cielo á purificar los mios. Ave Maria.

DISCUSSO.

Cuando el Todopoderoso repasando los siglos desde el seno de la eternidad, vió tantas generaciones envueltas todas en su indignacion y su desgracia, movido á compasion determinó que el Verbo, haciéndose hombre, las sacase de las sombras de muerte en que estaban sumidas. El primer criminal en la misma sentencia que condenó su descendencia entera, recibió la promesa de un libertador. Le esperaban los justos, y le pedian los patriarcas. Pero las sombras y figuras en que hablaban los profetas, no dejaban descubrir el modo con que él debia aparecer sobre la tierra, hasta que Isaías anuncia sin enigmas que naceria de una vírgen: *Ecce virgo concipiet, et pariet filium.* ¡Santo Dios! ¿por qué consientes que descienda tu hijo de nuestra raza corrompida? ¿Por qué no formas su cuerpo de un polvo puro, como formaste á Adan en el paraiso? O ¿por qué no crias mas bien allá en los cielos una materia nueva, repitiendo esa voz omnipotente con que sacaste al mundo de la nada? Pero yo me olvidaba, señores, que viniendo Jesucristo á rescatar á los hijos de Adan del cautiverio del demonio, era preciso que se vistiese de su carne: que viniendo á unir al hombre con su Dios, era preciso que juntase en sí mismo la persona divina, y la naturaleza humana.

Entre tanto van cumpliéndose los oráculos divinos, y las semanas de Daniel están para espirar. Hoy es el dia cuya gloria se han disputado con razon los siglos anteriores. Acaba de concebirse en el vientre estéril de Santa Ana esa Vírgen que no ha de dejar de serlo haciéndose madre del Mesias. Ya el dragon infernal que ha esperado con ansia su creacion, para aumentar el número de las víctimas tristes de su rabia, se avanza presuroso, arrojando ácía ella ese torrente de iniquidad que arrastra al precipicio al resto de la tierra. ¡Gran Dios! ¿dejarás que tu enemigo entre á profanar el templo que acabas de construir para tu hijo? ¿Donde está el querubin que guardó con su espada de fuego la puerta del paraiso? ¿Dónde el ángel que poniéndose entre los dos ejércitos rivales en las riberas del mar rojo, defendió tu pueblo del furor de Faraon?

Pero ¡qué portento, católicos! El dragon se ha detenido, y ha empezado á sentir la próxima ruina de su imperio, viendo armada en favor de esta nueva criatura la diestra poderosa del Dios de los ejércitos. Y ese torrente impetuoso que iba á continuar sus funestos estragos, va precipitándose al abismo, impelido del soplo de su boca. Aquí es donde Jeremías arrebatado á lo futuro por la virtud prodigiosa de un entusiasmo divino, exclama, herido de tan magnífico espectáculo: El Señor ha criado una maravilla sobre la tierra! *Creavit dominus novum super terram.* Pero yo me engaño, profeta. No es la Concepcion de Maria, es su destino quien ha causado tu asombro: *Femina circumdabit virum.* ¡Ni cómo habias de asombrarte de que la providencia suspenda en obsequio suyo el curso de la naturaleza, sabiendo los designios que tiene sobre ella! Si vieras seguir en su creacion las leyes ordinarias, entonces te espantaras con justicia, y tu espanto fuera comun al cielo y á la tierra. Un prodigio como este debia preceder al nacimiento de un Dios. Admírase Moyses cuando ve la zarza ardiendo sin quemarse. Pero apénas se acerca, solo piensa en la voz que sale de la llama, olvidando el motivo de su primera admiracion. Pues ¡qué cosa podia parecerle grande en la presencia del Señor!

¡Hombres incrédulos que solo distinguis el brazo del Todopoderoso á la luz de sus milagros! ¿Juzgais difícil que Maria haya tenido un principio de tanta elevacion? Acercaos á ella, y ved el fin de su creacion. ¿Por ser tan grande el prodigio de su Concepcion inmaculada, os parece imposible? Pensad en los prodigios mayores á que está destinada. Y ¿cómo dexar de creer que salga desde su orígen de los límites comunes, una Vírgen criada con el objeto solo de que dé la vida á su criador; ponga en el mundo al mismo que sacó al mundo de la nada, y haga nacer al Eterno en la plenitud de los tiempos?

Tratábase, católicos de restituir la naturaleza á su esplendor primitivo. Satanas que tenia usurpado el imperio del mundo, le habia abierto sus puertas á la muerte. El pecado era en sus manos, como dice el Apóstol, esa hoz aguda con que segaba nuestras vidas. Todo el género humano estaba muerto. Todo el globo cubierto de cadáveres, no era mas que un triste y vasto cementerio. Maria es el nuevo paraiso donde habia de plantarse el árbol saludable que debia vivificarnos con sus preciosos frutos, La tierra árida y seca, llena de abrojos y de espinas, fatal cosecha de terrible maldicion que atraxo sobre ella la orgullosa presuncion de los dos primeros transgresores, necesitaba copiosos raudales de aguas vivas que llevando la fecundidad por todas partes, hiciesen florecer en ella la rectitud y la justicia. Maria es el canal sagrado que habia de conducirlas desde la fuente de la vida abierta por el Cordero al pié del trono del Eterno. Cediendo la débil Eva á la astucia fatal de la serpiente, la habia engrandecido; sujetando á su cruel dominacion toda su raza desgraciada. Maria es la segunda Eva que la debia destruir.

No podíais llenar, Vírgen purísima, unos destinos tan santos, sin haber sido siempre santa. Ni tuvierais en el pié una fuerza bastante para hollar la pérfida cabeza de ese monstruo horrible, si os le infestara primero con su ponzoñosa mordedura. Para esta victoria tan ilustre cuya gloria os estaba reservada, recibisteis, Señora, desde el primer instante de vuestra privilegiada Concepcion, esa fortaleza extraordinaria que el sabio no creia poder encontrar en vuestro sexo: *Mulierem fortem quis inveniet?* Por eso se sorprende cuando la encuentra en Maria, y pregunta ¿quién es esta que aparece desde el oriente de su vida, terrible como un exército colocado en órden de batalla? *Quæ est ista, quæ progreditur terribilis ut castrorum acies ordinata?* Y ¿le pareceria terrible una mujer cargada de cadenas, sujeta á la tirania del pecado, é incapaz de resistir á los asaltos del demonio? No: él la vió cercada por todas partes con la sombra del Espíritu Santo, apoyada sobre el brazo del Dios fuerte, cubierta con el escudo de la gracia, y armada de todas las virtudes. No es el sabio solo á quien excita la curiosidad esta grande vision. Los habitantes del empireo desean saber quién es esta á quien Dios distingue de un modo tan glorioso. *Quæ et ista?* Es la verdadera Ester que viene á suspender la execucion de la sentencia de muerte que se fulminó contra su pueblo: es la reyna del cielo y de la tierra: és Maria. ¡Inteligencias inmortales, tronos vivos de la augusta magestad! venid todos á rendirle vuestros respetuosos homenajes. La serpiente infernal entrá en éxtasis tambien, y pregunta: ¿quién es esta que llevando el terror hasta el abismo, ha puesto en desórden el infierno? *Quæ et ista?* Es la mujer fuerte de quien está escrito que la acecharás para morderla, pero que no la morderás: *Et tu insidiaberis calcaneo ejus.*

¡Qué privilegio! Qué diferencia entre esta Virgen, y todo el resto de los hijos de Adan. La concepcion de todos los demás, tan favorable á los progresos de la culpa, llena al demonio de satisfaccion y de orgullo. La de María tan funesta á su imperio, le llena de rabia y de vergüenza. Pues en aquella no ve sino señales de debilidad, cuando en esta solo se ve señales de poder. En todos los demás el cuerpo y el espíritu parecen mancharse mutuamente: pues ámbos están puros mientras permanecen separados, y cada uno se corrompe porque se une con el otro. En María el cuerpo y el espíritu se santifican mutuamente. Su cuerpo no siente el mas pequeño efecto del contagio, porque le anima un espíritu tan protegido de los cielos. Y su espíritu no es tan protegido de los cielos, sino porque anima un cuerpo que debe servir de templo á la Trinidad augusta. Todos empiezan á recibir las impresiones de la luz del dia, cuando sus almas están todavía sepultadas en las tinieblas del pecado. María estaba todavía sepultada en las tinieblas de las entrañas de su madre, y ya su alma recibia las impresiones de la luz de la gracia. ¡Qué digo yo! Estando en las manos del Criador, él se apresura á embellecerla. Y el soplo de vida que la anima, lleva envueltos consigo todos los beneficios de la naturaleza, todos los dones del Espíritu-Santo, todos los favores encerrados hasta entónces en los tesoros de la misericordia.

No es este un elogio que la piedad ácia María me hacen exagerar. Yo veo á la gloria de mi Dios interesada en la suya. Desde que concibo á esta Vírgen un momento en pecado, ya se apaga á mis ojos todo el esplendor de la obra mas grande del Altísimo. Sí, yo oso decirlo: yo encuentro algo de monstruoso en la economía de la encarnacion. Y ¡qué! ¿El Todopoderoso que desde la eternidad ha tenido fija la atencion en este grande suceso de los siglos; que desde la creacion del universo se ocupa en dirigir las cosas de manera que todos los acontecimientos de la tierra vayan sirviendo de medios para este fin asombroso; que émpieza á llenar de bendiciones, cuarenta generaciones ántes, la familia dichosa que ha escogido para sacar la oficina donde debe obrarse este misterio; hace tantos prodigios en obsequio suyo por medio de Moyses; y á pesar de tantas revoluciones, conserva siempre el cetro en la tribu de Judá; que sucita de tiempo en tiempo profetas que hablen de él tan magestuosamente; y que emplea por fin en este objeto sublime las sagradas plumas de tantos escritores; dexaria entrar el defecto mas leve en este plan tan meditado? ¿Despues de unos preparativos tan magníficos que todos respiraban sabiduría, poder y santidad ¿vendria á desmentir el concepto que hizo formar el mundo de su obra, dexando salir al Verbo increado de su purísimo seno, y precipitarse, (¡qué horror!)

en el seno corrompido de una mujer abominable? No, Dios mio: Vos mismo habías dicho que vuestra sabiduría no habia de entrar en una alma malvada, ni habitar en un cuerpo sujeto á los pecados: *In malevolam animan non introibit sapientia, neque habitavit in corpore subdito peccatis.* Vuestro santísimo hijo, aunque se empeña en abatirse por elevarnos á nosotros, nunca pudo aceptar un abatimiento contrario á la pureza de su ser. El no dexó de ser Dios, por humillarse. Y Vos debisteis sostener, en medio de la humillacion, el decoro de la Divinidad.

No creais, mis hermanos, que le hubiera sostenido, dejando que Maria se sujetase un momento á la ley vergonzosa del pecado; aunque despues derramase sobre ella todos los tesoros de sus gracias. El privilegio del Bautista es en verdad un grande privilegio, capaz de hacer á un hombre digno de preparar los caminos del Mesías; pero no de hacer á una muger digna de darle nacimiento. Bastante para que el hijo del Altísimo habite el alma de aquel, y enseñe por sus labios la ciencia saludable de la remision de los pecados; no para que en el seno de esta se ofrezca en holocausto. El santuario destinado para que el Dios de Israel habitase en medio de su pueblo, se trabajaba con esos instrumentos que en la misma hermosura y magestad le dejaban señales de impureza; y era suficiente que él le santificase despues con su presencia, para que allí desde entónces pronunciase sus oráculos. Pero el altar consagrado para ofrecerle sacrificios, se edificaba de piedras sin labrar: porque una vez profanado por el contacto del hierro, jamás podia servir para este fin tan augusto. Y ¿harémos á la Divinidad la injuria de persuadirnos que no concedió á María favores proporcionados á la elevacion de su destino? Yo no puedo pensar en el pecado de esta Vírgen, sin pensar al mismo tiempo en la deshonra de su hijo. No puedo ver en ella un defecto tan grande, sin acusar involuntariamente á la infinita sabiduría. La mancha de su alma hubiera empañado el espejo de la Divina Magestad: su triste situacion podia haber turbado el placer tranquilo de las mansiones celestiales: y sus espesas tinieblas podian haber disminuido, á los ojos del hombre, el magestuoso brillo del trono del Eterno.

¡Qué! ¿Os sorprendeis, señores? ¿Os parece acaso que son mis expresiones partos atrevidos de la imaginacion y el entusiasmo? El lenguaje que yo hablo es el lenguaje de la razon y de la fé. Si María no fué concebida en gracia original, ella estuvo algun tiempo en la desgracia del Señor. Y si un fatal accidente hubiera cortado entónces los débiles lazos que la unían á la vida, se hubiera perdido sin remedio: y este triunfo del infierno hubiera cubierto al cielo de ignominia. ¡Qué espectáculo se presenta á la imaginacion! ¡Satanas levantando un trofeo en medio del abismo contra la celestial Jerusalen! ¡Los ángeles fieles contemplando llenos de tristeza á su reyna y soberana en poder de los ángeles apóstatas! ¡Y el Todopoderoso viendo por toda la eternidad á su rival saciando su venganza en la muger que él destinó para su madre! Yo no puedo sostener mas tiempo tan horroroso pensamiento. Santísima Vírgen: ó vos habeis sido concebida sin pecado, ó no sois la muger que ha parido al Redentor.

Un Redentor perfectísimo como fué Jesucristo tiene poder para redimir de un modo perfectísimo. De este debió usar respecto de su madre, haciendo brillar en ella toda la eficacia de sus méritos. No debió contentarse con dispensarle el mismo beneficio que al resto de los hombres. No debió levantarla como lo hace con nosotros: sino impedir su caida, como lo hizo con los ángeles. No debió redimirla de la muerte, sacándola como á Lázaro de las sombras del sepulcro: sino impidiendo que muriese como lo hizo con David: *Qui redimit de interitu vitam tuam.* Y ¿cómo dudar que así lo ejecutó, cuando nos dice San Bernardo que mas vino al mundo por salvar á María que por salvar á todos los demás? *Plus venit Christus pro María redimenda, quam pro omnibus aliis.*

Si un exceso de amor para los hombres es quien le obliga á combatir con el mundo, la muerte y el pecado: si por él se abate tanto, sufre y muere: desciende hasta el abismo: y despues de haber atado al dragon nuestro enemigo con esa grande cadena que traxo de los cielos, cierra las puertas del infierno, y sube en triunfo á sentarse á la diestra de su padre; Maria tiene en su victoria mas parte que nosotros. Ella debe gozar de las primicias de sus preciosos frutos. Su libertad es la primera que yo veo en ese trofeo divino elevado en el Calvario. Pues por mucho que ame el Señor las tiendas de Jacob, mas ama las puertas de Sion: *Diligit Dominus portas Sion, super omnia tabernacula Jacob.* Maria es rescatada con el mismo precio que nosotros. Pero por ella se pagó antes que cumplido el plazo de la deuda, pudiese perder su libertad: cuando se paga por nosotros despues que pasado el término, hemos gemido baxo el yugo de la mas infame esclavitud. Y era preciso que aquella por quien había de darse la salud á todos los demas, la recibiese la primera. Por eso dice San Ambrosio que el Redentor empezó por su madre la obra que iba á practicar por todo el género humano: *Dominus redempturus mundum, operationem suam incohavit a matre, ut per quam salus omnibus parabatur, eadem prima fructum salutis hauriret ex pignore.*

Este verdadero Moyses derrama primero sobre la ara la sangre de la alianza, y despues la derrama sobre el pueblo. Y

¡qué! ¿Se contentaria acaso, como Judas Macabeo, con purificar solamente un santuario manchado? No: el nuevo tabernáculo no es un vaso de corrupcion, ni un depósito de cólera. Es un edificio fundado sobre la santidad y la justicia: es un sagrario impenetrable á la iniquidad y maldicion. San Pablo hacia ver á los hebreos la necesidad del nuevo testamento en las imperfecciones del antiguo. En aquel, les decia, el sacerdote que ofrecia las hostias por el pueblo, necesitaba ofrecerlas por sí mismo: la sangre de los toros y cabríos, no tenia virtud para lavar los pecados; y el tabernáculo destinado para inmolar las víctimas, era construido por los hombres. Si estos fueron los motivos, grande apostol, de mudar el testamento, todo es mas santo en el nuevo: sacerdote, hostia y tabernáculo.

Es insultar á un pueblo cristiano pensar que necésita le hablen de la santidad de Jesucristo. Pero es insultar al mismo Dios pensar que él haya admitido la horrible profanacion en ese tabernáculo que él mismo construyó para su hijo. Prohibe á los judios la entrada en el *Santo de los santos*, porque allí habia de ir el sumo sacerdote el dia de la expiacion á ofrecer la sangre del cordero por los pecados de Israel: ¿y dejaria que el demonio se apoderase de ese templo vivo donde habia de entrar el dia de la Encarnacion el eterno pontífice del nuevo sacerdocio, que venia al mundo á ofrecer, no sangre de animales, sino de la suya propia, por los pecados de todas las naciones? Léjos de nosotros tan execrable pensamiento. Al nuevo paraiso jamás ha entrado la serpiente. La ciudad santa fué, desde su fundacion, cercada con fuertes y elevados muros. Siempre guardáron doce ángeles cada una de sus puertas. María es la zarza misteriosa que se conserva siempre inalterable en medio de las llamas abrazadoras del crímen que devoran al resto de la tierra. No puede acercarse á ella el ángel de tinieblas que extermina toda la naturaleza: porque el Cordero inmolado desde el orígen del mundo la señaló desde entónces con su sangre sacrosanta. Por eso la iglesia, aplicándole el elogio que hace el Espíritu-Santo de la sabiduria increada, la llama la primogénita de todas las criaturas: *Primogenita ante omnem creaturam.*

Colocaos conmigo, señores, mas allá del orígen del tiempo: trasportaos á esa época anterior á la naturaleza y á los siglos: y figuraos, como yo, á la Trinidad augusta acabando de tratar en su consejo eterno el grande asunto de la creacion de María. ¿No os parece á todos, como á mí, que le estais oyendo decir: Hagamos pues una obra perfectísima? La conducta adorable de las tres personas sacrosantas hace creer que la menor imperfeccion hiciera indigna á María de las sagradas relaciones que iba á contraer.

Cuando el Todopoderoso por boca de Moyses habla al pueblo de las víctimas que le habia de inmolar, le manda primeramente que sean inmaculadas: *Immaculatum offerent.* Y mientras le va designando con la mayor proligidad sus diversas especies, á cada paso le repite el mismo encargo. La que tuviere mancha, le dice, no la ofrecereis vosotros, ni yo la aceptaré: *Si maculam habuerit, non offeretis, naque erit acceptabile.* Y ¿creeremos que este Dios tan celoso de la pureza de su culto, se descuidase con Maria, y la dexase salir corrompida de sus manos? No, católicos. Si esos animales en cuya limpieza ponia tanto empeño, servian de materia á los sacrificios figurados del tabernáculo, Maria suministra la materia del verdadero sacrificio del Calvario. Sí: de su cuerpo saca el suyo el Salvador del mundo: de allí toma esa sangre preciosa que derramó por nosotros en el árbol de la cruz. ¡Qué gloria para Maria concurrir tan de cerca á la admirable, á la portentosa Redencion! Pero ¡qué gloria mas grande todavia, ser preservada, en favor de este concurso, de la culpa original! Pues ni el hijo de Dios habia de pretender lavarnos con una sangre manchada; ni hubiera sido á su Padre acepto su holocausto: *Si maculam habuerit, non offeretis, neque erit acceptabili.*

Y Vos, Espíritu-Santo, que cuidasteis tanto de la integridad del cuerpo de esta vírgen ¿hubiérais podido sufrir la corrupcion de su alma? Cesad espíritus orgullosos, cesad de blasfemar, diciendo que el Señor no os ha hablado con bastante claridad para creer inmaculada la Concepcion de María. No espereis que venga á disipar vuestras dudas el ángel que disipó las dudas de José. Las suyas fueron justas, y las vuestras son sacrílegas. José solo conocia á María por su esposa, y vosotros la conoceis por la esposa del Espíritu-Santo. ¡Ah mis hermanos! Este esposo divino es sumamente delicado: él no podia sufrir un solo sartal mal puesto en el cuello de su esposa.

En fin Jesu-Cristo que tenia tantos titulos magníficos como primogénito del Padre celestial, se gloria sin embargo de que el mundo le conozca por hijo de María: *Filius hominis.* Asi se llama él mismo à cada paso en todo el discurso de su vida: y aun hace alarde de este nombre en la accion mas gloriosa de su divino misterio. Sí: él quiere que se sepa que ese juez terrible que ha de aparecer el último dia de los siglos con toda la pompa de su gloria á juzgar á los vivos y á los muertos, es hijo de María: *Cum venerit filius hominis, sedebit super sedem majestatis suæ, et congregabuntur ante eum omnes gentes.* Y ¿se hubiera gloriado Jesucristo de tener por madre á una muger que habia sido en un tiempo esclava del demonio? ¿Quién de vosotros, señores, teniendo un padre distinguido por el lustre de su cuna y el esplendor de su virtud, desearia ser conocido por el nombre de su madre, si este trajese consigo alguna nota vergonzosa? ¡Quién no procura ocultar su orígen infame! Yo bien sé que Jesucristo se abate hasta el exceso: que saca su gloria de las afrentas é ignominias; pero jamás quiso aparecer culpable á los ojos de los hombres. Cuando en la casa del Pontífice Caifas le cubren el rostro los sacrílegos ministros, y burlándose del nombre de profeta, le dicen que adivine quien le hiere, él no contesta una palabra. Cuando los príncipes de los sacerdotes le dicen que descienda de la cruz, si quiere que ellos crean que es el rey de Israel, parece que no oye sus blafemias. Pero apénas se trata de sospechar pecado en su persona, él no puede sufrirlo. Se despoja un momento de la ordinaria mansedumbre del hombre de dolor: y revistiéndose de la magestad propia del hijo del Altísimo, pregunta indignado á los judios: ¿Quién de vosotros podrá convencerme de pecado? *Quis ex vobis arguet me de peccato?*

Que guarden los evangelistas un profundo silencio sobre la pureza de María; que yo la leo, católicos, en esta pregunta de Jesus: *¿Quién de vosotros podrá convencerme de pecado.* Para que él desafiase á los judios con tanta satisfaccion, era preciso que su madre pudiese desafiar á los demonios, y preguntarles tambien: *Quis ex vobis arguet me de peccato?* De lo contrario Jesucristo hubiera temido con justicia que los judíos le arguyesen con el pecado de María: que aunque con él no podian probarle que estaba manchado en su persona podian probarle que lo estaba en la persona de su madre. No le hubieran convencido de que era un criminal: pero le hubieran convencido de que estaba deshonrado por un crímen. Pues así como los hijos participan de la gloria de sus padres, un padre sin honor (nos dice el Sabio) es la deshonra de su hijo: *Dedecus filii pater sine honore.* Cuando trata de pecados, decia San Agustin, yo no puedo sufrir que se hable de la Virgen: *Excepta Virgene matre, de qua cum de peccatis agitur nullam prorsus habere volo quæstionem.* Y ¿por qué. Por el honor del Señor: *Propter honorem Domini.*

Sí, Santísima Vírgen: el honor de vuestro hijo es quien empeña al Todopoderoso en desplegar en obsequio vuestro toda la energía de su brazo. La divina maternidad es el augusto fundamento de la grandeza vuestra. Por ella nacisteis y vivisteis siempre en la inocencia mas perfecta: por ella moristeis sin pecado á los ojos mismos de aquel que juzga las justicias: por ella dividis hoy la gloria del Altísimo, y sois la soberana de su reyno. Pero permitidme que os diga que todos somos hermanos de Jesucristo: que si sois madre suya, sois madre de todos los hombres: y que esa diestra omnipotente que en consideracion á vuestro hijo primogénito, obró en Vos tamaña maravilla, puede en consideracion á Vos, obrar otras muchas en el resto de vuestros hijos.

Y ¿se podrá creer sin crímen que la cualidad magnífica de madre de Dios le haga mirar con desprecio la de nuestra madre comun? ¿Verá ella con indiferencia perecer á sus hijos los hombres, por quienes ofreció tan generosamente en el Calvario el sacrificio de su hijo Dios? ¿Acaso se habrá olvidado de que somos sus hijos, despues de la advertencia que Jesus le hizo al tiempo de morir, en la persona del discípulo amado? *Ecce filius tuus.*

¡Retiraos de mi pensamiento, blasfemias tan injuriosas á Maria! Desde el seno de la felicidad donde habita, siempre está arrojando sobre la tierra miradas de ternura. Despues del dia de su gloriosa asuncion, siempre está ocupada en recibir nuestras súplicas, y presentarlas al pié del trono celestial. Las entrañas que llevaron nueve meses la salud del mundo, no han cesado de pedirla en diez y ocho siglos. Manifestad, mis hermanos, vuestras aflicciones y miserias: abrid vuestro corazon á esta mediadora tan generosa y compasiva. No os acobarde en su presencia la enormidad de vuestros crímenes. Habladle sin temor. Cuanto es mas deplorable el estado de los infelices que la imploran, tanto mas los compadece. Ser grande pecador es un motivo poderoso para invocarla con mejor suceso. Pero no penseis salvar á la sombra de sus altares vuestras pasiones favoritas: no oseis interesarla en vuestros proyectos criminales. Maria solo escucha las oraciones dictadas por la compuncion y la humildad: y cierra sus oidos, con horror, á los sacrílegos votos del hombre impenitente. No seais imprudentes como Adonías que creyendo que Salomon nada podia negar á su madre Betsabé, *neque inim tibi negare quidquam potest*, la empeña en proteger sus miras ambiciosas: no sea que experimenteis, como él, el justo castigo de una temeraria peticion. Pedidle, como pidió Mardoqueo, vuestra salud y la del pueblo, y la alcanzareis como él. Sí: la alcanzareis sin duda. El título de reyna de los cielos, no es un título vano y sin poder. La que obtuvo en las bodas de Caná el primer milagro de Jesucristo, puede todos los dias obtener otros nuevos. Ella puede arrancaros de los brazos de la muerte, y retirar vuestras almas de las puertas del abismo. Su intercesion debe inspirar mas confianza á los cristianos, que la que inspiró á Judas Macabeo la oracion de Jeremias.

Yo creo oir al Salvador del mundo, dirijir á María estas tiernas palabras que dirigió á Esther en otro tiempo el rey Asuero. ¿Qué pedis, para que se os conceda en el momento? *Quid petris, ut detur tibi?* Ya pasó este tiempo en que despues de tres dias de ausencia, respondia con dureza á vuestras amorosas reconvenciones: ¿No sabeis que debo ocuparme en el servicio de mi padre? Ya pasó ese tiempo en que pareciendo desconoceros cuando me esperabais en las puertas de la Sinagoga, gritaba: ¿Quién es mi madre, y quienes son mis hermanos? Esas humillaciones pasageras preparaban entónces vuestra gloria presente: y ese ligero abatimiento fué el fundamento que yo puse al gran poder que hoy teneis en el cielo y en la tierra. No temais mas en vuestro hijo una conducta semejante. Ha llegado el tiempo de glorificaros, madre mia, á los ojos del universo. Si ántes cuando me pedias un prodigio, os preguntaba: muger ¿qué hay de comun entre vos y yo? *Quid mihi et tibi est mulier?* ahora os pregunto: ¿qué pedis para satisfacer vuestros deseos? *Quid petis, ut detur tibi?* A vuestra voz, mi cólera apagada se mudará en clemencia; los dardos de mi justicia caerán sin fuerza de mi mano; yo contendré mis rayos ántes que lleguen á la tierra; y mis ángeles volarán á socorrer á vuestros siervos. ¿Quereis que ahora se obre algun podigio nuevo. Toda la naturaleza está pronta á obedecer á vuestra voluntad primero que á sus leyes ¿Quereis inundar el mundo con los torrentes de mis gracias? Los tesoros de mi misericordia están abiertos: vos podeis disponer de todo cuanto encierran. ¿Qué pedis, madre mia, que desea complaceros un hijo omnipotente? *Quid petis, ut detur tibi?*

Pedidle, Virgen purísima, pedidle por nosotros: *Loquere pro nobís.* Pedidle que el digno príncipe que hoy os consagra su culto, no cese de recibir en estos dias calamitosos esas inspiraciones de la sabiduría celestial con que supo burlarse de tantos enemigos el gefe del pueblo de Israel. Pedidle que separe de nosotros ese terrible azote que despues de seís años tiene levantado todavía. Pedidle que cesen ya tantos dias de desolacion y de sangre. Pedidle que los horrores de la guerra que están aflijíendo nuestro suelo, vayan todos á aflijir á la region fatal en que nacieron. Pedidle que borre de sobre la haz de la tierra á ese pueblo rebelde donde prendió primero la llama de la discordia que ha abrazado á todas las Américas. Pedidle que el ángel exterminador que disipó en una noche el ejército de Sennaquerib, baje pronto, y con su espada vengadora corte, destruya, aniquile, y acabe de una vez con esas bandadas de facciosos que talan nuestros campos, roban nuestras casas, corrompen nuestras vírgenes, profanan nuestros templos, desprecian nuestros ministros, ultrajan nuestra religion, é insultan á nuestro Dios. Pedidle que vibre sus tremendos rayos....Pero no le pidais nada de esto, dulcísima María. ¡Yo me olvidaba de que esos miserables que nos están causando tantos males, son nuestros hermanos, é hijos vuestros! Pedidle mas bien que derrame sobre ellos las luces de su gracia: que descorra el velo espeso que les impide ver la verdad y la justicia; y que poniéndoles delante de los ojos el profundo abismo en que van á hundirse con la patria, si no abandonan los caminos del fanatismo y el error, los torne en ciudadanos fieles y virtuosos. Pedidle en fin, Señora, que nos dé á todos ese ánimo generoso en los combates con que se alcanza despues de la carrera, la corona inmortal de la jnsticia. Es la gloria eterna que os deseo á todos en el nombre del Padre, del Hijo y del Espiritu-Santo AMEN.

SERMON

Que en la solemne misa de accion de gracias celebrada en la real Universidad de San Marcos de Lima, en el recibimiento del Excelentísimo señor D. Joaquin de la Pezuela y Sanchez Virey del Perú etc. etc. Dijo, el dia 21 de Noviembre de 1816, D. José Joaquin de Larriva y Ruiz, maestro en artes, Dr. en Sagrada Teología, y catedrático de Prima de Psicología en dicha Universidad.

A LA EXCELENTÍSIMA SEÑORA VIREYNA DEL PERÚ, DOÑA MARIA ANGELA CEBALLOS Y OLARRIA.

EXCMA. SEÑORA.

Ni yo he pensado jamas en hacer comercio con mis obras vendiéndolas por un poco de proteccion ó de favor, ni esta ha menester acogerse á sombra alguna para salir al público; porque su interesante materia, aunque esté desnuda enteramente de los arreos de la elocuencia y de las gracias del estilo, la hace digna de presentarse á todas las luces, y la asegura del aprecio y estimacion universal. Pero yo he pintado el carácter moral de nuestros Príncipes: y creeria faltar á mi deber, si no pusiese en las manos de su Excelentísima esposa el retrato de un corazon sobre que le dan tantos derechos sus virtudes.

Dios guarde á V. E. muchos años.

Lima y Mayo 22 de 1817.

Excma, señora.

JOSÉ JOAQUIN DE LARRIVA.

DIXERUNTQUE OMNES VIRI ISRAEL AD GEDEON: DOMINARE NOSTRI TU QUIA LIBERASTI NOS DE MANU MADIAN. QUIBUS ILLE AIT: NON DOMINABOR VESTRI, SED DOMINABITUR VOBIS DOMINUS.

Y DIJERON Á GEDEON TODOS LOS VARONES DE ISRAEL: SÉ TÚ NUESTRO PRÍNCIPE, PORQUE NOS HAS LIBRADO DEL PODER DE MADIAN Á LOS QUE ÉL RESPONDIÓ: NO SERÉ VUESTRO PRÍNCIPE, SINO QUE SERÁ EL SEÑOR EL QUE MANDARÁ SOBRE VOSOTROS. *Cap. 8. de los jueces, v. 22 y 23.*

EXCMO. SEÑOR:

El Dios de Abraham, de Isaac y de Jacob, ese Dios grande y terrible, que derrama su cólera, á manera de un torrente, sobre las naciones ingratas que olvidando sus beneficios, le desconocen y desechan; llena de bendiciones y de prosperidad á estas mismas naciones, cuando se tornan, á él, é imploran sus clemencias. Y con la misma facilidad con que pone los reinos en manos de sus enemigos, rompe sus cadenas, y los vuelve á levantar á su antiguo lustre, grandeza y poderío. Al pueblo de Israel, á ese pueblo escogido, á quien sacó tan milagrosamente del Egipto: por quien estuvo en el desierto cuarenta años consecutivos multiplicando maravillas: y á quien puso luego en posesion de la tierra feliz por donde corrian arroyos de leche y de miel, empleando para desalojar á las gentes belicosas que por todas partes la ocupaban, la fuerza irresistible de su brazo omnipotente; le tuvo oprimido siete años bajo el pesado yugo de los hijos de Madian, porque hizo el mal en su presencia dejando al Dios de sus mayores, y consagrando á los dioses agenos sus adoraciones y sus cultos: *fæcerunt autem filii Israel malum in conspectu Domini, qui tradidit illos in manu Madian septem annis, et opressi sunt valde ab is* (1). Pero apénas oye sus clamores, cuando arroja sobre Gedeon una mirada de virtud: y levantándose este valiente hijo de Joas lleno de gracia y fortaleza, convoca sus guerreros al son de la trompeta; se lanza al valle de Jesrael armado de la ira del Señor; embiste á manera de un leon al campo enemigo; hace perecer sobre el campo ciento veinte mil combatientes; humilla á los madianitas; y restablece la paz de Israel: *Humiliatus est autem Madian coram filiis Israel, nec portuerunt ultra cervices elevare. Sed quievit terra* (2). Penetrado de gozo todo el pueblo al ver que ya puede respirar libre de la penosa y larga servidumbre que habia padecido: y reconociendo que Gedeon por tan señalada victoria merecía ser el primero en la casa de Jacob: sé tú nuestro príncipe, le dice, porque nos has librado del poder de Madian: *Dominare nostri tu, quia liberatis nos de manu Madian.* Pero este generoso caudillo, tan piadoso como esforzado, y tan sabio en la religion como en la guerra: no seré vuestro príncipe, contesta, sino que será el Señor el que mandará sobre vosotros: *Non dominabor vestri, sed dominabitur vobis Dominus.* ¡Qué gloria para Gedeon, y qué satisfaccion para Israel! Gedeon se mira aclamado por defensor de la fé y de las leyes de Israel; é Israel oye de boca de Gedeon que es el mismo Dios el que se ha de encargar de su defensa. Israel se regocija de que sea revestido Gedeon de la suprema autoridad, porque ha sabido libertarle de la opresion y tiranía; y Gedeon le muestra que el cielo es quien debe gobernarle, porque fueron sus estrellas (3) las que pelearon por él contra sus tiranos y opresores. Gedeon sabe que manda en los corazones de Israel: *Dominare nostri tu, quia liberátis nos de manu Madian;* é Israel sabe que va á ser mandado por un príncipe que siempre caminará por los caminos del señor: *Non dominabor vestri sed dominabitur vobis Dominus.*

¿No parece esta historia, Señor Excelentísimo, una profecía sellada en el eterno testamento, para que tuviese su pleno cumplimiento en V. E. y en nosotros? El reino del Perú, este reino tan protejido de los cielos, á quien trajo el Señor la luz del evangelio desde las remotas regiones del oriente; donde no permitió que se tocase la bocina guerrera por tres siglos enteros; y donde habia derramado, con mano liberal, todos los bienes de la concordia y de la paz; llegó al fin, sin duda por sus crímenes, á anegarse en la sangre de sus hijos; sufrió cerca de siete años de vejaciones y de insultos; y vió gemir á muchos de sus pueblos bajo el peso formidable de las armas enemigas:

fecerunt autem filii Israel malum in conspectu Domini, qui tradidit illos in manu Median setem annis, et opressi sunt valde ab eis. Pero el Dios de nuestros padres se acuerda de sus misericordias, y le sucita un salvador en la persona de V. E. Siente V. E. su espíritu confortado de lo alto, y corre á ejecutar las órdenes divinas. Hace resonar los instrumentos bélicos en los confines del reino; levanta sus estandartes; reune á sus valientes; empuña con su diestra la espada del Señor; acomete á los rebeldes que habitan las riberas del Rio de la Plata; les arranca de las manos tres victorias; disipa como humo sus numerosas huestes, y aleja de nuestra tierra la ruina y el oprobio: *Humiliatus est autem Madian coram filiis Israel, nec potuerunt ultra cervices elevare. Sed quievit terra.*

¡O dias de libertad y de consuelo! ¡O fuertes de mi patria! ¡O PEZUELA! Los cielos son testigos, Señor Excelentísimo, de los ardientes votos que hicimos subir entónces hasta el excelso trono del Dios omnipotente, á fin de que descendiesen sobre V. E. y su familia sus bendiciones y sus gracias. Por eso hemos mirado como obra de esa mano soberanamente poderosa, la elevacion de V. E. al vireinato del Perú. Por eso nos regocijamos tanto aquel felice dia en que se presentó V. E. por la primera vez en la capital de su gobierno. Y al verle cubierto de laureles, y con la espada aun teñida con la sangre de nuestros enemigos, adoramos al Señor; y convirtiéndonos despues á nuestro ilustre libertador: proteja V. E. le decíamos, nuestra religion y nuestras leyes, porque acaba de proteger nuestra hacienda y nuestras vidas; pronuncie nuestros juicios, porque ha sabido dirigir nuestros combates; sea nuestra cabeza y nuestro príncipe, porque ha sido nuestra defensa y nuestro escudo: *Dominare nostri tu, quia liberasti nos de manu Madiam.* Esto significaban, Señor Excelentísimo, las voces de aclamacion y los gritos de alegria con que llenábamos los aires. Y recordando entónces la sabiduría, el celo y la virtud de V. E. creiamos, en los trasportes de nuestro júbilo, oirle contestar: el brazo del Dios fuerte es el que ha disipado las ominosas nubes que se habian agolpado sobre vuestras cabezas, y que amenazaban desatarse en una copiosa lluvia de horrores y desastres. El se dignó de acaudillar vuestros valientes escuadrones, ha combatido por mí, y ha puesto en mis manos la victoria. Así, no soy yo, sino él, quien debe mandar sobre vosotros: *Non dominabor vestri sed dominabitur vobis Dominus.*

Ya ha visto V. E. todo el plan y la division de mi discurso. Digo en primer lugar, que V. E. tiene derecho á gobernar un pueblo á quien acaba de librar de las cadenas que las gentes enemigas le tenian preparadas: *Dominare nostri tu, quia liberasti nos de manu Madian* Digo despues, que las santas disposiciones del alma de V. E. deben hacernos esperar que gobernará este pueblo en la equidad y la justicia: *Non dominabor vestri, sed dominabitur vobis Dominus.*

Espíritu divino, fuente inagotable de toda felicidad y todo bien: Vos que habeis enriquecido nuestro suelo con el tesoro inestimable de un gobernador sabio y virtuoso, enriqueced mi alma con la claridad de vuestras luces, para que tratando de él con dignidad, sea yo un intérprete fiel de los piadosos sentimientos del cuerpo por quien hablo, y todo este acto ceda en honor y gloria vuestra. Así os lo suplico por la intercesion de vuestra sacratísima esposa, á quien saludo con el ángel: Ave Maria.

PRIMERA PARTE.

La diestra formidable del Dios omnipotente, en cuya presencia se derriten los montes (4), las nubes se inflaman, tiemblan los fundamentos de la tierra, y se estremecen los cielos de los cielos, no ha menester auxilio alguno para defender sus intereses. Una sola mirada del Fuerte de Israel basta para confundir á los enemigos de su gloria. Una palabra suya basta para exterminar á todos los soberanos, derribar todos los tronos, y destruir todos los imperios del universo. No hay escudo ni lanza que pueda libertar de sus furores: no hay fuerza que valga contra él; y aquellos ejércitos que ponen espanto á las naciones por la pericia de sus jefes, por la disciplina de sus escuadrones aguerridos, y por la muchedumbre de sus carros y caballos, á un soplo de su indignacion se agitan, se dispersan, y al fin desaparecen, á manera de las pequeñas pajas que nadan en los aires, ó como el débil polvo que se levanta de la tierra. Trescientos hombres de su antiguo pueblo, sin otras armas que teas encendidas y trompetas, disipan en un instante á los amalecitas, y á todas las gentes del oriente que coligadas contra ellos, habian penetrado en sus tierras como una multitud de langostas, y que parecian por su número las arenas que se hallan en las playas del mar (5); y un solo ángel de las innumerables legiones que rodean el trono de su inmensa magestad, mata en una noche ciento ochenta y cinco mil guerreros al rey de los asirios (6) que, despues de haber tomado todas las ciudades de Judá (7), osó insultar delante de los muros de Jerusalem su nombre sacrosanto (8).

Sin embargo, á veces confia su causa á los brazos de los hombres: y ora sea para encontrar en ellos méritos bastantes que premiar; ora para conciliarles, con la admiracion y gratitud, la obediencia y el respeto de los pueblos, suele ejercitar en las empresas de su gloria á los que tiene destinados para regir á los demás. Así lo practicó con Josué, por cuya espada quiso se obrase en Raphidim la destruccion de Amalec (9), para que entrase dignamente, despues de la muerte de Moyses, á ser el legislador y el príncipe de su pueblo. Así lo practicó con David, á quien hizo triunfar del Filisteo (10), para que mereciese ascender al trono de Saul. Así lo practicó con Simon, en cuyas manos puso las numerosas tropas de Demetrio (11), para que sucediese con justicia á su hermano Jonatas en el mando de Israel. Así lo ha practicado tambien con V. E. á quien no solo ha dado diferentes victorias sobre los enemigos del Perú, sino que le ha conducido siempre como de la mano, para que tuviese derecho á la alta dignidad en que ha llegado al fin á colocarle. El primer favor que le dispensa es un ilustre nacimiento que haciéndole subir por los Pezuelas, Sanchez, Muñozes, Velascos, y otros mil nombres célebres, hasta la mas remota antigüedad, le presenta una genealogía tejida de trofeos y blasones; y que enlazando al reino de Aragon con los de Murcia y de Cerdeña, los llena á todos de esplendor, grandeza y nombradía.

¡No permita el Señor que el espíritu de adulacion me haga prostituir sus eternas palabras ¡Caigan sobre mí los tremendos castigos destinados á los que osan profanar lo santidad de sus templos, si á los inciensos puros que arden sobre esas aras en honor de la Divinidad, mezclo un grano de aquel que tributa el mundo á los ídolos infames de la ambicion y del orgullo! Yo no pienso abusar de mi sagrado ministerio; y si recuerdo á V. E. los grandes acontecimientos de su vida, es para que adore la benéfica mano que los ha dirigido; y para que postrándose ante el Dios que fabricó los cielos y la tierra, y que sentado sobre los querubines (12), dicta leyes al universo entero, y fija los destinos de los pueblos y los príncipes, se humille en su presencia, bendiga sus designios, confiese la grandeza de su nombre, y le entone con nosotros cánticos nuevos de gracias y de gloria.

Dotado V. E. de ese herico valor que sabe despreciar los peligros y la muerte, y de ese temperamento robusto que puede soportar todas las fatigas de la guerra, comienza á llevar las armas á los catorce años, despues de haber cultivado en el colegio de Segovia los talentos militares con que habia nacido. Sirve en varios departamentos del reino, mostrándose siempre el mismo en la actividad y el pundonor; pero creciendo sin cesar en la opinion y en el aprecio de sus jefes. Pasa sucesivamente por todos los grados de la milicia; pero con una rapidez tan grande como su mériro. La fortuna de acuerdo con la naturaleza parecen empeñarse en protegerle, en exaltarle y distinguirle. Si esta le habia enriquecido, en la profusion de sus fa vores, con todas aquellas disposiciones eminentes que empiezan á formar los grandes capitanes; aquella le prepara, en el brillante teatro de las revoluciones de la Europa, los ejemplos y lecciones que deben consumarlos. Tenia V. E. genio, penetracion, vivacidad, ardimiento, espíritu y firmeza: y los repetidos combates, sitios y batallas que le presentan á la vista los inmortales marqueses de San Simon y Castelar, le dan luces, disciplina y experiencia, y le hacen maestro en el arte de arrollar batallones, de rendir fortalezas, y de ganar ciudades y provincias. Su profesion le lleva á diferentes lugares. La victoria no le acompaña en todos; pero la gloria jamás le desampara. No ha triunfado siempre, pero siempre ha merecido triunfar; porque en todas ocasiones se ha portado con igual bizarría, con igual denuedo, con igual fortaleza. Y demasiado superir á los acontecimientos de la suerte, para abatirse en los adversos, ó envanecerse en los prósperos, manifiesta vencedor, toda la moderacion y compostura de vencido; y manifiesta vencido, todo el aliento y dignídad de vencedor. La diversidad de situaciones no tiene el menor imperio en V. E. La situacion de su alma siempre es una: y sin necesidad de violentar los movimientos naturales de su corazon magnánimo, aparece el mismo en Portugal, en el campo de San Roque, en Guipuzcoa, en Navarra, en Tolosa y en Irun.

¡Qué cuadro tan brillante se podria aquí formar de las acciones extraordinarias con que V. E. supo señalarse en el sitio de Gibraltar, en la batería de San Cárlos, en el monte Diamante, en la loma de Luis XIV en la cabeza del puente Buenaventura, y en las orillas del rio Bidasoa! ¡Qué interés y qué gracia podrian darle estos puntos tan grandes y célebres ahora, cuantos pequeños é ignorados ántes de que hubiese V. E. consagrado su memoria, marcándolos á todos con el indeleble sello de los esfuerzos mas heroicos, y logrando contener en algunos el impetuoso torrente con que amenazaban inundar á la Península entera, las huestes de la República! ¡Con qué rasgos tan bellos se podria presentar á V. E. ora dirigiendo la construccion de baterías; ora ordenando el apostadero de cañones violentos, ora defendiendo su puesto, ora desalojando al enemigo de una posicion ventajosa; ora tomandole toda su artillería; ora salvando la suya, y sosteniendo con ella una gloriosa retirada; ora alentando á sus soldados; ora reparando las pérdidas pasadas; ora abriéndose camino por entre el fierro y el fuego; ora sorprendiendo á la victoria en medio de su vuelo; y ora forzándola á poner sobre la cabeza del leon de las Españas el laurel con que iba ya á coronar á las aguilas francesas! ¡Cuanto se podia decir de la generosidad con que expuso mil veces su importante vida por su rey y por su patria! ¡Cuanto de la intrepidez con que llenó de terror á sus feroces rivales! ¡Cuánto de la sagacidad y entereza con que se ganó el respeto y la confianza de sus subditos! ¡Cuanto de la prudencia y energia con que hizo que sus superiores le admirasen, y que le creyesen digno de los elogios mas magníficos! Y ¡cuanto en fin de ese complejo tan raro de virtudes militares que desplegó con frecuencia, y con que dió á conocer que no estaba vinculada á los años la ciencia de la guerra, y que era desde entónces V. E. un consumado general! Pero á la manera que el sol, aunque nos alumbra en toda su carrera, cuando llega á subir á la mitad del cielo, lanza una luz tan viva y penetrante que hace olvidar la claridad de los primeros rayos que despedian en el oriente; así V. E. con los prodigios que despues ha obrado, prodigios superiores á cuantos idearon los poetas para realzar la gloria de sus heroes fabulosos, hace desaparecer de nuestra vista sus primeras campañas y victorias.

¡Campañas y victorias! ¡Qué! ¿Pienso acaso que estoy en una de las tribunas de Aténas ó de Roma, y me olvido de que hablo en la cátedra evangélica consagrada á pronunciar oráculos divinos? ¿A la casa del Dios de mansedumbre y de paz, vengo á celebrar las conquistas y las guerras que siempre llevan consigo la idea de desolacion, de muertes y desastres? Cuando debia pedir al Señor que el serafin que purificó los labios del profeta Isaias con el carbon del altar (13), viniese á purificar los mios para poder alabarle dignamente: ¿los hago yo mismo mas impuros manchándolos con sangre? ¡Ah! Yo temo que venga sobre mí.... Pero ¡Señor! ¿Vos mismo no dictasteis á vuestro siervo Moyses las leyes que debian reglar las batallas y los sitios (15)? ¿Nó mandasteis á Josué que conquistase la tierra de Canaan (15), y que hiciese perecer al filo del cuchillo desde el hombre hasta la muger, desde el infante hasta el anciano (16)? ¿Nó marchasteis mil veces en persona á la frente de los escuadrones de Israel, y peleasteis por ellos (17)? Cuando quereis ostentar toda la magnificencia y pompa de vuestra divinidad ¿nó apareceis armado de rayos y relámpagos y truenos (18)? ¿Nó os presentan las santas escrituras, ya disparando saetas (18), ya llevando en la mano la espada ensangrentada (20), ya disponiendo tropas al combate (21), ya derrotando enemigos y poniéndolos en fuga (22)? ¿Nó nos habeis dicho por boca de Isaias, que os llamais el Dios de los ejércitos (23)? Y en fin ¿nó os complaceis en que los coros de vuestros ángeles hagan resonar continuamente con este nombre terrible las bóvedas del cielo (24)?

Sí, Señor Excmo. Esa profesion brillante que defiende los intereses de la religion, la autoridad de los monarcas, y la tranquilidad de las naciones, merece ser recomendada por los ministros sagrados en el augusto templo de la eterna verdad. Y cuando yo ensalzo los triunfos de V. E. no hago sino imitar al apóstol San Pablo, que hablando de los ilustres personages que honraron con su fé la descendencia de Abraham, celebra particularmente á Barac, á Sanson, á Jephté, y á otros valerosos caudillos que pelearon con esfuerzo las guerras del Señor, y que corriendo victoriosos desde el Eufrates hasta el Líbano, con humillacion y oprobio de los enemigos de su pueblo, supieron sostener la reputacion de su nombre, y el crédito de sus armas (25). La gloria que se ha ganado V. E. con sus empresas militares, es una gloria cristiana: y la iglesia misma debe erigirle trofeos, y solemnizar la pompa de sus triunfos.

Ya habia dado V. E. grandes pasos ácia el heroismo: y se hallaba en estado de servir de baluarte á su nacion contra las ambiciosas miras de las otras, cuando se ve precisado é interrumpir la gloriosa serie de sus acciones inmortales, para venir á arreglar, en clase de subinspector y comandante, el cuerpo de artillería del departamento de Lima. ¡Qué! Cuando se veia aun humear la sangre generosa que acababa de correr por los campos de Navarra y Cataluña: cuando los ecos del estruendo pavoroso con que las trompas marciales hicieron retemblar el Pirineo, se repetían aun por el Oróspeda, el Guadarrama y el Moncayo, y se dejaban percibir sobre las costas del Mediterráneo y el Atlántico: cuando roto el equilibrio de las potencias europeas, debian esperarse convulsiones políticas que las agitasen de nuevo: cuando se creia indispensable volver á tomar las armas para deshacer con ellas los vergonzosos tratados de la paz de Basilea: cuando mal afirmados los pendones castellanos, parecian vacilar sobre las altas torres de Rosas y Figueras: y cuando el coloso de la Francia, creciendo sin cesar á fuerza de atrocidades y perfidias, amenazaba oprimir á todo el continente, y sepultar su religion y sus leyes bajo las ruinas de sus tronos: ¡se desprende la España de un hombre extraordinario, en cuyo brazo poderoso debia cifrar su honor y su salud. Y ¿adonde le destina? A la region mas quieta y pacífica del globo, donde la dulce calma que reinaba en los espíritus jamás era interrumpida por el estallido del cañon: donde no osaba presentar su semblante horrible la pálida discordia: donde no apénas se conocían los terribles nombres de guerra y de combates: y donde permaneciendo en todo su vigor los vínculos sociales y la justicia pública, no habia necesidad de fortalezas para mantenerse en reposo, ni de ejércitos para hacerse respetar. ¿No era esto, señor Excmo., privarse la monarquía de los inmensos recursos que podia encontrar en V. E. en medio de la crisis espantosa que sentia apróximarse; y obligarle á quedar oscurecido para siempre en unos lugares apacibles en que nunca se ofrecian aquellas brillantes ocasiones que inmortalizan el valor y los talentos militares? Pero.... ¡Ay! ¡Qué diversos son nuestros juicios de los juicios del Señor! Estas ocasiones no tardaban mucho en ofrecerse á V. E. y en elevarle al colmo de la prosperidad y la grandeza. Las trágicas escenas que acababan de representarse en el antiguo mundo, iban muy en breve á repetirse en el nuevo, la desolacion, el quebrantamiento y el estrago iban á desplomarse sobre los dos imperios con que tanto acrecieron el poder y la opulencia de Castilla los trabajos inmortales de Cortes y de Pizarro: rios de sangre iban á correr por toda la extension del hemisferio, y á llevar del uno al otro extremo el horror y la afliccion. No fué la España, señor Excelentísimo, fué el mismo Dios quien hizo venir á V. E. desde los remotos climas en que nace el sol, hasta las plagas en que muere, para que retirase al Perú, con la fuerza irresistible de su brazo, del borde de ese abismo que estaba abriendo su justicia para hundir en él á una tierra que habia resuelto visitar. Por grandes que hubiesen sido los triunfos de V. E. fueron pequeños ensayos de los milagros, por decirlo así, que había de obrar entre nosotros: y sus famosas campañas no fueron sino lecciones con que el Todo-poderoso quiso formar en Europa al defensor de las Américas.

Permita V. E. que yo interrumpa aquí la relacion de sus proezas: y que en el transporte de mi dolor, me olvide un momento de su gloria, para llorar los males de mi patria. ¡O América! ¡Desdichada América, asilo en otro tiempo de la envidiable paz, y hoy centro del desórden, de la rebelion y la anarquía! ¡qué fatal influencia te condujo hasta el exceso de empeñarte en destrozar tu propio seno, haciéndote enemiga de tí misma! O mas bien ¡qué crimen tan enorme te ha podido atraer la maldicion del cielo! Y haré, dijo el Dios de los ejércitos en los dias de su furor, que se vengan á las manos egipcios contra egipcios; y peleará cada uno contra su hermano, y cada uno contra su amigo, ciudad contra ciudad, provincia contra provincia; y reventará el espíritu de Egypto en sus entrañas, y trastornaré su consejo: *Et concurrere faciam Ægiptios advérsus Ægytios; et pugnabit vir contra fratrem suum, et vir contra amicum suum, civitas adversus civitatem, regnum adversus regnum; et dirumpetur spiritus Ægypii in visceribus ejus, et consilium ejus præcipitabo* (26). Estas terribles amenazas fulminadas contra el reyno del impio Faraon ¿nó parecen mas bien fulminadas contra tí? ¿Echas menos por ventura, en tu lamentable situacion, alguna de las circunstancias que describe el profeta? ¿Nó has visto al fuego de la discordia elevar en medio de tí su llama abrasadora, y á tu suelo malhadado brotar por todas partes los disturbios ominosos y las crueles disensiones? *Et concurrere faciam Ægyptios adversus Ægyptios.* ¿No has visto á tus hijos pelear contra tus hijos, y á tus fuertes contra tus fuertes? *Et pugnabit vir contra fratrem suum, et vir contrà amicum suum.* ¿Nò has visto á Méjico armarse contra Méjico, á Quito contra Quito, á Santa–Fé contra Santa–Fé, á Chile contra Chile, á Buenos–Ayres contra el Perú, y al Perú contra Buenos–Ayres? *Civitas adversus civitatem, regnum adversus regnum.* ¿Nó has visto al monstruo de la revolucion nacer de tus entrañas, destruir tus instituciones políticas, hollar tus máximas morales, desterrar las ideas de la justicia y del órden, esparcir en tus términos facciones y partidos, y romper de un golpe los lazos respetables que unian á tus pueblos y á tus provincias y á tus reynos? *Et dirumpetur spiritus Ægypti in visceribus ejus.* ¿Nó has visto desconcertados tus perversos designios, tu prudencia confundida, trastornados tus planes, disípada tu fuerza, y tus cálculos burlados? *Et consilium ejus praecipitabò.* ¿Te resta mas que ver? ¡Oh! ¡Si vieras tambien cumplirse en tí el fin glorioso de esta profecia, así como has visto cumplirse su tremendo principio! ¡Si despues de haberte herido el Señor con su espada dura y fuerte, usara de misericordia contigo, y te sanara las herídas (27)! ¡Si despues de haberte oprimido como á Egypto, te ensalzara como á él, diciendo: *Bendito mi pueblo de América,* como había dicho: *Bendito mi pueblo de Egypto! Benedictus populus meus Ægypti* (28). Pero aun tiene extendida su formidable mano: aun sigue derramando sobre tí el cáliz de su ira. La guerra asoladora no cesa de afligirte: tus calamidades y desastres se multiplican diariamente: y á cada instante tus víctimas se inmolan á millares en las aras detestables del fanatismo y del furor. Llena estás de tribulacion y de tinieblas: el desfallecímiento y la angustia en medio de tu tierra: tus casas van quedando sin hombre, tus ciudades sin habitador, y yermas tus campiñas. Tus pueblos se han hecho como cebo fuego de (29): tu esplendor y tu riqueza se han convertido en oscuridad y en miseria: necios se han vuelto tus sabios: y tus valientes sirviendo están de pasto á las aves del cielo, y á las fieras de los montes. La abominacion y el escándalo.... ¡Ah! ¡Qué me vea precisado á hablar de unos sucesos que quisiera arrancar de la serie de los años, ocultar á la posteridad, y aun borrar de mi memoria! Pero yo correré un velo sobre esa lóbrega noche que formada en el caos á que se habian reducido los negocios públicos por la funesta variedad de opiniones é intereses, obligó á nuestros vecinos infelices á cometer tantos crímenes, y á derramar tanta sangre. Solo mostraré este desgraciado tiempo por aquel lado que mira V. E. y que aparece tan claro, tan bello, tan magnífico.

La insurreccion de las Américas no ha sido para V. E. sino un motivo de aumentar sus timbres y su gloria: y las batallas de Vilcapuquio, de Ayouma y de Wiluma que asegurando su libertad al Perú, pusieron en las manos de V. E. las riendas de su gobierno, son tres monumentos inmortales de su actividad y de su esfuerzo. No espere V. E. que yo me empeñe en hacer una descripcion particular de estas maravillosas campañas tan dignas de la envidia de los Marcelos y Scipiones. Para pintar tales cosas es necesario saber ejecutarlas, ó tener á lo ménos una pluma tan valiente como la espada que las hizo. Jamas el sitio de Troya hubiera sido, sin Homero, tan famoso en el mundo; y su memoria habria perecido sin él en la oscuridad de los siglos. No sabríamos estimar nosotros el verdadero precio de la derrota de Dario, si no hubiera existido un Quinto Curcio. Y nuestros pósteros no conocerán todo el aliento, bizarría, capacidad y prudencia que ha manifestado V. E. en los reencuentros que ha tenido con los ejércitos facciosos de Belgrano y de Rondeau, si no aparece en nuestros dias un genio semejante al de los célebres panegiristas de Aquiles y Alejandro: ó si V. E. mismo no escribe, cual otro César, la historia de su vida. Por lo que hace á mí, que no poseo los menores conocimientos de estas profundas materias, ni el lenguaje sublime con que deben tratarse; y que no lograria con mis palabras sino degradar su mérito, y empañar su brillantez: yo tiemblo, señor Excelentísimo, por la suerte de mi país, cuando veo al enemigo envanecerse con sus victorias del Tucuman y de Salta; jurar nuestro exterminio; prepararse á borrar nuestro nombre de la tierra; y decir por nuestras tropas, como el orgulloso egipcio por los escuadrones de Moyses: Los perseguiré y alcanzaré, dividiré sus despojos, y mi alma irritada será plenamente satisfecha: *Persequar et comprehendam, dividam spolia, implebitur anima mea.* Desenvainaré mi espada, los heriré con ella, y mi mano los hará caer muertos á mis pies: *Evaginabo gladium meum, interficiet eos manus mea* (30). Pero cuando oigo á V. E. prometernos denodado arrancarle los laureles con que acababa de coronar sns sienes vencedoras, obligarle á abandonar las provincias de que se habia enseñoreado, y forzarle á regresar á sus antiguos pabellones, me lleno dé confianza: creo llegado el tiempo de nuestra salvacion y libertad: y me parece ver en V. E. no solo un guerrero tan fuerte y animoso como Gedeon, sino tambien un hombre inspirado como él.

Todos aquellos que os combaten serán confundidos, y se llenarán de verguenza: *Ecce confundentur, et erubescent omnes, qui pugnant adversum te.* Todos aquellos que se os ponen por sus contradicciones, serán reducidos á la nada, y perecerán: *Erunt quasi non sint, et peribunt viri, qui contradicunt tibi.* Buscareis á esos hombres que se rebelaron contra vosotros y los encontrareis: *Quæres eos, et non invenies, viros rebelles tuos.* Y aquellos que os hacian la guerra, serán como si jamás hubiesen sido, y desaparecerán: *Erunt quasi non siut, et veluti consumptio homines bellantes adversum te* (31). Así hablaba á los hijos de Israel, cuando les anunciaba las conquistas del rey justo, ese Dominador supremo ante quien se disipan todo el poder y las fuerzas de la tierra, como el polvo de los montes delante del viento: y así habla V. E. á los hijos del Perú, cuando destinado por la providencia bienhechora á proteger nuestra causa, acaudillando las huestes del ínclito FERNANDO, parte animado de los mas heroycos sentimientos, á comunicar su espíritu á nuestros soldados abatidos, á volver por el honor de nuestras armas ultrajadas, y á restituir á nuestra gloria marchitada su lustre y su belleza. No importa, nos dice, que hayais sido dos veces derrotados: yo voy á hacerme cargo de organizar vuestro ejército, y de dirigir vuestras peleas. Ensoberbézcanse en buenhora vuestros feroces rivales con sus triunfos pasajeros, y extiendan hasta Lima sus ambiciosos proyectos; que yo me presentaré delante de sus líneas, y ellos serán bien pronto confundidos y humillados. Reunan todas las fuerzas de los pueblos sublevados; que yo los atacaré, y ellos desaparecerán. Empleen todos los recursos del arte para fortificar sus posiciones; que yo demoleré sus fortalezas, entraré en las ciudades que han tomado, vengaré vuestra sangre con la suya, y me servirán de trofeos los infames estandartes que han tremolado en vuestras plazas. V. E. nos lo ofrece, y V. E. nos lo cumple con aquella fidelidad inviolable que siempre acostumbró guardar en sus palabras. Hace una marcha de seiscientas leguas, venciendo á cada paso unos obstáculos que para otro general hubieran sido insuperables: arrostra con intrepidez los inmensos peligros que parecen nacer y multiplicarse debajo de sus pies: introduce en sus tropas el coraje, la disciplina y el órden: conduce su ejército, su artillería, sus trenes y bagajes por rios caudalosos y por cimas casí inaccesibles de escarpadas montañas: sufre con mayor serenidad las tempestades, las fatigas, los frios y las nieves: vuela rápidamente de precipicio en precipicio: toma medidas sabias y oportunas para acercarse á sus contrarios sin que ellos le esperasen: logra sorprenderlos en varias ocasiones: los acomete siempre con fuerzas inferiores: pero el Dios de Sabaot, empeñando por nosotros el brazo de su magestad, renueva en V. E. las milagrosas victorias de los ilustres Macabeos; y para valerme de los términos de la escritura santa, apénas manda V. E. que sus soldados se formen en batalla, y que hagan resonar en sus campos los clarines guerreros, cuando se introducen en el campo enemigo la confusion, y el desórden: y las rebeldes legiones que desde las márgenes del Rio de la Plata vinieron á insultarnos y á desolar nuestra tierra, pávidas y deshechas se entregan á la fuga: *Et exierunt de castris in prælium; et tuba cecinerunt.... et congressi sunt, et contritæ sunt gentes, et fugerunt in campum* (32).

¡Cochabamba, Chuquisaca, Potosí, Arequipa, Cuzco, Huamanga, Puno La-Paz, Huancavelica, que habeis gemido tanto tiempo en la opresion y esclavitud: y vosotras todas fértiles y ricas provincias del Perú, á quienes ha tenido abatidas el temor de la horrenda tempestad que habia oscurecido el horizonte por la parte del Medio-dia: alzaos y respirad á la sombra de los laureles del invencible PEZUELA! ¡Cantad al son de vuestras arpas vuestra libertad y su valor: y levantad por todas partes estátuas y obeliscos que inmortalizen al mismo tiempo sus glorias y las vuestras! ¡Esculpid en mármoles y bronces las grandiosas hazañas....Pero ántes ¡tributad honra, virtud y bendicion al que sentado sobre el globo de los cielos y con el íris en la mano, vive y reina en los siglos de los siglos!

¡Benditas sean, Señor, para siempre vuestras misericordias! ¡Enzalsada sea vuestra grandeza, y loado vuestro nombre! Vuestras son las guerras, y vuestras las victorias, y vuestro todo cuanto hay en los cielos y en la tierra! Vuestra espada, ¡ó gran Dios! es la que ha peleado y vencido por nosotros: y la que ha puesto tantas veces en la cabeza de nuestro valeroso caudillo la corona del triunfo. Pero de nada serviria que hubieseis confortado sus manos para que rompiendo las cadenas que las gentes enemigas nos tienen preparadas, adquiriese un derecho á gobernarnos: *Dominare nostri tu, quia liberasti nos de manu Madian*, si no hubieseis tambien confortado su espíritu á fin que nos gobernase en la equidad y la justicia: *Non dominabor vestri, sed dominabitur vobios Dominus.*

SEGUNDA PARTE.

Hay un falso valor que obliga á precipitarse en peligros inútiles por la gloria del mundo. Hay por el contrario un valor verdadero que solo permite exponer la vida por la gloria del Señor. El primero, siempre acompañado de temeridad y de injustícia, hace al hombre cometer toda especie de atrocidades y de crímenes. El segundo, dirigido siempre por la sabiduría y la prudencia, le hace obrar acciones grandes, magníficas, sublimes, El falso valor es un vicio que degrada la naturaleza. El verdadero es una virtud que la ensalza y ennoblece. Aquel puso á Alejandro las armas en la mano para que desolara al universo, y unió á su nombre el desprecio y la abominacion de los siglos. Este sostuvo el brazo de David para que libertara del poder del filisteo á los hijos de Israel, y le mereció los elogios del Espíritu-Santo (33). Sin aquel, seria mas feliz el genero humano. Sin este, no podrian mantenerse los estados ni hacerse respetables. Este es el firme apolló de los imperios y los tronos: este es el fecundo orígen de la grandeza y heroismo: este es la admirable cualidad que infundió el espíritu de Dios á todos aquellos jefes que en los dias de su misericordia se dignó conceder á la casa de Jacob, y que infunde aun á los ilustres personages que hace nacer con el destino de presidir y de juzgar sus pueblos. No se puede ser un grande hombre de guerra, sin ser al mismo tiempo un príncipe benéfico, Las disposiciones que forman á ambos son las mismas. Y el que sabe portarse como héroe á la frente de un ejército, colocado á la frente de un reino, sabe gobernar con equidad, y pronunciar su juicio con rectitud de corazon.

Así, señor Excelentísimo, si yo no viera en V. E. mas que uno de esos generales intrépidos que llevan en pos de sí el estrago y el terror; que corren sin cesar de peligro en peligro; que se precipitan en él tanto mas impetuosamente, cuanto les parece mas terrible; que atacan á sus enemigos sin contarlos; que ven sin inquietud correr su sangre; que se complacen en hacer gemir á los pueblos desolados; que esperan los últimos golpes con un aire de audacia y de desprecio; que aumentan su fiereza cuando llega la victoria á declararse contra ellos; y que despues de haber sido vencidos y deshechos, dejan percibir en sus semblantes la amenaza y el furor, miéntras que sus cuerpos estendidos sobre el polvo, están ya casi helados por la muerte; ni yo creia á V. E. conducido al mundo del Perú por la diestra omnipotente, ní pudiera dar á mi discurso una forma sagrada y religiosa. Pero, gracias á Dios, yo puedo imitar al Eclesiástico que despues de haber alabado la fortaleza de Josué, alaba su religion: *Fortis in bello Josue.... Et secutus est a tergo potentis* (34). Despues de haber hablado del brillante y magnífico exterior de los combates y triunfos de V. E. puedo hablar de su interior mas brillante y mas magnífico: despues de haber presentado sus acciones por aquel lado que las hace aparecer grandes á los ojos de los hombres, puedo presentarlas por el otro que las hace aparecer grandes á los ojos del Señor. El valor de V. E. es un valor cristiano y saludable: el esfuerzo de su espíritu tiene por fundamento aquella fe que, segun el apóstol San Pablo, hizo que los Macabeos conquistasen reynos, y que pusiesen en fuga ejércitos formidables (35). La justicia y la humanidad solamente le han puesto las armas en la mano; V. E. ha sido siempre el protector de los débiles, el asilo de los inocentes, el recurso de los desgraciados, la esperanza y el amor de los hombres de bien; léjos de prodigar la sangre humana, no la derrama sino con el fin de conservarla; si V. E. ataca, es á los enemigos que amenazan su patria, y que se harian muy poderosos sino se les previniese, ó á unos vecinos rebeldes y furiosos que es preciso contener; si lleva á otro pais los horrores de la guerra, no es sino con el objeto de alejarlos del suyo, ó para obligar á unas gentes feroces á desear la paz y dejar á las otras gozar de sus dulzuras; si conquista, es á unos pueblos inquietos que miden sus derechos por su audacia y por sus fuerzas, que tratan de turbar el reposo de los otros; y que tienen necesidad de leyes y de freno para su propia felicidad. Terrible en las batallas, V. E. ha sido siempre modesto en las victorias; tan esforzado general como buen ciudadano, si ha mandado á las tropas con autoridad, ha obedecido á las leyes con respeto; y tan superior á sus pasiones por su sabiduria como á sus enemigos por su aliento, ha sabido vencerse á sí mismo en medio de los triunfos con la misma destreza con que ha vencido los ejércitos en medio de los combates. En fin, como solo ha hecho la guerra por cumplir con sus deberes, jamas ha pensado en su fortuna particular: y si acaso le lisonjea el vireynato del Perú con que acaba de recompensar el soberano sus inmortales trabajos, es porque le pone en situacion de continuar al estado sus importantes servicios, haciendo florecer con sus oráculos un reyno que ha salvado con sus armas.

¡Qué grande y qué magnífico sois en vuestros dones, ó Dios de clemencia y de verdad! Vos habeis adornado el corazon de nuestro Príncipe con una mezcla de virtudes que parecen incompatibles. Le hicisteis esforzado para que pudiera defendernos de nuestros poderosos enemigos; y al mismo tiempo le hicisteis moderado y prudente para que si piera contener la impetuosidad de su valor. El ha manifestado sobre el campo que era digno de gobernar nuestras ciudades: peleando vuestras batallas, ha hecho ver que era capaz de administrar vuestra justicia, y de velar sobre la observancia de vuestras leyes sacrosantas. ¡Qué grande y qué magnífico sois en vuestros dones, ó Dios de clemencia y de verdad! Jamas cesaremos nosotros de anunciar vuestras bondades, y os diremos alabanza un dia y todos los días (36).

Perfecciona, Señor, mis pasos en tus senderos, para que no sean movidas mis pisadas: *Perfice gressus meos in semitis tuis: ut non moveantur vestigia mea* (37). De esta manera confesaba el profeta que no podia caminar en la integridad y la inocencia sin el socorro del Señor; que todas las buenas obras de los hombres son hijas de la gracia; y que la misericordia y el juicio que deben distingir á los que juzgan á los pueblos, no son mas que emanaciones del juicio y misericordia de aquel Dios que juzga las justicias. Asi, señor Excmo., solo al que habita en los cielos debemos dar la gloria; solo en su magnificencia debemos regocijarnos, cuando contemplamos los ilustres ejemplos de beneficencia y de bondad que tanto resplandecen en la vida de V. E. Y ¿quién, en efecto, sino el Dios omnipotente que muda cuando quiere los corazones de los hombres, y renueva sus espíritus, podia haber dado á V. E. ese fondo de justicia que se deja descubrir en todas sus acciones? ¿Quién podia haberle enriquecido con ese conjunto admirable de virtudes militares y cristianas que ántes nos hizo ver en V. E. un invencible caudillo, y que hoy nos hace esperar un juez equitativo, sino aquel que ha dicho por boca de Salomon: Mio es el consejo y la equidad, mia es la prudencia, mia es la fortaleza. Por mí reynan los reyes, y los legisladores decretan lo justo: por mí los príncipes mandan, y los pederosos decretan la justicia? *Meum est consilium, et equitas, mea est prudentia, mea est fortitudo. Per me reges regnant, et legum conditores justa decernunt. Per me principes imperant, et potentes decernunt justitiam (38).* ¿Quién podia haber grabado en el alma de V. F. los principios eternos de la verdadera rectitud, sino el mismo que ántes los grabó en el alma de su siervo David?

Caminaba yo en la inocencia de mi corazon en medio de mi casa. No proponia delante de mis ojos cosa injusta: aborrecia á los que hacian prevaricaciones. Corazon torcido no se allegó á mí: al malicioso que se apartaba de mí, no le conocia. Perseguia al que en oculto decia mal de su prógimo. Con hombre de ojos altivos y de corazon insaciable, con este no comia. Mis ojos sobre los fieles del país para que se sienten conmigo: el que andaba en camino sin mancilla, ese me servia. No morará en medio de mi casa el que obra con soberbia: el que habla cosas inícuas no entró derecho en la vista de mis ojos. De madrugada mataba á todos los pecadores del país, á fin de exterminar de la ciudad del Señor á todos los que obraban maldad (39). Tal es el modelo de justicia que este rey santo propone en su persona á todos los príncipes del mundo. Y tal es la conducta que debemos esperar guardará V. E. gobernando nuestros pueblos, porque esta misma guardó gobernando nuestras tropas. Sí, señor Excmo. V. E. puede decir, con el Salmista, que en medio de su familia, en lo interior de su casa, en aquellos momentos en que el hombre oculto á lo demas, se ve libre de la sujecion que dan los ojos del público, siempre su corazon se inclinaba á lo justo: *Parambulabam in innocentia cordis mei in medio domus meæ* (40). Que jamas trató de practicar la injusticia, ni consintió que la practicasen los otros; y que siempre le fueron odiosos los torcidos procedimientos de los hombres perversos: *Non proponebam ante oculos meos rem injustam: facientes prevaricationes odivi* (41). Que arrojó de su lado y de su casa á los que caminaban con depravado corazon, y que no comunicó con los malignos que se apartaban de su recto proceder: *Non adhæsit mihi cor pravum: declinantem a me malignum non cognoscebam* (42). Que tuvo cerrados sus oidos á la abominable detraccion, y que no permitió que en su presencia se hiriese con murmuraciones la fama de los prógimos: *Detrahentem secretó proximo suo, hunc persequebar* (43). Que jamas depositó su confianza en esos hombres altivos que desprecian á todos, y que poseidos de la ambicion ó de la avaricia, nunca se sacian de riquezas ó de honores mundanos: *Superbo oculo, et insatiabili corde, cum hoc non edebam* (44). Que solamente dió lugar en su estimacion y en su aprecio á los sinceros y fieles de su ejército, y que no admitió á su servicio ni consultó jamas sino á los que habian dado pruebas de sabiduría y de conducta irreprehensible: *Oculi mei ad fideles terræ ut sedeant mecum. Ambulans in via immaculata, hic mihi ministrabat* (45). Que jamas habitó en el hombre soberbio y engañoso: y que el malicioso y el inícuo, ó no fuéron admitidos, ó duraron muy poco en medio de su casa: *Non habitabit in medio domus mex qui facit superbiam: qui loquitur iniqua, non direxit in conspectu oculorum meorum* (46). Y en fin, que ha perseguido con calor á los malvados, y trabajado con celo en extinguirlos, para que no contagiándose los otros con el perverso ejemplo de sus excesos y delitos, floreciese la virtud en un ejército que adoraba al Dios verdadero, y combatia por su causa: *In matutino interficiebam omnes peccatores terræ: ut disperderem de civitate Domini omnes operantes iniquitatem* (47).

A vosotros os llamo por testigos de la verdad de mis palabras, valerosos guerreros, que guiados á la campaña por este insigne caudillo, os habeis coronado de una gloria que jamas se acabará. Hablad, oficiales y soldados del ejército real del Alto-Perú, vosotros que le observasteis tan de cerca, cuando trabajabais con él en la grande obra de la libertad de nuestra patria. Arrimad un momento las armas vencedoras en obsequio de aquel que os enseñó á llevarlas: levantad por vuestro jefe esa voz magestuosa con que él hizo que dieseis tantas veces el grito de *victoria.* Decid si no admirasteis su celo en sostener vuestros derechos; y si no hizo que siempre venciese la razon en vuestras diferencias y disputas. Decid si no examinaba con la diligencia mas solícita las calidades de sus súbditos, cuando trataba de la distribucion de los empleos. Decid si los respetos humanos fuéron capaces de doblar su escrupulosa justicia; y si dejó alguna vez á la virtud sin recompensa, ó al crímen sin castigo. Decid si á pesar de su afabilidad y su dulzura, le visteis desviarse un punto á la diestra ó la siniestra de aquella senda que trazó la mano del Eterno para que caminasen por ella los magistrados y los jueces; y si no pudiera asegurar, como Ezequías, que siempre anduvo delante del Señor en la perfeccion y la verdad (48). Decid.... pero no es preciso que digais mas. Proseguid, generosos campeones, vuestras honrosas fatigas; que á mí, para hacer sensible la justicia de mi héroe, me es bastante hablar de su religion y su piedad.

¿Por qué manda Dios á los hebreos, señor Excmo., que sus reyes escriban para sí, luego que se hubieren sentado sobre el solio de sus reynos, un Deuteronomio de su ley, le tengan siempre consigo, y le lean todos los dias de su vida (49)? ¿Por qué David, viéndose próximo á entrar en el camino de toda la tierra, y tratando de instruir á su hijo Salomon que iba á sucederle en el trono de Israel, de los senderos que debia seguir para gobernar su pueblo con rectitud de justicia, le dice solamente que guarde los preceptos del Señor, cumpliendo sus ceremonias y sus mandamientos y sus testimonios y sus juicios (50)? Y ¿por qué este, empeñado en juzgar con equidad, pide un corazon dócil al Dios omnipotente (51)? Porque el principio de la sabiduría es el temor del Señor (52): porque un buen príncipe que pone toda su gloria en la félicidad de los hombres que gobierna, ha de tener la ley de Dios por regla de todas sus acciones: porque el amor á la religion le es indispensable para no traspasar los límites legítimos de su autoridad y su poder: y porque, como dice muy bien el padre San Agustin, no se puede ser justo, sin ser piadoso al mismo tiempo: *Quæ egitur justitia est hominis, quæ ipsum hominem Deo vero tollit* (53)? Y ¿quién ha dado jamas pruebas mas brillantes de religion que V. E.? ¿Nó le vimos nosotros poner el mayor esmero en levantar un templo al Dios de los ejércitos en el parque de artilleria que formó para que nos sirviese de seguridad y de defensa, y que es acaso el baluarte que ha salvado á nuestro Lima; mostrando que tenia mas confianza en el brazo del Señor que en los cañones y murallas, y que estaba íntimamente penetrado de que toda la gloria y fortaleza de la guerra viene de los cielos (54)? ¿Nó le vieron los pueblos que habian empezado á conmoverse por las disensiones de sus jefes, restablecer la paz en el momento cuando marchaba á la campaña, sin necesitar valerse del funesto recurso de las armas, solo con las luces de aquella sabiduria preferible á las fuerzas (55), que sale de la boca del Señor (56), y que no llegan á alcanzar sino los que la aman de veras, y de corazon la buscan pidiéndola al Altísimo (57)? Y ¡cuántos habrá en mi auditorio que le hayan visto prepararse á los combates con fervorosas oraciones; llorar la necesidad en que se hallaba de destruir las obras del Criador á quien amaba tiernamente; enviar sus votos hasta el cielo para que descendiese la victoria á coronar sus estandartes, desde el excelso trono del Dios de las batallas; y presentarse despues delante del enemigo con desiguales fuerzas, pero con ese aire de superioridad y fortaleza que las bayonetas no pueden infundir, y que solo respiran los que temen al Dominador del universo que cría la paz y la guerra (58), que reparte á su arbitrio las derrotas y los triunfos (59), y que cuando le place salvar á los que adoran su grandeza, le es indiferente ejecutarlo con muchos ó con pocos (60)! Jamas podremos admirar bastantemente la confianza en el Señor que acreditó V. E. en esa retirada inmortal que llenó de aliento á sus soldados, y á sus enemigos de terror; y que hará eterno su nombre en los fastos del Perú. Yo contemplo á V. E. en Suipacha, despues de la batalla de Ayouma, sabiendo los destrozos que las gentes rebeldes habian hecho en el Cuzco y en

Puno y en La-Pàz, el estado de insurreccion en que se hallaban estos pueblos, y las expediciones que marchaban contra Huamanga y Arequipa; y me parece ver al Macabeo, cuando vuelto á la Judea despues de haber derrotado á los hijos de Ammon, sabe que todos sus hermanos que estaban en Tubin, habian sido pasados á cuchillo, y llevados en triunfo sus despojos y sus mujeres y sus hijos: que las naciones de Galaad se preparaban á tomar la fortaleza de Datheman en que los Israelitas se habian refug'ado: y que lcs príncipes de Ptolemayd ι, de Tiro y de Sidon se habian coligado para entrar y destruir la Galilea. Este valiente caudillo deja la Judea al cuidado de Azarías y Joseph: manda tres mil hombres con su hermano Simon á socorrer á Galilea: y parte él mismo á la frente de ocho mil á la tierra de Galaad (61). No podia V. E. tomar este partido. La tribulacion era la misma, pero las circunstancias muy diversas. Judas Macabeo recibe estas noticias en un lugar pacífico en que nada habia que temer; y V. E. las recibe en el centro de la guerra, y á la presencia de un ejército que era preciso contener. Y ¿qué es lo que hace V. E? Manda al Cuzco mil y trescientos hombres á las órdenes del fuerte é intrépido Ramirez que se colma de gloria en las orillas del Cupi; y marcha despues á Condocondo con unos pocos batallones, atravesand: ciento veinticinco leguas por entre las huestes enemigas, y con la misma serenidad con que marcharia á la frente de los ejércitos victoriosos que acaban de dar la paz á las potencias de la Europa. ¿Hubo jamas una resolucion mas heroica? Parece que dictaba la prudencia retirarse en masa hasta llegar á colocarse en una posicion ventajosa que con poca fuerza pudiera sostenerse, y mandar socorros desde allí á los pueblos interiores. Otro general asi lo habria practicado: y acaso hubiera marchado con todas sus guarniciones, evacuando enteramente unas provincias que acababan de ser reconquistadas á costa de tanta sangre y tantos sacrificios. Pero V. E. se desprende generosamente de la mitad de sus tropas, ántes de emprender su retirada, á pesar de encontrarse cercado de enemigos por los costados, por la retaguardia y por el frente; porque creyó que marcharia acompañado de esa nube misteriosa que sirvió de mur. lla en el desierto á los hijos de Israel (62): y que en el caso de ser acometido, podria contar con el refuerzo de las milicias celestiales, acaudilladas por aquel que á un ligero movimiento de la mano de Moyses, hundió al egipcio con sus carros y caballos en los abismos del mar, y que hizo caer los muros de Jericó al solo Buido de las trompetas de Josué (63).

Basta, señor Excmo., ser un guerrero cristiano para creer la suerte de las batallas en las manos del Altísimo; para invocar su nombre santo en medio de los peligros; y para pedirle fortaleza, cuando los enemigos se aproximan. Pero, para buscar al Dios vivo despues de las victorias, para postrarse ante el trono de su terrible magestad, y abatir hasta el polvo una frente ceñida de laureles; para ofrecerle humildes sacrificios con unas manos vencedoras, y para rendirle unas armas que acaban de rendir millares de hombres; es prèciso estar animado de los mismos sentimientos que aquellos ilustres jefes de los escuadrones del Señor que debieron mas triunfos á su religion que á sus espadas. Jamas está el hombre mas en riesgo de olvidarse de Dios, que en esos momentos brillantes en que su sabiduria y su valor le elevan hasta el colmo de la grandeza y de la gloria. Pero V. E. jamas se acuerda mas de Dios que cuando acaba de vencer. El sonido encantador de los instrumèntos marciales, los vivas y aclamaciones de las tropas, el apasible ruido de las armas, y los diferentes gritos de los vencedores y vencidos, que seducen el alma de un general victorioso, le llenan de altivez, y le obligan á creerse un pequeño Dios sobre la tierra; inspiran á V. E. sentimientos piadosos, le hacen confesar su pequeñez y dependencia, humillarse al pié de los altares, alabar y bendecir al Dios del cielo. Entónces es cuando reconoce mas que nunca las clemencias y las justicias del Señor: cuando mas adora su poder infinito: y cuando admira mas las maravillas de su diestra. No se contenta con decir á sus soldados la obligacion en que están de tributar sus homenajes y sus votos á ese caudillo invisible que ha combatido por ellos y disipado á sus contrarios. V. E. quiere instruirlos con su ejemplo: y despues de darle gracias haciendo, como Barac, que se le entone un cántico solemne en el mismo lugar de la pelea (64); manda á ejemplo de David, que los despojos enemigos se lleven á su templo, para que sirvan de trofeos al que ha dirigido los sucesos y dado la victoria (65). ¡Oh! ¡Cuánto diria yo aun de los religiosos sentimientos del corazon de V. E, si no recordase ahora que V. E. mismo nos los ha dado escritos con su màno en su glorioso parte de la batalla de Wiluma! Este pequeño rasgo pinta con mas energía la situacion dichosa de su alma, en aquellos momentos que seguian á los triunfos, que los discursos mas pomposos del orador mas elocuente. *Las tres banderas que remito*, dice V. E. al Excmo. Sr. Marques de la Concordia, *pido á V. E. sean colocadas en la capilla de Santa Bárbara del parque de artilleria, cuya obra dirigida por mí con aprobacion de V. E. merece mi memoria como hijo de este cuerpo á quien debo mi educacion militar; esperando que V. E. se sirva autorizar con su persona el acto de su colocacion, y dedicacion á la Vírgen del Cármen generala de este ejército del rey, que es á quien debemos hoy la satisfaccion que por su proteccion hemos conseguido los que le componemos.*

¡O Lima, amada patria mia! Levántate, regocíjate, esclaré cete, porque va á reynar en tí el que te crió: el Señor de los ejércitos es el nombre de él. Porque el Señor te llamó como á muger desamparada y angustiada de espíritu, y te dijo tu Dios: Por un momento, por un poco te desamparé, mas yo te recogeré con grandes piedades. En el momento de mi indignacion escondí por un poco de tí mi cara, mas con eterna misericordia me he compadecido de tí. ¡Pobrecilla! combatida de la tempestad sin ningun consuelo. Mira que yo colocaré por órden tus piedras, y te cimentaré sobre zafiros, y pondré en tu gobierno la paz, y en tus presidentes la justicia (66).

¡Gran Dios! Con el príncipe que Vos nos acabais de dar, hemos visto caer sobre nosotros la última de estas bendiciones magníficas que Isaiais anunció sobre los hijos de Jacob. Haced que caigan todas las demas segun la muchedumbre de vuestras clemencias inefables. Escuchad nuestros votos, Dios inmenso, que estendisteis los cielos para fijar vuestra morada, que haceis humear los montes con tocarlos, y en cuya presencia todo el mundo es como una gota del rocío de la mañana que desciende á la tierra. ¿Por qué nos dejasteis, Señor, desviar de vuestras sendas? Volveos á nosotros, y haced que nos regocijemos en vuestras entrañas compasivas. Haced que no levanten ya banderas unos pueblos contra otros, que no se ensayen mas para la guerra, y que de sus espadas forjen arados y de sus lanzas hoces (67). Haced que reyne la paz entre nosotros en el siglo del siglo, que la salud ocupe nuestros muros, y que se tornen en gozo y alegria el lloro y el lamento. Haced en fin, que sean largos los dias de este príncipe que ha adquirido un derecho á gobernarnos, salvándonos con su brazo de nuestros crueles enemigos: para que juzgándonos en la equidad y la justicia, como nosotros esperamos de las disposiciones santas de su alma, nos haga dignos á todos de ser gobernados algun dia inmediatamente por Vos en el reyno indestructible de vuestra gloria perdurable. Amen.

Lugares de la Sagrada Escritura de que se ha hecho uso en el Sermon.

---

(1) Judic. cap. 6. v. 1.
(2) Judic. cap. 8. v. 28.
(3) Judic. cap. 5. v. 20.
(4) Isai. cap. 64. v. 1.
(5) Judic. cap. 7. v. 7. et seq.
(6) IV. Reg. cap. 19. v. 35.
(7) IV. Reg. cap. 18. v. 13.
(8) IV. Reg. cap. 18. v. 35.
(9) Exod. cap. 17. v. 13.
(10) I. Reg. cap. 17. v. 48. 49,
(11) I. Mach. cap. 10. v. 82.
(12) Isai. cap. 37. v. 16.
(13) Isai. cap. 6. v. 6. 7.
(14) Deut. cap. 20. v. 1. et seq.
(15) Jos. cap. 1. v. 2.
(16) Jos. cap. 8. v. 2.
(17) Deut. cap. 1. v. 30. cap. 20. v. 4. Judic. cap. 5. v. 8. I. Mach. cap. 4. v. 30.
(18) Exod. cap. 19. v. 18.
(19) Deut. cap. 32. v. 23.
(20) Isai. cap. 34. v. 6.
(21) Isai. cap. 13. v. 4.
(22) Psal. 88. v. 11.
(23) Isai. cap. 51. v. 15.
(24) Isai. cap. 6. v. 3.
(25) Ad Hebr. cap. 11. v. 32. 33. 34.

(26) Isai. cap. 19. v. 2. 3.
(27) Isai. cap. 19. v. 22.
(28) Isai. cap. 19. v. 25.
(29) Isai. cap. 9. v. 19.
(30) Exod. cap. 15. v. 9.
(31) Isai. cap. 41. v. 11. 12.
(32) I. Mach. cap. 4. v. 13. 14.
(33) Eccli. cap. 47. v. 6. 7. 8.
(34) Eccli. cap. 46. v. 1. 8.
(35) Ad Hebr. cap. 11. v. 33. 34.
(36) Psal. 67. v. 20.
(37) Psal. 16. v. 5.
(38) Prov. cap. 8. v. 14. 15. 16.
(39) Psal. 100.
(40) Psal. 100. v. 2.
(41) Psal. 100. v. 3.
(42) Psal. 100. v. 4.
(43) Psal. 100. v. 5.
(44) Psal. 100. v. 5.
(45) Psal. 100. v. 6.
(46) Psal. 100. v. 7.
(47) Psal. 100. v. 8.
(48) IV. Reg. cap. 20. v. 2. 3.
(49) Deut. cap. 17. v. 18. 19.
(50) III. Reg. cap. 2. v. 2. 3.
(51) III. Reg. cap. 3. v. 9.
(52) Prov. cap. 1. v. 7.
(53) De civ. Dei. lib. 19. cap. 21.
(54) I. Mach. cap. 3. v. 19.
(55) Sap. cap. 6. v. 1.
(56) Prov. cap. 2. v. 6.
(57) Sap. cap. 6. v. 12.
(58) Isai. cap. 45. v. 7.
(59) Isai. cap. 41. v. 2.
(60) I. Mach. cap. 3. v. 18.
(61) I. Mach. cap. 5.
(62) Exord. cap. 13. v. 21. 22.
(63) Jos. cap. 6. v. 20.
(64) Judic. cap. 5. v. 11.
(65) I. Reg. cap. 21. v. 9.
(66) Isai. cap. 54. v. 5. 6. 7. 8. 11. cap. 60. v. 17.
(67) Isai. cap. 2. v. 4.

ORACIOM FUNEBRE

Que dijo el Dr. D. José Joaquin de Larriva en las solemnes exequias celebradas, en la Santa Iglesia Catedral de Huamanga el 9 de Octubre de 1824, por los valientes de la patria que murieron en la batalla de Junin.

Al excelentísimo señor Simon Bolivar, Presidente Libertador de la República de Colombia, encargado del poder dictatorial del Perú &. &. &.

Excmo. señor.

La oracion fúnebre que tuve el honor de pronunciar en la catedral de Huámanga el nueve del corriente, es una obra que, apesar de estar desnuda de toda la hermosura del lenguaje, de todas las gracias del estilo, y de todos los arréos de la elocuencia y oratoria de que no la pudo vestir mi pobre pluma, tiene un derecho indisputable á la proteccion de V. E. Y saldria al público oscura y desairada, si no llevara escrito, por delante, el nombre esclarecido del Dictador del Perú. Los valientes guerreros, cuyas muertes lamenta, acompañaron á V. E. en todas sus campañas: y espusieron sus vidas en todos sus combates. Concurrieron á sus triunfos: y dividieron sus peligros y sus trabajos y fatigas. V. E. los guió hasta los campos de Marte, y allí les enseñó á que cortasen laureles: pero ellos los cortaron, y ayudaron á tejer esa preciosa corona que vemos hoy ceñir sus sienes venturosas. Los dirijió ácia la gloria: pero ellos removieron los obstáculos, y le allanaron el camino.

Sin embargo, señor excelentísimo: si V. E. no fuera mas que un esforzado capitan, si todo su saber se limitara á derrotar ejércitos, á rendir fortalezas, y á conquistar ciudades y provincias, yo no me atreviera á presentarsela con la propia mano con que he presentado tantas á los enemigos de su nombre. Pero es tambien, por fortuna, un hombre lleno de sabiduría y de prudencia. Entiende los resortes del corazon humano, como las leyes de la guerra: posee tanto el arte de conocer á los hombres, como la ciencia de vencerlos: y sabe que el imperio de las circunstancias, asi como las fuerzas de las armas, los obligan, á veces, á que obren contra su opinion y sentimientos. Yo me glorío, por tanto, señor excelentísimo, de que V. E. me habrá hecho justicia en el tribunal de su corazon: y me habrá declarado en su juicio, por un amigo verdadero de los pueblos de la América; mirando con desprecio unos escritos que, ó fueron trabajados con vna pluma forzada, ó dictados por el interes de atajar los progresos de una revolucion espantosa cuyos ambiciosos coriféos no trataban de quitarnos el yugo de la España, sino para imponernos otro mas pesado; y entronizar en nuestro suelo al despotismo y tiranía que, disfrazados con los nombres de *Libertad* y de *Patria*, hicieron jemir á los peruanos hasta que vino V. E. á desterrarlos de aquí, y establecer entre nosotros la *Patria* verdadera y la verdadera *Libertad.*

Admita pues, V. E. la ofrenda que le consagran no mi adulacion y mi temor á su poder y á su grandeza, sino mi admiracion y gratitud á sus talentos y á su mérito. Y, miéntras que su fama reposa en ese templo magestuosa que le han levantado unas proezas en que tuvieron tanta parte las víctimas ilustres de JUNIN, permita que yo ofrezca en sus altares este grano de incienso, pequeño sí, pero puro, y muy ménos grato por su olor, que por la intencion con que le quemo.

Dios guarde á V. E. muchos años.

Huamanga 11 de Octubre de 1824.

Excmo. Señor.

JOSÉ JOAQUIN DE LARRIVA.

QUOMODO CAECIDERUNT FORTES IN PROELIO?

¿CÓMO MURIERON UNOS HOMBRES TAN ESFORZADOS EN LA GUERRA? Libro segundo de los reyes, capítulo primero, verso veinticinco.

SEÑOR (1).

¡Qué investigables son los caminos del Señor, y qué altos los misterios de su profunda sabiduría! ¡Quién podrá sondear los abismos inmensos de su gloria, y penetrar los arcanos de su misericordia y su justicia! El hiere, con formidables plagas el corazon de Egipto, para libertar á los hebréos de la penosa esclavitud que, bajo los impíos Faraones, habian sufrido cuatro siglos: cuarenta años los acompaña en el desierto; obrando en su favor tan repetidas maravillas, que parecia hacer ostentacion de su virtud omnipotente: entrega en su poder los treinta y un reyes que habitaban desde el Nilo hasta el Eufrátes: les abre las puertas de las ciudades enemigas: disipa, como humo, sus numerosas jentes; y los pone en posesion, con la fuerza irresistible de su brazo, de aquella grande y deliciosa tierra que prometió á Abraham, en premio de su fé, para que fuese la heredad de su venturosa descendencia que debia multiplicarse como las arenas del mar ó las estrellas del cielo.

Despues de tantos y tan señalados beneficios, los abandona de repente á manos de los Sirios: los hace esclavos, despues de los hijos de Madian: al poco tiempo los sugeta á la dominacion del filisteo: y los obliga á ir llevando, sucesivamente, el

(1) El Sr. D. D. José Sanchez Carrion, Ministro General de los Negocios del Perú, que presidió la funcion.

pesado yugo de todas las naciones idólatras que consintió perdonase la espada de Josué, para que sirviesen, algun dia, de instrumento á sus venganzas. Es verdad que los hebréos, con sus prevaricaciones y maldades, á cada paso provocaban la cólera del cielo, y atraían sobre sí los anatemas del Señor; y que apénas olvidaban el culto de los ídolos, y le clamaban á su Dios, cuando su Dios los oia: y sucitaba un varon de fortaleza y de virtud, para que rompiese las cadenas que les habian forjado su ingratitud y su perfidia. Othoniel, Barac, Gedeon, Sanson, Jecté, David, Júdas, Simon, Jonatas,.......Innumerables son los salvadores de Israel que, armados de la espada del Señor, triunfaron siempre de los enemigos de su nombre. Pero ¡ah, qué estos triunfos les fueron muy costosos! El mismo Dios les ponia las armas en la mano: los animaba á la pelea: enviaba un ánjel del cielo, para que los guiase á la campaña: y marchaba en persona muchas veces, al frente de los ejércitos, y dirigia los combates. Sin embargo la muerte no los perdonaba. Y aunque siempre llevaba Israel la palma de la victoria la llevaba siempre salpicada con sangre de sus hijos. ¡Quién será capaz de numerar las víctimas ilustres que fueron sacrificadas en la larga série de las sangrientas guerras que sostuvieron los judíos, con tanta reputacion, por la libertad de su pueblo y por la gloria de su Dios. En Baalthamar solamente, adonde fueron á vengar, por órden del Señor, el exceso cometido, por los benjamistas de Gabaa, con la mujer de un levita, dejaron sobre el campo de batalla cuarenta mil de sus guerreros. ¡Ah! ¡Quién no se siente aquí penetrado de asombro, y esclama con David: ¿Comó murieron unos hombres que jamás tomaron la saeta, sin consultar primero, postrados en el templo, los oráculos divinos? ¿Cómo murieron unos hombres á quienes nunca llebaron al combate ni la ambicion de estender con temerarias conquistas los términos de sus tierras, ni la codicia de encontrar, en paises extrangeros, tesoros y riquezas? ¿Cómo murieron unos hombres que pelearon siempre las guerras del Señor: y cuyo brazo confortó el Dios omnipotente, para que defendiesen su patria, su relijion y sus leyes? *Quomodo ceciderunt fortes in praelio?*

Cristianos: á quienes el clamor de las campanas, esos altares vestidos de luto, esos cantos melancólicos, ese sacrificio de expiacion, esta oracion que pronuncio, y todo este fúnebre aparato de sagrados misterios, recuerdan la memoria de los cuarenta y nueve fuertes de la Patria que, perecieron á manos de los opresores del Perú, en los campos de JUNIN ¿no sentis, allá en el fondo de vuestro acongojado corazon, un impulso secreto que os fuerza á llorar con el Profeta, y á preguntar como él: ¿Cómo han muerto los generosos campeones que, despues de haber libertado su pais del yugo de la España; venciendo dificultades casi insuperables y arrostrando peligros inminentes, vinieron hasta nosotros, desde unas regiones tan lejanas, tan solo por ayudarnos en la gloriosa empresa de libertar el nuestro? ¿Cómo han muerto los bravos que defendieron tan heroicamente las sagradas causas de nuestra independencia y libertad: y que, en catorce años de combates, solo han sabido blandir sus formidables lanzas contra los enemigos de la América. *Quomodo ceciderunt fortes in praelio?*

¡Ah! Quiera el Espíritu Santo lanzar hasta mi alma un rayo de su luz, para que yo acierte á contestar á esta pregunta del Profeta: y que, cuando hablo de los ilustres muertos que honran hoy la iglesia santa, no pronuncien mis labios una sola palabra que no sirva de gloria al Todo-Poderoso, y de edificacion á mis oyentes.

El Dios que habita en los cielos, es el solo señor de las batallas. En sus manos están los triunfos y victorias: y él los reparte con arreglo á los invariables planes que trazó su diestra omnipotente, desde ántes de los siglos, en el gran libro que encierra los diferentes destinos de todos los imperios y naciones. Los cálculos mas fundados y los mejores consejos de la prudencia humana salen errados al fin, cuando no van de concierto con sus designios sacrosantos. El valor y la destreza de nada sirven sin su ayuda: y la bayoneta y el cañon solo son instrumentos de su adorable justicia. El conforta el brazo de los débiles; y hace caer las espadas de mano de los fuertes. No necesita de armas ni soldados, para rendir las fortalezas que los hombres creen inespugnables: y aquellos ejércitos que parecen invencibles por la sabiduría de sus jefes, por la disciplina de sus tropas, y por la multitud de sus caballos, á un soplo de su indignacion, se ajitan, se esparcen, y al fin desaparecen: á manera de las pequeñas pajas que nadan en los aires, ó como el débil polvo que se levanta en la tierra. Trescientos hombres mandados por Gedeon, con cántaros de barro y téas encendidas, en lugar de lanzas y de espadas, derrotan en Ammoréh al ejercito unido de todos los pueblos del oriente: y caen por tierra: los muros de la sobervia Jericó al solo ruido de las trompetas de Josué. ¡Qué grande eres Señor de los ejércitos, y qué admirable en tu poder! Tú formaste el globo de la tierra: y todas las revoluciones que padece, son los efectos variados de tu justicia y tu clemencia que se alternan para obrar sobre los hijos de los hombres. Sepultas á los pueblos que te olvidan en la humillacion y la miséria: y los levantas otra vez, cuando se tornan á tí, á su antiguo lustre, grandeza y poderio. Adorémosle, católicos: y entonemos en su loa cánticos de gloria; por que ya se ha dignado de levantar al nuestro, tres siglos agoviado bajo el enorme peso del yugo de la España.

¡No espereis de mi que os lleve ahora hasta los tiempos anteriores á la conquista de la América para haceros ver, en las tinieblas de la idolatria y el error, el principio de su esclavitud; ni que os descubra, en la fé y relijion de nuestros dias, el motivo de su redencion. Tampoco espereis que os hable de las vejaciones y ultrajes que nuestro pueblo ha sufrido de la nacion conquistadora; vejaciones y ultrajes semejantes á los que sufrió, de Asíria y de Caldéa, el pueblo del Señor. Yo he subido á este lugar á consolaros en la pérdida de los valientes guerreros que compraron, con su sangre, el triunfo de JUNIN. Todo lo demás, por justo y santo que sea, es ajeno, el dia de hoy, de mi sagrado ministerio. Y, si hablo de la historia de nuestra feliz revolucion, no es otro mi designio que esclarecer á vuestra vista el derecho que tienen, en su muerte, á nuestras oraciones y plegarias los que hicieron, en su vida, tantos sacrificios por nuestra salud y nuestra gloria. Así es que solo me oyréis aquellos razgos que contienen las brillantes campañas de los soldados de Colombia.

¿Las brillantes campañas de los soldados de Colombia? Aquí confieso, señores, que me siento abrumado: y que las fuerzas mias no son bastantes poderosas á sostener un asunto de tanta gravedad. La multitud de acciones me embaraza. Yo no quisiera omitir ninguna de ellas: y es imposible describirlas todas. Carácas, Araure, Bocachica, Santafé de Bogotá, Tunja, Boyacá, Carabobo, Pastos, Quito.... ¡Jamás acabaria, si intentase repetir los memorables nombres de todos los lugares fortunados que han servido de teatros á sus glorias inmortales! No hay monte, no hay valle, no hay rio, no hay puente, no hay prado, no hay bosque, no hay lago, no hay punto en todo el círculo que encierra á la Nueva-Granada y Venezuela en que no hayan erigido un altar á su heroico patriotismo, ó levantando un troféo contra los enemigos de su causa. ¡Qué no tenga yo la habilidad de grabar en vuestras almas un mapa topográfico de ese ameno y vasto territorio cuyo nombre es ya famoso en todas las regiones de la tierra, para esplicaros allí, con distincion y claridad, esos prodigios de valor que hacen hoy el asombro de ambos mundos, y que pasarán por fabulosos en las edades venideras! Entónces os diria—En este sitio burlaron la vigilancia española, y socorrieron una fortaleza que, por falta de bastimentos, iba á entregarse ya en manos de sus contrarios. Aquí los sorprendieron en sus mismos campamentos. Y allá les ganaron un combate que les valió cien pueblos. De este monte desalojaron á las tropas enemigas que se habian fortificado en las alturas, y les tomaron los cañones: en este valle las batieron, por este desfiladero pasaron persiguiendo á las reliquias que habian escapado del filo del cuchillo: y en aquella cañada las alcanzaron, é hicieron prisioneras. Mas de una vez tiñeron las aguas de este rio con la sangre española. A este otro le pasaron á nado. En menos de dos dias construyeron este puente. Y en aquel, con pocas compañias, embarazaron el paso á muchos batallones. En este puerto se embarcaron para ir á tomar aquella isla. De este castillo hicieron una salida repentina, y dejaron sitiados á sus mismos sitiadores. A corta distancia de esta loma sufrieron una rota. En esta quebrada se vieron obligados á abrirse camino con los sables, y á pasar por encima de una batería que habia construido el enemigo en aquella garganta. En este pueblo se rehicieron: contramarcharon cien leguas en pos del enemigo: y le encontraron y batieron á la otra banda de esta cordillera. Cerca de esta laguna ganaron dos batallas. En la orilla de este arroyo entonaron un himno al Dios de la libertad por un triunfo que acababan de alcanzar. En la falda de aquel cerro, de cuya cumbre se despeña ese torrente de agua cristalina, sorprendieron á una division que les iba á tomar la retaguardia. En este llano coronado de flores, y cercado por todas partes de árboles frondosos, se batieron un dia entero, contra una fuerza superior á la suya, y forzaron á los españoles á replegarse á sus trincheras. Al pié de este collado se vieron precisados, una vez, á abandonar el campo, á la vista de un ejército que contaba doble número de infantes y caballos. Y en este bosque descansaron despues de una honrosa retirada. A esta plaza la tomaron por asalto. A esta otra la obligaron á rendirse. Y á aquella la defendieron hasta forzar al enemigo á levantar el sitio. Todos estos campos solitarios, en que no se mira un pueblo, un pago ni una choza, están llenos de trofeos levantados por sus manos. Y todas estas ciudades, en que veis enarboladas las banderas de la libertad, ó fueron defendidos por su constancia, ó conquistadas por su valor. Entónces podria describiros su rapidez en las marchas, su vijilancia en los sitios, su ardimiento en los combates, y su coraje en las batallas. Y no me olvidaria de enseñaros allí el venturoso lugar que vió nacer al inmortal BOLIVAR, al genio de la guerra que dirijió, con su prudencia y conocimientos militares todas estas marchas, todos estos sitios, todos estos combates, y todas estas batallas; y á quienes deben los colombianos sus triunfos y victorias, y Colombia su libertad.

Mientras que esta república naciente marchaba, con pasos tan jigantes, al término dichoso de su suspirada independencia, el Dios de los ejércitos, cuyos juicios son *profundos abismos*, segun la frase del Profeta, dejaba caer desde lo alto de los cielos, un torrente de males sobre el suelo del Perú: y parecia haber decretado, irrevocablemente, su eterna esclavitud. Le libertaba del poder de los reyes de España, y ponia su destino en manos de sus hijos. Pero era para que fuese el despotismo mayor, mayor la tiranía. Le quitaba unas cadenas, para cargarle de otras mas pesadas. Entregaba en las manos de las tropas españolas tres ejércitos enteros que eran toda su fuerza y toda su esperanza. Y, para hacerle apurar hasta la hezes el caliz de su ira, le abandonaba á la anarquía y á todos los horrores de la guerra civil. Acordaos de ese tiempo de turbacion y de desórden en que, dividida la república entre Riva-Agüero y Torre-Tagle, era el Perú enemigo del Perú, y la Patria de la Patria. Entonces se confundia la causa mala con la buena, la pasion con la justicia, y el interés con el derecho. Los anarquistas y facciosos atizaban el fuego de la fatal discordia. Y los hombres de bien se veian precisados á seguir el torrente de los partidos: como aquellos pilotos que, sorprendidos de repente por una tempestad, abandonan el rumbo que llevaban, y se dejan correr á discrecion del viento y de las olas. ¡Hasta ahora tiemblo, señores, cuando pienso en esos dias de escándalo y de duelo! ¡Dias amargos! ¡Dias terribles, en que se tuvó á pique de fracazar la nave del estado! Y en que seguramente habria fracazado, si SIMON BOLIVAR, cual otro Simon el Macabéo que, despues de haber dado la paz á Jerusalem, fué á batir en Galiléa á los enemigos de sus hermanos, no hubiera volado á socorrerlo con sus valientes tropas; dejando asegurado para siempre la independencia de Colombia. Atraviesa los mares. Y apenas se presenta en nuestras costas, cuando disipa los disturbios de la ambicion y la codicia: como disipa el sol las sombras de la noche, cuando se asoma al horizonte.

Entretanto los españoles que, ufanos con sus triunfos, pensaban llevar sus armas hasta mas allá del ecuador, para batir al héroe que destruyó en esas plagas su imperio y su poder, se dan mutuamente parabienes de haber ahorrado una marcha tan larga y tan dificil: reunen sus lejiones: se aprestan para el combate; y avanzan sobre Pasco, creidos de que van á representar una escena semejante á la de Ica ó de Torata ó de Moquegua. Ya BOLIVAR habia marchado, en busca suya, trescientas y mas leguas; sin que las nieves de los Andes ni los yelos de las punas hubiesen disminuido, en los pechos de los valientes que mandaba, ese fuego sagrado que les hacia decir continuamente: Muramos por nuestros hermanos valerosamente, y no pongamos tacha á nuestra gloria: *Moriamir in virtute pro fratibus nostris, et non inferamus crimen gloriæ nostræ.* Impaciente el LIBERTADOR por encontrar al enemigo, dejando atras sus infantes, se habia adelantado con solos sus caballos. Y lo mismo habia hecho el general Canterac que mandaba las tropas españolas. En los campos de JUNIN se encuentran estos jefes: y ambos se empeñan en dar una batalla decisiva, No parecia prudencia aventurar la suerte del Perú en una accion que iba á darse con fuerzas tan desiguales. Pero el general BOLIVAR no contaba solamente con el número de sus tropas. Tambien contaba con su disciplina y su valor. Y contaba, ademas, con la presencia suya que valía mas que muchos escuadrones. Pero contaba, sobre todo, con el poderoso brazo del Dios de las batallas que, cuando quiere premiar con la corona del triunfo á los que pelean por su causa, le es indiferente hacerlo con muchos ó con pocos· Ordena sus caballos: dá la señal de combatir: y seiscientos, solamente aguardan á pié firme á mil doscientos que los cargán al galope. La tierra se estremece al repetido golpe de sus robustos pies: los huesos, que se rompen al ímpetu de las lanzas hacen un ruido mas horrible que los gritos de los heridos: la sangre brota por mil distintas bocas: caen en tierra soldados y caballos: la mucrte corre precipitadamente por las filas: y la victoria, indecisa, vuela de campo en campo, sin saber donde fijarse. ¿Adonde se fijará? ¡Pobre patria mia! Parece que tus fierros van á remacharse para siempre. Nuestros escuadrones errollados....Mas ¡Qué agradable sorpresa! Los húzares y granaderos de Colombia y el primer Rejimiento del Perú hacen un milagro de valor: y fuerzan á la victoria á coronar sus armas. Los españoles huyen: y los nuestros levantan un troféo.

Pero ¡ay, que le levantan sobre los cuerpos de sus bravos que quedaron exánimes sobre el camqo de batalla! ¿No los veis allí tendidos, pálidos y desfigurados? No véis todavia la ira y el furor pintados en sus rostros? ¿No veis atravezados esos corazones que aun palpitan, y que fueron las aras en que ofrecieron á la patria tantos sacrificios? ¿No los véis en aptítud de empnñar otra vez la lanza ensangrentada; y como que quieren levantarse para vengar sus muertes? ¿No los véis llenos de polvo‘ cubiertos de heridas, y envueltos al mismo tiempo en su sangre y sus laureles? No los veis....¡Separemos la vista de un espectáculo tan fiero y tan terrible! ¡No nos affijamos mas con los tristes despojos de la muerte! ¡O muerte cruel é inexorable! ¿Por qué hieres con tanta indiscrecion? ¿No tenias bastantes víctimas entre los injustos opresores del pueblo americano? Pues ¿por qué has teñido tu bárbara guadaña con la sangre preciosa de sus ilustres defensores? Pero ¿quién eres tú para que puedas responderme? ¿Dónde está tu poder despues que Jesucristo, levantándose triunfante del sepulcro, rompe, al salir tu cetro contra la losa que le cubre? Arbitro soberano de los destinos de los hombres: á tí es á quien debo preguntar. Tú eres justo, Señor. Pero yo te pregunto cosas justas. ¿Para qué imprimiste en el fondo de nuestros corazones esa pasion tan fuerte por la prosperidad y por esa razon que nos hace conocer nuestro alvedrio, nuestra dignidad, nuestros derechos, si nos ha de castigar, cuando queremos defenderlos? Si es injusta la causa de la América ¿por qué no mandas un ánjel que estermine de una vez á todos los criminales que combaten por ella? Y, si es justa, Señor ¿por que nos vendes tan caras las victorias? ¿Por qué has hecho morir á nuestros fuertes en la jornada de JUNIN? *Quomodo ceciderunt fortes in praelio?*

No importunemos, católicos, al Todo-Poderoso. Cuando Júdas Macabeo, despues de haber derrotado al gobernador de la Iduméa, fué á recojer los muertos de su ejército, para llevarlos á enterrar en los sepulcros de sus padres, halló escondidas, debajo de sus túnicas, las ofrendas de los ídolos de Jámnia que estaban prohibidas por la ley á los hijos de Israel. Entónces conoció que aquella habia sido la causa de su muerte: oró, por ellos, al Señor: y mandó que se ofreciesen, por sus almas, sacrificios de expiacion. Conozcámos, como Júdas Macabeo, que nuestros fuertes murieron por algunos pecados que habian cometido: procuremos, como él, borrarlos con sacrificios: y elevemos nuestros ardientes votos y fervorosas oraciones hasta el excelso trono del Dios de las clemencias, á fin de que se digne de dar la paz en el Cielo á los que tanto trabajaron por darnos á nosotros la paz sobre la tierra—AMEN (1).

(1) NOTA DEL ORADOR—Los lectores dichosos que han tenido la suerte de conocer de cerca al LIBERTADOR de Colombia, y de observar sus pasos en todos los pueblos que ha pisado, habrán encontrado un héroe en lugar del hombre detestable que nos habia configurado la política infernal de los mandatarios españoles: y no estrañarán ver su elojio en una pluma que ántes se empleó en desloor y en vituperio suyo. Y aquellos miserables que jimen en los fierros todavia, aunque me noten ahora de voluble y sin carácter, conocerán, á su vez, la justicia que he tenido para mudar de lenguaje.

MEMORIA

Sobre los rios navegables que fluyen al Marañon, procedentes de las cordilleras del Perú y Bolivia. Por el señor don Tadeo Haenke, Miembro de las Academias de ciencias de Viena y de Praga, y Botánico pensionado por S. M. C. en la expedicion que da la vuelta al mundo, y otras en el Perú. (1)

Las provincias del Perú, conquistadas y ocupadas hasta el dia por la corona de España, son una parte bien pequeña de todo el trozo del continente de la América meridional. Ellas forman en rigor una faja larga, que sigue la direccion de la costa del mar Pacífico, pero muy angosta en consideracion del anchor del continente, cuyos límites en general son los de la cordillera interior, ó con otro nombre, de la de los Andes. La precipitada declividad de sus nevadas cumbres hácia el lado del Oriente, la aspereza y fragosidad sin ejemplo de sus caminos, y lo impenetrable de sus bosques, que desde este punto se extienden como un laberinto á millares de leguas y á unos

[1] Concluida la publicacion de las obras del Dr. Larriva, he creido conveniente colocar por término del Tomo II este interesante documento que será del agrado de los lectores por el mérito que abraza todo su contenido. —El Editor.

términos hasta el dia poco conocidos, son las principales causas y obstáculos que hasta ahora han impedido así á sus primitivos habitantes, como á sus advenedizos colonos de internar y reconocer mas lo interior de estas dilatadas provincias. Si á esto se agrega el peligro de tantas naciones bárbaras y propiamente feroces que habitan estos terrenos trópicos, lo insufrible de sus calores, la molestia de innumerables insectos, y otros animales ponzoñosos, y la multitud de rios caudalosos é intransitables; no se debe estrañar que en la mayor parte del Perú, sus conquistadores pusieron fin con el término de la cordillera á mayores progresos.—Se puede asegurar que por las referidas causas gravísimas, y el espíritu en otros tiempos tan dominante para conquistas, ahora sumamente abatido y casi extinguido, hayan quedado reinos enteros incógnitos no solamente entre las posesiones portuguesas y españolas, sino aun entre las mismas españolas. El Gran Chaco, los terrenos entre el Paraguay y Chiquitos, los que desde Mojos y Apolobamba se extienden hasta las orillas del rio de las Amazonas y Ucayale, son de esta clase: y por no ser difuso, paso con silencio infinitos otros situados entre los rios Purus y Huallaga: sin mencionar otros tantos situados á la orilla septentrional del rio de las Amazonas, entre el rio Orinoco y las cordilleras de Quito y Santafé de Bogotá.

Los rios que infinitos y todos sumamente caudalosos descienden de la cordillera en toda su vasta extension han sido en aquellas partes, donde mas se haya internado, el único recurso, y un camino que la naturaleza misma abrió en un oceano de bosques y montes intransitables. Seguramente estarian todavia en el olvido sepultados los nombres de Chiquitos, Mojos y Apolobamba, sino el rio Paraguay, el rio Grande, el Beni, hubieran enseñado á sus primeros conquistadores esta senda, y los hubieran llevado en sus olas á tan remotas tierras, rodeadas y aisladas propiamente por todos lados de invencibles dificultades para otra entrada. Sin duda alguna, entre todos los terrenos del Perú, son los de Chiquitos, de Mojos y Santacruz de la clase donde mas hayan avanzado los dominios españoles hácia el oriente; pero estas conquistas no se siguieron por el rumbo de la cordillera del poniente al oriente, sino del sur al norte, mediante la larga y penosa subida de sus conquistadores por el rio del Paraguay, y muchos años despues de sus primeros establecimientos se buscó primero la comunicacion con los pueblos del Alto Perú mediante los rios Beni, Mamoré é innumerables otros que por una dilatada ramificacion comunican con ellos.

Aquí es donde la astucia y el celo de la nacion portuguesa, favorecida de la navegacion de diferentes rios y de los terrenos intermedios menos fragosos que la cordillera, avanzó por diferentes caminos sus puestos: no como si tuviera poblados y cultivados los terrenos que median desde las costas del Brasil á estos, sino únicamente con el fin para poner límites á los dominios españoles por esta parte, y para atajar de una vez sus progresos y conquistas hácia el interior y al centro del continente.

Las nombradas provincias, como infinitas otras situadas al oriente de la cordillera de los Andes, tienen en las actuales circunstancias una desgracia comun, tan felices que por otra parte sean sus terrenos y preciosas sus producciones. Esta desgracia—este atraso tan grande de la felicidad de numerosas naciones que habitan estos terrenos, es la célebre cordillera de los Andes, serrania única en su clase tanto por la elevacion de sus cumbres como por lo difuso y extendido de su cuerpo, y por lo encadenado de sus ramos derramados á todas direcciones y á insignes distancias: parece que la naturaleza levantó esta barrera para apartar las naciones de las llanuras orientales de las otras que en sus alturas y en su falda occidental habian establecido su domicilio, y para dar á cada una diferente giro de sus producciones y frutos. Se puede decir de este inmenso trozo amontonado de tierra lo que dice Horacio del océano:

Nequidquam Deus abscidit
Prudens oceano dissociabili
Terras.

Ella es que con los infinitos peligros que acompañan su tránsito, ó imposibilita enteramente la extraccion de los frutos de estas naciones orientales, ó si se vencen aumenta de tal modo su costo, que los gastos de la conduccion solamente á los pueblos del Alto Perú igualan su valor intrínseco. Si esto se verifica en la distancia de estos pueblos mas inmediatos, será absolutamente imposible de poder destinarlos para la extraccion á España por la excesiva distancia que media entre estos paises y los puertos del mar señalados para el efecto, y su mayor costo: y en el caso propuesto de Mojos ó Chiquitos tendran, si es para Lima, que pasar una doble cordillera y mas de 200 leguas por tierra y el resto de 600 leguas por mar: si es para Buenos Aires ademas de la cordillera tan dilatada hasta Jujui, un camino por tierra de mas de 600 leguas donde menos. A excepcion de metales nobles y de piedras preciosas no habrá fruto alguno que pueda soportar unos gastos tan crecidos de conduccion en lomos de bestias por tan excesiva distancia.

Estos inconvenientes irremediables en el actual sistema del

jiro y extraccion de los frutos de los referidos paises y. de infinitos otros situados al oriente de la cordillera, deben causar precisamente un desmayo jeneral en estas naciones: con indolencia y languidez miran el cultivo de los frutos mas preciosos: y en vista de las dificultades que presenta su salida, se contentan con aquella corta cantidad que provea su consumo doméstico, pudiendo abastecer con el estímulo de un seguro interes dilatados reinos y provincias. Pero en verdad no son mas que aparentes estas dificultades y obstáculos que presenta la extraccion de los frutos de estas provincias orientales: son relativas y dependientes únicamente del sistema del actual jiro de comercio: variando este, y logrando dar á esta extraccion otra direccion y otro rumbo, desvanecerán por sí mismo todas las dificultades: las naciones desmayadas cobrarán nuevo aliento para el cultivo de sus fértiles terrenos: el estado y la religion conseguirán nuevas conquistas, afianzarán las antiguas, y el comercio tomará nuevo vigor con el ahorro de inmensas distancias.

La naturaleza parece ha formado todos los objetos del continente de esta América en un punto mayor: aquí solamente amontonó esta inmensa serrania de la cordillera de los Andes: aquí derramó un rio de las Amazonas y de la Plata: aquí produjo bosques y llanuras sin límites y sin ejemplo en otros paises: ella misma tambien es que en el aparente caos de las cosas que produjo, nos parece indicar y enseñar las sendas mas cómodas y mas cortas para la mutua comunicacion de las vastas provincias reunidas en este trozo tan grande de tierra, y para la extraccion de sus frutos tan varios y abundantes. Los ríos innumerables, todos ellos caudalosos y navegables, que descienden de la cordillera, son estas sendas que la naturaleza misma abrió, demoliendo y destrozando cerranías, y arrazando bosques impenetrables para allanar por el medio de la maleza un camino cómodo para el tránsito de los hombres.

El rio de Amazonas, ó el Marañon, el príncipe de los ríos de este orbe, es el canal principal, y sin exajeracion una mar de agua dulce, que desde el mar del norte casi alcanza el otro extremo del continente, atravezándolo con su derrame por el espacio de cerca de mil leguas, y comunicando con todas las provincias del Perú, que desde el otro lado de la línea equinoccial se extiende á mas de 18° de latitud austral por medio de una multitud de ríos navegables y entretejidos entre sí, que al fin todos tributan á él el caudal de sus aguas.

La naturaleza del asunto de que trato, exije dar aquí una sucinta relacion de los principales rios navegables, que de los altos del Perú del lado del sur descienden á estas llanuras orientales, y se incorporan con el rio de las Amazonas.

Siguiendo la direccion del poniente al este desde la célebre angostura del Pongo de Manserriche, es el primero el rio Huallaga: sus vertientes mas distantes son en las inmediaciones de Lima en muy corta distancia de las del mismo Marañon en la altura austral de 11°: uno de sus principales ramos desciende de los minerales de Pasco al este de Lima, por una larga y fragósa quebrada, á la ciudad de Huánuco: entra despues á las montañas de los Andes de Chincháo y Cochero, donde yo mismo en el año de 1790 por el mes de Junio, cuando hice la primera entrada á estas montañas, reconocí su embocadura en el sitio donde se junta con el rio de Chinchao: lleva su curso al norte entre las diferentes ramificaciones de los Andes por el pais de los Lamas, engrosando con las aguas que descienden de las montañas de Huamalies, Moyobamba y Chachapoyas, todas abundantísimas de las mas excelentes especies de quina ó cascarilla: en la latitud austral de cerca de 7° pasa por una angostura ó pongo semejante al de Manserriche, pero mucho mas corta: y desde allí sigue entre montañas en terrenos llanos hasta su union con el Marañon, junto á las misiones de la Laguna en la latitud de 5°, y poco mas ó ménos en el meridiano de 77° de lonjitud occidental de Paris. Este es el rio en que bajó Pedro de Ursoa el año de 1560 enviado por el virey del Perú D. Antonio Hurtado de Mendoza, Marques de Cañete, para buscar la célebre laguna de oro de Parrima, y la villa Manao del Dorado: su expedicion tuvo un trájico fin, porque murió á manos de la traicion de un soldado rebelde. Por él subió en varias ocasiones el famoso misionero el P. Samuel Fritz en su viaje para Lima.

El segundo de este órden es el rio Ucayale: su grandeza y su caudal de aguas disputa en el sitio donde se incorpora con el Marañon á este último la primacia; y por este motivo le declararon varios escritores por el verdadero Marañon. Su oríjen mas distante es de la laguna de Chinchaicocha en las pampas de Pombon 30 leguas al este de Lima en la altura de 11° 30′. Es sumamente dilatado el terreno que vierte las aguas para formar el crecido cuerpo de este rio respetable, uno de los mayores de todo el continente. He seguido y atravezado sus manantiales, y he reconocido varios de sus embarcaderos en el viaje desde Lima á la ciudad del Cuzco y mas adelante en el año de 1794 desde los ríos de Yauli, Jauja, Mayoc, Mantaro, Canaire, Tambo, Pachachaca, Apurímac, Paucartambo, Vilcanota, hasta el partido de Cailloma perteneciente á la intendencia de Arequipa, y al lado del oriente hasta los confines del partido de Carabaya. Saliendo de los términos estrechos de la cordillera engrandece con el rio Perrene, y en la latitud 8° con el rio Pachitea: siguiendo su curso por la dilatada pampa del Sacramento entre un laberinto de bosques y rios que sin número desaguan en él: sus orillas están pobladas de infinitas naciones, cuyos nombres solamente componen un vocabulario, y que claman por misioneros para recibir la ley del evanjelio. Despues de haber corrido un trecho inmenso desagua en el Marañon junto á las misiones de San Joaquin de Omaguas en la latitud austral de 4° 30′, y en el meridiano de 73° de lonjitud occidental de Paris.

Bajando á la mision de San Joaquin de Omaguas, desembocan en la misma orilla en distantes intérvalos los rios Yavari, Yutay, Yuruta, Fefe y Coari: son del segundo órden; sin embargo, suben en ellos cómodamente embarcaciones menores á grandes distancias en unas navegaciónes de varios meses hasta los confines del Alto Perú.

En el meridiano de 63° y la latitud de 4° sur desagua el rio Purus, ó con otro nombre, Cuchivara: es rio del primer órden, y segun las relaciones de los indios, igual al Marañon. Nadie hasta el dia ha podido fijar su oríjen: pero tengo suficientes datos para señalar casi con seguridad el ámbito de sus vertientes desde la cordillera de Vilcanota hasta algo mas al este de las montañas de Carabaya, de las cuales bajan muchos y muy considerables ríos muy ricos en oro. Los indios bárbaros Chuntachitos, Machuvis y Pacaguaras, que viven al poniente de las misiones de Apolobamba, me dieron noticia el año de 1794 por el mes de Octubre, que al poniente en distancia de unas diez jornadas de las orillas del rio Beni, bajaba un rio muy grande y caudaloso por aquellas llanuras pobladas de empinada arboleda. Se explicaban de un modo muy inteligible, que en sus mismas orillas vivian sus familias y un gran número de jentiles: que en su lengua le llamaban Mano, y que era mayor y mas ancho que el rio Beni en cuya orilla era la concurrencia. Como en el intérvalo desde el rio Ucayale hasta el rio de la Madera desemboca rio ninguno de este porte, tengo muchos motivos á creer que el rio Purus y Mano es uno mismo, y que la variedad del nombre depende de las diferentes naciones que en esta gran distancia hasta su desagüe en el Marañon viven en sus orillas, de las cuales cada una les da otro nombre.

En distancia de 50 leguas del anterior, siguiendo al este, desemboca el famoso rio de la Madera en el meridiano 60° 30′ y la latitud de cerca de 3° 30′ sur: lleva el nombre de la Madera de los muchos troncos y árboles que arrastra consigo en tiempo de sus inundaciones desde Noviembre hasta Abril: sus manantiales descienden del dilatado seno que forma la cordillera de los Andes desde los altos de Pelechuco, Sorata, la Paz, hasta lo mas interior de los dominios españoles, que son Mojos, Chiquitos y la cordillera de los indios Chiriguanaes. Por el motivo de la gran extension que ocupan sus vertientes, por la seguridad de la navegacion en sus ramos principales, por su mayor inmediacion al mar del norte, y por la comunicacion que ofrece mucho mas cómoda que los otros con el rio de las Amazonas y con los establecimientos portugueses, así de aquel rio hasta su desembocadura á la mar como de los mas avanzados y inmediatos á las colonias españolas, me detendré algo mas en su descripcion.

La cordillera interior ó la de los Andes que desde Quito, con corta diferencia, siguió el rumbo de N. O. á S. E. ántes de llegar á los confines de la provincia de la Paz en los 16° de latitud austral, forma primero una incurvacion ó un seno considerable: y de él variando su rumbo antiguo, tuerce ahora mas al este, apartándose de este modo de la costa, y penetrando desde este punto mas á lo interior ó al centro del continente. Esta variacion causa el efecto de producir en corta distancia el punto ó la linea notable que determina la direccion y el curso de las aguas á ambos lados, quiero decir al N. y al S. á los dos comunes desaguaderos de todo el continente, el rio de las Amazonas y el de la Plata.—Esta línea importante cae algo mas adelante de los 18° de latitud austral, y aparta las aguas de uno y otro lado segun la declividad y la caida que presentan las serranías al N. ó al S., y el rio de las Amazonas recibe ahora por la internacion mayor de la cordillera hácia el este, no solamente sus aguas del poniente, sino tambien del sur, y aun una gran parte de ellas del mismo este. Los ramos principales que forman el rio de la Madera son el rio Beni, el Mamoré y el Iténes: los tres navegables desde muy poca distancia de su oríjen.

De los tres es el rio Beni el brazo mas oeste, y se forma de un sin número de rios muy considerables, los cuales como se juntan en muy poca distancia uno del otro, forman en breve un cuerpo muy crecido y respetable: todos bajan de los altos de la cordillera y su ámbito se extiende desde Pelechuco, Suches, Sorata, Challana, Songo, la Paz, Suri, hasta la misma provincia de Cochabamba. El mas distante al oeste es el rio Tuche: á este siguen el de Aten, de Mapiri ó Sorata, el del célebre mineral de oro de Tipuani, de Challana, de Corico, los cuales ván en un cuerpo: en otro con el nombre del de Chulumani se reune el de Tamampaya, de Solacama, el de la Paz, de Suri, Cañamiña, y el mas al este de todos los rios Cotacajes. He tenido la fortuna de reconocer el oríjen de todos ellos en mis continuados viajes, y el año de 1794 el dia 22 de Setiembre, me embarqué en el rio de Tipuani bajando de él al Beni, conducido de indios, hasta las misiones de Apolobamba y Mojos al pueblo de Reyes carca de Isiamas, y Tumupasa. Esta navegacion no duró arriba de cuatro dias por la rapidez de su corriente, miéntras que lleva su curso dentro de las mismas quebradas de la cordillera, que aquí baja á considerable distancia. Tiene varios pasos malos, pero la destreza de los indios en el manejo de las balzas aparta todo peligro para el navegante. Mas abajo del pueblo de Reyes recibe todavía del lado del poniente varios otros rios como el Tequeje, el Masis, ó de Cavinas, y otros: desde su union con el Mamoré en cerca de 10° latitud austral, pierden ámbos su nombre, y de esta union resulta el rio de la Madera. Su curso en las llanuras es suave, igual y majestuoso, y sin peligro ya alguno: forma islas de considerable tamaño, y su anchor en varias partes exceden un cuarto de legua: abunda con asombro de toda especie de pescados, y varios anfibios, pero particularmente cocodrilos ó caimanes: ambos bordos están poblados de arboleda espesa y sumamente elevada: una multitud de naciones bárbaras viven en ellos, las cuales empiezan á ser visitadas de los misioneros de Apolobamba, y son los Cavinas, Pacaguaras, Bubues, Torromanas, Nahas y Tobatinaguas del lado occidental, y del oriental los Bulepas y muchas otras. Seria sumamente fácil de comunicar el Beni con el Mamoré mediante el rio Yacuma, cuyo nacimiento es en los contornos de Reyes, y que atraviesa de este pueblo del poniente al oriente las llanuras dilatadas entre ámbos, y que junto al pueblo de Santa Ana desagua en el Mamoré. La declividad del terreno es tan insensible y casi anivelada al horizonte de la mar, que en distancia de mas de 60 leguas no llegará á veinte pies.

El segundo, ó ramo intermedio, es el Mamoré: no es inferior en nada al Beni: divide el terrenó dilatado de las misiones de Mojos en dos considerables trozos, bajando del sur al norte casi en medio de ellas. El rio Chaparé que en un cuerpo reune los rios Paracti, San Mateo, Coni, Chimoré, Sacta y Matani: desciende de la cordillera y montañas habitadas de la nacion Yuracarés, inmediatas á la ciudad de Cochabamba. El rio Grande que divide la província de Cochabamba de la de los Charcas es otro brazo en que desaguan los rios de la serrania inmediata á la ciudad de Santa Cruz, y desde la union de ambos en la latitud austral de 16°, recibe propiamente el nombre de Mamoré. Los Mojos navegan en él contra la corriente con los frutos y otras producciones industriales de su pais, mas de cien leguas desde el pueblo de la Exaltacion hasta las inmediaciones de Santa Cruz. El mismo año de 1794 por Octubre y Noviembre, he continuado mis investigaciones desde el rio Beni al de Yacuma, siguiendo despues mi navegacion en el Mamoré y rio Grande hasta el puerto de Forés, cercano á Santa Cruz.

El ramo tercero, ó el mas oriental, es el rio Iténes: su nacimiento es de las serranías bajas de lo mas interior del Brasil, del cual hasta el dia han trascurrido muy pocas noticias por los portugueses sus dueños: corre del este al poniente: sus aguas son mas transparentes y claras que las del Beni y Mamoré, y aun subiendo alguna distancia mayor en él; se hallan piedras, que en los terrenos bajos del Beni y Mamoré, son tan preciosas como los diamantes: el caudal de sus aguas es menor que en los dos antecedentes: pasa inmediato al fuerte del príncipe de Beyra, uno de los puestos mas avanzados de la nacion portuguesa, situado en la latitud de poco mas ó ménos de 12° austral y en el meridiano de 66° 30′ al occidente de Paris: se une con el Mamoré casi en la misma latitud, pero un medio grado mas al poniente de dicho fuerte.

Estos son los tres ramos principales del célebre rio de la Madera, el mas propio de todos los referidos para una comunicacion con la España por el lado del mar Atlántico y para la salida de los frutos de todos los paises situados al lado oriental de la cordillera de los Andes.—Causa dolor al ver que los habitantes de las mas pingües y fértiles posesiones españolas de este continente, situadas en esta parte, tengan que valerse con inmensos trabajos de un camino retrógrado hácia los establecimientos de la costa, para la extraccion de sus frutos, bregando con todos los elementos en la subida tan penosa contra la corriente de los ríos que al acercarse á la cordillera á cada paso adquieren mas furia y rapidez, y en el paso de la misma cordillera, tan funesta para los infelices indios, que acostumbrados al temple deleitoso de sus países y sin otro abrigo que una lijera camiseta, sufren en esta helada rejion de la atmósfera todas las calamidades y la intemperie de una Siberia y Camschatka: cuando por otra parte, siguiendo el rumbo al este, y entregando sus bajeles á la corriente favorable de los ríos, sin otro trabajo que una sencilla direccion de ellos, se acercarían millares de leguas á la metrópoli. Condamine dice en su viaje, que se debe mirar la cordillera como un estorbo que iguala á mil leguas de un viaje por mar.

A excepcion de los terrenos de Guayaquil, situado al lado del poniente de la cordillera, son las montañas de los Andes y las llanuras orientales los únicos paises que producen los frutos mas nobles de esta América. Todo el oro y el mas superior que se conoce es un producto exclusivo de ellas, y me atrevo á asegurar, que no hay rio ni quebrada alguna en la inmensa extension de ellas, que no esté provisto de este metal, bien que la suerte recompensa en una parte mas que en la otra los trabajos de su extension, de mayor ó menor profundidad.

El cacao de Apolobamba, de Mojos de Yuracarés y de todos los bosques que de ellos continuan hasta las orillas del Marañon, exceden en bondad muchas veces al de Guayaquil. Las mas excelentes especies de quina ó cascarilla se crían exclusivamente en este lado de la cordillera de los Andes. ¿Qué diré del algodon, de bosques enteros de añil, del bálsamo de Copaybe, de la zarzaparrilla, raiz de la China, de la resina elástica, de la bainilla mas fragante que con prodigalidad produce la naturaleza en estos temperamentos? Los espesos y empinados bosques de las orillas de todos estos ríos encierran maderas de singular fortaleza, hermosura y de todos los colores, no solamente útiles para la construccion de casas, sino para navíos de alto bordo. Varias de ellas destilan resinas muy fragantes y gomas medicinales: cójese tambien en ellas una especie particular de corteza llamada así de clavo, en su exterior parecida á la canela, aunque mucho mas gruesa y mas obscura por la edad de los árboles, que aquella de la India Oriental, pero del gusto y del olor del clavo.

La comunicacion del Perú por este lado del rio de las Amazonas y del mar Atlántico seria el arbitrio mas poderoso para adelantar la civilizacion de los indios de estos paises; mediante el tráfico con sus frutos y el trato con otras jentes, de que hasta ahora carecen: las misiones tomarían nuevo vigor, y se irian conquistando nuevas naciones, y con ellas dilatadas provincias incógnitas hasta el dia. Si por este camino bajasen las producciones del Perú, y si la España tuviera arbitrios para formar algun establecimiento ó puerto en una de las bocas del rio de las Amazonas, ¡cuántas ventajas no lograría la navegacion con el ahorro de inmensas distancias!—¡Qué diferencia de un viaje de España á la boca de este rio, que se hace en poco mas ó menos de un mes, á otro por el Cabo de Hornos á Lima, ó aun hasta Guayaquil! Lo menos se ahorrarían cerca de tres mil leguas ida y vuelta. Los indios son excelentes marineros en la navegacion para los ríos: manejan con destreza, ajilidad y pocos hombres unas lanchas y unas canoas de 50 á 60 piés de largo, y de mucha capacidad y buque: son incansables en este ejercicio, aunque dure muchos meses: no necesitan que llevar provisiones de víveres, porque en toda parte la abundancia de pescado, de antas, venados, monos y otros animales, que con la flecha matan, los provee de todo lo necesario para su mantencion: ademas hay un sin número de frutos silvestres y raices, de que de tiempo en tiempo hacen sus acopios.

Toda la dificultad para realizar este proyecto consiste en la oposicion tenaz de la nacion portuguesa tan celosa de sus intereses; pero en las actuales circunstancias del inmediato ajuste definitivo de paces, se pudieran allanar estas dificultades, y mas con el poderoso influjo de la Francia, para que entre ámbas naciones estuviera comun la navegacion del rio de las Amazonas y del de la Madera, teniendo ámbas naciones mutuos intereses en los paises situados á sus bordos, y estando repartido entre ámbas todo el trozo inmenso del continente. No llevo otros designios en la propuesta de este proyecto, sino el deseo y el celo con que aspiro á contribuir cuanto permitan mis fuerzas al bien y á la felicidad de la nacion española, cuya jenerosidad me ha procurado los medios de visitar estos remotos paises y á invertir en su utilidad los mismos conocimientos que he adquirido en unos largos y penosos viajes de ellos.—Nadie se persuada que sea una quimera, un sueño de un delirante, ó una idea imposible de ejecutar: sí confieso dificultosa por la sola opocision de los portugueses: pero mirando la corte el asunto con el empeño que merece, no dudo se hallarian medios para que la nacion portuguesa cediese algo del rigor de sus pretensiones de ser absolutos dueños del rio de las Amazonas y de infinitos otros, que todos adquieren su ser y su existencia en los dominios españoles.

La Francia, cuyo entusiasmo de protejer los derechos de la humanidad y de las jentes—esta poderosa potencia, aliada y amiga de España, insiste en el dia de hacer del cabo de Buena Esperanza un puerto y una recalada libre para todas las naciones navegantes á la India: ellas con su respeto podrá tambien suavizar la tenacidad de la nacion portuguesa en sus pretensiones, y efectuar que en el rio de las Amazonas y de la Madera por derecho de jentes se enarbole la bandera española. Me ofrezco yo el primero á tentar esta nueva senda, para pasar á España por los citados rios, si la corte tuviera por bien de proveerme con los necesarios pasaportes, recomendaciones y los instrumentos astronómicos contenidos en la adjunta nota, para poder pasar sin demora y sin vejacion alguna por los puertos fortificados que posee la nacion portuguesa en ámbos rios. Serviria este viaje preliminar para reconocer y examinar metódicamente todo el curso del rio de la Madera, su sonda, malos pasos, ríos colaterales y las precauciones necesarias en la navegacion; y en jeneral, para adquirir una idea de los terrenos que bañan sus aguas, de la índole de sus habitantes, y de sus producciones. Los vientos lestes, que, segun refiere

Condamine en su viaje, reinan desde Octubre hasta Mayo, favorecen á esta navegacion para subir á la vela contra la corriente en ámbos ríos, bien que en lo interior del continente son los sures y nortes los vientos dominantes, que en la estacion de las aguas alternan siempre uno con el otro.

Los adjuntos dos planes ilustrarán los puntos mas interesantes de jeografía, y en particular el del Nº 1º de la nueva intendencia de Santa Cruz, proyectada por V. S., servirá para conocer los rios que forman el de la Madera: y el Nº 2º la continuacion de su curso hasta el punto de su union con el de las Amazonas, como tambien la parte mas oriental de este último hasta su salida á la mar.

Por la íntima relacion que tienen las misiones con el asunto de que acabo de tratar, me será permitido de hacer alguna mencion del actual estado de ellas. Desde la conquista de ámbas Américas ha mirado siempre la piedad de los reyes de España la conversion de tantas naciones de jentiles como un asunto de suma importancia. Se han gastado con jenerosidad y sin reparo inmensas sumas en estas conquistas espirituales, pero con varios sucesos y progresos mas ó menos felices en diferentes épocas. En el dia, extinguido ya el entusiasmo que en otros tiempos inflamaba á todo el mundo á conquistas, no se deben mirar los misioneros como meros conquistadores espirituales, sino tambien como temporales, siendo ellos actualmente los únicos por cuya mano siguen ó se pierden las conquistas de las naciones bárbaras, y con ellas los países y provincias que habitan. De una mision bien establecida y dirigida con el incremento de neófitos se forma un pueblo, y de muchos pueblos una provincia. Es un principio muy errado y que ha causado infinitos daños, en creer que cualesquiera fraile sea idoneo para la reduccion de los infieles y la predicacion del evanjelio: cuando el exacto y feliz desempeño de este ministerio exije sin disputa unos hombres de un talento é instruccion superior, de mucha resolucion y de singular prudencia. La providencia debe haberlos llamado con señas infalibles para este destino: debe haberles dado una robustez inalterable para sufrir los ardores de la zona tórrida, las plagas de los insectos y la intemperie de la estacion de las aguas: una memoria feliz para aprender con facilidad tanto idioma de indios: su filosofia principal debe ser la experiencia y el estudio del hombre, de este ente que en mas formas diferentes se presenta que el mismo chameleon, y aquí sobre todo, del hombre en el estado de su ferocidad, así como salió de la mano de la naturaleza, sin sujecion, sin otra ley que de la superior fuerza, ajitado de violentas pasiones los únicos resortes de sus acciones, con una palabra una bestia furiosa con la sola forma exterior del hombre.

Ninguno de los referidos dones relumbra en los mas de los religiosos de San Francisco que actualmente acuden á este destino con extraordinarios gastos del Estado: se persuaden de haber cumplido con todas sus obligaciones en hacer rezar tumultuariamente todos los dias las oraciones acostumbradas: el amor á las riquezas los hace olvidar todas las plausibles reglas de pobreza que prescribe mi iustituto Ellos sacan increibles ventajas de la rusticidad é inmenso trabajo de los neofitos, á quienes reatan con táreas que no podrian llenarlas, aun cuando fueran bestias de carga. En el gobierno temporal se manejan con despotismo, ignorantes en todo lo que son conocimientos económicos é industriales; y gracias si paramos solo en esto, y se cometiesen deslices que la moderacion debe callar por respeto á su estado, y porque no hay duda que un cuerpo religioso es digno de las primeras atenciones, cuando observa las reglas de su instituto, y cuando no abusan sus miembros de sus facultades. Por otra parte, el indio dirigido por estos maestros, aun por treinta y mas años, no ha aprendido otra cosa sino el rezar como un loro unas oraciones que no entiende; no ha adquirido la mas leve idea sólida del Ente Supremo que debe ser el principio y fin de sus acciones: sus conocimientos industriales han quedado lo mismos como ántes de la llegada de su conversor y despues de tantos años queda el indio tan gentil como ántes, y arrojando al fin las cadenas de una sujecion imprudente, se va otra vez al monte. Este es el estado deplorable de las misiones á cargo de estos religiosos: esta conducta contraria en la principal causa que desde la expulsion de los jesuitas no solamente nada se haya adelantado, sino que un número considerable de ellas se haya perdido enteramente: en lugar de avanzar, se ha ido atras; y los portugueses siguen paso por paso ocupando mas y mas terreno; y acercándose cada dia mas á los dominios españoles.

La época mas feliz para las misiones españolas situadas en ambas orillas del rio de las Amazonas, era á fines del siglo pasado. El célebre misionero el P. Samuel Fritz, jesuita aleman, dotado de la providencia de todos aquellos dones que adornan este ministerio, entró el año de 1686 á los pueblos de las naciones bárbaras de este rio: redujo en poco tiempo la numerosa nacion de los Omaguas y Cocamas: á su ejemplo acudieron las naciones comarcanas de su propio muto, los Yurimaguas, Aisuares, Banomas y otras, atraídas únicamente del buen trato con que les enseñaba á vivir con leyes justas y policia no conocida de ellos hasta entonces. Con este método conquistó en pocos años todos los paises que corren desde el rio Napo hasta cerca de la desembocadura del rio de la Madera; sin emplear para ello otras armas sino las de la dulzura de su trato y de su singular prudencia. Con las conquistas tan dilatadas de tantas naciones se aseguró un largo trecho de terreno del dominio lejítimo de la soberanía de España en ambas orillas del rio de las Amazonas. Pero causa dolor el ver el estado actual de ellas: desde la desembocadura del rio de la Madera, situada poco mas ó menos en el meridiano de 61° al occidente de Paris se han ido retirando y abandonando estas misiones hasta la de Pebas, que actualmente es la última de las posesiones españolas, situada en el meridiano de 71° con la pérdida de 10° de lonjitud de terrenos, que considerándolos aun como linea recta, importan 200 leguas, y los portugueses han avanzado las suyas hasta la de San Pablo inmediata á Pebas, con la conquista de todo aquel territorio y de los rios que comunican con el Perú. Me persuado que los portugueses tuvieron mejor suerte en la eleccion de los religiosos que destinaron para estas conquistas; son carmelitas, hombres de otra instruccion y conducta que los actuales del Perú, y que con patriotismo miran los intereses de su patria.

El sabio jesuita Samuel Fritz no solamente tuvo talento, prudencia y fortuna para tantas conquistas, sino al mismo tiempo excelentes luces en las ciencias matemáticas y la astronomía: el era el primero que levantó un mapa de todo el dilatado curso del rio de las Amazonas, y el académico parisiense Condamine no reparó de insertarlo por modo de comparacion en la misma mapa que acompaña su obra. Algunos conocimientos superficiales de jeografia y del uso de la aguja debian ser inseparables del oficio de un conversor, para poder dar cuenta al gobierno del distrito con alguna relacion de sus excursiones, de las serranias, rios, lagunas, y otras circunstancias propias de aquellos terrenos en que ejerce sus funciones apostólicas: pero estos conocimientos tan útiles se hallan casi del todo desterrados de nuestros misioneros, y ápenas se halla uno ú otro que tenga instruccion suficiente para llevar un confuso diario de sus viajes. El fomento y el arreglo de las misiones en las orillas del rio de las Amazonas, Napo, Ucayale, Purus, de la Madera, Beni y en la parte mas septentrional del Mamoré, es un asunto que por todos modos merece la atencion del gobierno, por la inmediacion de la nacion portuguesa que se aprovecha del mas leve descuido; apoderándose de nuevos terrenos, y acercándose á paso precipitado á los dominios españoles: las providencias que el gobierno juzgare oportunas, tocan particularmente á los colejios de propaganda de

Quito, de Ocopa y del que nuevamente se está fundando en el pueblo de Tarata, en la provincia de Cochabamba. Es cuanto se me ofrece informar á V. E. en este grave é importante asunto, consecuente al oficio que se ha servido pasarme con fecha 1º de Marzo último.

Dios guarde á V. S. muchos años.—Cochabamba y Abril 20 de 1799.

TADEO HAENKE.

Señor Gobernador Intendente de esta provincia, D. Francisco de Viedma.

FIN DEL TOMO SEGUNDO.

[illegible]

[illegible]

[illegible]

INDICE

DEL SEGUNDO TOMO.

PAGINAS.

PAGINAS.

FIN DEL ÍNDICE.

Lightning Source UK Ltd.
Milton Keynes UK
UKHW020525070119
334942UK00008B/1103/P